普通高等教育"十三五"规划教材

仪器分析

魏福祥　韩　菊　刘宝友　编著

中国石化出版社

内 容 提 要

本书介绍了目前常用的一些仪器分析方法，即红外光谱法、紫外光谱法、分子荧光光谱法、化学发光法、原子发射光谱法、原子吸收光谱法、气相色谱法、高效液相色谱法、质谱法、核磁共振波谱法、电位分析法、电解分析法与库仑分析法、伏安分析法以及色谱联用技术的基本知识、方法原理、仪器组成和方法应用等方面的内容。书中介绍了每类仪器分析方法的最新进展供广大读者参考。

本书是高等院校环境科学与工业分析专业仪器分析课程的教材，也可作为化学、化工、制药、食品等相关专业仪器分析课程的教学用书，还可供厂矿企业、科研单位、从事理化检验和品质控制或品质管理工作的有关人员参考。

图书在版编目（CIP）数据

仪器分析／魏福祥，韩菊，刘宝友编著. —北京：
中国石化出版社，2018. 10
　ISBN 978-7-5114-5070-8

Ⅰ. ①仪… Ⅱ. ①魏… ②韩… ③刘… Ⅲ. ①仪器分
析　Ⅳ. ①O657

中国版本图书馆 CIP 数据核字（2018）第 233873 号

中国石化出版社出版发行
地址:北京市朝阳区吉市口路9号
邮编:100020　电话:(010)59964500
发行部电话:(010)59964526
http://www.sinopec-press.com
E-mail:press@sinopec.com
北京富泰印刷有限责任公司印刷
全国各地新华书店经销
*
787×1092 毫米 16 开本 19.5 印张 480 千字
2018 年 10 月第 1 版　2018 年 10 月第 1 次印刷
定价:58.00 元

前　言

随着科学技术的发展，仪器分析的应用越来越广泛，在许多领域发挥着重要作用。仪器分析已成为现代实验化学的重要支柱，该课程在相关学科中已普遍为本科生、研究生开设。为适应环境科学专业开设仪器分析课程的需要，根据我们二十多年来开设本课程的实践和经验，编写了《仪器分析及应用》一书。本书经过几年的试用，读者反映良好。此次再版，考虑到各专业的特点，对书中内容稍作修改，删除了各章中环境科学方面的应用内容，增加了各种技术的最新进展介绍，书名更改为《仪器分析》。

仪器分析方法包括的范围很广，编者在内容取舍时主要考虑到各专业的特点，对于涉及的仪器分析方法进行了论述。全书共分四个部分(共14章)：①光学分析；②电化学分析；③色谱分析；④仪器联用技术。有关质谱分析内容，考虑到有利于介绍波谱分析，把它安排在光学分析部分，并加强了波谱分析内容。

本书在内容上系统介绍了常用仪器分析方法的基本原理、仪器结构、测试技术、特点，尽量将理论、方法、仪器和应用技术有机结合，并力图反映仪器分析的最新发展。

参加本书编写的有魏福祥(第1~10章)、韩菊(第11~13章)、刘宝友(第14章)，全书由魏福祥教授通读定稿。

本书在编写过程中，得到了河北科技大学环境科学与工程学院领导的大力支持，在此表示诚挚的感谢。

由于编者水平有限，书中难免存在错误和不足，敬请读者批评指正。

编　者

于河北科技大学

目　　录

第1章　绪论 ……………………………………………………………………………（ 1 ）
1.1　仪器分析的起源 ……………………………………………………………………（ 1 ）
1.2　仪器分析的分类 ……………………………………………………………………（ 1 ）
1.3　仪器分析的特点 ……………………………………………………………………（ 2 ）
1.4　仪器分析的发展趋势 ………………………………………………………………（ 3 ）
参考文献 …………………………………………………………………………………（ 3 ）

一、光学分析法(波谱分析)

第2章　分子吸收光谱分析 ……………………………………………………………（ 7 ）
2.1　光谱分析导论 ………………………………………………………………………（ 7 ）
　2.1.1　光的性质 ………………………………………………………………………（ 7 ）
　2.1.2　电磁波谱 ………………………………………………………………………（ 8 ）
　2.1.3　分子能级与分子光谱的形成 …………………………………………………（ 8 ）
2.2　红外吸收光谱分析(IR) ……………………………………………………………（ 9 ）
　2.2.1　概述 ……………………………………………………………………………（ 9 ）
　2.2.2　红外吸收光谱分析基本原理 …………………………………………………（ 10 ）
　2.2.3　红外吸收光谱与分子结构的关系 ……………………………………………（ 16 ）
　2.2.4　影响基团频率位移的因素 ……………………………………………………（ 20 ）
　2.2.5　红外分光光度计及样品制备技术 ……………………………………………（ 22 ）
　2.2.6　红外吸收光谱法的应用 ………………………………………………………（ 26 ）
　2.2.7　红外光谱技术的进展 …………………………………………………………（ 29 ）
思考题与习题 ……………………………………………………………………………（ 31 ）
2.3　紫外吸收光谱分析(UV) …………………………………………………………（ 32 ）
　2.3.1　概述 ……………………………………………………………………………（ 32 ）
　2.3.2　紫外吸收光谱分析的基本原理 ………………………………………………（ 33 ）
　2.3.3　分子结构与紫外吸收光谱 ……………………………………………………（ 36 ）
　2.3.4　影响紫外吸收光谱的因素 ……………………………………………………（ 42 ）
　2.3.5　紫外-可见分光光度计 ………………………………………………………（ 44 ）
　2.3.6　紫外吸收光谱的应用 …………………………………………………………（ 46 ）
思考题与习题 ……………………………………………………………………………（ 49 ）
第3章　分子发光分析 …………………………………………………………………（ 51 ）
3.1　概述 …………………………………………………………………………………（ 51 ）
3.2　分子荧光分析法 ……………………………………………………………………（ 51 ）
　3.2.1　分子荧光的产生 ………………………………………………………………（ 51 ）

    3.2.2　激发光谱和发射光谱 ································ （53 ）

    3.2.3　荧光发射及影响因素 ······························ （53 ）

    3.2.4　荧光分光光度计 ···································· （57 ）

    3.2.5　荧光定量分析方法 ·································· （58 ）

    3.2.6　荧光测定技术进展 ·································· （59 ）

  3.3　化学发光法 ·· （59 ）

    3.3.1　化学发光分析的基本原理 ························ （59 ）

    3.3.2　化学发光反应及应用 ······························ （60 ）

  思考题与习题 ·· （62 ）

第4章　原子光谱分析 ··· （64 ）

  4.1　原子发射光谱分析（AES） ···························· （64 ）

    4.1.1　概述 ·· （64 ）

    4.1.2　原子发射光谱分析基本原理 ···················· （65 ）

    4.1.3　光谱分析仪器 ······································ （69 ）

    4.1.4　分析方法 ··· （77 ）

  思考题与习题 ·· （80 ）

  4.2　原子吸收光谱分析（AAS） ···························· （80 ）

    4.2.1　概述 ·· （80 ）

    4.2.2　原子吸收光谱分析的基本原理 ·················· （82 ）

    4.2.3　原子吸收分光光度计 ······························ （85 ）

    4.2.4　干扰及其消除方法 ·································· （88 ）

    4.2.5　原子吸收光谱分析的实验技术 ·················· （91 ）

    4.2.6　原子吸收光谱分析的应用和进展 ··············· （95 ）

  思考题与习题 ·· （96 ）

第5章　核磁共振波谱分析（NMR） ·························· （97 ）

  5.1　概述 ··· （97 ）

  5.2　核磁共振基本原理 ······································· （97 ）

    5.2.1　原子核的磁矩 ······································ （97 ）

    5.2.2　自旋核在外加磁场中的取向数和能级 ········· （98 ）

    5.2.3　核的回旋 ··· （99 ）

    5.2.4　核跃迁与电磁辐射（核磁共振） ··············· （99 ）

    5.2.5　核的自旋弛豫 ······································ （100）

  5.3　核磁共振波谱仪与实验方法 ·························· （101）

    5.3.1　仪器原理及组成 ···································· （101）

    5.3.2　样品处理 ··· （102）

  5.4　化学位移与核磁共振波谱图 ·························· （102）

    5.4.1　化学位移的产生 ···································· （102）

    5.4.2　化学位移表示方法 ·································· （103）

    5.4.3　标准氢核 ··· （103）

    5.4.4　影响化学位移的因素 ······························ （104）

    5.4.5　核磁共振图谱 ······································ （106）

5.5　各类质子的化学位移 ……………………………………………………（106）

5.6　自旋-自旋裂分与自旋-自旋偶合 …………………………………………（107）

　　5.6.1　吸收峰裂分的原因 ………………………………………………（107）

　　5.6.2　偶合常数 …………………………………………………………（108）

　　5.6.3　低级偶合与高级偶合 ……………………………………………（110）

5.7　图谱解析 ………………………………………………………………（110）

5.8　^{13}C 核磁共振谱 …………………………………………………………（111）

　　5.8.1　^{13}C 的化学位移 …………………………………………………（111）

　　5.8.2　偶合常数 …………………………………………………………（112）

　　5.8.3　^{13}C 纵向弛豫时间 T_1 的应用 …………………………………（112）

5.9　核磁共振技术进展 ……………………………………………………（113）

　　5.9.1　固体高分辨核磁共振谱 …………………………………………（113）

　　5.9.2　核磁成像 …………………………………………………………（113）

思考题与习题 …………………………………………………………………（113）

第6章　质谱分析（MS） …………………………………………………（115）

6.1　概述 ……………………………………………………………………（115）

6.2　质谱仪及基本原理 ……………………………………………………（115）

　　6.2.1　质谱仪 ……………………………………………………………（115）

　　6.2.2　质谱仪工作过程及基本原理 ……………………………………（119）

　　6.2.3　双聚焦质谱仪 ……………………………………………………（119）

　　6.2.4　质谱仪主要性能指标 ……………………………………………（120）

　　6.2.5　质谱图 ……………………………………………………………（121）

6.3　离子主要类型 …………………………………………………………（121）

　　6.3.1　分子离子 …………………………………………………………（121）

　　6.3.2　碎片离子 …………………………………………………………（122）

　　6.3.3　亚稳离子 …………………………………………………………（123）

　　6.3.4　同位素离子 ………………………………………………………（123）

　　6.3.5　重排离子 …………………………………………………………（124）

6.4　质谱解析及在环境科学中的应用 ……………………………………（124）

　　6.4.1　分子式的确定 ……………………………………………………（124）

　　6.4.2　质谱解析 …………………………………………………………（125）

　　6.4.3　质谱在环境科学中的应用 ………………………………………（127）

6.5　质谱最新进展 …………………………………………………………（129）

思考题与习题 …………………………………………………………………（129）

参考文献 ………………………………………………………………………（130）

二、电化学分析法

第7章　电化学分析引言 …………………………………………………（135）

7.1　电化学分析的分类及应用 ……………………………………………（135）

7.2 电化学电池 ………………………………………………………………（135）

7.3 电极电位 ……………………………………………………………………（137）

    7.3.1 电极电位的产生 ………………………………………………………（137）

    7.3.2 能斯特公式 ……………………………………………………………（137）

    7.3.3 电极电位的测量 ………………………………………………………（138）

    7.3.4 电极的极化与超电位 …………………………………………………（139）

    思考题与习题 ………………………………………………………………（140）

第8章 电位分析法与离子选择性电极 ………………………………………（141）

8.1 概述 …………………………………………………………………………（141）

8.2 电位分析装置及测量仪器 …………………………………………………（141）

8.3 电位法测定溶液的 pH 值 …………………………………………………（142）

    8.3.1 玻璃电极的构造及原理 ………………………………………………（142）

    8.3.2 溶液 pH 值的测定 ……………………………………………………（144）

    8.3.3 pH 标准溶液 ……………………………………………………………（144）

8.4 离子选择性电极 ……………………………………………………………（144）

    8.4.1 离子选择性电极分类 …………………………………………………（144）

    8.4.2 离子选择性电极简介 …………………………………………………（145）

    8.4.3 生物传感器 ……………………………………………………………（147）

    8.4.4 离子敏感场效应晶体管 ………………………………………………（151）

    8.4.5 离子选择性电极的性能参数 …………………………………………（152）

8.5 测定离子活(浓)度的方法 …………………………………………………（153）

    8.5.1 直接电位法 ……………………………………………………………（153）

    8.5.2 标准曲线法 ……………………………………………………………（154）

    8.5.3 标准加入法 ……………………………………………………………（154）

8.6 电位滴定法 …………………………………………………………………（155）

    思考题与习题 ………………………………………………………………（157）

第9章 电解分析法与库仑分析法 ……………………………………………（158）

9.1 电解分析法 …………………………………………………………………（158）

    9.1.1 电解分析法的基本原理 ………………………………………………（158）

    9.1.2 控制电位电解分析法 …………………………………………………（159）

    9.1.3 控制电流电解分析法 …………………………………………………（160）

9.2 库仑分析法 …………………………………………………………………（161）

    9.2.1 库仑分析法的基本原理 ………………………………………………（161）

    9.2.2 恒电位库仑分析法 ……………………………………………………（161）

    9.2.3 恒电流库仑分析法(库仑滴定) ………………………………………（162）

    9.2.4 库仑滴定法的特点及应用 ……………………………………………（163）

    9.2.5 自动库仑分析法 ………………………………………………………（164）

    思考题与习题 ………………………………………………………………（166）

第10章 伏安分析法 …………………………………………………………（167）

10.1 极谱分析法 …………………………………………………………………（167）

　　10.1.1　极谱分析的基本原理 ·· （167）

　　10.1.2　极谱定量分析 ··· （169）

　　10.1.3　干扰电流及消除方法 ·· （171）

　10.2　现代极谱方法 ··· （172）

　　10.2.1　单扫描极谱法 ··· （172）

　　10.2.2　方波极谱法 ·· （173）

　　10.2.3　脉冲极谱 ··· （174）

　　10.2.4　溶出伏安法 ·· （175）

　　10.2.5　循环伏安分析法 ·· （176）

　10.3　伏安法电极研究进展 ··· （178）

　　10.3.1　超微电极 ··· （178）

　　10.3.2　化学修饰电极 ··· （178）

　思考题与习题 ·· （179）

　参考文献 ··· （180）

三、色谱分析

第11章　色谱分析导论 ·· （183）

　11.1　概述 ·· （183）

　　11.1.1　色谱的历史 ·· （183）

　　11.1.2　色谱法分类 ·· （183）

　　11.1.3　色谱法发展概况 ·· （184）

　　11.1.4　色谱法特点 ·· （185）

　11.2　色谱流出曲线和术语 ··· （186）

　　11.2.1　色谱分离过程 ··· （186）

　　11.2.2　色谱流出曲线 ··· （186）

　　11.2.3　基本术语 ··· （186）

　11.3　色谱法基本理论 ·· （187）

　　11.3.1　分配平衡 ··· （187）

　　11.3.2　色谱分离原理 ··· （188）

　　11.3.3　保留值及其热力学性质 ··· （189）

　　11.3.4　塔板理论 ··· （191）

　　11.3.5　速率理论 ··· （193）

　　11.3.6　色谱分离方程 ··· （197）

　思考题与习题 ·· （199）

第12章　气相色谱法 ·· （201）

　12.1　概述 ·· （201）

　12.2　填充柱气相色谱仪 ··· （201）

　　12.2.1　气路系统 ··· （202）

　　12.2.2　进样系统 ··· （202）

12.2.3 分离系统 ·· （202）

12.2.4 检测系统 ·· （202）

12.2.5 温控系统 ·· （202）

12.2.6 记录及数据处理系统 ·· （203）

12.3 气相色谱固定相 ··· （203）

12.3.1 液体固定相 ·· （203）

12.3.2 固体固定相 ·· （208）

12.3.3 合成固定相 ·· （208）

12.3.4 填充柱的制备 ··· （209）

12.4 检测器 ··· （209）

12.4.1 检测器的性能指标 ·· （209）

12.4.2 热导池检测器 ··· （211）

12.4.3 氢火焰离子化检测器 ·· （212）

12.4.4 电子捕获检测器 ·· （213）

12.4.5 火焰光度检测器 ·· （214）

12.5 填充柱气相色谱操作条件的选择 ··· （215）

12.5.1 固定相的选择 ··· （215）

12.5.2 担体的选择 ·· （215）

12.5.3 柱管的选择 ·· （215）

12.5.4 载气及其流速的选择 ·· （215）

12.5.5 柱温的选择 ·· （216）

12.5.6 进样条件的选择 ·· （216）

12.6 定性与定量分析 ··· （216）

12.6.1 定性分析 ··· （216）

12.6.2 定量分析 ··· （217）

12.7 开管柱气相色谱法简介 ··· （219）

12.7.1 开管柱的类型 ··· （219）

12.7.2 开管柱的特点 ··· （220）

12.8 开管柱速率理论方程 ·· （221）

12.9 开管柱气相色谱操作条件的选择 ··· （222）

12.9.1 柱效能 ·· （222）

12.9.2 载气线速度 ·· （222）

12.9.3 液膜厚度 ··· （222）

12.9.4 柱温 ··· （222）

12.9.5 进样量 ·· （222）

思考题与习题 ·· （223）

第13章 高效液相色谱法 ·· （225）

13.1 概述 ··· （225）

13.2 高效液相色谱基本原理 ··· （225）

13.3 高效液相色谱仪 ··· （227）

13.3.1 输液系统 ……………………………………………………………（227）

13.3.2 进样系统 ……………………………………………………………（230）

13.3.3 分离系统 ……………………………………………………………（230）

13.3.4 检测系统 ……………………………………………………………（231）

13.4 高效液相色谱法的类型 …………………………………………………（235）

13.4.1 液-固吸附色谱法 ……………………………………………………（235）

13.4.2 化学键合相色谱法 ……………………………………………………（237）

13.4.3 离子对色谱法 ………………………………………………………（240）

13.4.4 离子交换色谱法 ……………………………………………………（242）

13.4.5 空间排阻色谱法 ……………………………………………………（243）

13.5 高效液相色谱方法的选择 ………………………………………………（244）

13.5.1 色谱分离类型的选择 …………………………………………………（244）

13.5.2 色谱分离条件的选择 …………………………………………………（245）

13.6 高效毛细管电泳 …………………………………………………………（246）

13.6.1 毛细管电泳发展概况 …………………………………………………（246）

13.6.2 毛细管电泳基本原理 …………………………………………………（247）

13.6.3 毛细管电泳主要分离模式 ……………………………………………（250）

13.6.4 毛细管电泳仪 ………………………………………………………（252）

思考题与习题 …………………………………………………………………（254）

参考文献 ………………………………………………………………………（254）

四、仪器联用技术

第14章 色谱联用技术 ………………………………………………………（259）

14.1 色谱联用技术概述 ………………………………………………………（259）

14.1.1 色谱联用的接口技术 …………………………………………………（259）

14.1.2 环境分析中常用色谱联用技术简介 …………………………………（260）

14.2 气相色谱-质谱联用（GC-MS）…………………………………………（261）

14.2.1 气相色谱-质谱联用概述 ……………………………………………（261）

14.2.2 气相色谱-质谱联用仪器系统 ………………………………………（262）

14.2.3 气相色谱-质谱联用的接口技术 ……………………………………（263）

14.2.4 气相色谱-质谱联用中的衍生化技术 ………………………………（266）

14.2.5 气相色谱-质谱联用质谱谱库和计算机检索 ………………………（267）

14.2.6 气相色谱-质谱联用技术在环境科学中的应用 ……………………（269）

14.3 液相色谱-质谱联用（LC-MS）…………………………………………（269）

14.3.1 LC-MS 概述 …………………………………………………………（269）

14.3.2 LC-MS 联用的系统组成及工作原理 ………………………………（270）

14.3.3 LC-MS 联用的接口技术 ……………………………………………（270）

14.3.4 LC-MS 分析条件的选择和优化 ……………………………………（273）

14.3.5 样品制备 ……………………………………………………………（276）

14.3.6　LC-MS 技术在环境科学中的应用 ·································（278）

14.3.7　毛细管电泳-质谱联用技术简介(CE-MS) ····················（278）

14.4　色谱-傅里叶变换红外光谱 ··（280）

14.4.1　气相色谱-傅里叶变换红外光谱联用(GC-FTIR) ···········（280）

14.4.2　液相色谱-傅里叶变换红外光谱联用(LC-FTIR) ···········（286）

14.5　其他色谱联用技术 ··（290）

14.5.1　色谱-原子光谱联用技术 ···（290）

14.5.2　ICP-MS 及色谱-ICP-MS 联用技术 ·····························（293）

14.5.3　色谱-色谱联用技术 ···（294）

思考题与习题 ··（297）

参考文献 ···（298）

第一章 绪 论

1.1 仪器分析的起源

仪器分析是以物质的物理或物理化学性质为基础，探求这些性质在分析过程中所产生的分析信号与被分析物质组成的内在关系和规律，进而对其进行定性、定量、形态和结构分析的一类测定方法。由于这类方法通常需要使用较特殊的分析仪器，故习惯上称为"仪器分析"。

20世纪40年代后，由于物理学、电子学、半导体材料及原子能工业的发展，使得仪器分析进入大发展时期，此时期化学分析与仪器分析并重，共同组成了分析化学。从70年代末至今，随着信息时代的到来和计算机应用技术的飞速发展，新仪器、新方法层出不穷，仪器分析逐渐成为分析化学的主体并逐步发展成为一门综合性学科。

1.2 仪器分析的分类

随着科学技术的飞速发展，新的仪器分析方法不断地产生、发展和完善，仪器分析方法种类也随之增多。根据基本原理，可分为以下四大类。

(1) 光学分析法

光学分析是建立在物质与电磁辐射相互作用基础上的一类分析方法，包括原子发射光谱法、原子吸收光谱法、紫外-可见吸收光谱发、红外吸收光谱法、核磁共振波谱法和荧光光谱法。

质谱法是将待测物质置于离子源中使其被电离而形成带电离子，让离子加速并通过磁场后，离子将按质荷比(m/z)大小而被分离，形成质谱图。依据质谱线的位置和质谱线的相对强度建立的分析方法称为质谱法。质谱法可以单独使用，也可以和其他分析技术联合使用，例如它常和气相色谱法或液相色谱法联用。质谱法从原理上和以上三类分析方法各不相同，但在应用上一般和紫外光谱、红外光谱、核磁共振波谱一起组成波谱分析，所以仪器分析分类把它放在了光学分析中。

(2) 电化学分析法

电化学分析是建立在溶液电化学基础上的一类分析方法，包括电位分析法、伏安法以及电导分析法等。

(3) 色谱分析法

色谱分析是利用混合物中各组分在互不相容的两相(固定相和流动相)中的吸附能力、分配系数或其他亲合作用的差异而建立的分离，测定方法。其中包括：气相色谱、高效液相色谱、高效毛细管电泳等。

(4) 其他仪器分析方法

除上述三大类外，还有一些利用某种特殊的物理或化学性质来进行分析的方法，比如利用物体的热性质进行分析的差热和热量分析法，利用放射性同位素的性质进行分析的放射化学分析方法等。

表1-1列出了仪器分析的类型、测量参数(或有关性质)以及相应的仪器分析方法。

表1-1　仪器分析分类

方法类型	测量参数或有关性质	相应的分析方法
光学分析	辐射的吸收	原子吸收光谱法，紫外-可见分光光度法，红外分光光度法，核磁共振波谱法，荧光光谱法
	辐射的发射	原子发射光谱法，火焰光度法等
	辐射的散射	比浊法，拉曼光谱法，散射浊度法
	辐射的折射	折射法，干涉法
	辐射的衍射	X-射线衍射法，电子衍射法
	辐射的转动	偏振法，旋光色散法，圆二向色性法
	质荷比	质谱法
电化学分析法	电导	电导分析法
	电位	电位分析法，计时电位法，电位滴定
	电流	极谱法，溶出伏安法，电流滴定
	电量	库仑法(恒电位、恒电流)
色谱分析	两相间分配	气相色谱法，液相色谱法，超临界流体色谱法
	电场中的迁移速率	高效毛细管电泳
其他仪器分析	热性质	热重量分析法，差热分析法
	放射性同位素性质	同位素稀释法、放射性滴定法和活化分析法

1.3　仪器分析的特点

虽然仪器分析方法种类繁多，但是它们也有一定的共性：

① 灵敏度高：大多数仪器分析法适用于微量、痕量分析。例如，原子吸收分光光度法测定某些元素的绝对灵敏度可达 10^{-14} g。

② 取样量少：相比于化学分析法需用 $10^{-4} \sim 10^{-1}$ g，仪器分析试样常需 $10^{-8} \sim 10^{-2}$ g。

③ 相对误差小：含量在 $10^{-9}\% \sim 10^{-5}\%$ 的杂质测定，相对误差低达 $1\% \sim 10\%$。

④ 分析速度快：不少仪器分析方法可一次同时测定多种组分。例如，发射光谱分析法在 1min 内可同时测定水中 48 个元素。

⑤ 用途广：某些特殊的分析方法可同时作定性、定量分析或可同时测定材料的组分比和原子的价态。例如，放射性分析法还可作痕量杂质分析。

⑥ 选择性好：许多仪器分析方法可通过调整到适当的条件，使一些共存的其他组分不干扰。例如，用离子选择性电极可测指定离子的浓度。

⑦ 操作简便：绝大多数仪器是将被测组分的浓度变化或物理性质变化转变为某种电性能，易于实现自动化和计算机化。随着自动化、程序化程度的提高操作将更趋于简化。

1.4　仪器分析的发展趋势

现代科学技术不断发展，各学科相互渗透、结合，使得仪器分析已在食品安全检测、医药研究、生命科学、环境科学等方面得到了广泛的应用。仪器分析正越来越受到重视，并向痕量无损分析、综合技术联用分析、自动化高速分析、高通量分析、实时在线分析、活体动态分析的方向发展。

综合联用分析技术，即将两种(或两种以上)分析技术联接，互相补充，从而完成很复杂的分析任务。随着联用技术及联用仪器组合方式的多样化，逐步实现了三联甚至四联系统。目前，已经实现了气相色谱-质谱(GC-MS)、液相色谱-质谱(LC-MS)、高效毛细管电泳-质谱(HPCE-MS)、气相色谱-傅里叶变换红外光谱-质谱(GC-FTIR-MS)、流动注射-高效毛细管电泳-化学发光(FI-HPCE-CL)等联用技术。

自动化及智能化技术，即通过微机对存储的分析方法和标准数据进行运算分析并控制仪器的全部操作使得分析操作更为简便。例如，流动注射分析法，分析速度可达每小时200多个试样。一旦将智能化分析手段与芯片制作技术完美结合，仪器分析技术将向更为快速的方向进发。

实时、在线技术，即可以在现场做到从样品采样到数据输出的快速分析。如环境实时在线检测系统，它可通过物联网以及云计算技术，实现实时、远程、自动监控颗粒物浓度以及现场视频、图像的采集并且数据通过网络传输，并且可以在电脑、手机、IPAD 等多个终端访问查询。

参 考 文 献

1　方惠群，于俊生，史坚. 仪器分析. 北京：科学出版社，2002
2　朱明华. 仪器分析(第三版). 北京：高等教育出版社，2002
3　何金兰，杨克让，李小戈. 仪器分析原理. 北京：科学出版社，2001
4　高向阳. 新编仪器分析. 北京：科学出版社，2004
5　吴某成. 仪器分析. 北京：科学出版社，2003

一、光学分析法
（波谱分析）

第2章 分子吸收光谱分析

2.1 光谱分析导论

光谱分析法是基于物质对不同波长光的吸收、发射等现象而建立起来的一类光学分析法。

光谱是光的不同波长成分及其强度分布按波长或波数次序排列的记录，它描述了物质吸收或发射光的特征，可以给出物质的组成、含量以及有关分子、原子的结构信息。由原子的吸收或发射所形成的光谱称为原子光谱(atomic spectrum)，原子光谱是线状光谱。由分子的吸收或发光所形成的光谱称为分子光谱(molecular spectrum)，分子光谱是带状光谱。

2.1.1 光的性质

光是一种电磁波，电磁波是在空间传播变化的电场和磁场。可用电场矢量 E 和 H 来描述，如图 2.1所示。这是单一频率的平面偏振电磁波。平面偏振是指它的电场矢量在一个平面内振动，而磁场矢量在另一个与电场矢量相垂直的平面内振动。这两个矢量都是正弦波形，并垂直于波的传播方向。所以，电磁波是一种横波。当电磁波穿过物质时，它可以和带有电荷和磁矩的任何物质相互作用，并产生能量交换。光谱分析就是建立在这种能量交换基础之上的。

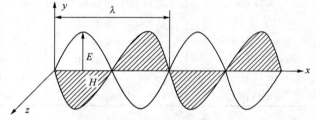

图 2.1 单一频率的平面偏振电磁波
E—电场矢量；H—磁场矢量

电磁波可以用如下波参数描述。

(1) 波长(λ)

相邻两个波峰或波谷之间的直线距离，单位为米(m)、厘米(cm)、微米(μm)、纳米(nm)。这些单位之间的换算关系为 $1m = 10^2 cm = 10^6 \mu m = 10^9 nm$。

(2) 频率(ν)

单位时间内通过传播方向某一点的波峰或波谷的数目，即单位时间内电磁场振动的次数称为频率，单位为赫兹(Hz，即 s^{-1})，频率和波长的关系为：

$$\nu = \upsilon / \lambda \tag{2.1}$$

式中，υ 为辐射传播速度。

(3) 波数($\tilde{\nu}$ 或 σ)

每厘米长度内所含的波长的数目，它是波长的倒数，即：

$$\tilde{\nu} = 1/\lambda \tag{2.2}$$

波数单位常用 cm^{-1} 来表示。

(4) 传播速度

辐射传播速度 υ 等于频率 ν 乘以波长 λ，即 $\upsilon = \nu\lambda$。在真空中辐射传播速度与频率无关，并达到最大数值，用 c 表示，c 的准确测定值为 $2.99792 \times 10^{10}\,\mathrm{cm/s}$。

（5）周期 T

相邻两个波峰或波谷通过空间某固定点所需要的时间间隔，单位为秒（s）。

2.1.2 电磁波谱

将电磁辐射按波长或频率的大小顺序排列起来称为电磁波谱。表 2-1 列出了用于不同分析目的的电磁波的有关参数。波长越短，能量越大。γ 射线区的波长最短，能量最大，接着依次是 X 射线区、紫外光区、可见光区、红外光区。无线电波区波长最长，其能量最小。物质粒子吸收或发射光子的过程称为能级跃迁。由低能级跃迁到高能级，是物质吸收光子的过程，称为激发。由下式可计算出在各电磁波区产生各种跃迁所需要的能量（E）。同样根据激发能也能求出相应的辐射波长。

$$\lambda = hc/E \qquad (2.3)$$

式中，h 为普朗克（Planck）常数，$h = 6.626 \times 10^{-34}\,\mathrm{J \cdot s}$。

表 2-1　电磁波谱的有关参数

光子能量 E/eV	频率范围 ν/Hz	波长 λ	电磁波区	跃迁类型
$>2.5 \times 10^5$	$>6.0 \times 10^{19}$	$<0.005\,\mathrm{nm}$	γ 射线区	核能级
$2.5 \times 10^5 \sim 1.2 \times 10^2$	$6.0 \times 10^{19} \sim 3.0 \times 10^{16}$	$0.005 \sim 10\,\mathrm{nm}$	X 射线区	K、L 层电子能级
$1.2 \times 10^2 \sim 6.2$	$3.0 \times 10^{16} \sim 1.5 \times 10^{15}$	$10 \sim 200\,\mathrm{nm}$	真空紫外光区	K、L 层电子能级
$6.2 \sim 3.1$	$1.5 \times 10^{15} \sim 7.5 \times 10^{14}$	$200 \sim 400\,\mathrm{nm}$	近紫外光区	外层电子能级
$3.1 \sim 1.6$	$7.5 \times 10^{14} \sim 3.8 \times 10^{14}$	$400 \sim 780\,\mathrm{nm}$	可见光区	外层电子能级
$1.6 \sim 0.50$	$3.8 \times 10^{14} \sim 1.2 \times 10^{14}$	$0.78 \sim 2.5\,\mu\mathrm{m}$	近红外光区	分子振动能级
$0.50 \sim 2.5 \times 10^{-2}$	$1.2 \times 10^{14} \sim 6.0 \times 10^{12}$	$2.5 \sim 50\,\mu\mathrm{m}$	中红外光区	分子振动能级
$2.5 \times 10^{-2} \sim 1.2 \times 10^{-3}$	$6.0 \times 10^{12} \sim 3.0 \times 10^{11}$	$50 \sim 1000\,\mu\mathrm{m}$	远红外光区	分子转动能级
$1.2 \times 10^{-3} \sim 4.1 \times 10^{-6}$	$3.0 \times 10^{11} \sim 1.0 \times 10^9$	$1 \sim 300\,\mathrm{mm}$	微波区	分子转动能级
$<4.1 \times 10^{-6}$	$<1.0 \times 10^9$	$>300\,\mathrm{mm}$	无线电波区	电子和核的自旋

2.1.3　分子能级与分子光谱的形成

分子具有不同的运动状态，对应每一种状态都有一定的能量值，这些能量值是量子化的，称为能级。每一种分子都有其特定的能级数目与能级值，并由此组成特定的能级结构。处于基态的分子受到光的能量激发时，可以选择地吸收特征频率的能量而跃迁到较高的能级。但是由于分子内部运动所牵涉到的能级变化比较复杂，分子吸收光谱也就比较复杂。在分子内部除了电子运动状态外，还有核间的相对运动，即核的振动和分子绕着重心的转动。每一种运动处在不同的能级上，因此分子具有电子能级、振动能级、转动能级，见双原子分子能级图 2.2。

分子能量 E 由以下几部分组成：

$$E = E_e + E_v + E_r \qquad (2.4)$$

式中，E_e、E_v、E_r 分别代表电子能、振动能和转动能。

分子从外界吸收能量后，就能引起分子能级的跃迁，即从基态能级跃迁到激发态能级。分子吸收能量具有量子化特征，

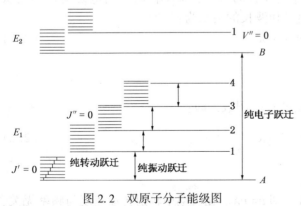

图 2.2　双原子分子能级图

即分子只能吸收等于两个能级之差的能量：

$$\Delta E = E_2 - E_1 = h\nu = hc/\lambda \tag{2.5}$$

由于三种能级跃迁所需能量不同，所以需要不同波长的电磁辐射使它们跃迁，即在不同的光谱区出现吸收谱带。

电子能级跃迁所需能量较大，其能量一般在 $1 \sim 20eV$。如果是 $5eV$，则由式(2.5)可计算相应波长。

已知 $h = 6.626 \times 10^{-34} J \cdot s = 4.136 \times 10^{-15} eVs$；$c = 2.99792 \times 10^{10} cm/s$

故

$$\lambda = \frac{hc}{\Delta E} = \frac{4.136 \times 10^{-15} eVs \times 2.998 \times 10^{10} cm/s}{5eV}$$

$$= 2.48 \times 10^{-5} cm = 248nm$$

可见，由于电子能级跃迁而产生的吸收光谱主要处于紫外及可见光区（$200 \sim 780nm$）。这种分子光谱称为电子光谱或紫外及可见光谱。

在电子能级跃迁时不可避免地要产生振动能级跃迁。振动能级的能量差一般在 $0.025 \sim 1eV$。如果能量差是 $0.1eV$，则它为 $5eV$ 的电子能级间隔的 2%，所以电子跃迁并不是产生一条波长为 $248nm$ 的线，而是产生一系列的线，其波长间隔约为 $248nm \times 2\% \approx 5nm$。

实际上观察到的光谱要复杂得多。这是因为还伴随着转动能级跃迁的缘故。转动能级的间隔一般小于 $0.025eV$。如果间隔是 $0.005eV$，则它为 $5eV$ 的 0.1%，相当的波长间隔是 $248nm \times 0.1\% = 0.25nm$。可见，分子光谱远比原子光谱复杂。紫外吸收光谱及可见吸收光谱，一般包含若干谱带系，不同谱带系相当于不同的振动能级跃迁。同一谱带系内又包含若干光谱线，每一条线相当于转动能级的跃迁，它们的间隔如上所述约为 $0.25nm$。一般分光光度计的分辨率，观察到的为合并成较宽的带，所以分子光谱是一种带状光谱。

如果用红外线（$\lambda = 0.78 \sim 50\mu m$，相当于能量约为 $0.025 \sim 1eV$）照射分子，则此电磁辐射的能量不足以引起电子能级的跃迁，只能引起振动能级和转动能级的跃迁，这样得到的吸收光谱为振动-转动光谱或称为红外吸收光谱。

若用能量更低的远红外线（$50 \sim 300\mu m$，相当的能量约为 $0.025 \sim 0.003eV$）照射分子，则只能引起转动能级跃迁。这样得到的光谱称为转动光谱或称远红外光谱。

2.2 红外吸收光谱分析(IR)

2.2.1 概述

红外吸收光谱（infrared absorption spectroscopy，IR）又称为分子振动-转动光谱。当样品受到频率连续变化的红外光照射时，分子吸收了某些频率的辐射，并由其振动或转动运动引起偶极矩的净变化，产生分子振动和转动能级从基态到激发态的跃迁，使相应于这些吸收区域的透射光强度减弱。记录红外光的百分透射比与波数或波长关系的曲线，就得到红外吸收光谱。

(1) 红外光谱在化学领域中的应用

红外光谱在化学领域中的应用大体上可分为两个方面：①用于分子结构的基础研究。应用红外光谱可以测定分子的键长、键角，以此推断出分子的立体构型；根据所得的力常数可以知道化学键的强弱；由简正频率来计算热力学函数。②用于化学组成的分析。红外光谱最广泛的应用在于对物质的化学组成进行分析。用红外光谱法可以根据光谱中吸收峰的位置和形状来推断未知物结构，依照特征吸收峰的强度来测定混合物中各组分的含量，它已成为现代结构化学、分析化学最常用和不可缺少的工具。

（2）红外光区的划分

习惯上按红外线波长将红外光谱分成三个区域：

① 近红外区：$0.78\sim2.5\mu m(12820\sim4000cm^{-1})$，主要用于研究分子中的 O—H、N—H、C—H 键的振动倍频与组频。

② 中红外区：$2.5\sim25\mu m(4000\sim400cm^{-1})$，主要用于研究大部分有机化合物的振动基频。

③ 远红外区：$25\sim300\mu m(400\sim33cm^{-1})$，主要用于研究分子的转动光谱及重原子成键的振动。

其中，中红外区是研究和应用最多的区域，通常说的红外光谱就是指中红外区的红外吸收光谱。红外光谱除用波长 λ 表征横坐标外，更常用波数（wave number）$\tilde{\nu}$ 表征。纵坐标为百分透射比 $T\%$。

（3）红外光谱法的特点

① 特征性高。就像人的指纹一样，每一种化合物都有自己的特征红外光谱，所以把红外光谱分析形象地称为物质分子的"指纹"分析。

② 应用范围广。从气体、液体到固体，从无机化合物到有机化合物，从高分子到低分子都可以用红外光谱法进行分析。

③ 用样量少，分析速度快，不破坏样品。

2.2.2　红外吸收光谱分析基本原理

（1）产生红外吸收的条件

红外光谱是由于分子振动能级（同时伴随转动能级）跃迁而产生的，物质吸收红外辐射应满足两个条件：

① 辐射光具有的能量与发生振动跃迁时所需的能量相等；

② 辐射与物质之间有偶合作用。

当一定频率（一定能量）的红外光照射分子时，如果分子中某个基团的振动频率和外界红外辐射的频率一致，就满足了第一个条件。为满足第二个条件，分子必须有偶极矩的变化。已知任何分子就其整个分子而言，是呈电中性的，但由于构成分子的各原子因价电子得失的难易，而表现出不同的电负性，分子也因此而显示不同的极性。通常可以用分子的偶极矩（dipole moment）μ 来描述分子极性的大小。设正负电中心的电荷分别为 $+q$ 和 $-q$，正负电荷中心距离为 d（图 2.3）。

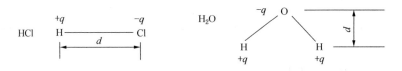

图 2.3　HCl、H_2O 的偶极矩

则：

$$\mu = qd \tag{2.6}$$

由于分子内原子处于在其平衡位置不断振动的状态，在振动过程中 d 的瞬时值亦不断

10

地发生变化，因此分子的 μ 也发生相应的改变，分子亦具有确定的偶极矩变化频率；对称分子由于其正负电荷中心重叠，$d=0$，故分子中原子的振动并不引起 μ 的变化。上述物质吸收辐射的第二个条件，实质上是外界辐射迁移它的能量到分子中去，而这种能量的转移是通过偶极矩的变化来实现的。这可以用图 2.4 的示意简图来说明。当偶极子处在电磁辐射的电磁场中时，此电磁场作周期性反转，偶极子将经受交替的作用力而使偶极矩增加和减小。由于偶极子具有一定的原有振动频率，显然，只有当辐射频率与偶极子频率相匹配时，分子才与辐射发生相互作用（振动偶合）而增加它的振动能，使振动加激（振幅加大），即分子由原来的基态振动跃迁到较高的振动能级。可见，并非所有的振动都会产生红外吸收，只有发生偶极矩变化的振动才能引起可观测的红外吸收谱带，我们称这种振动为红外活性（infrared active）的，反之则称为非红外活性的（infrared inactive）。

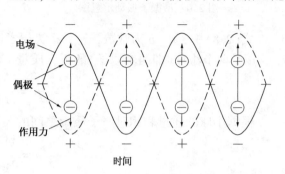

图 2.4　偶极子在交变电场中的作用示意图

　　由上述可见，当一定频率的红外光照射分子时，如果分子中某个基团的振动频率和它一样，二者就会产生共振，此时光的能量通过分子偶极矩的变化而传递给分子，这个基团就吸收一定频率的红外光，产生振动跃迁；如果红外光的振动频率和分子中各基团的振动频率不符合，该部分的红外光就不会被吸收。因此，若用连续改变频率的红外光照射某试样，由于该试样对不同频率的红外光的吸收与否，使通过试样后的红外光在一些波长范围内变弱（被吸收），在另一些范围内则较强（不吸收）。将分子吸收红外光的情况用仪器记录，就得到该试样的红外吸收光谱，如图 2.5 所示。

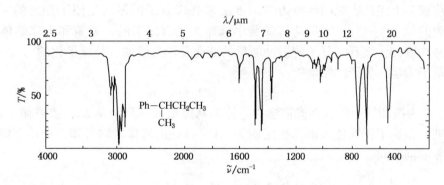

图 2.5　Ph—C(CH$_3$)HCH$_2$CH$_3$ 的红外光谱图

（2）分子振动简介

1）双原子分子振动

　　分子中的原子以平衡点为中心，以非常小的振幅（与原子间的距离相比）作周期性的简谐振动。这种分子振动的机械模型可以用经典的方法来模拟，如图 2.6 所示。把双原子分子的两个原子看成质量分别为 m_1 和 m_2 的两个钢体小球，连接两个原子的化学键设想成无质量的弹簧，弹簧的长度就是分子化学键的长度，近似看作谐振子。当外力（相当于红外辐射能）作用于弹簧时，两个小球沿轴心来回振动，由经典力学理论（Hook 定律）可导出该体系振动频率 $\tilde{\nu}$（以波数表示）的计算公式：

11

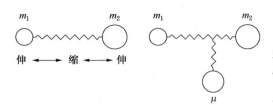

$$\tilde{\nu} = \frac{1}{2\pi c} \sqrt{\frac{K}{\mu}} \qquad (2.7)$$

式中，K 是弹簧力常数，也即连接原子的化学键的力常数（两原子由平衡位置伸长 1Å 的恢复力，单位为 $N \cdot cm^{-1}$）。

图 2.6　谐振子振动示意图

$$K = aN \left(\frac{x_a x_b}{d^2} \right) + b \qquad (2.8)$$

式(2.8)中，a、b 为常数，x_a、x_b 为原子电负性，N 为价键数，d 为平衡核间距。

μ 是两个小球（即两个原子）的折合质量（单位为 g）

$$\mu = \frac{m_1 m_2}{m_1 + m_2} \qquad (2.9)$$

根据小球的质量和相对原子质量之间的关系，式(2.7)可写作：

$$\tilde{\nu} = \frac{N_A^{1/2}}{2\pi c} \sqrt{\frac{K}{M}} \qquad (2.10)$$

其中，N_A 为阿伏加德罗（Avogadro）常数（$6.022 \times 10^{23} mol^{-1}$），$M$ 是折合相对原子质量：

$$M = \frac{M_1 M_2}{M_1 + M_2} \qquad (2.11)$$

式(2.10)为分子的振动方程式。由此式可见，影响基本振动频率的直接因素是相对原子质量和化学键的力常数。谐振子的振动频率和原子的质量有关，而与外界能量无关，外界能量只能使振动振幅加大（频率不变）。

对于多原子分子中的每个化学键也可以看成一个谐振子。

2）振动的量子化处理

应当注意，上述从宏观用经典力学的方法来处理分子的振动是便于理解的。但是，一个真实微观的粒子——分子的振动与弹簧小球体系是有区别的。弹簧和小球的体系中其能量的变化是连续的，而真实分子的振动能量的变化是不连续的，是量子化的。

根据量子力学，分子的振动能：

$$E = (V + 1/2) h\nu_{振} \qquad (2.12)$$

式中，V 为振动量子数。在光谱学中，体系从能量 E 变到能量 E_1，要遵循一定的规则，即选择定则，谐振子振动能级的选择定则为 $\Delta V = \pm 1$。由选择定则可知，振动能级跃迁只能发生在相邻的能级间。

将　　　$\nu = \frac{1}{2\pi} \sqrt{\frac{K}{\mu}}$　　代入式(2.12)，得：

$$E = \left(V + \frac{1}{2} \right) \frac{h}{2\pi} \sqrt{\frac{K}{\mu}} \qquad (2.13)$$

根据选择定则，可得任一相邻能级间能量差为：

$$\Delta E = \frac{h}{2\pi} \sqrt{\frac{K}{\mu}} \qquad (2.14)$$

当照射的电磁辐射正好能使振动能级跃迁时：

$$\Delta E_{振} = h\nu_{光} = \frac{h}{2\pi} \sqrt{\frac{K}{\mu}}$$

$$h\nu_{振} = h\nu_{光} = \frac{h}{2\pi}\sqrt{\frac{K}{\mu}}$$

$$\nu_{振} = \nu_{光} = \frac{1}{2\pi}\sqrt{\frac{K}{\mu}} \qquad (2.15)$$

$$\tilde{\nu} = \frac{1}{2\pi c}\sqrt{\frac{K}{\mu}}$$

由此式看出：分子固有振动频率也就是它所能吸收的辐射光的频率。

任何分子中的原子总是在围绕它们的平衡位置附近作微小的振动，这些振动的振幅很小，而振动的频率却很高（$\nu = 10^{13} \sim 10^{14}$ Hz），正好和红外光的振动频率在同一数量级。分子发生振动能级跃迁时需要吸收一定的能量，这种能量通常可由照射体系的红外光供给。由于振动能级是量子化的，因此分子振动将只能吸收一定的能量，吸收能量后，从而使振动的振幅加大。这种吸收的能量将取决于键力常数（K）与两端连接的原子的质量，即取决于分子内部的特征。这就是红外光谱可以测定化合物结构的理论依据。

根据式(2.15)可以计算各种键型的基频吸收峰的波数（或频率），各种化学键的伸缩振动力常数见表2-2。

表 2-2　各种键的伸缩振动力常数 K

化学键	$K/(\text{N/cm})$	化学键	$K/(\text{N/cm})$	化学键	$K/(\text{N/cm})$
—C≡N	18	≡C—H	5.9	S—H	4.3
—C≡C—	15.6	C—F	5.9	H—Br	4.1
=C=O	15	C—O—	5.4	C—Cl	3.6
C=O	12.1	≡C—C	5.2	H—I	3.2
C=C	9.6	=C—H	5.1	C—Br	3.1
H—F	9.7	H—Cl	4.8	C—I	2.7
O—H	7.7	C—H	4.8		
N—H	6.4	C—C	4.5		

3）非谐振子的振动

由于双原子分子并不是所假想的理想的谐振子，其势能曲线不是数学抛物线，实际势能随核间距离的增大而增大，当核间距达到一定值，化学键断裂，分子离解成原子，势能成为常数（图2.7）。按照非谐振子的势能函数求解薛定谔方程，体系的振动能为：

$$E_\nu = (V + 1/2)hc\nu - (V + 1/2)^2 hc\nu + \cdots$$

$$(2.16)$$

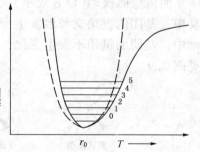

图 2.7　双原子分子的势能曲线
虚线—谐振子；实线—非谐振子

原子和分子与电磁波相互作用，从一个能量状态跃迁到另一个能量状态要服从一定的规律，这些规律称为光谱选律，它们是由量子化学的理论来解释的。简谐振动光谱选择定则为 $\Delta V = \pm 1$，即跃迁必须在相邻振动能级之间进行。最主要的红外跃迁是 $V_0 \rightarrow V_1$，称为本征跃迁。吸收频率 $\nu = \frac{1}{2\pi}\sqrt{\frac{K}{\mu}}$，与经典力学计算结果相同，本征跃迁产生的吸收带又称为本征吸收带或基频峰。真实分子的振动为近似的简谐振动，不严格遵守 $\Delta V = \pm 1$ 的选律，其振动的光谱选律为 $\Delta V = \pm 1$，± 2，$\pm 3\cdots$在红外光谱中，振动跃迁从基态到第二激发态（$V = 2$）的吸收频率称为倍频(over tone)，倍频吸收峰称为倍频峰。倍频峰的强度较弱。

多原子的各种键的振动能级之间可能有相互作用，当电磁波的能量正好等于两个基频跃迁的能量的总和时，可同时激发两个基频振动从基态到激发态，即 $\nu = \nu_1 + \nu_2$，这种吸收称为合频(combination tone)，合频吸收峰强度比倍频更弱。

当电磁辐射能量等于两个基频跃迁能量之差时，也可能产生等于两个基频频率之差的吸收，即 $\nu = \nu_1 - \nu_2$，这种吸收称为差频。差频的吸收过程是一个振动状态，由基态跃迁到激发态，同时另一个振动状态由激发态跃迁到基态。由于激发态分子很少，所以差频吸收比合频更弱。合频和差频统称为组合频。倍频、合频、差频又统称为泛频。

4) 多原子分子的振动

多原子分子由于组成原子数目增多，组成分子的键或基团和空间结构的不同，其振动光谱比双原子分子要复杂得多。但是可以把它们的振动分解成许多简单的基本振动，即简正振动。

i. 简正振动　简正振动的状态是，分子的质心保持不变，整体不转动，每个原子都在其平衡位置附近作简谐振动，其振动频率和位相都相同，即每个原子都在同一瞬间通过其平衡位置，而且同时达到其最大位移值。分子中任何一个复杂振动都可以看成这些简正振动的线性组合。

ii. 振动的基本形式　分子振动一般分为伸缩振动和弯曲振动两大类。

① 伸缩振动　原子沿键轴方向伸缩，键长发生变化而键角不变的振动称为伸缩振动。用符号 ν 表示。它又分为对称(ν_s)和不对称(ν_{as})伸缩振动。对同一基团来说，不对称伸缩振动的频率要稍高于对称伸缩振动。见图 2.8。

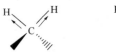

对称伸缩振动
($\nu_s\ 2853\text{cm}^{-1}$)　　非对称伸缩振动
($\nu_{as}\ 2926\text{cm}^{-1}$)

图 2.8　亚甲基的伸缩振动

② 弯曲振动(或变形振动)　基团键角发生周期变化而键长不变的振动称为变形振动，用符号 δ 表示。弯曲振动又分为面内和面外弯曲振动(变形振动)。

面内弯曲振动(以 β 表示)又分为两种：一种为剪式振动，以 σ 表示。在这种弯曲振动中，基团的键角交替地发生变化；另一种是面内摇摆振动，以 ρ 表示。在这种弯曲振动中，基团的键角不发生变化，基团只是作为一个整体在分子的对称平面内左右摇摆，见图 2.9。

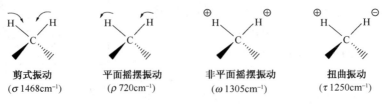

剪式振动　　　　平面摇摆振动　　　　非平面摇摆振动　　　　扭曲振动
($\sigma\ 1468\text{cm}^{-1}$)　($\rho\ 720\text{cm}^{-1}$)　($\omega\ 1305\text{cm}^{-1}$)　($\tau\ 1250\text{cm}^{-1}$)

图 2.9　亚甲基的弯曲振动

面外弯曲振动(以 γ 表示)也分为两种：一种为面外摇摆振动，以 ω 表示；另一种是面外扭曲振动，以 τ 表示。

此外还有骨架振动，由多原子分子的骨架振动产生，如苯环的骨架振动。

iii. 基本振动的理论数目　简正振动的数目称为振动自由度，每个振动自由度对应于红外光谱图上一个基频吸收峰。每个原子在空间都有三个自由度，如果分子由 n 个原子组成，其运动自由度就有 $3n$ 个，这 $3n$ 个运动自由度中，包括 3 个分子整体平动自由度，3 个分子

14

整体转动自由度，剩下的是分子的振动自由度。对于非线性分子振动自由度为$3n-6$，但对于线性分子，其振动自由度是$3n-5$。例如水分子是非线性分子，其振动自由度=$3\times3-6=3$，简正振动形式如图2.10。CO_2分子是线性分子，振动自由度=$3\times3-5=4$，其振动形式如图2.11所示。

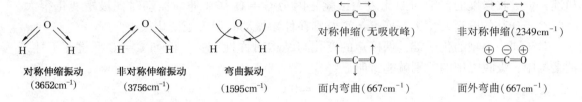

图2.10 水分子的振动形式　　　图2.11 CO_2分子的振动形式

简正振动的特点是分子的质心在振动过程中保持不变，所有原子在同一瞬间通过各自的平衡位置，每一简正振动代表一种运动方式，有特定的振动频率。似乎都应有相应的红外吸收谱带。理论上每个振动自由度（基本振动数）在红外光谱区均产生一个吸收峰，但是实际上峰数往往少于基本振动数目。其原因：

① 当振动过程中分子不发生瞬间偶极矩变化时，不引起红外吸收；

② 频率完全相同的振动，彼此发生简并；

③ 强宽峰往往要覆盖与它频率相近的弱而窄的吸收峰；

④ 吸收峰有时落在中红外区域（$4000\sim400cm^{-1}$）以外；

⑤ 吸收强度太弱，以致无法测定。

CO_2分子理论上应有四种基本振动形式，但实际上只在$667cm^{-1}$和$2349cm^{-1}$处出现两个基频吸收峰。这是因为其中对称伸缩振动不引起偶极矩的改变，即非红外活性振动，没有红外吸收；面内弯曲振动（$\beta 667cm^{-1}$）和面外弯曲振动（$\gamma 667cm^{-1}$）又因频率完全相同，吸收峰发生简并。

（3）吸收谱带的强度

红外光谱的吸收带强度既可用于定量分析，也是化合物定性分析的重要依据。用于定量分析时，吸收强度在一定浓度范围内符合朗伯-比尔定律。用于定性分析时，根据摩尔吸收系数可以区分吸收强度级别，如表2-3。

表2-3 红外吸收强度及其表示符号

摩尔吸收系数 ε	强　度	符　号	摩尔吸收系数 ε	强　度	符　号
>200	很强	vs	$5\sim25$	弱	w
$75\sim200$	强	s	$0\sim5$	很弱	vw
$25\sim75$	中等	m			

基态分子中的很小一部分，吸收某种频率的红外光，产生振动能级跃迁而处于激发态。激发态分子通过与周围基态分子的碰撞等原因，损失能量而回到基态，它们之间形成动态平衡。跃迁过程中激发态分子占总分子的百分数，称为跃迁几率，谱带的强度即跃迁几率的量度。跃迁几率与振动过程中偶极矩的变化（$\Delta\mu$）有关，$\Delta\mu$越大，跃迁几率越大，谱带强度越强。

分子振动时偶极矩的变化不仅决定该分子能否吸收红外光，而且还关系到吸收峰的强度。根据量子理论，红外光谱的强度与分子振动时偶极矩的变化的平方成正比。最典型的例子是 C ═O 基和 C ═C 基。C ═O 基的吸收是非常强的，常常是红外谱图中最强的吸收带；而 C ═C 基的吸收则有时出现，有时不出现，即使出现，强度也很弱。它们都是不饱和键，但吸收强度的差别却如此之大，就是因为 C ═O 基在伸缩振动时偶极矩变化很大，因而 C ═O 基的跃迁几率大，而 C ═C 基则在伸缩振动时偶极矩变化很小。

对于同一类型的化学键，偶极矩的变化与结构对称性有关。例如 C ═C 双键在下述三种结构中，吸收强度的差别就非常明显：

① R—CH═CH$_2$ $\varepsilon = 40$
② R—CH═CH—R′顺式 $\varepsilon = 10$
③ R—CH═CH—R′反式 $\varepsilon = 2$

这是由于对 C ═C 双键来说，结构①的对称性最差，因此吸收较强，而结构③的对称性相对最高，故吸收最弱。

另外，对于同一试样，在不同的溶剂中，或在同一溶剂中不同浓度的试样，由于氢键的影响以及氢键强弱的不同，使原子间的距离增大，偶极矩变化增大，吸收增强。例如醇类—OH 基在四氯化碳溶剂中伸缩振动的强度就比在乙醚溶剂中弱得多。而在不同浓度的四氯化碳溶剂中，由于缔合状态的不同，强度也有很大差别。

谱带的强度还与振动形式有关。

2.2.3　红外吸收光谱与分子结构的关系

红外光谱的最大特点是具有特征性。这种特征性与各种类型化学键振动的特征相联系。复杂分子中存在许多原子基团，各个原子基团(化学键)在分子被激发后，都会产生特征的振动。分子的振动，实质上可归结为化学键的振动，因此红外光谱的特征性与化学键振动的特征性是分不开的。有机化合物的种类很多，大多数有机化合物都是由 C、H、O、N、S、P、卤素等元素组成，而其中最主要的是 C、H、O、N 四种元素。因此可以说大部分有机化合物的红外光谱基本上是由这四种元素所形成的化学键的振动贡献的。在研究了大量化合物的红外光谱后发现，同一类型的化学键的振动是非常相近的，总是出现在某一范围内。例如，CH$_3$CH$_2$Cl 中的—CH$_3$ 基团具有一定的吸收谱带，而很多具有—CH$_3$ 基团的化合物，在这个频率附近(3000~2800cm^{-1})也出现吸收谱带，因此可以认为这个出现—CH$_3$ 吸收峰的频率是—CH$_3$ 基团的特征频率。这个与一定结构单元相联系的振动频率称为基团频率(group frequency)。由于同一类型的基团在不同的物质中所处的环境各不相同，使基团的振动频率产生位移，这种差别常常能反映出结构上的特点。只要掌握了各种基团的振动频率(基团频率)及其位移规律，就可以应用红外光谱来确定化合物中存在的基团及其在分子中的相对位置。

(1) 基团频率区

红外光谱区可以分成 4000 ~ 1300cm^{-1} 和 1300 ~ 400cm^{-1} 两个区域。基团频率区在 4000~1300cm^{-1} 之间，这一区域称为基团频率区、官能团区或特征频率区。区内的峰是由伸缩振动产生的吸收带，常用于鉴定官能团。

在 1300~400cm^{-1} 区域中，除单键的伸缩振动外，还有因变形振动产生的谱带。这些振动与整个分子的结构有关。当分子结构稍有不同时，该区的吸收就有细微的差异，就显示出分子的特征。这种情况就像每个人有不同的指纹一样，因此该区域称为指纹区。指纹区对于指认结构类似的化合物很有帮助，而且可以作为化合物存在某种官能团的旁证。

基团频率区又可分为三个区域：

1）4000～2500cm^{-1}为O—H、N—H、C—H的伸缩振动区

O—H的伸缩振动出现在3650～3200cm^{-1}范围内，它可以作为判断有无醇类、酚类和有机酸类的重要依据。当醇和酚溶于非极性溶剂（CCl$_4$），浓度在0.01mol/L以下时，在3650～3580cm^{-1}处出现游离O—H的伸缩振动吸收，峰形尖锐，且没有其他吸收峰干扰，易于识别。当样品浓度增加时，羟基化合物产生缔合现象，O—H的伸缩振动吸收峰向低波数方向位移，在3400～3200cm^{-1}出现一个宽而强的吸收峰。有机酸中的O—H比较特殊，由于氢键缔合，通常都以二聚物或多聚物的形式存在。故吸收峰向低波数方向位移，在3000～2500cm^{-1}区出现一个强而宽的峰。这个峰通常和脂肪烃的C—H伸缩振动峰重叠。

N—H的伸缩振动出现在3500～3300cm^{-1}，因此可能会对O—H伸缩振动有干扰。但无论游离的N—H还是缔合的N—H，其峰强都比形成氢键缔合的O—H峰弱，且峰稍尖锐一些。其中伯胺显双峰（因有对称与不对称伸缩），仲胺和亚胺显一个峰，而叔胺不显峰。

C—H的伸缩振动一般出现在3100～2800cm^{-1}。C—H的伸缩振动可分为饱和与不饱和两种。饱和的C—H伸缩振动出现在3000～2800cm^{-1}，取代基对它们影响也很小。如甲基（—CH$_3$）的伸缩振动出现在2960cm^{-1}（ν_{as}）和2870cm^{-1}（ν_s）附近；亚甲基（—CH$_2$—）的吸收在2930cm^{-1}（ν_{as}）和2850cm^{-1}（ν_s）附近；次甲基（—CH$\overset{|}{}$）的吸收出现在2890cm^{-1}附近，但强度较弱。不饱和的C—H伸缩振动出现在3100～3000cm^{-1}，其吸收高于3000cm^{-1}，并以此来判别化合物中是否含有不饱和的C—H键。苯环的C—H伸缩振动出现在3030cm^{-1}附近，它的特征是强度比饱和的C—H键稍弱，但谱带比较尖锐。不饱和的双键≡CH的吸收出现在3040～3010cm^{-1}范围内，而叁键C≡CH上的C—H伸缩振动出现在更高的区域（3300cm^{-1}）附近。

2）2500～1900cm^{-1}为叁键和累积双键区

这一区域出现的吸收，主要包括 —C≡C—、—C≡N 等叁键的伸缩振动，以及—C≡C=C、—C=C=O等累积双键的不对称伸缩振动。对于炔类化合物，可以分成 R—C≡CH 和 R$_1$—C≡CR 两种类型。前者的伸缩振动出现在2400～2100cm^{-1}附近，后者出现在2260～2190cm^{-1}附近。如果R$_1$=R，因为分子是对称的则是非红外活性的。

—C≡N基的伸缩振动在非共轭的情况下出现在2240～2230cm^{-1}附近。当与不饱和键或芳香核共轭时，该峰位移到2230～2220cm^{-1}附近。若分子中含有C、H、N原子，—C≡N基吸收比较强而尖锐。若分子中含有O原子，且O原子离—C≡N越近，—C≡N的吸收越弱，甚至观察不到。

3）1900～1300cm^{-1}为双键伸缩振动区

该区域主要包括—C=O、—C=C—伸缩振动及苯环的骨架振动和泛频吸收。

—C=O伸缩振动出现在1900～1650cm^{-1}，是红外光谱中很特征的且往往是最强的吸收，由此很容易判断酮、醛、酸、酯以及酸酐等有机化合物。酸酐的羰基吸收谱带由于振动偶合而呈现双峰。

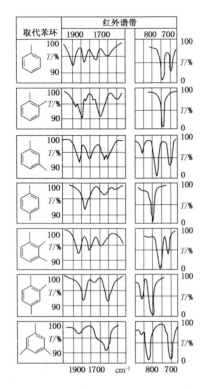

图 2.12 取代苯在 2000~1650cm^{-1}、
900~650cm^{-1} 范围吸收

—C≡C— 伸缩振动吸收一般出现在 1680~1620cm^{-1}，峰较弱。对于下述含有 C≡C 的分子：$R_1R_2C≡CR_3R_4$，显然 C≡C 键的吸收强度与分子中四个基团 R_1、R_2、R_3 及 R_4 的差异及分子对称性有关。如果此四个基团相似或相同，则 C≡C 的吸收很弱，甚至是非红外活性的。因此不能仅根据此波长范围内有无吸收来判断分子结构中是否有双键。单核芳烃的 C≡C 伸缩振动吸收出现在 1620~1450cm^{-1} 范围内，有 2~4 个峰。这是芳环的骨架振动，一般在 1600cm^{-1} 和 1500cm^{-1} 附近，这两个峰对于确定芳核结构很有价值。

苯衍生物在 2000~1650cm^{-1} 范围出现 C—H 面外和 C≡C 面内变形振动的泛频吸收，虽然强度很弱，但它们的吸收面貌在表征芳核取代类型上都很有用，见图 2.12。

（2）指纹区

1）1300~1000cm^{-1}

该区域主要是 C—O、C—N 等单键的伸缩振动吸收及 C—C 单键骨架的振动。例如酯在 1280~1050cm^{-1} 范围内出现两个 C—O—C 伸缩振动吸收带，处于高频的为反对称伸缩振动，强度很大，出现在低频的为对称的伸缩振动，强度较小。醚具有两个相连的 C—O 键，应有两个 C—O—C 伸缩振动，其吸收出现在 1250~1050cm^{-1} 之间。对称的醚出现一个峰；非对称醚出现两个峰，高频的为 C—O—C 反对称伸缩振动吸收，吸收特别强，低频的为 C—O—C 对称的伸缩振动，强度要小一些。C—N 键的伸缩振动频率比相应的 C—O 键高一些，与饱和碳相连的 C—N 键吸收谱带在 1250~1100cm^{-1}，与不饱和碳或芳环相连的 C—N 键吸收谱带在 1350~1250cm^{-1}。但强吸电子的硝基衍生物的谱带频率很低，硝基苯的 C—N 键吸收谱带则在 870cm^{-1}。C—C 键振动吸收一般很弱，应用价值较小。

2）1000~650cm^{-1}

该区域主要是 C—H 的弯曲振动吸收。其吸收峰可用来确定化合物的顺反构型或苯环的取代类型。

烯烃的 $\delta_{=C-H}$ 吸收谱带出现于 1000~700cm^{-1}，与取代类型的关系见表 2-4。有的烯烃还可能在 1800cm^{-1} 附近观察到 $\delta_{=C-H}$ 的倍频谱带。

表 2-4 取代烯烃类化合物 C—H 面外弯曲振动

链烯烃类型	波数/cm^{-1}	峰强度	链烯烃类型	波数/cm^{-1}	峰强度
RCH=CH$_2$	990 和 910	强	R$_2$C=CH$_2$	890	中强
RCH=CHR（顺）	690	中强	R$_2$C=CHR	840~790	中强
RCH=CHR（反）	970	中强			

芳香环的 $\delta_{=C-H}$ 振动吸收在 900~650cm^{-1} 出现 1~2 个强度相当大的谱带，它们的位置取决于苯环的取代类型。在芳环上具有孤立氢的五取代衍生物的 $\delta_{=C-H}$ 频率较高，出现在

$900\sim860\,\mathrm{cm}^{-1}$范围，两个氢相邻的对二取代或 1，2，3，4 四取代衍生物的 $\delta_{=C-H}$ 频率相对低一些，在 $850\sim800\,\mathrm{cm}^{-1}$ 范围，依次相邻的氢芳环越多，其 $\delta_{=C-H}$ 的频率也越低。它们的吸收位置一般与取代基的性质无关，只有当强吸电子取代基如硝基等取代时，相应谱带才向高频位移。

芳环 C—H 面内变形振动吸收在 $1225\sim950\,\mathrm{cm}^{-1}$，与 $1030\,\mathrm{cm}^{-1}$ 附近的苯环呼吸振动构成指纹区，出现较多的多重谱带，由于干扰严重，较少应用，但在核对标准图谱时有重要价值。

苯环的面外弯曲振动 $\gamma_{=C-H}$ 吸收谱带与取代类型的关系见表 2-5。

表 2-5　取代苯 C—H 面外变形振动

取代类型	相邻氢数	波数/cm⁻¹	取代类型	相邻氢数	波数/cm⁻¹
单取代	5H	770~730、710~690	间位取代	3H	810~750、725~680
邻位取代	4H	770~735	对位取代	2H	860~800

以上按区域讨论了一些基团的红外吸收谱带，常见有关基团的红外吸收见表 2-6。

表 2-6　红外光谱中一些基团的吸收区域及其特征频率

区域	基团	吸收频率/cm⁻¹	振动形式	吸收强度	说　明
氢伸缩区	—OH(游离)	3640~3610	伸缩	m、sh	判断有无醇类、酚类和有机酸类的重要依据
	—OH(缔合)	3400~3200	伸缩	s、b	判断有无醇类、酚类和有机酸类的重要依据 羧酸—COOH 中的 OH 伸缩振动由于缔合而向低波数位移。在 3000~2500cm⁻¹ 附近出现一特征的宽吸收带。NH₄⁺ 在 3300~3030cm⁻¹ 有很强的吸收带
	—NH₂	3500~3300	非对称伸缩	m	
	—NH—	3400~3300	伸缩	m~w	
	—SH	2600~2550	伸缩	w	
	P—H	2450~2280	伸缩	m~w	
	Si—H	2360~2100	伸缩	s、sh	
	C—H 伸缩振动 不饱和 C—H				出现在 3000cm⁻¹ 以上的 C—H 伸缩振动吸收，表明存在不饱和的 =C—H(烯烃和芳烃)
	≡C—H	3300	伸缩	s、sh	
	=CH₂	3080	非对称伸缩	m	
		2975	对称伸缩	m	2975cm⁻¹ 吸收带会与链烷基的吸收重叠
	=CH—	3020	伸缩	m	
	苯环中的 C—H	3030 附近数条吸收带	伸缩		某些芳香族化合物中，主要吸收带出现在 3000cm⁻¹ 以上
	饱和 C—H				饱和 C—H 伸缩振动出现在 3000cm⁻¹ 以下(3000~2800cm⁻¹)，取代基影响小
	—CH₃	2960±5	非对称伸缩	s	
		2870±10	对称伸缩	m	
	—CH₂—	2925±5	非对称伸缩	s	三元环中的 =CH₂ 出现在(3070±10)cm⁻¹
		2850±10	对称伸缩	s	
三键区	—C≡N	2260~2210	伸缩	s~m	
	N≡N	2300~2150	伸缩	m	
	—C≡C—	2260~2100	伸缩	v	R—C≡C—H 2140~2100cm⁻¹， R—C≡C—R′ 2260~2190cm⁻¹
	—C=C=C	1950 附近	伸缩	v	此处会出现费米共振的倍频带

19

区域	基团	吸收频率/cm⁻¹	振动形式	吸收强度	说明
双键区	C＝C	1680~1600	伸缩	m、w	C＝C 的吸收一般很弱，如 C＝C 上取代基团相同，则无红外活性，故不能根据此处有无吸收来判断有无双键
	芳环中 C＝C	1600、1580 1500、1450	伸缩	v	苯环的骨架振动，特征吸收，强度可变，一般1500cm⁻¹比1600cm⁻¹强，1450cm⁻¹要与—CH₂—的吸收峰重叠
	—C＝O 伸缩				
	—CO—（酮）	1715	伸缩	vs	
	—CO—（醛）	1725	伸缩	vs	与酮吸收相近，但醛在 2820cm⁻¹、2870cm⁻¹有两个中等强度特征吸收，后者较尖锐与其他 C—H 吸收峰不混淆，易识别
	—CO—（酯）	1735	伸缩	vs	不受氢键和溶剂影响，与不饱和键共轭时向低波数位移，强度不变
	—CO—（酰胺）	1680	伸缩	vs	
	—CO—（酸）	1760~1710	伸缩	vs	由于氢键通常都以二分子缔合形式存在，吸收峰在 1725~1700cm⁻¹ 附近。在 CCl₄ 中，单体和二缔合体同时存在，出现两条吸收带，单体吸收带在 1760cm⁻¹ 附近
	—CO—O— CO—（酸酐）	1820、1760	伸缩	vs	两条吸收带相对强度不变
	—NO₂ （脂肪族）	1550	非对称伸缩	s	—NO₂ 的特征吸收带
		1370±10	对称伸缩	s	—NO₂ 的特征吸收带
	—NO₂ （芳香族）	1525±15	非对称伸缩	s	—NO₂ 的特征吸收带
		1345±10	对称伸缩	s	—NO₂ 的特征吸收带
指纹区	C—O	1300~1000	伸缩	vs	C—O 键的极性很强，故经常成为谱图中最强的吸收
	C—O—C （脂肪醚）	1150~1070	非对称伸缩	s	醚类中 C—O—C 的反对称伸缩经常是最强的吸收，比1250cm⁻¹吸收带弱
		1000~900	对称伸缩	m	
	＝C—O—C （芳香醚）	1275~1200	非对称伸缩	vs	
		1075~1020	对称伸缩	s	
	—CH₃	1460±10	非对称弯曲	m	
	—CH₂	1460±10	对称弯曲	m	
	—CH₃	1380	对称弯曲	s	很少受取代基影响，且干扰少是—CH₃的特征吸收
	C—F	1400~1000	伸缩	vs	
	O—H	955~915	面外弯曲	m、b	二聚体—OH 面外弯曲振动，可确认—COOH存在特征吸收带
	—NH₂	900~650	面外弯曲	m、b	
	＝CH₂	910~890	面外摇摆	m、b	
	C—Cl	800~600	伸缩	s	
	C—Br	600~500	伸缩	s	
	C—I	500	伸缩	s	

2.2.4 影响基团频率位移的因素

在复杂的有机分子中，基团频率除由原子的质量及原子间的化学键力常数决定外，还受到分子内部结构和外部环境的影响。因而同样的基团在不同的分子和不同的外界环境中基团频率可能会有一个较大的范围。因此了解影响基团频率的因素，对解析红外光谱和推断分子结构是十分有用的。

影响基团频率位移的因素大致可分为内部因素和外部因素。

（1）外部因素

试样状态、测定条件的不同及溶剂极性的影响等外部因素都会引起频率位移。一般气态时 C＝O 伸缩振动频率最高，非极性溶剂的稀溶液次之，而液态或固态的振动频率最低。

同一化合物的气态和液态光谱或固态光谱有较大的差异，因此在查阅标准图谱时，要注意试样状态及制样方法等。

（2）内部因素

1）电子效应

诱导效应、共轭效应和中介效应都会导致成键原子间电子杂化状况与电子云分布发生变化，从而改变力常数而影响相应谱带的位置。

ⅰ. 诱导效应（I 效应）　由于取代基具有不同的电负性，通过静电诱导作用，引起分子中电子分布的变化，从而改变了键力常数，使基团的特征频率发生位移。例如，羰基（C＝O）的伸缩振动，随着连接基团电负性的变化，C＝O 的伸缩振动频率变化情况如下：

$$
\underset{1715\text{cm}^{-1}}{\text{R}-\overset{\displaystyle O}{\underset{\displaystyle \|}{\text{C}}}-\text{R}'}
\qquad
\underset{1800\text{cm}^{-1}}{\text{R}-\overset{\displaystyle O}{\underset{\displaystyle \|}{\text{C}}}-\text{Cl}}
\qquad
\underset{1828\text{m}^{-1}}{\text{Cl}-\overset{\displaystyle O}{\underset{\displaystyle \|}{\text{C}}}-\text{Cl}}
\qquad
\underset{1928\text{m}^{-1}}{\text{F}-\overset{\displaystyle O}{\underset{\displaystyle \|}{\text{C}}}-\text{F}}
$$

一般电负性大的基团（或原子）吸电子能力强，在烷基酮的 C＝O 上，由于 O 的电负性比 C 大，因此电子云密度是不对称的，O 附近大些，C 附近小些，其伸缩振动频率在 1715cm^{-1}左右，以此为基准。

当 C＝O 上的烷基被卤素取代时形成酰卤，由于 Cl 的吸电子作用，使电子云由氧原子转向双键的中间，增加了 C＝O 键中间的电子云密度，因而增加了此键的力常数。根据分子振动方程，K 升高，振动频率也升高，所以 C＝O 的振动频率升高（1800cm^{-1}）。

随着卤素原子取代数目的增加或卤素原子电负性的增大，这种静电的诱导效应也增大，使 C＝O 的振动频率向更高频移动。

ⅱ. 共轭效应（C 效应）　共轭效应使共轭体系中的电子云密度平均化，结果使原来的双键略有伸长（即电子云密度降低），力常数减小，使其吸收频率往往向低波数方向移动。例如酮的 C＝O，因与苯环共轭而使 C＝O 的力常数减小，振动频率降低。

$$
\underset{1715\text{cm}^{-1}}{\text{R}-\overset{\displaystyle O}{\underset{\displaystyle \|}{\text{C}}}-\text{R}'}
\qquad\qquad
\underset{1680\text{cm}^{-1}}{}
\qquad\qquad
\underset{1665\text{cm}^{-1}}{}
$$

ⅲ. 中介效应（M 效应）　当含有孤对电子的原子（O、N、S 等）与具有多重键的原子相连时，也可起到类似的共轭作用，形成中介效应。例如，酰胺中的 C＝O 因氮原子的共轭

作用，使 C＝O　$\underset{1650\text{cm}^{-1}}{\text{R}-\overset{\displaystyle \frown}{\underset{\displaystyle \underset{\displaystyle O}{\|}}{\text{C}}}-\text{NH}_2}$　上的电子云更移向 O 原子，C＝O 双键的电子云密度平均化，

造成 C＝O 键的力常数下降，使吸收频率向低波数位移（1650cm^{-1}）。

对同一基团来说，若诱导效应 I 和中介效应 M 同时存在，则振动频率最后位移的方向和程度，取决于这两种效应的净结果。当 I 效应＞M 效应时，振动频率向高波数移动；反之，振动频率向低波数移动。例如，饱和酯的 C＝O 伸缩振动频率为 1735cm^{-1}，比酮

（1715cm^{-1}）高，这是因为—OR 的 I 效应比 M 效应大。而—SR 的 I 效应比 M 效应小，因此 C ⚌O 的振动频率移向低波数。

$$R-\overset{\frown}{C}-\overset{..}{O}R'$$
$$\overset{\parallel}{O}$$
$$1735cm^{-1}$$

2）氢键的影响

氢键的形成使电子云密度平均化，从而使伸缩振动频率降低。最明显的例子是羧酸，羰基和羟基之间容易形成氢键，使羰基的频率降低。游离羧酸的 C ⚌O 频率出现在 1760m^{-1} 左右，而液态或固态时，C ⚌O 频率都在 1700cm^{-1}，因为此时羧酸形成二聚体。

RCOOH（游离）   R—C ⟨O······H—O⟩ C—R（二聚体）
                                    ⟨O—H······O⟩
1760cm^{-1} 1700cm^{-1}

分子内氢键不受浓度影响，分子间氢键则受浓度影响较大。例如，以 CCl$_4$ 为溶剂测定乙醇的红外光谱，当乙醇浓度小于 0.01mol/L 时，分子间不形成氢键，而只显示游离的—OH 的吸收（3640cm^{-1}），但随着溶液中乙醇浓度的增加，游离羟基的吸收减弱，而二聚体（3531cm^{-1}）和多聚体（3350cm^{-1}）的吸收相继出现，并显著增加。当乙醇浓度为 1.0mol/L 时，主要是以缔合形式存在。

3）振动偶合

当两个振动频率相同或相近的基团相邻并具有一公共原子时，由于一个键的振动通过公共原子使另一个键的长度发生改变，产生一个"微扰"，从而形成了强烈的振动相互作用。其结果是使振动频率发生变化，一个向高频移动，一个向低频移动，谱带裂分。振动偶合常出现在一些二羰基化合物中。例如酸酐的两个羰基，振动偶合裂分成两个谱带。

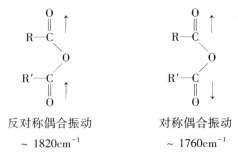

反对称偶合振动   对称偶合振动
~ 1820cm^{-1} ~ 1760cm^{-1}

4）Fermi 共振

当一振动的倍频与另一振动的基频接近时，由于发生相互作用而产生很强的吸收峰或发生裂分，这种现象叫 Fermi 共振。例如，醛类化合物的醛基上 C—H 键的弯曲振动在 1390cm^{-1} 附近，其倍频吸收和醛基上 C—H 键的伸缩振动（2820cm^{-1} 附近）十分接近，两者发生 Fermi 共振，在该区域出现两个中等强度的吸收峰，位于 2850cm^{-1} 和 2720cm^{-1}，这两个峰成为鉴定醛基的特征峰。

其他影响因素还有空间效应、环的张力等，可参阅有关专著。

2.2.5 红外分光光度计及样品制备技术

（1）红外分光光度计的结构及工作原理

红外分光光度计按其发展历程可分为三代，第一代是用棱镜作单色器，缺点是要求恒温、干燥、扫描速度慢和测量波长的范围受棱镜材料的限制，一般不能超过中红外区，分辨率也低。第二代用光栅作单色器，对红外光的色散能力比棱镜高，得到的单色光优于棱镜单色器，且对温度和湿度的要求不严格，所测定的红外波谱范围较宽（12500～10cm^{-1}）。第一代和第二代红外分光光度计均为色散型红外分光光度计。随着计算机技术的发展，20世纪70年代开始出现第三代干涉型分光光度计，即傅里叶变换红外光谱仪。傅里叶变换红外光谱仪与色散型分光光度计不同，它由光源发出的光首先经过迈克尔逊干涉仪变成干涉光，再让干涉光照射样品。检测器仅获得干涉图，然后用计算机对干涉图进行傅里叶变换，得到我们熟悉的红外光谱图。

1）色散型红外分光光度计

色散型红外分光光度计由光源、样品池、单色器、检测器、放大器、记录器几部分组成。

色散型红外分光光度计均为双光束自动扫描仪器（图2.13），基本工作原理是双光束光学零位平衡。自光源 S 发出的红外光，经过两个凹面镜 M_1、M_2 反射成两束强度相等的收敛光，一束为样品光，通过样品，另一束为参比光。这两条光束分别经反射镜 M_3、M_4 和 M_5 到达斩光器。斩光器为具有半圆型或两个直角扇型的反射镜，以 10Hz 的速度旋转，使透射的测试光束和反射的参比光束以 10Hz 的变换频率交替通过入射狭缝 S_1 进入单色器，在单色器中，连续的辐射光被光栅 G（或棱镜）色散后，经准直镜 M_6 依次送出狭缝 S_2，再由滤光器圆盘 F 滤掉不属于该波长范围的辐射光，最后被反射镜 M_7 聚焦在检测器 D 上。

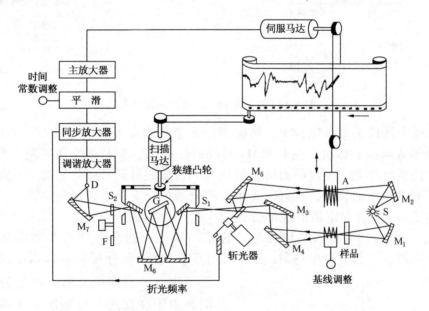

图 2.13　双光束光学零位平衡式红外分光光度计工作原理图

样品不发生红外吸收时，两束光具有相等的强度，在检测器上产生相等的光电效应，不输出交变信号；当测试光路的光被样品吸收而减弱时，两束光路的光能量不等，到达检测器的光强度以斩光器的旋转频率周期交替变化，检测器也随之输出相应的交变信号。这种交变信号经放大系统放大，用以驱动伺服马达运转，带动梳型减光器（光栏）A，逐渐插入参比光路，以降低其光能，直到双光束光路能量相等，达到平衡时，检测器不再输出交变信号，伺服马达停止转动。在记录系统中，记录吸收强度的笔和减光器同步。当样品吸收时，在减光器插入参比光路的同时记录笔同步向透射率减小的方向移动，仪器继续扫描，到超过吸收最大的频率位置后，由于样品吸收光能减少，测试光路的能量开始增加，双光束能量出现新的不平衡，使检测器产生反向的交变信号，驱动伺服马达向相反的方向转动，减光器随之退出参比光路，记录笔也相应地向透射率增加的方向移动，完成了一条吸收谱带的记录。波数的扫描由扫描马达来控制，扫描马达的转动同时也带动狭缝凸轮的转动，控制光栅的转角，使色散后的单色光按波数的线性关系依次通过出射狭缝，到达检测器，扫描马达同时转动，同步自高频向低频记录。

2）傅里叶变换红外光谱仪（FTIR）

傅里叶变换红外光谱仪主要由光源、迈克尔逊干涉仪、检测器和计算机组成。其光学系统的核心部分是迈克尔逊干涉仪，如图2.14所示。

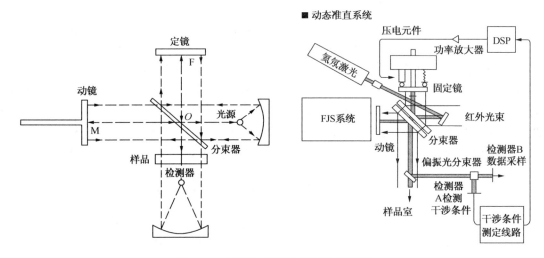

图2.14　迈克尔逊干涉仪结构示意图

迈克尔逊干涉仪主要由定镜 F、动镜 M、光束分裂器和检测器组成。F 固定不动，M 则可沿镜轴方向前后移动，在 F 和 M 中间放置一个呈45°角的半透膜光束分裂器。从红外光源发出的红外光，经过凹面镜反射成为平行光照射到光束分裂器上。光束分裂器为一块半反射半透射的膜片，入射的光束一部分透过分束器垂直射向动镜 M，一部分被反射，射向定镜 F。射向定镜的这部分光由定镜反射射向分束器，一部分发生反射（成为无用光），一部分透射进入后继光路，称第一束光；射向动镜的光束由动镜反射回来，射向分束器，一部分发生透射（成为无用部分），一部分反射进入后继光路，称为第二束光。当两束光通过样品到达检测器时，由于存在光程差而发生干涉。干涉光的强度与两光束的光程差有关，当光程差为波长的半整数倍时，发生相消干涉，则干涉光最弱。对于单色光来说，在理想状态下，其干涉图是一条余弦曲线，不同波长的单色光，干涉图的周期和振幅有所不同，见图2.15（a）；对于复色光来说，由于多种波长的单色光在零光程差处都发生

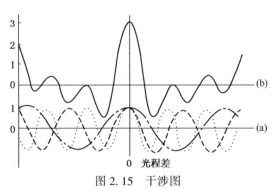

图2.15　干涉图

相长干涉，光强最强，随着光程差的增大，各种波长的干涉光发生很大程度的相互抵消，强度降低，因此复色光的干涉图为一条中心具有极大值，两侧迅速衰减的对称形干涉图，见图 2.15(b)。

在复色光的干涉图的每一点上，都包含有各种单色光的光谱信息，通过傅里叶变换(计算机处理)，可将干涉图变换成我们熟悉的光谱形式。

FTIR 光谱仪具有以下优点：

① 光学部件简单，只有一个动镜在实验中转动，不易磨损；

② 测量范围宽，其波数范围可达到 $45000 \sim 6 cm^{-1}$；

③ 精度高，光通量大，所有频率同时测量，检测灵敏度高；

④ 扫描速度快，可作快速反应动力学研究，并可与气相色谱、液相色谱联用；

⑤ 杂散光不影响检测；

⑥ 对湿度要求不高。

随着红外探测器、氦-氖激光器和小型计算机的发展，FTIR 必然要取代色散型红外分光光度计，并成为分析化学中应用最广泛的仪器之一。

(2) 样品制备技术

在红外光谱法中，试样的制备及处理占有重要地位。如果试样处理不当，那么即使仪器的性能很好，也不能得到满意的红外光谱图。一般说来，在制备试样时应注意下述各点。

1) 试样的浓度和测试厚度应选择适当，以使光谱图中大多数吸收峰的透射比处于 15%~70% 范围内。浓度太小，厚度太薄，会使一些弱的吸收峰和光谱的细微部分不能显示出来；浓度过大，过厚，又会使强的吸收峰超越标尺刻度而无法确定它的真实位置。有时为了得到完整的光谱图，需要用几种不同浓度或厚度的试样进行测绘。

2) 试样中不应含有游离水。水分的存在不仅会侵蚀吸收池的盐窗，而且水分本身在红外区有吸收，将使测得的光谱图变形。

3) 试样应该是单一组分的纯物质。多组分试样在测定前应尽量预先进行组分分离(如柱分离、蒸馏、重结晶、萃取等)，否则各组分光谱相互重叠，以致对谱图无法进行正确的解释。

试样的制备，根据其聚集状态选择适当的制样方法。

ⅰ．固体样品制备

① 溴化钾压片　粉末样品常采用压片法，一般取 2~3mg 样品与 200~300mg 干燥的 KBr 粉末在玛瑙研钵中混匀，充分研细至颗粒直径小于 $2 \mu m$，用不锈钢铲取 70~90mg 放入压片模具内，在压片机上用 $(5 \sim 10) \times 10^7 Pa$ 压力压成透明薄片，即可用于测定。

② 糊装法　将干燥处理后的试样研细，与液体石蜡或全氟代烃混合，调成糊状，加在两 KBr 盐片中间进行测定。液体石蜡自身的吸收带简单，但此法不能用来研究饱和烷烃的吸收情况。

③ 溶液法　对于不宜研成细末的固体样品，如果能溶于溶剂，可制成溶液，按照液体样品测试的方法进行测试。

④ 薄膜法　一些高聚物样品，一般难于研成细末，可制成薄膜直接进行红外光谱测定。薄膜的制备方法有两种，一种是直接加热熔融样品然后涂制或压制成膜，另一种是先把样品溶解在低沸点的易挥发溶剂中，涂在盐片上，待溶剂挥发后成膜来测定。

ⅱ. 液体样品制备

① 液体池法　沸点较低、挥发性较大的试样，可注入封闭液体池中。液层厚度一般为 0.01～1mm。

② 液膜法　沸点较高的试样，直接滴在两块盐片之间，形成液膜。

对于一些吸收很强的液体，当用调整厚度的方法仍然得不到满意的图谱时，可用适当的溶剂配成稀溶液来测定。一些固体样品也可以溶液的形式来进行测定。常用的红外光谱溶剂应在所测光谱区内本身没有强烈吸收，不侵蚀盐窗，对试样没有强烈的溶剂化效应等。例如 CS_2 是 1350～600cm^{-1} 区常用的溶剂，CCl_4 用于 4000～1350cm^{-1} 区。

ⅲ. 气态试样制备

气态试样可在气体吸收池内进行测定，它的两端粘有红外透光的 NaCl 或 KBr 窗片。先将气体池抽真空，再将试样注入。

当样品量特别少或样品面积特别小时，必须采用光束聚焦器，并配有微量液体池、微量固体池和微量气体池，采用全反射系统或用带有卤化碱透镜的反射系统进行测量。

2.2.6　红外吸收光谱法的应用

(1) 定性分析

红外光谱对有机化合物的定性分析具有鲜明的特征性。因为每一种化合物都具有特征的红外吸收光谱，其谱带数目、位置、形状和相对强度均随化合物及其聚集态的不同而不同，因此根据化合物的光谱，就像辨认人的指纹一样，确定化合物或其官能团是否存在。

红外光谱定性分析，大致可分为官能团定性和结构分析两个方面。官能团定性是根据化合物的红外光谱的特征基团频率来检定物质含有哪些基团，从而确定有关化合物的类别。结构分析或称结构剖析，则需要由化合物的红外光谱并结合其他实验资料(如相对分子质量、物理常数、紫外光谱、核磁共振波谱、质谱等)来推断有关化合物的化学结构。

应用红外光谱进行定性分析的一般过程：

1) 试样的分离和精制

试样不纯会给光谱解析带来困难，因此对混合试样要进行分离，对不纯试样要进行提纯，以得到单一纯物质。试样分离、提纯通常采用分馏、萃取、重结晶、柱层析、薄层层析等方法。

2) 了解试样来源及性质

了解试样来源、元素分析值、相对分子质量、熔点、沸点、溶解度等有关性质。

根据试样的元素分析值及相对分子质量得出的分子式，计算不饱和度，估计分子结构式中是否含有双键、三键及苯环，并可验证光谱解析结果的合理性。

不饱和度是表示有机化合物分子中碳原子的不饱和程度，计算不饱和度 U 的经验式为：

$$U = 1 + n_4 + 1/2(n_3 - n_1)$$

式中，n_1、n_3 和 n_4 分别为分子式中一价、三价和四价原子的数目。通常规定双键(C=C、C=O)和饱和环状结构的不饱和度为 1，三键(C≡C 、 C≡N 等)的不饱和度为 2，苯环的不饱和度为 4(可理解为一个环加三个双键)，链状饱和烃的不饱和度为零。

3) 谱图解析

红外图谱的解析主要是根据样品的红外光谱信息，推导出样品可能的分子结构。由于红外光谱的复杂性，识谱的程序至今也并无一定规则，其解析往往具有一定的经验性。光谱解析习惯上多用两区域法，特征区及指纹区。现将每个区域在光谱解析中主要解决的问题分述如下：

ⅰ. 特征区

① 化合物具有哪些官能团，第一强峰有可能估计出化合物类别。

② 确定化合物是芳香族还是脂肪族，饱和烃还是不饱和烃，主要由 C—H 伸缩振动类型来判断。C—H 伸缩振动多发生在 $3100 \sim 2800 cm^{-1}$ 之间，以 $3000 cm^{-1}$ 为界，高于 $3000 cm^{-1}$ 为不饱和烃，低于 $3000 cm^{-1}$ 为饱和烃。芳香族化合物的苯环骨架振动吸收在 $1620 \sim 1470 cm^{-1}$ 之间，若在 $(1600 \pm 20) cm^{-1}$、$(1500 \pm 25) cm^{-1}$ 有吸收，确定化合物是芳香族。

ⅱ. 指纹区

① 作为化合物含有什么基团的旁证，指纹区许多吸收峰都是特征区吸收峰的相关峰。

② 确定化合物的细微结构。

总的图谱解析可归纳为：先特征，后指纹；先最强峰，后次强峰；先粗查，后细找；先否定，后肯定。一抓一组相关峰。光谱解析先从特征区第一强峰入手，确认可能的归属，然后找出与第一强峰相关的峰。第一强峰确认后，再依次解析特征区第二强峰、第三强峰，方法同上。对于简单的光谱，一般解析一、两组相关峰即可确定未知物的分子结构。对于复杂化合物的光谱由于官能团的相互影响，解析困难，可粗略解析后，查对标准光谱或进行综合光谱解析。现举例说明图谱解析。

【例】 由元素分析某化合物的分子式为 $C_4H_6O_2$，测得红外光谱如图 2.16，试推测其结构。

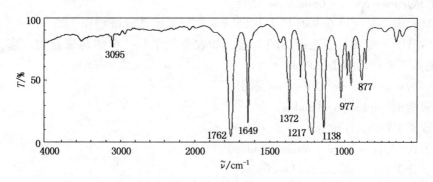

图 2.16 $C_4H_6O_2$ 的红外光谱图

解：由分子式计算不饱和度 $U = 4 - 6/2 + 1 = 2$

特征区：$3095 cm^{-1}$ 有弱的不饱和 C—H 伸缩振动吸收，与 $1649 cm^{-1}$ 的 $\nu_{C=C}$ 谱带对应表明有烯键存在，谱带较弱，是被极化了的烯键。

$1762 cm^{-1}$ 强吸收谱带表明有羰基存在，结合最强吸收谱带 $1217 cm^{-1}$ 和 $1138 cm^{-1}$ 的 ν_{C-O-C} 吸收应为酯基。

这个化合物属不饱和酯，根据分子式有如下结构：

① $CH_2 =CH—COO—CH_3$ 丙烯酸甲酯

② $CH_3—COO—CH =CH_2$ 醋酸乙烯酯

这两种结构的烯键都受到邻近基团的极化，吸收强度较高。

普通酯的 $\nu_{C=O}$ 在 $1735 cm^{-1}$ 附近，结构①由于共轭效应 $\nu_{C=O}$ 频率较低，估计在 $1700 cm^{-1}$

左右，且甲基的对称变形振动频率在 1440cm^{-1} 处，与谱图不符。谱图的特点与结构②一致，$\nu_{C=O}$ 频率较高以及甲基对称变形振动吸收向低频位移（1372cm^{-1}），强度增加，表明有 CH_3COC- 结构单元。ν_{C-O-C} 升高至 1138cm^{-1} 处。且强度增加，表明不饱和酯。

指纹区：$\delta_{=CH}$ 出现在 977cm^{-1} 和 877cm^{-1}，由于烯键受到极化，比正常的乙烯基 $\delta_{=CH}$ 位置（990cm^{-1} 和 910cm^{-1}）稍低。

由上图谱分析，化合物的结构为②，可与标准图谱对照。

4）和标准谱图对照

在红外光谱定性分析中，无论是已知物的验证，还是未知物的检定，常需利用纯物质的谱图来作校验。这些标准谱图，除可用纯物质在相同的制样方法和实验条件下自己测得外，最方便的还是查阅标准谱图集。在查对时要注意：

① 被测物和标准谱图上的聚集态、制样方法一致。

② 对指纹区的谱带要仔细对照，因为指纹区的谱带对结构上的细微变化很敏感，结构上的细微变化都能导致指纹区谱带的不同。

常用的标准图谱集有：

① 美国 Sadtler 研究室编辑和出版的大型光谱集 *Sadtler Reference Spectra Collections*（1947~）

② *Coblenz Society Spectra* 以红外光谱先驱 Coblenz 命名的光谱学会开始收集 9000 种化合物的红外光谱，每年递增 1000 种。Coblenz 光谱索引与 Sadtler 光谱集一起编制，只是在化合物边打上"＊＊"号以示区别。

下面仅对 *Sadtler Reference Spectra Collections* 作进一步介绍。

Sadtler Reference Spectra Collections 分类：

① 标准光谱　是纯度在 98% 以上化合物的红外光谱的标准谱图。

② 商品谱图　主要是工业产品的光谱，如农业化学品、单体与聚合物、多元醇、表面活性剂等主要工业产品门类 20 种。

Sadtler Reference Spectra Collections 索引：

① 字顺索引（alphabetical index）

② 序号索引（numerical index）

③ 分子式索引（molecular formula index）

④ 化学分类索引（chemical class index）

⑤ 红外谱线索引（infrared spec-finder）

(2) 定量分析

1）定量分析原理

与其他分光光度法（紫外、可见分光光度法）一样，红外光谱定量分析是根据物质组分的吸收峰强度来进行的，它的理论基础是 Lambert-Beer 定律。各种气体、液体和固态物质，均可用红外光谱进行定量分析。用红外光谱进行定量分析，其优点是有较多特征峰可供选择。对于物理和化学性质相近，而用气相色谱进行定量分析又存在困难的试样（如沸点高，或气化时试样分解），常常可采用红外光谱法定量。红外吸光度的测定与紫外吸光度的测定相比往往偏差较大，这是由于更易发生对朗伯-比尔定律偏离的缘故。原因在于红外吸收的谱带较窄，而红外检测器的灵敏度较低，测量时需增大狭缝，结果使测量的单色性变差，因此测定吸光度时就会发生对吸收定律的偏离。另一个原因是由于红外光谱测量中一般不使用参比试样，因此无法抵消参比池窗面上的反射、溶剂的吸收和散射，以及样品池窗的吸收和散射所造成的光强的损失。在红外测定中常常不用参比试样，其主要原因是吸收池窗面（盐窗）的透光特性常在变化，厚度也难以控制。

2）测量方法

在红外光谱定量测定中，常常采用基线法求得试样的经验吸光度，它的原理如图 2.17所示。测定时，不用参比试样，并假定溶剂在吸收峰两肩部是保持不变的。在透光率线性坐标的图谱上选择一个适当的被测物质的吸收谱带。在这个谱带的波长范围内，溶剂及试样中其他组分应该没有吸收谱带与其重叠，也就是背景吸收是常数或呈线性变化。画一条与吸收

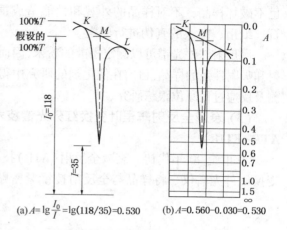

(a)$A= \lg\dfrac{I_0}{I}=\lg(118/35)=0.530$ (b)$A=0.560-0.030=0.530$

图 2.17　红外光谱吸光度的基线法测量

谱带两肩相切的线 KL 作为基线，如果通过峰值波长处的垂线和这一基线相交于点 M，令 M 点处的透光率值为 I_0，峰值处的透光率值为 I，则这一波长处的吸光度为：

$$A = \lg \frac{I_0}{I} \tag{2.17}$$

定量校准方法可采用标准曲线或标准加入法。

2.2.7　红外光谱技术的进展

（1）红外显微镜（IR microscope）

红外显微镜诞生于 20 世纪 80 年代，是使用高光通量的光谱，高精度地聚焦在样品的微小面积上，使测量灵敏度大大提高。一般检测限量在纳克级，个别物质能检测到皮克级。红外显微镜可以是透射式和反射式。对红外光透明的微小样品可以直接做透射红外光谱，红外不透明的物质可测定反射红外光谱，进行无损分析。在红外显微镜中，可见光与红外光沿同一光路，利用可见光在显微镜下直接找到需要分析的微区（可小至 10μm），并可将其拍照或摄像。保持镜台不动，即可测量所选微区的红外光谱。如采用同步加速器红外源，提高了红外光源单色性和光强度，提高了测试探针的信噪比，使高分辨红外显微镜成为可能，分辨率可达到 3μm。利用红外显微镜能清楚地观察到人毛发的角质层和毛髓部分（图 2.18）。

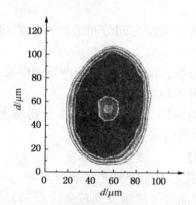

图 2.18　人毛发的截面图象（3300cm⁻¹的 N—H 伸缩振动红外成像）

（2）漫反射傅里叶变换红外光谱技术（diffuse reflectance spectroscopy，DRS）

当光照射到疏松的固体样品表面，一部分光发生镜面反射；另一部分光在样品表面发生漫反射，或在样品微粒间辗转反射并衰减，或射入样品内部再折回散射。入射光经过漫反射和散射后与样品发生了能量交换，光强发生吸收衰减。记录衰减信号，即得到漫反射红外光谱。

与透射傅里叶变换红外光谱技术相比，漫反射傅里叶变换红外光谱技术具有以下优点：不需要制样、不改变样品的形状，不污染样品，不要求样品有足够的透明度或表面光洁度，

也不破坏样品，不对样品的外观和性能造成损害，可以进行无损测定。例如，对珠宝、钻石、纸币、邮票的真伪进行鉴定。

漫反射红外光谱可以测定松散的粉末，因而可以避免由于压片造成的扩散影响，很适合散射和吸附性强的样品，目前在催化剂的研究中得到了广泛应用，可以进行催化剂表面物种的检测及反应过程原位跟踪研究。

（3）衰减全反射傅里叶变换红外光谱技术（attenuated total internal reflectance FTIR，ATR-FTIR）

20 世纪 90 年代初，衰减全反射（ATR）技术开始应用到红外显微镜上，即全反射傅里叶变换红外光谱仪。将样品与全反射棱镜紧密贴合，当入射角大于临界角时，入射光在进入光疏介质（样品）一定深度时，会折回射入全反射棱镜中（图 2.19）。射入样品的光线会由于样品的吸收有所衰减，不同波长范围衰减程度不同，与样品的结构有关。记录其衰减随波长的变化即得到衰减全反射光谱。衰减全反射红外光

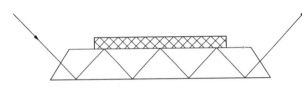

图 2.19　光线在样品和棱镜间多次全反射

谱为一些无法用常规红外透射测量的样品，如涂料、橡胶、塑料、纸、生物样品等提供了制样摄谱技术。近年来随着计算机技术的发展，实现了非均匀样品和不平整样品表面的微区无损测量。

衰减全反射傅里叶变换红外光谱技术具有下列优点：

① 不破坏样品，不需要对样品进行分离和制样，对样品的大小、形状没有特殊要求。

② 可测量含水和潮湿样品。

③ 检测灵敏度高，测量区域小，检测点可为数微米。

④ 能得到测量位置物质分子的结构信息，某化合物或官能团空间分布的红外光谱图像及微区的可见显微图像。

⑤ 能进行红外光谱数据库检索以及化学官能团辅助分析，以确定物质的种类和性质。

⑥ 操作简便、自动化，用计算机进行选点、定位、聚焦和测量。

由于其具有以上优点，极大地扩大了红外光谱技术的应用范围，可以应用于物质表面的化学状态研究，原位跟踪测量及生物化学和药物化学中蛋白质、多肽的研究。

（4）光声光谱技术（photoacoustic spectroscopy，PAS）

光声光谱技术是探测样品吸收标度的一种测谱技术，其基本原理是光声效应。当一束红外光照射到样品时，样品会选择性地吸收入射光波，这时样品分子被激发到较高的振-转能级上。当激发态分子通过碰撞，无辐射的弛豫到基态时，样品分子吸收的能量便转变为分子的热运动。如果样品是放置在密闭的样品池内，而在池内又充以非吸收的气体介质（如氮气、氦气等），且入射光是经过调制的，这时在样品池内会产生一个周期性的压力信号。气体介质将这个压力传至装置在同一密闭体系内的微音器，产生电信号，该信号经前置放大器放大后输入傅里叶变换红外光谱仪的主放大器和信号处理系统。经傅里叶变换，即可得到红外吸收光谱图。

光声光谱法有几个显著的优点。某些深色的样品，透过法和漫反射法都难以获得有效的光谱信息，而光声光谱法却非常适宜于这种样品的测试。例如深黑色的煤样，用其他红外制样方法很难简便地得到有用的光谱。使用光声光谱技术操作十分简单，只需将煤样直

接放入光声池的样品杯中，所得的光谱精细程度要胜于漫反射光谱。无论透明的、不透明的、表面光滑的、毛糙的试样；也无论样品是粉末状、颗粒状、薄片状，平整与否，只要能放进光声池的样品杯中，它都无需制样，无需破坏样品，无需消耗样品就能测得光谱，并能避免糊状法和压片法中可能出现的光谱畸变和多余的介质吸收。

（5）红外联用技术

红外光谱用于鉴别化合物，操作简便，应用广泛，但要求被测样品必须具有一定的纯度。色谱法具有高分离能力，但不具备识别化合物能力，将两种方法联用即可取长补短。现在红外光谱与气相色谱、液相色谱和超临界色谱的联用都已获得成功。其中与气相色谱的联用最为成熟，已有多种型号的商品仪器问世；超临界色谱与红外光谱的联用潜力最大，已进行了大量的研究工作。

与气相色谱-质谱联用（GC-MS）相比，气相色谱-红外联用（GC-FTIR）技术的准确度高，由于每一种化合物（对映体除外）都有独特的红外光谱，易于对未知物组分所含的官能团作出判断，误检的可能性低。缺点是其灵敏度比 GC-MS 低很多。傅里叶变换技术已大大降低了检出下限，使矛盾不太突出。

超临界流体色谱与红外光谱联用是当今最重要的联用技术之一。气体在一定的温度和压力下可成为超临界流体，物质在超临界流体中的扩散速度高于在液体中的扩散速度约100倍，而且它不需要像液相色谱一样需要高压才能通过具有一定阻力的柱子。对于相对分子质量比较大、极性强、受热易分解的分子，不能使用气相色谱，利用超临界色谱可解决问题。当压力解除后，超临界流体即成为气体，极易从分析体系中除去。超临界色谱与红外联用显示了独特的优越性，尤其对一些高沸点、难裂解的化合物，质谱分析难以得到理想的碎片，利用超临界色谱-红外光谱联用可完全解决问题。

GC-FTIR 的应用是一种有效的分离鉴定手段，并在某些方面能克服 GC-MS 的不足，目前它已经成为复杂有机混合物的分离分析不可缺少的工具之一。在环保、医药、香料、食品、化工和石油等领域中得到了广泛的应用。在环境污染方面，环境试样十分复杂，可能的污染物组分多，而它们在环境介质（水、空气、土壤、废弃物）中的含量属痕量级，其浓度都在 $10^{-9}\mu g/L$ 级以下，环境分析必须借助最现代化的分离分析技术。而 GC-FTIR 在环境污染分析中占有重要地位。

思 考 题 与 习 题

2.2-1　分子吸收红外辐射的必要条件是什么？是否所有的振动都会产生吸收光谱？为什么？

2.2-2　试述分子的基本振动形式？

2.2-3　红外光谱定性分析的基本依据是什么？

2.2-4　影响基团频率的因素是有哪些？

2.2-5　何谓"指纹区"，它有什么特点？

2.2-6　HF 中键的力常数约为 9N/cm，试计算（1）HF 的振动吸收峰波数；（2）DF 的振动吸收峰波数。

2.2-7　CO 的红外吸收光谱有一振动吸收峰在 2170cm^{-1} 处，试求 CO 键的力常数。

2.2-8 和 是同分异构体，如何应用红外吸收光谱来鉴定它们。

2.2-9 某化合物的分子式为 C_8H_{10}，红外光谱图如图 2.20，试推测其结构。

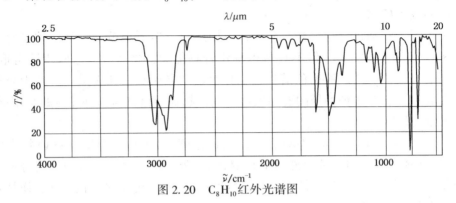

图 2.20 C_8H_{10} 红外光谱图

2.2-10 某化合物的分子式为 $C_6H_{14}O$，红外光谱图如图 2.21，试推测其结构。

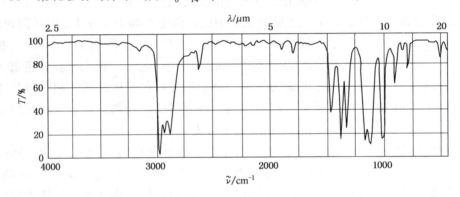

图 2.21 $C_6H_{14}O$ 红外光谱图

2.2-11 查阅相关文献，简述红外分光光度法最新技术进展。

2.3 紫外吸收光谱分析(UV)

2.3.1 概述

紫外-可见吸收光谱(ultraviolet and visible spectroscopy, UV-VIS)统称为电子光谱。

紫外-可见吸收光谱法是利用某些物质的分子吸收 200~800nm 光谱区的辐射来进行分析测定的方法。这种分子吸收光谱产生于价电子和分子轨道上的电子在电子能级间的跃迁，广泛用于有机和无机物质的定性和定量测定。

紫外-可见光谱的波长范围为 10~800nm，该区域又可分为：可见光区(400~800nm)，有色物质在这个区域有吸收；近紫外光区(200~400nm)，芳香族化合物或具有共轭体系的物质在此区域有吸收，这是紫外光谱研究的对象；远紫外光区(10~200nm)，由于空气中的 O_2、N_2、CO_2 和水蒸气在这个区域有吸收，对测定有干扰，远紫外光谱的操作必须在真空条件下进行，因此这个区域又称为真空紫外区。通常所说的紫外光谱是指 200~400nm 的近紫外光谱。

（1）紫外光谱法的特点

① 紫外吸收光谱所对应的电磁波长较短，能量大，它反映了分子中价电子能级跃迁情况。主要应用于共轭体系(共轭烯烃和不饱和羰基化合物)及芳香族化合物的分析。

② 由于电子能级改变的同时，往往伴随有振动能级的跃迁，所以电子光谱图比较简单，但峰形较宽。一般来说，利用紫外吸收光谱进行定性分析信号较少。

③ 紫外吸收光谱常用于共轭体系的定量分析，灵敏度高，检出限低。

（2）紫外吸收曲线

紫外吸收光谱以波长 λ(nm) 为横坐标，以吸光度 A 或吸收系数 ε 为纵坐标。见图 2.22。

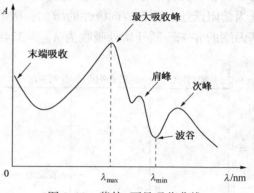

图 2.22　紫外-可见吸收曲线

光谱曲线中最大吸收峰所对应的波长，相当于跃迁时所吸收光线的波长，称为 λ_{max}。与 λ_{max} 相应的摩尔吸收系数为 ε_{max}。曲线中的谷称为吸收谷或最小吸收(λ_{min})。有时在曲线中还可看到肩峰(sh)。

2.3.2　紫外吸收光谱分析的基本原理

（1）电子跃迁类型

紫外-可见吸收光谱是由于分子中价电子跃迁而产生的，因此这种吸收光谱决定于分子中价电子的分布和结合情况。按分子轨道理论，在有机化合物分子中有几种不同性质的价电子：形成单键的电子称为 σ 键电子；形成双键的电子称为 π 键电子；氧、氮、硫、卤素等含有未成键的孤对电子，称为 n 电子(或称 p 电子)。当它们吸收一定能量 ΔE 后，这些价电子将跃迁到较高的能级(激发态)，此时电子所占的轨道称为反键轨道，而这种特定的跃迁是同分子内部结构有着密切关系的，一般将电子跃迁分成如下类型。

1) $\sigma \rightarrow \sigma^*$ 跃迁

指处于成键轨道上的 σ 电子吸收光子后被激发跃迁到 σ^* 反键轨道。由于 σ 键键能高，要使 σ 电子跃迁需要很高能量，因此其吸收位于远紫外区。如乙烷的最大吸收波长 λ_{max} 为 135nm。因饱和碳氢化合物在近紫外光区是透明的，可作紫外测量的溶剂。

2) $n \rightarrow \sigma^*$ 跃迁

指分子中处于非键轨道上的 n 电子吸收能量后向 σ^* 反键轨道的跃迁。当分子中含有下列基团，如：—NH_2、—OH、—S、—X 等时，杂原子上的 n 电子可以向反键轨道跃迁。$n \rightarrow \sigma^*$ 跃迁所需能量比 $\sigma \rightarrow \sigma^*$ 跃迁的小，波长较 $\sigma \rightarrow \sigma^*$ 长，由于取代基团的不同，吸收峰可能位于近紫外光区和远紫外光区。如甲胺的紫外吸收波长 λ_{max} 为 213nm($\varepsilon = 600$)。

3) $\pi \rightarrow \pi^*$ 跃迁

指不饱和键中的 π 电子吸收光波能量后跃迁到 π^* 反键轨道。由于 π 键的键能较低，跃迁的能级差较小，对于孤立双键来说，吸收峰大都位于远紫外区末端或 200nm 附近，ε 值很大，一般大于 10^4，属于强吸收峰。当分子中两个或两个以上双键共轭时，$\pi \rightarrow \pi^*$ 跃迁能量降低，吸收波长红移，并且吸收强度增加。

33

4）n→π* 跃迁

指分子中处于非键轨道上的 n 电子吸收能量后向 π* 反键轨道的跃迁。如含有杂原子的不饱和化合物（如 C=O）中杂原子上的 n 电子跃迁到 π* 轨道。这种跃迁在光谱学上称为 R 带（取自德文：基团型，radikalartig），跃迁所需能量比 n→σ* 的小，一般在近紫外或可见光区有吸收，其特点是在 270~350nm 之间，ε 值较小，ε 值通常在 100 以内，为弱带，该跃迁为禁阻跃迁。随着溶剂极性的增加，吸收波长向短波方向移动（蓝移）。例如，甲基乙烯基丙酮的 n→π* 跃迁紫外吸收为 $\lambda_{max} = 324nm (\varepsilon = 20)$。

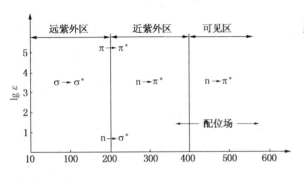

图 2.23 电子跃迁所处的波长范围

综上所述，电子跃迁类型不同，实际跃迁需要的能量不同：

$$\sigma \to \sigma^* \quad \sim 150nm$$
$$n \to \sigma^* \quad \sim 200nm$$
$$\pi \to \pi^* \quad \sim 200nm$$
$$n \to \pi^* \quad \sim 300nm$$

吸收能量的次序为：

$$\sigma \to \sigma^* > n \to \sigma^* \geqslant \pi \to \pi^* > n \to \pi^*。$$

电子跃迁所处的波长范围见图 2.23。由图 2.23 可见，n→π* 及 π→π* 跃迁所需能量在可见及紫外光区，吸收的波长可用紫外-可见分光光度计测定。

n→σ* 及 π→π* 跃迁所需能量大小相差不多，都在 200nm 左右，它们都在吸收光谱上产生末端吸收。

π→π* 跃迁的吸收系数比 n→σ* 大得多，故 π→π* 的吸收峰比 n→σ* 高。另外，化合物的分子有共轭存在，其 π→π* 的吸收就向长波长方向位移。

（2）一些基本概念

1）发色团

分子中能吸收紫外光或可见光的结构系统叫作发色团或发色基。像 C=C、C=O、C≡C 等都是发色团。发色团的结构不同，电子跃迁类型也不同。一些典型的发色团及其引起的跃迁类型见表 2-7。

表 2-7 发色团及电子跃迁类型

发色团	电子跃迁类型	发色团	电子跃迁类型	发色团	电子跃迁类型
C=C, C≡C	π→π*	C=O, —C≡N	π→π*, n→π*	C=C—O—	π→π*, n→σ*

紫外光谱分析中，只有 π→π* 及 n→π* 跃迁才有实际意义，即紫外光谱只适用于分子中具有不饱和结构的化合物的分析。

2）助色团

有些原子或基团，本身不能吸收波长大于 200nm 的光波，但它们与一定的发色团相连时，可使发色团所产生的吸收峰向长波长方向移动，并使吸收强度增加，这样的原子或基团叫作助色团。例如，纯苯的吸收峰约在 254nm 处，但当苯环上连有助色团（—OH）时，则吸收峰向长波长位移。苯酚的吸收峰移至 270nm，强度也有所增加。

常见的助色团有：—OH、—OR、—NHR、—SH、—SR、—Cl、—Br、—I 等。

同一分子中，连接的助色团不同，吸收峰的波长也不同，例如：

34

CH_3Cl	172nm
CH_3Br	204nm
CH_3I	258nm

3）长移和短移

某些有机化合物因反应引入含有未共享电子对的基团使吸收峰向长波长移动的现象称为长移或红移（red shift），这些基团称为向红基团；相反，使吸收峰向短波长移动的现象称为短移或蓝移（blue shift），引起蓝移效应的基团称为向蓝基团。另外，使吸收强度增加的现象称为浓色效应或增色效应（hyperchromic effect）；使吸收强度降低的现象称为淡色效应（hypochromic effect）。表 2-8 列举了部分向红基团和向蓝基团。

表 2-8　向红基团和向蓝基团

向红基团	—NH_2、—OH、—OR、—NHR、—SH、—SR、—Cl、—Br、—I
向蓝基团	—CH_3、—CH_2CH_3、—O—$COCH_3$

（3）吸收带分类

吸收带就是吸收峰在紫外–可见光谱中的谱带位置。根据电子跃迁类型，可以把吸收带分为四种类型。解析光谱时可以从这些吸收带推测化合物分子结构情况。

1）R 带

它是由 n→π^* 跃迁产生的吸收带。该带的特点是吸收强度很弱，$\varepsilon_{max}<100$，吸收波长一般在 270nm 以上。溶剂极性增加时会产生浅色效应（吸收强度减小），其他吸收带出现时有时会出现深色效应（吸收强度增强），有时被强吸收带掩盖掉，测定这种吸收带需要浓溶液。

2）K 带

K 带（取自德文：konjuierte 共轭谱带）是由共轭体系的 $\pi→\pi^*$ 跃迁产生的。它的特点是跃迁所需要的能量较 R 吸收带大，$\varepsilon_{max}>10^4$。K 吸收带是共轭分子的特征吸收带，因此用于判断化合物的共轭结构，是紫外–可见吸收光谱中应用最多的吸收带。

3）B 带

B 带（取自德文：benzenoid band，苯型谱带）是芳香族化合物的特征吸收带，是苯环振动及 $\pi→\pi^*$ 重叠引起的。在 230~270nm 之间出现精细结构吸收，又称苯的多重吸收，如图 2.24。在非极性溶剂中，B 带常出现一宽峰，其中心在 254nm 附近，ε_{max} 为 220。B 带的精细结构常用来识别芳香族化合物。但苯环上的 H 被其他基团取代后，这些小峰即消失。

4）E 带

E 带（取自德文：ethylenic band，乙烯型谱带）也是芳香族化合物的特征吸收之一（图 2.24）。E 带可分为 E_1 及 E_2 两个吸收带，二者可以分别看成是苯环中的乙烯键和共轭乙烯键所引起的，也属 $\pi→\pi^*$ 跃迁。

E_1 带的吸收峰在 184nm 左右，吸收特别强，$\varepsilon_{max}>10^4$，是由苯环内乙烯键上的 π 电子被激发所致，此带在远紫外区，不常用。

E_2 带在 203.5nm 处，中等强度吸收（$\varepsilon_{max}=7400$）是由

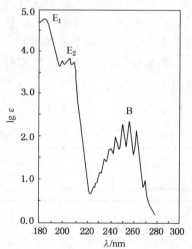

图 2.24　苯的紫外吸收光谱（异辛烷）

苯环的共轭二烯所引起。当苯环上有发色基团取代并和苯环共轭时，E 带和 B 带均发生红移，此时的 E_2 带又称为 K 带。

有机化合物的结构不同，所产生的吸收带不同，因而其紫外吸收峰的数目和强度也不同。如前所述，苯可产生 E_1、E_2 及 B 带，因此有三个主要吸收峰（图 2.24）。同样，当一个化合物中有两种以上的发色团时，其跃迁类型以及由此产生的吸收峰数目也可能在两种以上。这样在紫外光谱中也会出现多峰图式。例如：苯乙酮可产生 R 带（n→π*）、B 带及 K 带（π→π*），因而有三个吸收峰，分别为：

$$\lambda_{max} \quad 319nm(\varepsilon=50)$$
$$\lambda_{max} \quad 278nm(\varepsilon=1100)$$
$$\lambda_{max} \quad 240nm(\varepsilon=13000)$$

2.3.3 分子结构与紫外吸收光谱

（1）有机化合物的紫外吸收光谱

1）饱和烃化合物

饱和烃类化合物只含有单键（σ 键），只能产生 σ→σ* 跃迁。由于 σ 电子被跃迁至 σ* 反键所需的能量高，吸收带位于真空紫外区。如甲烷和乙烷的吸收带分别在 125nm 和 135nm。C—C 键的强度比 C—H 键的强度低，所以乙烷的波长比甲烷的波长要长一些。由于真空紫外区在一般仪器的使用范围外，故这类化合物的紫外吸收在有机化学中应用价值很小。

对于含有杂原子的饱和烃化合物，如饱和醇、醚、卤代烷、硫化合物等，由于杂原子有未成键的 n 电子，因而可产生 n→σ* 跃迁。n 的能级比 σ 的能级高，因而 n→σ* 跃迁所需吸收的能量比 σ→σ* 小，吸收带的波长也相应红移，有的移到可测的紫外区，但因为这种跃迁是禁阻的，吸收强度弱，很少应用。

烷烃和卤代烷烃的紫外吸收用于直接分析化合物的结构意义并不大，通常这些化合物作为紫外分析的溶剂，其中由于四氟化碳的吸收特别低，$\lambda_{max}=105.5nm$，是真空紫外区的最佳溶剂。

2）简单不饱和烃化合物

不饱和烃化合物由于含有 π 键而具有 π→π* 跃迁，π→π* 跃迁能量比 σ→σ* 小，但对于非共轭的简单不饱和烃化合物跃迁能量仍然较高，位于真空紫外区。最简单的乙烯化合物在 165nm 处有一个强的吸收带。

当烯烃双键上引入助色团时，π→π* 吸收将发生红移，甚至移到紫外光区。原因是助色团中的 n 电子可以产生 p-π 共轭，使 π→π* 跃迁能量降低，烷基可产生超共轭效应，也可使吸收红移，不过这种助色作用很弱，不同助色团对乙烯吸收位置的影响如表 2-9 所示。

表 2-9 助色团对乙烯吸收位置的影响

取代基	NR_2	OR	SR	Cl	CH_3
红移距离/nm	40	30	45	5	5

3）共轭双烯

当两个生色团在同一个分子中，间隔有一个以上的亚甲基，分子的紫外光谱往往是两个单独生色团光谱的加合。若两个生色团间只隔一个单键则为共轭系统，共轭系统中两个生色团相互影响，其吸收光谱与单一生色团相比，有很大改变。共轭体越长，其最大吸收越移向长波方向，甚至到可见光部分，并且随着波长的红移，吸收强度也增大。下面介绍一些共轭体系中紫外吸收值的经验计算方法。

共轭多烯的紫外吸收值计算：

关于共轭多烯的 K 带吸收位置 λ_{max}，可利用 Woodward 规则来进行推测，这个定则以丁二烯的 $\lambda_{max}^{正己烷}=217nm$ 作为基本数据，再根据以下情况加上相应数值。见表 2-10。

表 2-10　共轭烯的紫外吸收位置计算规则（Woodward 规则）

波长增加因素		λ_{max}/nm	波长增加因素		λ_{max}/nm
1. 共轭双烯	基本值	217	烷基或环残基取代		+5
双键上烷基取代	增加值	+5	环外双键		+5
环外双键		+5	助色基团		
2. 同环共轭双烯			—OAc		0
异环共轭双烯	基本值	214	—OR		+6
同环共轭双烯		253	—SR		+30
延长一个双键	增加值	+30	—Cl、—Br		+5
			—NR$_2$		+60

举例，计算结果后的括号内为实测值：

① 共轭双烯基本值　　　　　217
　 4 个环残基取代　　　　　+5×4
　 计算值　　　　　　　　　237nm
　　　　　　　　　　　　　（238nm）

② 非骈环双烯基本值　　　　217
　 4 个环残基或烷基取代　　+5×4
　 环外双键　　　　　　　　+5
　 计算值　　　　　　　　　242nm
　　　　　　　　　　　　　（243nm）

③ 链状共轭双键　　　　　　217
　 4 个烷基取代　　　　　　+5×4
　 2 个环外双键　　　　　　+5×2
　 计算值　　　　　　　　　247nm
　　　　　　　　　　　　　（247nm）

④ 同环共轭双烯基本值　　　253
　 5 个烷基取代　　　　　　+5×5
　 3 个环外双键　　　　　　+5×3
　 延长 2 个双键　　　　　　+30×2
　 计算值　　　　　　　　　353nm
　　　　　　　　　　　　　（355nm）

4）α, β - 不饱和羰基化合物

i. α, β - 不饱和醛、酮紫外吸收计算值　由于 Woodward、Fieser、Scott 的工作，共轭醛、酮的 K 吸收带的 λ_{max} 也可以通过计算得到。计算所用的参数如表 2-11 所示。

表 2-11 α, β-不饱和醛、酮紫外 K 带吸收波长计算规则 (乙醇为溶剂)

$$\overset{\beta}{\beta}-\overset{}{C}=\overset{\alpha}{C}-C=O \qquad\qquad \overset{\delta}{\delta}-\overset{}{C}=\overset{\gamma}{C}-\overset{\beta}{C}=\overset{\alpha}{C}-C=O$$

直链和六元或七元环 α, β - 不饱和酮的基本值	215nm
五元环 α, β - 不饱和酮的基本值	202nm
α, β - 不饱和醛的基本值	207nm

取代基位移增量/nm

取代基位置	烷基	OAc	OCH₃	OH	SR	Cl	Br	NR₂	苯环
α	10	6	35	35		15	25		
β	12	6	30	30	85	12	30		
γ	18	6	17	30				95	63
δ	18	6	31	50					

表 2-11 是以乙醇为溶剂的参数，如采用其他溶剂可以利用表 2-12 校正。

表 2-12 α, β-不饱和醛、酮紫外 K 吸收波长的溶剂校正

溶剂	甲醇	氯仿	二氧六环	乙醚	己烷	环己烷	水
$\Delta\lambda/nm$	0	+1	+5	+7	+11	+11	-8

计算举例：

① 六元环 α, β - 不饱和酮基本值　　　215
　　2 个烷基 β 取代　　　+12×2
　　1 个环外双键　　　+5
　　计算值　　　244nm
　　　　　　（251nm）

② α, β - 不饱和酮基本值　　　215
　　1 个烷基 α 取代　　　+10
　　2 个烷基 β 取代　　　+12×2
　　2 个环外双键　　　+5×2
　　计算值　　　259nm
　　　　　　（258nm）

③ 直链 α, β - 不饱和酮基本值　　　215
　　延长 1 个共轭双键　　　+30
　　1 个烷基 γ 取代　　　+18
　　1 个烷基 δ 取代　　　+18
　　计算值　　　281nm
　　　　　　（281nm）

　　α, β - 不饱和醛 $\pi\rightarrow\pi^*$ 跃迁规律与酮很相似，只是醛吸收带 λ_{max} 比相应的酮向蓝位移 5nm。

　　ⅱ. α, β - 不饱和羧酸、酯、酰胺　　α, β - 不饱和羧酸和酯的计算方法与 α, β - 不饱和酮相似，波长较相应的 α, β - 不饱和醛、酮蓝移，α, β - 不饱和酰胺的 λ_{max} 低于相应的羧酸，计算所用的参数如表 2-13 所示。

　　计算举例：

$$CH_3—CH=CH—CH=CH—COOH$$

β 单取代羧酸基准值	208
延长一个共轭双键	30
δ 烷基取代	+18
	256nm(254nm)

以上介绍了几种常见共轭体系的紫外吸收带 λ_{max} 的计算方法，在实际应用中可以帮助确定共轭体系双键的位置。

5）芳香族化合物

芳香族化合物在近紫外区显示特征的吸收光谱，图2.24是苯在异辛烷中的紫外光谱，吸收带为：184nm（$\varepsilon=68000$），203.5nm（$\varepsilon=8800$）和254nm（$\varepsilon=250$）。分别对应于 E_1 带，E_2 带和 B 带。B 带吸收带由系列细小峰组成，中心在254.5nm，是苯最重要的吸收带，又称苯型带。B 带受溶剂的影响很大，在气相或非极性溶剂中测定，所得谱带峰形精细尖锐；在极性溶剂中测定，则峰形平滑，精细结构消失。取代基影响苯的电子云分布，使吸收带向长波移动，强度增强，精细结构变模糊或完全消失，影响的大小，与取代基的电负性和空间位阻有关。

表2-13　α，β-不饱和羧酸和酯的紫外 K 带吸收波长计算规则（乙醇为溶剂）

基准值/nm	烷基单取代羧酸和酯（α 或 β）	208
	烷基双取代羧酸和酯（α，β 或 β，β）	217
	烷基三取代羧酸和酯（α，β，β）	225
取代基增加值/nm	环外双键	+5
	双键在五元或七元环内	+5
	延长 1 共轭双键	+30
	γ - 位或 δ - 位烷基取代	+18
	α-位 OCH_3，OH，Br，Cl 取代	+（15~20）
	β-OCH_3，OR 取代	+30
	β 位 $N(CH_3)_2$ 取代	+60

ⅰ. 单取代苯　苯环上有一元取代基时，一般引起 B 带的精细结构消失，并且各谱带的 λ_{max} 发生红移，ε_{max} 值通常增大（表2-14）。当苯环引入烷基时，由于烷基的 C—H 与苯环产生超共轭效应，使苯环的吸收带红移，吸收强度增大。对于二甲苯来说，取代基的位置不同，红移和吸收增强效应不同，通常顺序为：对位>间位>邻位。

表2-14　简单取代苯的紫外吸收谱带数据

取代基	E_2 带		B 带		溶剂
	λ_{max}/nm	ε_{max}	λ_{max}/nm	ε_{max}	
—H	203	7400	254	205	水
—OH	211	6200	270	1450	水
—O$^-$	235	9400	287	2600	水
—OCH$_3$	217	6400	269	1500	水
—F	204	6200	254	900	乙醇
—Cl	210	7500	264	190	乙醇
—Br	210	7900	261	192	乙醇
—I	226	13000	256	800	乙醇
—SH	236	10000	269	700	己烷
—NHCOCH$_3$	238	10500			水
—NH$_3^+$	203	7500	254	160	水
—SO$_2$NH$_2$	218	9700	265	740	水
—CHO	244	15000	280	1500	己烷

取代基	E$_2$ 带		B 带		溶剂
	λ_{max}/nm	ε_{max}	λ_{max}/nm	ε_{max}	
—COCH$_3$	240	13000	278	1100	乙醇
—NO$_2$	252	10000	280	1000	己烷
—CH=CH$_2$	244	12000	282	450	乙醇
—CN	224	13000	271	1000	2%甲醇水溶液
—COO$^-$	224	8700	268	560	2%甲醇水溶液

当取代基上具有的非键电子的基团与苯环的 π 电子体系共轭相连时，无论取代基具有吸电子作用还是供电子作用，都将在不同程度上引起苯的 E$_2$ 带和 B 带的红移。另外，由于共轭体系的离域化，使 π^* 轨道能量降低，也使取代基的 n→π^* 跃迁的吸收峰向长波方向移动。

当引入的基团为助色团时，取代基对吸收带的影响大小与取代基的推电子能力有关。推电子能力越强，影响越大。顺序为：

$$—O^- > —NH_2 > —OCH_3 > —OH > —Br > —Cl > CH_3$$

当引入的基团为发色团时，其对吸收谱带的影响程度大于助色团。影响的大小与发色团的吸电子能力有关，吸电子能力越强，影响越大，其顺序为：

$$—NO_2 > —CHO > —COCH_3 > —COOH > —CN、—COO^- > —SO_2NH_2$$

ⅱ. 二取代苯　在二取代苯中，由于取代基的性质和取代位置不同，产生的影响也不同。虽然不是所有的多取代物的 λ_{max} 都可以计算，但还是有以下规律。

① 当一个发色团（如—NO$_2$、—C=O）及一个助色团（如—OH、—OCH$_3$、—X）处于（在苯环中）对位时，由于两个取代基效应相反，产生协同作用，故 λ_{max} 产生显著的向红位移。效应相反的两个取代基若处于间位或邻位时，则二取代物的光谱与各单取代物的区别是很小的。例如：

λ_{max}	260nm	280nm	380nm	280nm	282.5nm
ε_{max}	(7800)	(1430)	(13500)	(4800)	(5400)

② 当两个发色团或助色团取代时，由于效应相同，两个基团不能协同，则吸收峰往往不超过单取代时的波长，且邻、间、对三个异构体的波长也相近。例如：

λ_{max}	230nm	260nm	258nm	255nm	255nm
ε_{max}	(11600)	(1800)	(1100)	(7600)	(3470)

ⅲ. 多取代苯　多取代苯的吸收波长情况较脂肪族化合物复杂，一些学者也总结出不同的计算方法，但其计算结果的准确性比脂肪族化合物的计算结果差，具有一定的参考性。

Scott 总结了芳环羰基化合物的一些规律，提出了羰基与芳环共轭 $K(E_2)$ 带的计算方法（见表 2-15）。

表 2-15　苯环取代对 250nm 带的影响（溶剂：乙醇）

基本发色团 COR	基本值 λ_{max}/nm		
R＝烷基（或脂肪环）（苯甲酮）	246		
R＝H（苯甲醛）	250		
R＝OH，OR（苯甲酸及酯）	230		
环上每个取代基对吸收波长的影响 $\Delta\lambda$/nm			
取代基	邻位	间位	对位
烷基或脂环	3	3	10
—OH，—OCH$_3$，—OR	7	7	25
—O$^-$	11	20	18*
—Cl	0	0	10
—Br	2	2	15
—NH$_3$	13	13	58
—NHAc	20	20	45
—NHCH$_3$			73
—N(CH$_3$)$_2$	20	20	85

【例 1】　基本值：　　　　　246
　　　　　邻位环残基　　　＋3
　　　　　对位—OCH$_3$　　＋25
　　　　　　　　　　　　　274nm
　　　　　　　　　　　　（276nm）

【例 2】　基本值：　　　　　246
　　　　　邻位环残基　　　＋3
　　　　　邻位—OH 取代　＋7
　　　　　间位 Cl 取代　　＋0
　　　　　　　　　　　　　256nm
　　　　　　　　　　　　（257nm）

【例 3】　基本值：　　　　　246
　　　　　邻位环残基　　　＋3
　　　　　间位—OCH$_3$ 取代　＋7
　　　　　对位—OCH$_3$ 取代　＋25
　　　　　　　　　　　　　281nm
　　　　　　　　　　　　（278nm）

ⅳ．稠环芳烃　线型结构的稠环芳烃的吸收曲线形状非常相似，随着苯环数目的增加，B 带和 E 带发生红移，并有致强效应，数据见表 2-16。由于稠环芳烃的紫外吸收光谱都比较复杂，且往往具有精细结构，因此可用于化合物的指纹鉴定。

表 2-16　稠环芳烃紫外吸收谱带

化合物	E$_1$		E$_2$		B	
	λ_{max}	ε_{max}	λ_{max}	ε_{max}	λ_{max}	ε_{max}
苯	184	60000	203	7900	254	200
萘	221	133000	286	9300	312	289
蒽	256	180000	375	9000	潜没了	

（2）无机化合物的紫外-可见吸收光谱

无机化合物的电子跃迁形式有电荷迁移跃迁和配位场跃迁。

1）电荷迁移跃迁

许多无机配合物（如 $FeSCN^{2+}$）的电荷迁移跃迁可表示为：

$$M^{n+}-L^{b-}\xrightarrow{h\nu}M^{(n+1)+}-L^{(b-1)-}$$

$$[Fe^{3+}-SCN^-]^{2+}\xrightarrow{h\nu}[Fe^{2+}-SCN]^{2+}$$

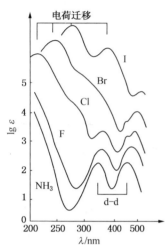

图 2.25　$[Co(NH_3)_5X]^{n+}$

的吸收光谱

X=NH_3 时，$n=3$；

X=F、Cl、Br、I 时，$n=2$

此处，M 为中心离子（例中为 Fe^{3+}），是电子接受体；L 是配体（例中为 SCN^-），为电子给予体。受辐射能激发后，使一个电子从给予体外层轨道向接受体跃迁而产生电荷迁移吸收光谱。许多水合离子、不少过渡金属离子与含生色团的试剂作用时，如 Fe^{2+} 和 Cu^+ 与 1，10 - 邻二氮菲的配合物，可产生电荷迁移吸收光谱。

2）配位场跃迁

过渡金属离子及其化合物呈现两种不同形式电子吸收光谱，一种为前述的电荷迁移跃迁，另一种为配位场跃迁。图 2.25 为 $[Co(NH_3)_5X]^{n+}$ 的吸收光谱，其中所示的 d-d 跃迁即为配位场跃迁的一种形式。两者相比，电荷迁移吸收光谱具有较大的摩尔吸收系数 $[\varepsilon = 10^3 \sim 10^4 L/(mol\cdot cm)]$，其波长范围通常处于紫外区；配位场跃迁则通常处于可见光区，且具有较小的 ε 值 $[10^{-1} \sim 10^2 L/(mol\cdot cm)]$，因此较少应用于定量分析上，但可用于研究无机配合物的结构及其键合理论等方面。

配位场跃迁有 d-d 和 f-f 两种跃迁，元素周期表中第四、五周期的过渡金属元素分别具有 3d 和 4d 轨道，镧系和锕系元素 7 个能量相等的 f 轨道分别裂分成几组能量不等的 d 轨道及 f 轨道，当它们的离子吸收光能后，低能态的 d 电子或 f 电子可分别跃迁至高能态的 d 或 f 轨道上，这两类跃迁分别称为 d-d 跃迁和 f-f 跃迁。由于这两类跃迁须在配体的配位场作用下才有可能产生，因此称之为配位场跃迁。

2.3.4　影响紫外吸收光谱的因素

（1）共轭效应

分子中若有共轭体系存在，则吸收光谱与没有共轭体系的情况有很大不同。在简单的烯烃中，$\pi \to \pi^*$ 跃迁发生在 165～200nm 范围内，而 1，3 - 丁二烯由于两个双键的共轭，使 λ_{max} 红移至 217nm。其原因在于共轭体系中每个双键的 π 轨道相互作用，形成一套新的成键及反键轨道，该作用过程如图 2.26。由图中看出，共轭烯中由 π_2 成键轨道上的电子跃迁至 π^* 反键轨道需要的能量 $\Delta E'$，要小于简单的烯烃中 $\pi \to \pi^*$ 跃迁所需能量 ΔE。因此，共轭体系的形成使 λ_{max} 红移，并且共轭体系越长，紫外光谱的最大吸收

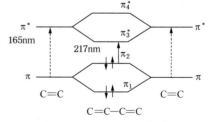

图 2.26　1，3 - 丁二烯分子

轨道能级示意图

越移向长波方向。

（2）超共轭效应

当烷基与共轭体系相连时，可以使波长产生少量红移。这是因为烷基的 σ 电子与共轭体系的 π 电子发生一定程度的重叠，扩大了共轭范围，从而使 π→π* 跃迁能量降低，吸收红移。

综上所述，无论何种形式的共轭，都会导致红移，而正是这种影响增加了紫外吸收光谱在有机结构测定中的应用。

（3）溶剂效应

溶剂极性对光谱的影响分两种情况：

① n→π* 跃迁所产生的吸收峰随溶剂极性的增加而向短波长方向移动。因为具有孤对电子的分子能与极性溶剂发生氢键缔合，其作用强度以极性较强的基态大于极性较弱的激发态，致使基态能级的能量下降较大，而激发态能级的能量下降较小（如图 2.27a），故两个能级间的能量差值增加。实现 n→π* 跃迁需要的能量也相应增加，故使吸收峰向短波长方向位移。

② π→π* 跃迁所产生的吸收峰随着溶剂极性的增加而向长波长方向移动。因为在多数 π→π* 跃迁中，激发态的极性要强于基态，极性大的 π* 轨道与溶剂作用强，能量下降较大，而 π 轨道极性小，与极性溶剂作用较弱，故能量降低较小，致使 π 及 π* 间能量差值变小（如图 2.27b）。因此，π→π* 跃迁在极性溶剂中的跃迁能 ΔE_p 小于在非极性溶剂中的跃迁能 ΔE_n。所以在极性溶剂中，π→π* 跃迁产生的吸收峰向长波长方向移动。

由此可见，在测定紫外光谱时，要注意溶剂的影响。

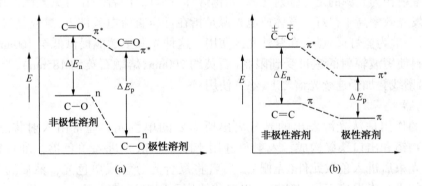

图 2.27　溶剂对 π→π*，n→π* 的影响

（4）溶剂 pH 值对光谱的影响

pH 值的改变可能引起共轭体系的延长或缩短，从而引起吸收峰位置的改变，对一些不饱和酸、烯醇、酚及苯胺类化合物的紫外光谱影响很大。如果化合物溶液从中性变为碱性时，吸收峰发生红移，表明该化合物为酸性物质；如果化合物溶液从中性变为酸性时，吸收峰发生蓝移，表明化合物可能为芳胺。例如，在酸性溶液中，苯酚以苯氧负离子形式存在，助色效应增强，吸收波长红移（图 2.28a），而苯胺在酸性溶液中，NH_2 以 NH_3^+ 存在，p→π 共轭消失，吸收波长蓝移（图 2.28b）。

43

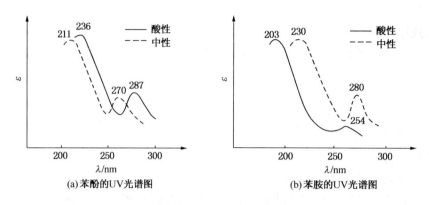

图 2.28　溶液酸碱性对紫外光谱的影响

2.3.5　紫外-可见分光光度计

(1) 紫外-可见分光光度计的基本结构

紫外-可见分光光度计由光源、单色器、吸收池、检测器以及数据处理及记录(计算机)等部分组成。

1) 光源

光源的作用是提供激发能,供待测分子吸收。要求能够提供足够强的连续光谱,有良好的稳定性和较长的使用寿命,且辐射能量随波长无明显变化。但由于光源本身的发射特性及各波长的光在分光器内的损失不同,辐射能量是随波长变化的。通常采用能量补偿措施,使照射到吸收池上的辐射能量在各波长基本保持一致。

紫外-可见分光光度计常用的光源有热辐射光源和气体放电光源。利用固体灯丝材料高温放热产生的辐射作为光源的是热辐射光源,如钨灯、卤钨灯。两者均在可见光区使用,卤钨灯的使用寿命及发光效率高于钨灯。气体放电光源是指在低压直流电条件下,氢或氘气放电所产生的连续辐射,一般为氢灯或氘灯,在紫外光区使用。这种光源虽然能提供低至160nm的辐射,但石英窗口材料使短波辐射的透过受到限制(石英约200nm,熔融石英约185nm),当大于360nm时,氢的发射谱线叠加于连续光谱之上,不宜使用。

2) 单色器

单色器的作用是从光源发出的光分离出所需要的单色光。通常由入射狭缝、准直镜、色散元件、物镜和出口狭缝构成,入射狭缝用于限制杂散光进入单色器,准直镜将入射光束变为平行光束后进入色散元件(光栅)。后者将复合光分解成单色光,然后通过物镜将出自色散元件的平行光聚焦于出口狭缝。出口狭缝用于限制通带宽度。

3) 吸收池

用于盛放试液。石英池用于紫外-可见光区的测量,玻璃池只用于可见光区。按其用途不同,可以制成不同形状和尺寸的吸收池,如矩形液体吸收池、流通吸收池、气体吸收池等。对于稀溶液,可用光程较长的吸收池,如5cm吸收池等。

4) 检测器

检测器的功能是检测光信号,并将光信号转变成电信号。简易分光光度计上使用光电池或光电管作为检测器。目前最常见的检测器是光电倍增管,有的用二极管阵列作为检测器。

光电倍增管的特点是在紫外-可见区的灵敏度高,响应快。但强光照射会引起不可逆损

44

害，因此不宜检测高能量。

一般单色器都有出口狭缝。经光栅分光后的光是一组呈角度分布的、按不同波长排列的单色光 λ_1、λ_2 等，通过旋转光栅角度使某一波长的光经物镜聚焦到出口狭缝。二极管阵列检测器不使用出口狭缝，在其位置上放一系列二极管的线形阵列，分光后不同波长的单色光同时被检测。二极管阵列检测器的特点是响应速度快，但灵敏度不如光电倍增管，而后者具有很高的放大倍数。

（2）紫外–可见分光光度计的工作原理

按光学系统，紫外–可见分光光度计可分为单波长分光光度计与双波长分光光度计、单光束分光光度计与双光束分光光度计。

1）双光束紫外–可见分光光度计

在单光束仪器中，分光后的单色光直接透过吸收池，交互测定样品池和参比池的吸收。这种仪器结构简单，适用于测定特定波长的吸收，进行定量分析。而双光束仪器中，从光源发出的光经分光后再经扇形旋转镜分成两束，交替通过参比池和样品池，测得的是透过样品溶液和参比溶液的光信号强度之比。双光束仪器克服了单光束仪器由于光源不稳引起的误差，并且可以方便地对全波段进行扫描。图 2.29 和图 2.30 分别是双光束分光光度计的原理及光路图。

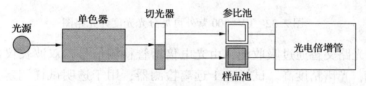

图 2.29　双光束紫外–可见分光光度计原理图

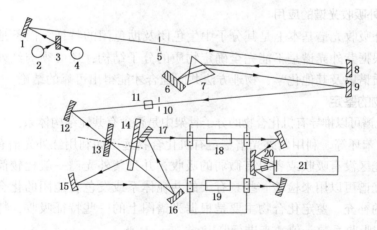

图 2.30　双光束紫外–可见分光光度计光路图

2）双波长紫外–可见分光光度计

双波长分光光度计的原理如图 2.31 所示。图 2.32 是双波长分光光度计的光路图。

该仪器既可用作双波长分光光度计又可用作单波长双光束仪器。当用作单波长双光束仪器时，单色器 1 出射的单色光束为遮光板所阻挡，单色器 2 出射的单色光束被斩光器分为两束断续的光，交替通过参比池和样品池，最后由光电倍增管检测信号。当用作双波长仪器时，遮光板离开光路，由两个单色器分出的 λ_1 和 λ_2 两束不同波长的光，由斩光器并

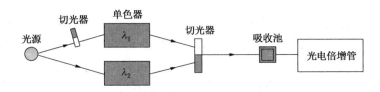

图 2.31　双波长紫外-可见分光光度计原理图

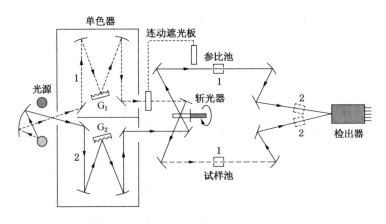

图 2.32　UV-300 紫外可见分光光度计光路图

束，使其在同一光路交替通过吸收池，由光电倍增管检测信号。双波长仪器的主要特点是可以降低杂散光，光谱精度高。试样室 1 远离检测器，用于透明试样测定，试样室 2 用于半透明试样测定。

2.3.6　紫外吸收光谱的应用

物质的紫外吸收光谱基本上是其分子中生色团及助色团的特征，而不是整个分子的特征。所以，只根据紫外光谱是不能完全确定物质的分子结构，还必须与红外吸收光谱、核磁共振波谱、质谱以及其他化学、物理方法共同配合才能得出可靠的结论。

（1）化合物的鉴定

利用紫外光谱可以推导有机化合物的分子骨架中是否含有共轭结构体系，如 C＝C—C＝C、C＝C—C＝O、苯环等。利用紫外光谱鉴定有机化合物远不如利用红外光谱有效，因为很多化合物在紫外光区没有吸收或者只有微弱的吸收，并且紫外光谱一般比较简单，特征性不强。利用紫外光谱可以用来检验一些具有大的共轭体系或发色官能团的化合物，可以作为其他鉴定方法的补充。鉴定化合物主要是根据光谱图上的一些特征吸收，特别是最大吸收波长 λ_{max} 及摩尔吸收系数 ε 值，来进行鉴定。

如果一个化合物在紫外区是透明的，则说明分子中不存在共轭体系，不含有醛基、酮基或溴和碘。可能是脂肪族碳氢化合物、胺、腈、醇等不含双键或环状共轭体系的化合物。

如果在 210～250nm 有强吸收，表示有 K 吸收带，则可能是含有两个双键的共轭体系，如共轭二烯或 α，β - 不饱和酮等。同样在 260nm、300nm、330nm 处有高强度 K 吸收带，表示有三个、四个和五个共轭体系存在。

如果在 260～300nm 有中强吸收（$\varepsilon=200～1000$），则表示有 B 带吸收，体系中可能有苯环存在。如果苯环上有共轭的生色团存在时，则 ε 可以大于 10000。

如果在 250~300nm 有弱吸收带（R 吸收带），则可能含有简单的非共轭体系并含有 n 电子的生色团，如羰基等。

如果化合物呈现许多吸收带，甚至延伸到可见光区，则可能含有一个长链共轭体系或多环芳香性生色团。若化合物具有颜色，则分子中至少含有四个共轭生色团或助色团，一般在五个以上（偶氮化合物除外）。

紫外光谱在推测化合物结构时，也能提供一些重要的信息，如发色官能团、结构中的共轭关系、共轭体系中取代基的位置、种类和数目等。

鉴定的方法有两种：

① 与标准物、标准谱图对照　将样品和标准物以同一溶剂配制相同浓度溶液，并在同一条件下测定，比较光谱是否一致。如果两者是同一物质，则所得的紫外光谱应当完全一致。如果没有标准样品，可以与标准谱图进行对比，但要求测定的条件要与标准谱图完全相同，否则可靠性较差。

② 吸收波长和摩尔吸收系数　由于不同的化合物如果具有相同的发色团，也可能具有相同的紫外吸收波长，但是它们的摩尔吸收系数是有差别的。如果样品和标准物的吸收波长相同，摩尔吸收系数也相同，可以认为样品和标准物是同一物质。

（2）纯度检查

如果有机化合物在紫外可见光区没有明显的吸收峰，而杂质在紫外区有较强的吸收，则可以利用紫外光谱检验化合物的纯度。如果样品本身有紫外吸收，则可以通过差示法进行检验，即取相同浓度的纯品在同一溶剂中测定作空白对照，样品与纯品之间的差示光谱就是样品中含有的杂质的光谱。如生产无水乙醇时通常加入苯进行蒸馏，因此无水乙醇中常常带有少量的苯，而乙醇在紫外光谱中没有吸收，苯的 λ_{max} 为 254nm，利用苯的吸收系数，即可计算乙醇的纯度。

（3）异构体的确定

对于异构体的确定，可以通过经验规则计算出 λ_{max} 值，与实测值比较，即可证实化合物是哪种异构体。对于顺反异构体，一般来说，某一化合物的反式异构体的 λ_{max} 和 ε_{max} 大于顺式异构体，如前所述的 1，2 - 二苯乙烯。另外还有互变异构体，常见的互变异构体有酮-烯醇式互变异构，如乙酰乙酸乙酯的酮-烯醇式互变异构。

$$\underset{\text{H}}{\overset{\text{O \ \ H \ \ O}}{\text{H}_3\text{C}-\overset{\|}{\text{C}}-\overset{|}{\text{C}}-\overset{\|}{\text{C}}-\text{OC}_2\text{H}_5}} \rightleftharpoons \overset{\text{OH} \quad \text{O}}{\text{H}_3\text{C}-\overset{|}{\text{C}}=\text{CH}-\overset{\|}{\text{C}}-\text{OC}_2\text{H}_5}$$

在酮式中，两个双键未共轭，$\lambda_{max}=204$nm，而在烯醇式中，双键共轭，吸收波长较长，$\lambda_{max}=243$nm。通过紫外光谱的谱带强度可知互变异构体的大致含量。不同极性的溶剂中，酮式和烯醇式所占的比例不同。由图 2.33 可见，乙酰乙酸乙酯在己烷中烯醇式含量最高，而在水中的含量最低。

（4）位阻作用的测定

由于位阻作用会影响共轭体系的共平面性质，当组成共轭体系的生色基团近似处于同一平面，两个生色基团具有较大的共振作用时，λ_{max} 不改变，ε_{max} 略为降低，空间位阻作用较小；当两个生色基团具有部分共振作用，两共振体系部分偏离共平面时，λ_{max} 和 ε_{max} 略有降低；当连接两生色基团的单键或双键被扭曲得很厉害，以致两生色基团基本未共轭，或具有极小共振作用或无共振作用，剧烈影响其 UV 光谱特

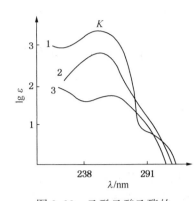

图 2.33 乙酰乙酸乙酯的
紫外吸收曲线

溶剂：1—己烷；2—乙醇；3—水

征时，情况较为复杂化。在多数情况下，该化合物的紫外光谱特征近似等于它所含孤立生色基团光谱的"加合"。

（5）氢键强度的测定

溶剂分子与溶质分子缔合生成氢键时，对溶质分子的 UV 光谱有较大的影响。对于羰基化合物，根据在极性溶剂和非极性溶剂中 R 带的差别，可以近似测定氢键的强度。以丙酮为例，当丙酮在极性溶剂如水中时，羰基的 n 电子可以与水分子形成氢键。$\lambda_{max} = 264.5nm$，当分子受到辐射，n 电子实现 n→π* 跃迁时，氢键断裂，所吸收的能量一部分用于 n→π* 跃迁，一部分用于破坏氢键。而在非极性溶剂中，不形成氢键，吸收波长红移，$\lambda_{max} = 279nm$。这一能量降低值应与氢键的能量相等。

$\lambda_{max} = 264.5nm$，对应的能量为 452.53kJ/mol；$\lambda_{max} = 279nm$，对应的能量为 428.99kJ/mol，因此，氢键的强度或键能为 452.53 − 428.99 = 23.54kJ/mol，这一数值与氢键键能的已知值基本符合。

（6）成分分析

紫外光谱在有机化合物的成分分析方面的应用比其在化合物定性鉴定方面有更大的优越性，方法的灵敏度高，准确性和重现性都很好，应用非常广泛。只要对近紫外光有吸收或可能有吸收的化合物，均可用紫外分光光度法进行测定。定量分析的方法与可见分光光度法相同。

（7）定量分析

1）朗伯-比尔定律

朗伯-比尔定律是紫外-可见吸收光谱法进行定量分析的理论基础，它的数学表达式为

$$A = \varepsilon bc \tag{2.18}$$

式中，ε 为摩尔吸光系数，L/(mol·cm)，仅与入射光的波长、被测组分的本性和温度有关，在一定条件下是被测物质的特征性常数，可以表明物质对某一特定波长光的吸收程度，是定性分析的重要参数指标（ε 值越大，吸光程度越大，定量测定时的灵敏度越高；$\varepsilon > 1.0 \times 10^4$ 为强吸收，$\varepsilon = 1.0 \times 10^3 \sim 1.0 \times 10^4$ 为较强吸收，$\varepsilon = 1.0 \times 10^2 \sim 1.0 \times 10^3$ 为中强吸收，$\varepsilon < 1.0 \times 10^2$ 为弱吸收）；b 为液层厚度，cm；c 为被测组分的浓度，mol/L。式（2.18）说明，在一定条件下溶液的吸光度 A 与被测物质的浓度和液层厚度的乘积成正比。但必须满足入射光是单色光、被照射物质是均匀的非散射性物质等条件。紫外-可见吸收光谱法为微、痕量分析技术，浓度大于 0.01mol/L 时会偏离朗伯-比尔定律。

2）比较法

在相同条件下配制样品溶液和标准溶液，在最佳波长 $\lambda_{最佳}$ 处测得二者的吸光度 $A_{样}$ 和 $A_{标}$，进行比较，按式（2.19）计算样品溶液中被测组分的浓度 c_x

$$c_x = \frac{A_{样}}{A_{标}} \times c_{标} \tag{2.19}$$

使用比较法时，所选择标准溶液的浓度应尽量与样品溶液的浓度接近，以降低溶液本底差异所引起的误差。

3）标准曲线法

配制一系列不同浓度的标准溶液，在$\lambda_{最佳}$处分别测定标准溶液的吸光度A，然后以浓度为横坐标，以相应的吸光度为纵坐标绘制出标准曲线，在完全相同的条件下测定试液的吸光度，并从标准曲线上求得试液的浓度。该法适用于大批量样品的测定。

4）多组分物质的定量分析

对含有两个以上组分的混合物，根据吸收光谱相互干扰的具体情况和吸光度的加合性，不需分离而直接进行测定，下面分三种情况讨论。

ⅰ. 吸收光谱不重叠　吸收光谱不重叠这种情况最简单，因吸收光谱互相不重叠，可在各自的λmax处测定其含量，与单组分物质的测定完全相同。

ⅱ. 吸收光谱单向重叠　如图2.34所示，在X组分的λ_{max}处(λ_1) Y组分没有吸收，但在λ_2处测定Y组分时，X组分也有吸收。此时，可列下面的联立方程式求解：

$$\begin{cases} A_{\lambda_1}^{总} = \varepsilon_{\lambda_1}^{X} b c_X \\ A_{\lambda_2}^{总} = \varepsilon_{\lambda_2}^{X} b c_X + \varepsilon_{\lambda_2}^{Y} b c_Y \end{cases}$$

方程组中$\varepsilon_{\lambda_1}^{X}$、$\varepsilon_{\lambda_2}^{X}$和$\varepsilon_{\lambda_2}^{Y}$分别由已知浓度的纯X、Y标准溶液在$\lambda_1$或$\lambda_2$处求得，$A_{\lambda_1}^{总}$和$A_{\lambda_2}^{总}$由分光光度计测得，吸收池的厚度$b$是已知的，因此解上述方程组即可计算出$c_X$和$c_Y$。

ⅲ. 吸收光谱相互重叠　吸收光谱相互重叠如图2.35所示。根据吸光度的加和性，分别在λ_1和λ_2波长处测定混合液的总吸光度，并解以下联立方程：

$$\begin{cases} A_{\lambda_1}^{总} = \varepsilon_{\lambda_1}^{X} b c_X + \varepsilon_{\lambda_1}^{Y} b c_Y \\ A_{\lambda_2}^{总} = \varepsilon_{\lambda_2}^{X} b c_X + \varepsilon_{\lambda_2}^{Y} b c_Y \end{cases}$$

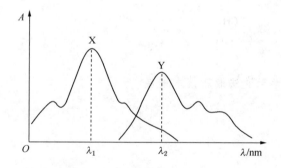

图2.34　吸收光谱单向重叠

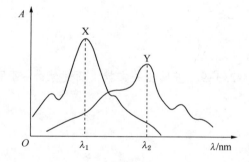

图2.35　吸收光谱相互重叠

同前述一样，$\varepsilon_{\lambda_1}^{X}$、$\varepsilon_{\lambda_1}^{Y}$、$\varepsilon_{\lambda_2}^{X}$、$\varepsilon_{\lambda_2}^{Y}$分别由纯X、Y的标准溶液测定出，$A_{\lambda_1}^{总}$、$A_{\lambda_2}^{总}$由分光光度计测得，所以，代入联立方程组即可求解。混合物中如果有更多的组分，可利用计算机技术设计适当的程序去求解。

思 考 题 与 习 题

2.3-1　简述紫外吸收光谱产生的原因。

2.3-2　电子跃迁有哪几种类型？这些类型的跃迁各处于什么波长范围？

2.3-3　何谓助色团及生色团？

2.3-4　有机化合物的紫外吸收光谱中有哪几种类型的吸收带，它们产生的原因是什么?

2.3-5 下列各分子中有几种类型的电子跃迁?

CH_3OH $\qquad$ $CH_3CH_2COCH_3$ $\qquad$ $CH_2\!\!=\!\!CHCH_2OCH_3$ $\qquad$ $C_6H_5NH_2$

2.3-6 有两种异构体,α异构体吸收峰在 228nm($\varepsilon=14000$),而β异构体吸收峰在 296nm($\varepsilon=11000$)。试指出这两种异构体分别属于下面两种结构中的哪一种?

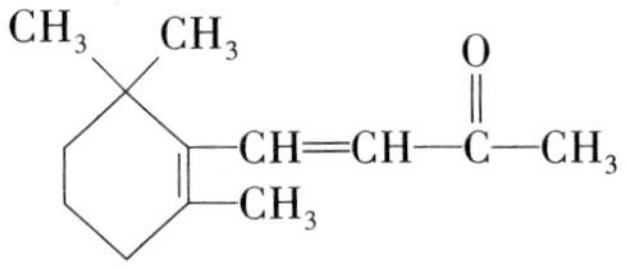

(a) 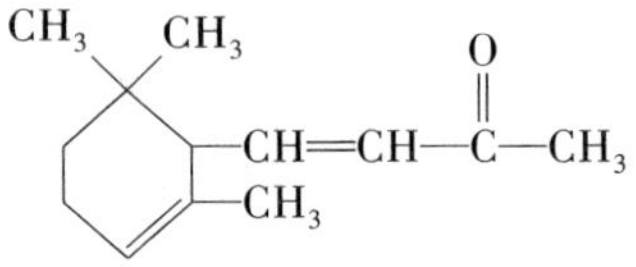 $\qquad\qquad\qquad$ (b)

2.3-7 某酮类化合物,当溶于极性溶剂中(如乙醇)时,溶剂对 n→π* 及 π→π* 跃迁各产生什么影响?

2.3-8 计算下列化合物的 λ_{max}。

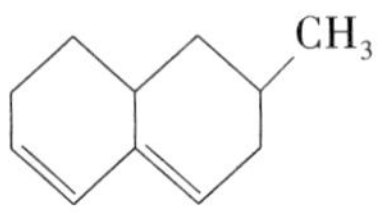

(a) 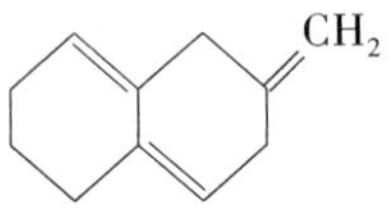 $\qquad\qquad\qquad$ (b)

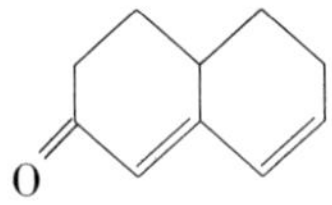

(c) 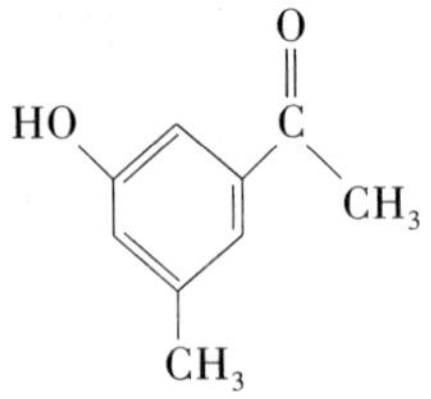 $\qquad\qquad\qquad$ (d)

2.3-9 查阅相关文献,简述紫外-可见分光光度法最新技术进展。

第3章　分子发光分析

3.1　概述

在第 2 章中，我们讨论了物质对紫外和可见光区电磁波的吸收。若物质的分子吸收一定能量后，电子能级由基态跃迁到激发态，激发态分子在返回到基态的过程中，以光辐射的形式释放能量，这种现象就称为分子发光(molecular luminescence)，建立在这一基础上的分析方法即为发光分析方法。

物质因吸收光能而激发发光的现象，称为光致发光(photo luminescence，PL)；吸收电能之后的发光现象叫作电致发光(electroluminescence，EL)；若吸收化学反应能激发光，称为化学发光(chemiluminescence，EL)；而发生在生物体内有酶类物质参与的化学发光反应则称为生物发光(bioluminescence，BL)。分子发光分析法通常包括光致发光分析、电致发光分析、化学发光分析和生物发光分析。

分子荧光(molecular fluorescence)属于光致发光。光致发光涉及吸收辐射和再发射两个过程。再发射的波长分布与吸收辐射的波长无关，而仅仅与物质的性质和物质分子所处的环境有关。由于不同的发光物质有其不同的内部结构和固有的发光性质，所以可以根据荧光光谱鉴别荧光物质进行定性分析，或者根据特定波长下的发光强度进行定量分析。

本章主要讨论分子荧光分析法、化学发光分析法。

3.2　分子荧光分析法

3.2.1　分子荧光的产生

(1) 激发态

基态分子吸收光能后，价电子跃迁到高能级的分子轨道上称为电子激发态。分子荧光通常是基于 $\pi^* \to \pi$、$\pi^* \to n$ 形式的电子跃迁，这两类电子跃迁都需要有不饱和官能团存在，以便提供 π 轨道。在光致激发和去激发的过程中，分子中的价电子可以处在不同的自旋状态，常用电子自旋状态的多重性(multiplicity)来描述。一个所有电子自旋都配对的分子的电子态称为单重态(singlet state)，用"S"表示；分子中电子对的电子自旋平行的电子态称为三重态(triplet state)，用"T"表示。见图 3.1。

电子自旋状态的多重性 $M = 2S + 1$，其中 S 是电子的总自旋量子数，它是分子中所有价电子自旋量子数的矢量和。如果两个价电子的自旋方向相反，$S = (-1/2) + 1/2 = 0$，多

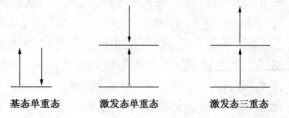

基态单重态　　**激发态单重态**　　**激发态三重态**

图 3.1　具有 π 电子分子的几种电子能态示意图

51

重性 $M=1$，该分子便处于单重态。当两个电子的自旋方向相同时，$S=1$，$M=3$，分子处于三重态。基态为单重态的分子具有最低的电子能，该状态用 S_0 表示。S_0 态的一个电子受激跃迁到与它最近的较高分子轨道上且不改变自旋，即成为单重态第一激发态 S_1，当受到能量更高的光激发且不改变自旋，就会形成单重第二电子激发态 S_2。如果电子在跃迁过程中改变了自旋方向，使分子具有两个自旋平行的电子，则该分子便处于第一激发三重态 T_1 或第二激发三重态 T_2，见图 3.2。三重态的能量常常比相应单重态的能量低，因此，单重态至三重态的跃迁所需能量比单重态至单重态的跃迁所需能量小。而且电子自旋方向的改变在光谱学上一般是禁阻的，即跃迁的几率非常小，仅相当于单重态至单重态的 10^{-6}。

（2）去活化过程

处于激发态的分子不稳定，它可以通过辐射跃迁和非辐射跃迁等多种途径回到基态，这个过程称为去活化过程。在去活化过程中以速度最快、激发态寿命最短的途径占优势。基本的去活化过程有以下几种。

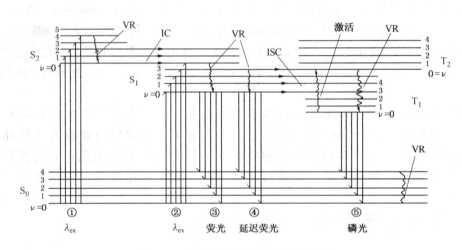

图 3.2　分子荧光和磷光产生示意图

1）无辐射跃迁

无辐射跃迁包括：振动弛豫、内部转换和体系间跨跃。

ⅰ. 振动弛豫　在同一电子能级内，激发态分子以热的形式将多余的能量传递给周围的分子，自己则从高的振动能级回到低的振动能级，这种现象称为振动弛豫（vibrational lever relaxation，VR），产生振动弛豫的时间极为短暂，约为 $1.0×10^{-12}$ s。

ⅱ. 内部转换　同一多重态的不同电子能级间可发生内部转换（internal conversion，IC）。例如，当 S_2 的较低振动能级与 S_1 较高振动能级的能量相当而发生重叠时，分子有可能从 S_2 的振动能级过渡到 S_1 的振动能级上，这种无辐射去激化过程叫内部转换。内部转换同样会发生在三重态 T_2 和 T_1 之间，内部转换发生的时间在 $1.0×10^{-11}$~$1.0×10^{-13}$ s。

ⅲ. 体系间跨越　不同多重态之间的无辐射跃迁叫体系间跨越（intersystem crossing，ISC）。发生体系间跨越时电子自旋需换向，因而比内部转换困难，需要 $1.0×10^{-6}$ s 的时间。体系间跨越易于在 S_1 和 T_1 之间进行，发生体系间跨越的根本原因在于各电子能级中振动能级非常靠近，势能面发生重叠交叉，而交叉地方的位能是一样的。当分子处于这一位置时，既可发生内部转换，也可发生体系间跨越，这取决于分子的本性和所处的外部环境条件。

2) 分子荧光的产生

处于 S_1 或 T_1 态的分子返回 S_0 态时伴随发光现象的过程称为辐射去激（radiative relaxtion），分子从 S_1 态的最低振动能级跃迁至 S_0 态各振动能级时所产生的辐射光称为荧光，它是相同多重态间的允许跃迁，其概率大，辐射过程快，一般在 $1.0×10^{-8}s$ 左右完成，因而称为快速荧光或瞬间荧光（prompt fluorescence），简称荧光。

3.2.2　激发光谱和发射光谱

任何荧光化合物都具有两个特征光谱：激发光谱和发射光谱。它们是荧光定性和定量分析的基本参数和依据。

(1) 激发光谱

荧光是光致发光，因此必须选择合适的激发光波长，这可以从它们的激发光谱曲线来确定。绘制激发光谱曲线时，选择荧光的最大发射波长为测量波长，改变激发光的波长，测量荧光强度的变化。以激发波长为横坐标、荧光强度为纵坐标作图，即得到荧光化合物的激发光谱。激发光谱的形状与吸收光谱的形状极为相似，经校正后的真实激发光谱与吸收光谱不仅形状相同，而且波长位置也一样。这是因为物质分子吸收能量的过程就是激发过程。

(2) 发射光谱

发射光谱简称荧光光谱。如果将激发光波长固定在最大激发波长处，然后扫描发射波长，测定不同发射波长处的荧光强度，即得到荧光光谱。荧光光谱显示了若干普遍特性。

1) 荧光光谱形状与激发波长无关

由于分子无论被激发到高于 S_1 的哪一个激发态，都经过无辐射的振动弛豫和内部转换等过程，最终回到 S_1 态的最低振动能级，然后产生分子荧光。因此，荧光光谱与荧光物质被激发到哪一个电子能级无关。

2) 荧光光谱和吸收光谱有很好的镜像关系

分子由 S_0 态跃迁至 S_1 态各振动能级时产生的吸收光谱，其形状决定于该分子 S_1 态中各振动能级能量间隔的分布情况（称该分子的第一吸收带），而分子由 S_1 态的最低振动能级至 S_0 态各振动能级所产生荧光光谱同样有多个峰，也就是说，荧光光谱的形状取决于 S_0 态中各振动能级的能量间隔分布。由于分子的 S_0 态和 S_1 态中各振动能级的分布情况相似，因此荧光光谱和吸收光谱的形状相似。图 3.3 为蒽分子乙醇溶液的吸收光谱 a、b 和荧光光谱 c。

在吸收光谱中，S_1 态的振动能级越高，与 S_0 态间的能量差越大，吸收峰的波长越短；相反在荧光光谱中，S_0 态的振动能级越高，与 S_1 态间的能量差越

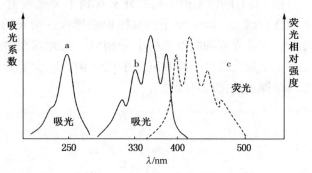

图 3.3　蒽分子乙醇溶液的吸收光谱 a、b 和荧光光谱 c

小，产生荧光的波长越长。因此，荧光光谱和吸收光谱的形状虽相似，却呈镜像对称关系。

3.2.3　荧光发射及影响因素

(1) 荧光发射与分子结构的关系

1) 荧光发射中的重要参数

ⅰ. 荧光分子的寿命　荧光寿命（fluorescence lifetime），用 τ 来表示。荧光寿命是处于

激发态的荧光体返回基态之前停留在激发态的平均时间，或者说处于激发态的分子数目衰减到原来的 $1/e$ 所经历的时间，这意味着在 $t = \tau$ 时，大约有 63% 的激发态分子已去激衰变。荧光寿命在荧光分析中有重要意义，利用荧光寿命的差别，可以进行混合荧光物质分析。

ⅱ. 荧光量子产率　荧光量子产率(fluorescence quantum efficiency)用 Φ_f 来表示。它反映了荧光物质发射荧光的能力，其值越大，物质的荧光越强。荧光量子产率的计算公式为：

$$\Phi_f = \frac{发射的光子数}{吸收的光子数}$$

可用式(3.1)表示：

$$\Phi_f = \frac{K_f}{K_f + \sum K} \tag{3.1}$$

式中，K_f 为荧光发射过程的速率常数；$\sum K$ 为其他各无辐射跃迁过程的速率常数的总和。通常，K_f 主要取决于分子的结构，$\sum K$ 主要取决于分子所处的环境。当 $K_f \ll \sum K$ 时，Φ_f 接近 0，该物质为非荧光物质；当 $\sum K$ 趋近于 0 时，Φ_f 接近 1。所以，荧光物质的 Φ_f 通常大于 0，小于 1。

2) 荧光与结构的关系

荧光的产生涉及分子吸收辐射和激发态分子发射辐射两个过程。对强荧光物质，其结构往往具备下列特点：

ⅰ. $\pi \to \pi^*$ 跃迁类型有利于发射荧光　实验表明，大多荧光物质都是由 $\pi \to \pi^*$ 或 $n \to \pi^*$ 跃迁到激发态，经振动弛豫或其他无辐射跃迁到第一激发态的振动能级上，再经 $\pi^* \to \pi$ 或 $\pi^* \to n$ 跃迁并发射荧光。由于 $\pi \to \pi^*$ 的 ε 值要比 $n \to \pi^*$ 跃迁的大 $10^2 \sim 10^3$ 倍，而且跃迁的寿命要短 10^{-2}s，因此 $\pi \to \pi^*$ 的荧光量子产率高，有利于荧光的发射。

ⅱ. 发光分子中要具有共轭 π 键体系　共轭的程度越大，离域 π 电子越容易激发，分子发光越容易产生。如线性多环芳烃苯、萘、蒽、菲四苯的荧光发射量子产率依次为 0.11、0.29、0.46、0.60，荧光峰波长依次为 278nm、321nm、400nm、480nm。

ⅲ. 具有刚性平面结构的分子有利于荧光发射　分子的共平面越大，其有效的 π 电子离域性也越大，即 π 电子的共轭程度越大，荧光的量子产率也将越大，荧光波长也移向长波长。如荧光素和酚酞结构十分相似，荧光素在溶液中有很强的荧光，而酚酞没有。这主要是由于荧光素分子具有刚性平面结构，减少了分子振动，减少了体系间跨越跃迁到三重态及碰撞去活化的可能性。

荧光素　　　　　　酚酞

又如芴和联苯在相同条件下，荧光量子产率约为 1 和 0.18。

54

芴　　　　　　联苯

iv. 取代基对分子发光的影响

① 芳香族化合物苯环上的不同取代基对该化合物的荧光强度和荧光光谱有很大的影响。表3-1中列出了部分取代基对苯的荧光效率和荧光波长的影响。一般说来，给电子基团的存在会加强荧光发射。作用特别明显的是—NH_2 和—OH，由于 n 电子的电子云与芳环上的 π 电子轨道平行，共享了共轭 π 电子结构，扩大了共轭双键体系。这些取代基为酸基或碱基，在酸碱介质中易转化为相应盐，使荧光变弱。例如酚在碱性介质中成为酚盐，胺类在酸性介质中质子化为—NH_3^+ 等。

表 3-1　取代基对苯的荧光的影响

化合物	化学式	荧光波长/nm	荧光相对强度	化合物	化学式	荧光波长/nm	荧光相对强度
苯	C_6H_6	270~312	10	酚离子	$C_6H_5O^-$	310~400	10
甲苯	$C_6H_5CH_3$	270~320	17	苯甲醚	$C_6H_5OCH_3$	285~345	20
丙苯	$C_6H_5C_3H_7$	270~320	17	苯胺	$C_6H_5NH_2$	310~405	20
氟苯	C_6H_5F	270~320	10	苯胺离子	$C_6H_5NH_3^+$		0
氯苯	C_6H_5Cl	275~345	7	苯甲酸	C_6H_5COOH	310~390	3
溴苯	C_6H_5Br	290~380	5	苯基氰	C_6H_5CN	280~360	20
碘苯	C_6H_5I		0	硝基苯	$C_6H_5NO_2$		0
苯酚	C_6H_5OH	285~365	18				

② 吸电子基团，如—C≡O、—COOH、—CHO、—NO_2、—N≡N—等的存在会使荧光强度减弱。有的 n 电子并不与芳环上的 π 电子云共平面，这类化合物一般 n→π* 是禁戒跃迁，ε 很小，单重激发态 S_1 为 n→π* 型，S_1→T_1 之间的跨越强烈。

③ 取代基位置对荧光的影响。对芳烃来说，一般邻、对位取代基增强荧光，间位取代基抑制荧光(—CN取代基例外)。当取代基存在使共轭增加时，取代基的影响下降。当两取代基共存时，可能其中一个起主导作用。

④ 重原子取代基存在时，如 I^-，则会使荧光减弱，这个效应称为内重原子效应(internal heavy-atom effect)。由于重原子的存在，使荧光体的电子自旋-轨道偶合作用加强，S_1→T_1 之间的跨越显著增强的缘故。

（2）溶液荧光强度及影响因素

1）荧光强度与溶液浓度的关系

荧光强度(fluorescence intensity) I_f 正比于吸收的光量子 I_a 及荧光的量子产率 Φ_f，则有：

$$I_f = \Phi_f I_a \tag{3.2}$$

由朗伯-比尔定律：

$$I_a = I_0 - I = I_0(1 - 10^{-\varepsilon bc}) \tag{3.3}$$

式中，I 及 I_0 分别为透射光强度和入射光强度。将式(3.3)代入式(3.2)中得：

$$I_f = \Phi_f I_0(1 - 10^{-\varepsilon bc}) = \Phi_f I_0(1 - e^{-2.3\varepsilon bc})$$

式中，ε 为摩尔吸光系数；b 为试样的吸收光程；c 为试样浓度。式中指数可以展开无穷级数：

$$e^{-2.3\varepsilon bc} = 1 - 2.3\varepsilon bc - \frac{(-2.3\varepsilon bc)^2}{2!} - \frac{(-2.3\varepsilon bc)^3}{3!} - \cdots$$

则有：

$$I_f = \Phi_f I_0 \left[2.3\varepsilon bc + \frac{(-2.3\varepsilon bc)^2}{2!} + \frac{(-2.3\varepsilon bc)^3}{3!} + \cdots \right] \tag{3.4}$$

若浓度 c 很小，εbc 值也很小，当 $\varepsilon bc \leq 0.05$ 时，式(3.4)第二项为第一项的 2.5%，以后各项更小，则式(3.4)可简化为：

$$I_f = 2.3\Phi_f I_0 \varepsilon bc \tag{3.5}$$

当入射光强度 I_0 及吸收光程 b 一定时，式(3.5)可简化为：

$$I_f = kc \tag{3.6}$$

式(3.6)表明，在稀溶液中荧光强度与荧光物质的溶液浓度成线性关系，这是荧光定量分析的基本关系式。当 $\varepsilon bc > 0.05$，即吸光度较大时，$I_f = \Phi_f I_0$，荧光强度与荧光物质浓度无关，并出现随浓度增大而下降的现象，这是由于在较浓的溶液中存在猝灭现象和自吸收的缘故。

2）影响荧光强度的因素

i．溶剂对荧光强度的影响 溶剂的影响可分为一般溶剂效应和特殊溶剂效应。一般溶剂效应是普遍存在的，它主要指溶剂的折射率和介电常数的影响。特殊溶剂效应是荧光体和溶剂分子间的特殊化学作用，如氢键的生成和络合作用等。

ii．温度的影响 温度对荧光强度的影响较敏感，因此荧光分析时一定要控制好温度。温度上升使荧光强度下降，其中一个主要原因是分子的内部能量转化作用。当激发分子接受额外热能时，有可能使激发能转化为基态的振动能量，随后迅速振动弛豫而丧失振动能量。另一个原因是溶液温度下降时，介质的黏度增大，荧光物质与分子的碰撞也随之减少。相反，随着温度上升，碰撞频率增加，使外转换的去活几率增加。

由于荧光物质在低温下荧光强度比在室温有显著的增强，为了提高灵敏度，近年来低温荧光分析已成为荧光分析中的一个重要分支。

iii．溶液 pH 值的影响 带有酸性或碱性官能团的大多数芳香族化合物的荧光一般都与溶液的 pH 值有关，因此荧光分析中要严格控制溶液的 pH 值。例如：在 pH = 7~12 的溶液中苯胺以分子形式存在，会发生蓝色荧光；而在 pH<2 或 pH>13 的溶液中苯胺以离子形式存在，都不发生荧光。因为化合物的分子与其离子在电子构型上有所不同，因此它们的荧光强度和荧光光谱就会有差别。

3）溶液荧光的猝灭

荧光分子与溶剂或其他物质分子作用使荧光减弱的现象称为荧光猝灭（fluorescence quenching），能使荧光强度降低的物质称为荧光猝灭剂（quencher）。

荧光猝灭分为静态猝灭和动态猝灭，静态猝灭的特征是基态荧光分子 M 和猝灭剂 Q 发生反应，生成非荧光物质 MQ，使 M 失去荧光特性。反应如下：

$$M + Q \rightleftharpoons MQ$$

动态猝灭的特征是激发态 M* 和 Q 碰撞，发生能量或电子转移从而失去荧光性，或生成瞬时激发态复合物 MQ*，使荧光分子 M 的荧光猝灭。与静态猝灭不同，动态猝灭通常不改变 M 的吸收光谱。

$$M \xrightarrow{\lambda_{em}} M^* + Q \longrightarrow MQ^* \longrightarrow MQ(无辐射跃迁)$$

$$或 \longrightarrow MQ + \lambda_{em}(荧光)$$

荧光猝灭通常有一定的选择性。常见的荧光猝灭有下列几种主要类型。

ⅰ．自猝灭　如果 M^* 在发光之前和它的基态碰撞引起猝灭，或生成不发荧光的基态多聚体，或因自吸收导致荧光强度减弱，这些现象统称为荧光分子的自猝灭(self-quenching)。

ⅱ．电荷转移猝灭　激发态分子往往比基态具有更强的与其他物质发生氧化还原反应的能力，从而导致荧光猝灭，这种现象称为电荷转移猝灭。例如：

$$无 Fe^{2+} 时 \quad M(甲基蓝) \xrightarrow{\lambda_{ex}} M^* \longrightarrow M + \lambda_{em}(荧光)$$

$$有 Fe^{2+} 时 \quad M^* + Fe^{2+} \longrightarrow M^- + Fe^{3+}$$

生成的 M^- 进一步发生下列反应：

$$M^- + H^+ \longrightarrow MH(半醌)$$

$$2MH \longrightarrow M + MH_2(无色染料)$$

I^-、Br^-、CNS^-、$S_2O_3^{2-}$ 等易于给出电子的阴离子对奎宁、荧光素和罗丹明 B 也会发生类似的猝灭作用，且猝灭的强弱顺序为：$I^- > CNS^- > Br^- > Cl^- > C_2O_4^{2-} > SO_4^{2-} > NO_3^- > F^-$，这一顺序与它们给出电子的难易程度相关联。

ⅲ．转入三重态猝灭　经体系间跨越转入三重态的大多数分子，很容易把多余的能量消耗在碰撞之中使荧光猝灭，这种现象称为转入三重态猝灭。氧的存在会增强荧光物质的体系间跨越，所以氧分子是荧光最常见的猝灭剂。

ⅳ．光化学反应猝灭　某些光敏物质在紫外或可见光照射下很容易发生光化学反应或发生预离解跃迁，如核黄素(维生素 B_2)经光照射后会转化为光黄素，DNA、多糖类和蛋白质等物质在紫外光和可见光下可引起光解作用。荧光分析中因发生光化学反应引起猝灭的现象经常遇到。

3.2.4　荧光分光光度计

一般的荧光分光光度计，其基本构成为光源、激发单色器、荧光池、荧光单色器、检测器等，典型荧光分光光度计的组成如图 3.4。

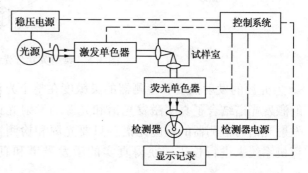

图 3.4　典型荧光分光光度计的原理方框图

(1) 激发光源

要求它的辐射波长在紫外可见辐射范围内。为了提高测量的灵敏度，荧光测量中所用的激发光源一般要求比吸收测量中的光源更强。通常使用氙灯和高压汞灯。采用脉冲供电方式，可使灯的寿命延长。在高档仪器中也使用各种类型的气体、固体、半导体、准分子及染料激光器。

(2) 试样室

用于放置试样，通常用石英制成的试样池，形状成正方形或长方形，四面透光。一般还为不同测试配置可拆卸的附件，如固体试样架等。

（3）色散系统及滤光器

在简单荧光计中使用干涉滤光片，也使用吸收滤光片。在精密的荧光分光光度计中使用光栅分光的单色器，其中用于选择激发光波长的为激发光单色器，也称第一单色器，用于分离荧光波长的为荧光单色器或称第二单色器。转动色散原件，实现波长扫描。也有配多单色器的仪器，以便获得三维荧光光谱。

（4）检测器

由于荧光的强度都比较弱，因此要求光检测器有较高灵敏度。一般使用光电管、光电倍增管或阵列检测器。对于极弱的荧光检测，使用光子计数装置。

（5）测量的光路结构

在仪器的光学设计上，激发光束与观察的荧光光束成直角，目的在于减少被散射的入射光进入检测器。

荧光仪通常只有一束光，溶剂空白是单独测定的。对于双光束仪器，与紫外–可见吸收光谱仪不同，光源并不分裂成相等两份，而是由分束器分裂成不同强度的两部分，约5%的激发光直接照射到参比光电倍增管上，以校正光源的不稳定性。如图3.5。

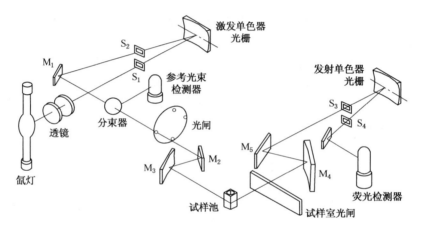

图 3.5　典型荧光分光光度计光路图

光源的发射强度和检测器的灵敏度在整个光谱区内并不是恒定的，通常仪器所记录到的激发光谱结合了真实激发光谱和光源的发射光谱；记录到的荧光光谱结合了真实的荧光发射光谱与检测器的响应光谱。只要光源和检测器的光谱特性已知，就可以用仪器自身计算机系统来进行校正，获得真实的激发光谱和真实的荧光光谱。精密的仪器可进行自动校正。

3.2.5　荧光定量分析方法

（1）工作曲线法

将已知量的标准物质经过与试样相同的处理后，配成一系列标准溶液并测定它们的相对荧光强度。以相对荧光强度对标准溶液的浓度绘制工作曲线，由试液的相对荧光强度对照工作曲线求出试样中荧光物质的含量。工作曲线法适用于大批量样品的测定。

（2）比较法

如果样品量不多，可用比较法进行测定。取已知量的纯荧光物质配制和试样浓度 c_x 相近的标准溶液 c_s，并在相同条件下测得它们的荧光强度 I_{f_x} 和 I_{f_s}。若有试剂空白，荧光 I_{f_0} 必须扣除，然后按式(3.7)计算试液的浓度 c_x：

$$c_x = \frac{I_{f_x} - I_{f_0}}{I_{f_s} - I_{f_0}} \cdot c_s \tag{3.7}$$

(3) 荧光猝灭法

在一般荧光分析中，荧光的猝灭现象是应该避免的，一些荧光猝灭剂应预先分离。但也可以利用猝灭现象，进行荧光分析。若某一物质本身不会发射荧光，也不与其他物质形成荧光物质，但它们会使另一种会发射荧光的物质荧光强度下降，荧光强度下降程度与该物质的浓度成比例，以此建立的荧光分析法称为荧光猝灭法。例如 F^- 会使 Al^{3+}-8-羟基喹啉络合物的荧光强度下降，适当条件下，荧光强度与 F^- 浓度成反比例，可用于痕量氟的测定。

3.2.6 荧光测定技术进展

荧光分析也可应用荧光滴定法、双波长法、三波长法、导数法等。由于分子的荧光发射要比吸收拥有更多的信息量，人们还发展了许多新的荧光分析技术，如同步荧光技术、时间分辨荧光技术、荧光偏振技术、相分辨荧光技术、低温荧光技术、荧光探针技术等。它们在提高测量的选择性、灵敏度方面有突出的优点。在应用方面，对于无机离子，一般不显示荧光。然而与有机荧光试剂(organic fluorescent reagent)可生成有荧光络合物，测量它们的荧光强度，可对无机离子进行定量分析。目前可以用形成荧光络合物测定的无机元素已达六十多种，其中铍、铝、硼、镓、硒、钴、镍、银等常用荧光法测定。在有机物及生物学方面，芳香族化合物具有共轭不饱和结构，大多能发射荧光。环境污染监测中，多环芳烃的定性和定量可直接用荧光法测定。荧光法对许多生物有机化合物具有很高的灵敏度和选择性。生物体虽然十分复杂，其中许多化合物仍可以不经分离而进行分析。荧光法为研究生物活性物质同核酸相互作用，以及研究蛋白质的结构和机能提供了有用工具。也是定性和定量分析酶及研究酶动力学和机理的重要手段。

3.3 化学发光法

某些物质在进行化学反应时，由于吸收了反应时产生的化学能，而使反应产物分子激发至激发态，受激分子由激发态回到基态时，便发出一定波长的光。这种吸收化学能使分子发光的过程称为化学发光(chmiluminescence，CL)。利用化学发光反应而建立起来的分析方法称为化学发光分析法。该法具有灵敏度高、线性范围宽、设备简单、分析速度快且易实现自动化等优点。目前已广泛应用于生物科学、食品科学、药物检验、环境监测等领域。

3.3.1 化学发光分析的基本原理

(1) 化学发光反应的基本要求

化学发光是吸收化学反应过程中产生的化学能而使分子激发所发射的光。任何一个化学发光反应都应包括化学激发和发光两个关键步骤，它必须满足以下几个条件：

① 化学反应必须提供足够的化学能，且被发光物质吸收形成电子激发态。如果在760~280nm 的可见紫外光区产生化学发光，则要求化学反应提供 150~420kJ/mol 之间的能量，具有过氧化物中间产物的氧化还原反应一般能满足这种要求。因此，化学发光反应大多数是有 H_2O_2、O_3 等参加的高能氧化还原反应。

② 吸收化学能处于电子激发态的分子返回到基态时，能以光的形式释放出能量，或者把能量

转移到一个合适的接受体上。该接受体能以光的形式释放能量,产生敏化化学发光(sensitized chemiluminescence),反应式如下:

化学激发:

$$A+B \longrightarrow C^* + D \longrightarrow C + h\nu(CL) \ 或 \ A+B+C(接受体) \longrightarrow AB+C^*$$

敏化化学发光:

$$C^* \longrightarrow C + h\nu(CL)$$

(2) 化学发光效率

对于每一个化学发光反应,都具有其特征的化学发光光谱和化学发光效率。化学发光效率 φ_{CL} 可表示为:

$$\varphi_{CL} = \frac{发光的分子数}{参加反应的分子数} = \varphi_{CE}\varphi_{EM}$$

式中,φ_{CE} 为生成激发态产物分子的化学激发效率;φ_{EM} 为激发态分子的发光效率;φ_{CL} 又称为化学发光的总量子产率,其值一般在 10^{-2} 数量级。

(3) 化学发光的强度与反应物浓度间的关系

化学发光反应的发光强度 I_{CL} 可以用单位时间内发射的光量子数表示,它与化学发光分子浓度有关。可以表示为:

$$I_{CL}(t) = \varphi_{CL}\frac{dc}{dt}$$

式中,$I_{CL}(t)$ 表示 t 时刻化学发光强度;φ_{CL} 是与分析物质有关的化学发光效率;dc/dt 是分析物参加反应的速率。化学发光强度的积分值与反应物浓度成正比,即

$$\int I_{CL}(t)dt = \varphi_{CL} \cdot c$$

因此,可以根据测定已知时间范围内发光总量,实现对反应物的定量测定。

3.3.2 化学发光反应及应用

化学发光反应可以分为直接发光和间接发光两大类。按反应体系的状态可以分为气相化学发光反应及液相化学发光反应两类。

(1) 气相化学发光反应

气相化学发光已广泛用于大气污染检测,测定对象主要有两类:一类是常温下呈气态的氰化物、氮化合物、臭氧和乙烯等;另一类是在火焰中易生成气态原子的 P、N、S、和 Te 等元素,这一类也称为火焰气相发光。典型的气相化学发光反应如下:

$$MH_n + O_3 \longrightarrow H_xMO_y^*$$
$$H_xMO_y^* \longrightarrow H_xMO_y + h\nu$$

利用该反应可测定 As(0.15ng)、Sb(35ng)、Se(110ng),线性范围达 4~5 数量级。

1) 一氧化氮与臭氧(1:1)的化学发光反应:

$$NO + O_3 \longrightarrow NO_2^* + O_2$$
$$NO_2^* \longrightarrow NO_2 + h\nu$$

反应的发射光谱范围为 600~875nm,检出限达 1ng/mL。此反应可用于 NO 或 O_3 的测定。间接法可测定 NO_2 和 NH_3。测量 NO_2 时可将其还原为 NO 后再测定,测量 NH_3 时可将其先高温下氧化成 NO_2。应用这一反应可以进行汽车尾气中 NO_x 的测量。

60

2）乙烯与臭氧（1∶1）的化学发光反应

发光物质是激发态的甲醛 CH_2O^*。

$$CH_2\!=\!CH_2+2O_3 \longrightarrow 2CH_2O^*+2O_2$$
$$2CH_2O^* \longrightarrow 2CH_2O+h\nu$$

反应在 $300\sim600nm$ 光谱区有发射，其最大发射波长为 435nm。发光反应对 O_3 是特效的，响应的线性范围为 $1ng/mL\sim1\mu g/mL$。

3）SO_2、NO、CO 与氧原子的化学发光反应

反应的关键是要获得一个稳定的氧原子源，可以在 1000℃ 碳管中分解 $O_3 \longrightarrow O_2+O$，得到：

$$O+O+SO_2 \longrightarrow SO_2^*+O_2$$
$$SO_2^* \longrightarrow SO_2+h\nu$$

反应最大发射波长 λ_{max} 为 200nm。

$$O+NO \longrightarrow NO_2^*$$
$$NO_2^* \longrightarrow NO_2+h\nu$$

反应的发射光谱范围为 $400\sim1400nm$。

$$O+CO \longrightarrow CO_2^*$$
$$CO_2^* \longrightarrow CO_2+h\nu$$

反应的发射光谱范围为 $300\sim500nm$。

这些反应可用于大气污染检测，测定灵敏度均可达 $1ng/mL$。

（2）液相化学发光反应

用于分析上的液相化学发光体系很多，但研究和应用比较多的有鲁米诺（luminol）、光泽清（lucigenin）和过氧草酰类（peroxyoxalate）。

1）鲁米诺体系

鲁米诺（3−氨基苯二甲酰环肼）也称为冷光剂，它在碱性介质中与 H_2O_2 等氧化剂反应，可以产生最大发射波长为 425nm 的化学发光，φ_{CL} 在 1% 左右，其发光历程如下：

(Luminol)

氨基邻苯二甲酸根

2）光泽精体系

光泽精体系（N, N −二甲基−9，9−联吖啶二硝酸盐）在碱性溶液中与 H_2O_2 反应生成激发态的 N−甲基吖啶酮，产生最大发射波长为 470nm 的光，其中 φ_{CL} 为 $1\%\sim2\%$，反应历程如下：

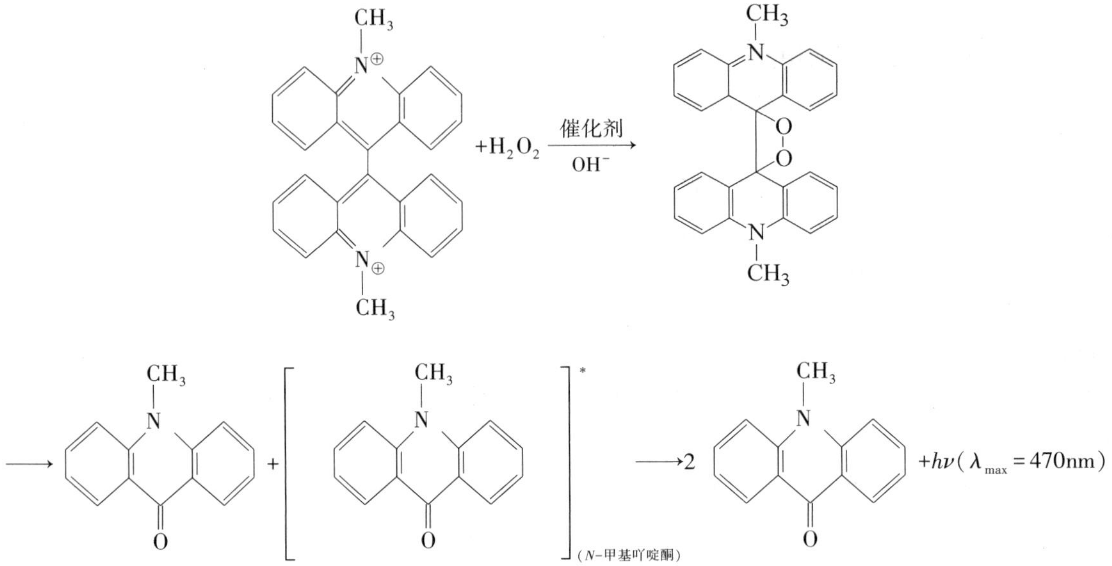

以上两种化学发光反应的速率很慢，当某些金属如 Co^{2+}、Cu^{2+}、Ni^{2+}、Cr^{3+}、Fe^{3+}、Mn^{2+}、Hg^{2+}、Au^{2+} 等存在时会催化发光反应，增强发光强度，利用这一现象可测定这些金属离子含量。用此法可以测定天然水或废水中的金属离子。

3）过氧草酰体系

过氧草酰（peroxyoxalate）发光体系应用最多的是双（2，4，6 - 三氯苯基）草酸酯（TCPO）和双（2，4 - 二硝基苯）草酸酯（DNPO），它们与 H_2O_2 作用在荧光体如红萤烯的存在下产生化学发光，φ_{CL} 高达 22%～27%，是目前非生物发光中发光效率最高的体系，其反应历程如下：

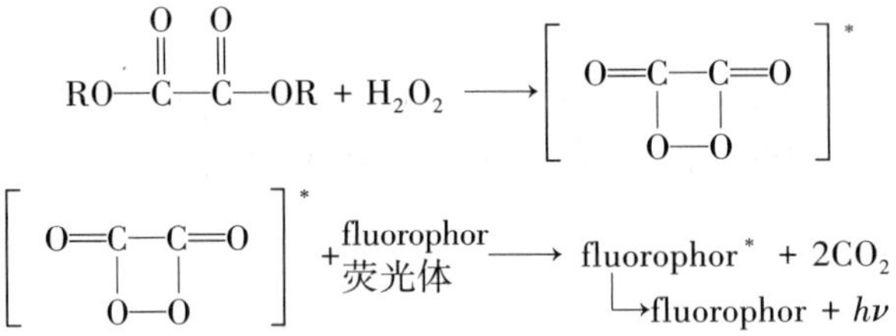

此类反应中，荧光体为能量接受体，激发态的过氧草酰产物并不发光，而是把能量转移给相匹配的荧光体，发射荧光体的特征荧光光谱。该体系可测定甲醛、甲酸、H_2O_2、葡萄糖、氨基酸、多环芳胺类化合物和 Fe^{2+}、Cr^{6+}、Mo^{6+}、V^{5+} 等多种金属离子。

近期发展的电化学发光（electrochemical luminescence）方法是通过电解池的电化学反应得到产物，并与溶液中存在的发光物质反应，提供足够的能量，使发光物质的电子从基态跃迁到激发态，再返回基态时发光，返回基态的分子再参与下一次电化学发光，反复循环。这种方法可获得很高的灵敏度，例如使用碱性鲁米诺/H_2O_2 体系、三吡啶钌/三丙胺体系等。

<h2 align="center">思 考 题 与 习 题</h2>

3-1 解释名词：（1）荧光；（2）化学发光；（3）内部转换；（4）振动弛豫；（5）体系间

跨跃；(6)荧光量子产率；(7)荧光猝灭；(8)光致发光。

3-2　同一荧光物质的荧光光谱和第一吸收光谱为什么会呈现良好的镜像对称关系？

3-3　第一、第二单色器各有何作用？荧光分析仪器的检测器为什么不放在光源-液池的直线上？

3-4　荧光光谱的形状取决于什么因素？为什么与激发光的波长无关？

3-5　为什么分子荧光光度法的灵敏度通常比分子吸收光度法的要高？

3-6　一个化学反应要成为化学发光反应必须满足哪些基本要求？

3-7　下列化合物中，哪个有较大的荧光量子产率？为什么？

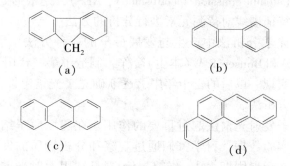

(a)　　　　　　　　　(b)

(c)　　　　　　　　　(d)

3-8　查阅相关文献，简述分子发光分析技术最新进展。

第4章 原子光谱分析

4.1 原子发射光谱分析(AES)

4.1.1 概述

原子发射光谱分析(atomic emission spectrosmetry，AES)，是根据处于激发态的待测元素原子回到基态时发射的特征谱线对待测元素进行分析的方法。

原子发射光谱法是光学分析法中产生与发展最早的一种方法。早在1859年德国学者Kirchhoff G R(基尔霍夫)和Bunsen R W(本生)合作，制造了第一台用于光谱分析的分光镜，从而使光谱检测法得以实现。以后的三十年中，逐渐确立了光谱定性分析方法。到1930年以后，建立了光谱定量分析法。

对科学的发展，原子发射光谱法起过重要的作用。在建立原子结构理论的过程中，提供了大量的、最直接的实验数据。科学家们通过观察和分析物质的发射光谱，逐渐认识了组成物质的原子结构。在元素周期表中，有不少元素是利用发射光谱发现或通过光谱法鉴定而被确认的。例如，碱金属中的铷、铯；稀散元素中的镓、铟、铊；惰性气体中的氦、氖、氩、氪、氙及一部分稀土元素等。

在近代各种材料的定性、定量分析中，原子发射光谱法发挥了重要作用，成为仪器分析中最重要的方法之一。

原子发射光谱分析的特点：

① 多元素同时检测能力。可同时测定一个样品中的多种元素。每一样品经激发后，不同元素都发射特征光谱，这样就可同时测定多种元素。

② 分析速度快。若利用光电直读光谱仪，可在几分钟内同时对几十种元素进行定量分析。分析试样不经化学处理，固体、液体样品都可直接测定。

③ 选择性好。每种元素因原子结构不同，发射各自不同的特征光谱。对于一些化学性质极相似的元素具有特别重要的意义。例如，铌和钽、锆和铪、十几个稀土元素用其他方法分析都很困难，而发射光谱分析可以毫无困难地将它们区分开来，并分别加以测定。

④ 检出限低。一般光源可达 $10\sim0.1\mu g/g$(或 $\mu g/mL$)，绝对值可达 $1\sim0.01\mu g$。电感耦合高频等离子体(ICP)检出限可达 ng/g 级。

⑤ 准确度较高。一般光源相对误差约为 $5\%\sim10\%$，ICP 相对误差可达 1%以下。

⑥ 试样消耗少。

⑦ ICP 光源校准曲线线性范围宽，可达 $4\sim6$ 个数量级，可测定元素各种不同含量(高、中、微含量)。一个试样同时进行多元素分析，又可测定各种不同含量。目前 ICP-AES 已广泛地应用于各个领域之中。

⑧ 常见的非金属元素如氧、硫、氮、卤素等谱线在远紫外区，目前一般的光谱仪尚无法检测；还有一些非金属元素，如 P、Se、Te 等，由于其激发电位高，灵敏度较低。

4.1.2 原子发射光谱分析基本原理

(1) 原子能级与能级图

原子光谱是由于原子的外层电子(或称价电子)在两个能级之间跃迁而产生的。原子的能级通常用光谱项符号表示：

$$n^{2S+1}L_J$$

普通化学中曾讨论过，每个核外电子在原子中存在的运动状态，可以由四个量子数 n、l、m、m_s 来规定。主量子数 n 决定电子的能量和电子离核的远近。角量子数 l 决定电子角动量的大小及电子轨道的形状，在多电子原子中它也影响电子的能量。磁量子数 m，决定磁场中电子轨道在空间伸展的方向不同时，电子运动角动量分量的大小。自旋量子数 m_s 决定电子自旋的方向。四个量子数的取值是 $n=1，2，3，\cdots，n$；$l=0，1，2，\cdots，(n-1)$，与其相适应的符号为 s，p，d，f，$\cdots$；$m=0，\pm1，\pm2，\cdots，\pm l$；$m_s=\pm1/2$。

根据 Pauling 不相容原理、能量最低原理和 Hund 规则，可进行核外电子排布。如钠原子：

核外电子构型	价电子构型	价电子运动状态的量子数表示
$(1s)^2(2s)^2(2p)^6(3s)^1$	$(3s)^1$	$n=3$ $l=0$ $m=0$ $m_s=+1/2($ 或 $-1/2)$

有多个价电子的原子，它的每一个价电子都可能跃迁而产生光谱。同时各个价电子间还存在着相互作用，光谱项就用 n、L、S、J 四个量子数来描述。

① n 为主量子数。

② L 为总角量子数，其数值为外层价电子角量子数 l 的矢量和，即

$$L = \sum_i l_i \tag{4.1}$$

两个价电子偶合所得的总角量子数 L 与单个价电子的角量子数 l_1、l_2 有如下的关系

$$L = (l_1 + l_2)，(l_1 + l_2 - 1)，(l_1 + l_2 - 2)，\cdots，|l_1 - l_2| \tag{4.2}$$

其值可能：$L=0，1，2，3，\cdots$，相应的谱项符号为 S，P，D，F，$\cdots$。若价电子数为 3 时，应先把 2 个价电子的角量子数的矢量和求出，再与第三个价电子求出其矢量和，就是 3 个价电子的总角量子数，依此类推。

③ S 为总自旋量子数，自旋与自旋之间的作用也是较强的，多个价电子总自旋量子数是单个价电子自旋量子数 m_s 的矢量和，即：

$$S = \sum_i m_{s, i} \tag{4.3}$$

其值可取 $0，\pm1/2，\pm1，\pm3/2，\pm2，\cdots$

④ J 为内量子数，是由于轨道运动与自旋运动的相互作用即轨道磁矩与自旋磁矩的相互影响而得出的。它是原子中各个价电子组合得到的总角量子数 L 与总自旋量子数 S 的矢量和，即：

$$J = L + S \tag{4.4}$$

J 的求法为：

$$J = (L + S)，(L + S - 1)，(L + S - 2)，\cdots，|L - S|$$

若 $L \geqslant S$，则 J 值从 $J=L+S$ 到 $L-S$，可有 $(2S+1)$ 个值。若 $L<S$，则 J 值从 $J=S+L$ 到 $S-$

L，可有 $(2L+1)$ 个值。例如 $L=2$，$S=1$，则 $J=3$，2，1。若 $L>S$，$2S+1=3$，有 3 个 J 值可取。若 $L=0$，$S=1/2$，则 J 值仅可取一个值 $J=1/2$。

光谱项符号左上角的 $(2S+1)$ 称为光谱项的多重性。因为当 $L \geqslant S$ 时，每一个光谱项可有 $(2S+1)$ 个不同的 J 值。如 Zn 原子核电荷数是 +30，核外共 30 个电子，这些电子在此时的 $2S+1=1$，只有 1 个 J 值。当 Zn 由激发态 $4^3\mathbf{D}$ 向 $4^3\mathbf{P}_2$ 跃迁时要发射光谱。$4^3\mathbf{D}$（即 $n=4$，$L=2$，$S=1$，$L>S$，$2S+1=3$）则有 3 个 J 值（$J=3$，2，1），即 $4^3\mathbf{D}_3$，$4^3\mathbf{D}_2$，$4^3\mathbf{D}_1$，这三个光谱项由于 J 值不同，它们的能量差别极小，因而由它们所产生的诸光谱线，波长极相近，称为谱线的多重线系或精细结构。J 值不同的光谱项称为光谱支项，$(2S+1)$ 为光谱支项的数目。

核外电子排布	价 电 子	光 谱 项
$(1s)^2(2s)^2(2p)^6(3s)^2(3p)^6(3d)^{10}(4s)^2$	$(4s)^2$	$4^1\mathbf{S}_0$ （即 $n=4$，$L=0$，$S=0$，$J=0$）

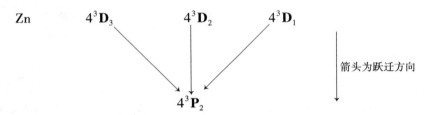

相应产生的谱线从左至右为：334.50nm、334.56nm、334.59nm 三重线。当 $L<S$ 时，每一个光谱项只有 $(2L+1)$ 个支项，但 $(2S+1)$ 仍叫多重性，所以"多重性"的定义是 $(2S+1)$，不一定代表光谱支项的数目。

把原子中所有可能存在状态的光谱项-能级及能级跃迁用图解的形式表示出来，称为能级图。通常用纵坐标表示能量 E，基态原子的能量 $E=0$，以横坐标表示实际存在的光谱项。理论上，对于每个原子能级的数目应该是无限多的，但实际上是有限的。发射的谱线为斜线相联。

图 4.1 为钠原子的能级图。钠原子基态的光谱项为 $3^2\mathbf{S}_{1/2}$，第一激发态的光谱项为 $3^2\mathbf{P}_{1/2}$ 和 $3^2\mathbf{P}_{3/2}$，因此钠原子最强的钠 D 线为双重线，用光谱项表示为：

Na　　　　　588.996nm　　　　　$3^2\mathbf{S}_{1/2}-3^2\mathbf{P}_{3/2}$　　　　　$\mathbf{D}_2$ 线

Na　　　　　589.593nm　　　　　$3^2\mathbf{S}_{1/2}-3^2\mathbf{P}_{1/2}$　　　　　$\mathbf{D}_1$ 线

一般将低能级光谱项符号写在前，高能级在后，这两条谱线为共振线。

必须指出，不是在任何两个能级之间都能产生跃迁，跃迁是遵循一定的选择规则的。只有符合下列规则，才能跃迁。

① $\Delta n=0$ 或任意正整数。

② $\Delta L=\pm 1$，跃迁只允许在 S 项和 P 项，P 项和 S 项或 D 项之间，D 项和 P 项或 F 项之间，等等。

③ 即单重项只能跃迁到单重项，三重项只能跃迁到三重项，等等。

④ $\Delta J=0$，± 1。但当 $J=0$ 时，$\Delta J=0$ 的跃迁是禁戒的。也有个别的例外情况，这种不符合光谱选律的谱线称为禁戒跃迁线。例 Zn 307.59nm，是由光谱项 $4^3\mathbf{P}_1$ 向 $4^1\mathbf{S}_0$ 跃迁的谱线，因为 $\Delta S \neq 0$，所以是禁戒跃迁线。这种谱线一般产生的机会很少，谱线的强度也很弱。

在外磁场中，由于原子磁矩与外加磁场作用，光谱支项还会进一步分裂。每一个光谱支项还包含着$(2J+1)$个能量状态，无外磁场作用时，它们的能级是相同的。在外磁场作用下，简并的能级分裂为$(2J+1)$个能级，一条谱线分裂为$(2J+1)$条谱线，这种现象称为 Zeeman（塞曼）效应。$g = 2J+1$ 称为统计权重，它与谱线强度有密切关系。

（2）原子发射光谱的产生

原子的外层电子由高能级向低能级跃迁，多余能量以电磁辐射的形式发射出去，这样就得到了发射光谱。原子发射光谱是线状光谱。

通常情况下，原子处于基态，在激发光源作用下，原子获得足够的能量，外层电子由基态跃迁到较高的能量状态即激发态。处于激发态的原子是不稳定的，其寿命小于$10^{-8}\,\mathrm{s}$，外层电子就从高能级向较低能级或基态跃迁。多余能量的发射

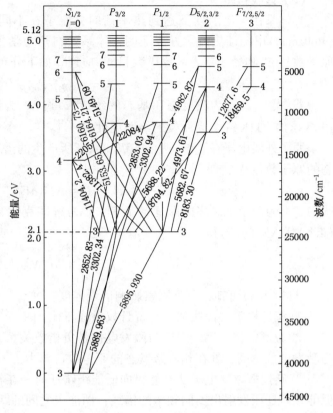

图 4.1　钠原子的能级图

就得到了一条光谱线。谱线波长与能量的关系为：

$$\lambda = \frac{hc}{E_2 - E_1} \tag{4.5}$$

式中，E_2、E_1 各自为高能级与低能级的能量；λ 为波长；h 为 Planck 常数；c 为光速。

原子中某一外层电子由基态激发到高能级所需要的能量称为激发电位，以 eV（电子伏特）表示。原子光谱中每一条谱线的产生各有其相应的激发电位。这些激发电位在元素谱线表中可以查到。由激发态向基态跃迁所发射的谱线称为共振线。共振线具有最小的激发电位，因此最容易激发，就是该元素最强的谱线。如图 4.1 中的钠线 Na I 589.59nm 与 Na I 588.99nm 是两条共振线。

在激发光源作用下，原子获得足够的能量就发生电离，电离所必须的能量称为电离电位。原子失去一个电子称为一次电离，一次电离的原子再失去一个电子称为二次电离，依此类推。

离子也可能被激发，其外层电子跃迁也发射光谱。由于离子和原子具有不同的能级，所以离子发射的光谱与原子发射的光谱是不一样的。每一条离子线也都有其激发电位，这些离子线激发电位大小与电离电位高低无关。

在原子谱线表中，罗马字"Ⅰ"表示中性原子发射的谱线，"Ⅱ"表示一次电离离子发射的谱线，"Ⅲ"表示二次电离离子发射的谱线……例如，Mg Ⅰ 285.21nm 为原子线，Mg Ⅱ 280.27nm 为一次电离离子线。

（3）谱线强度

当体系在一定温度下达到热平衡时，原子在不同状态的分布也达到平衡。玻尔兹曼（Boltzman）用统计热力学方法证明，体系处在热力学平衡状态，单位体积内处于激发态的原子数目 N_i 和处于基态的原子数目 N_0 应遵守如下分布：

$$N_i = N_0(g_i/g_0)\,\mathrm{e}^{-E_i/kT} \tag{4.6}$$

式中，g_i、g_0 为激发态和基态的统计权重；E_i 为谱线的激发电位；k 为玻尔兹曼常数（1.38×10^{-23} J/K）；T 为激发的绝对温度（K）。

原子外层电子在 i 和 j 两个能级间跃迁所产生的谱线强度以 I_{ij} 表示，它正比于处在激发态的原子数目 N_i，即

$$I_{ij} = N_i A_{ij} h\nu_{ij} \tag{4.7}$$

式中，A_{ij} 为两个能级之间跃迁的概率；h 为普朗克常数；ν_{ij} 为跃迁产生谱线的频率。将式（4.6）代入式（4.7）得：

$$I_{ij} = \frac{g_i}{g_0} A_{ij} h\nu_{ij} N_0 \mathrm{e}^{-E_i/kT} \tag{4.8}$$

从式（4.8）可知，下列因素影响谱线强度：

① 统计权重　谱线强度与统计权重成正比；

② 激发电位　谱线强度与激发电位是负指数关系，激发电位越高，谱线强度越小，因为激发电位越高，处在相应激发态的原子数目越少。

③ 跃迁概率　电子从高能级向低能级跃迁时，在符合选择定则的情况下，可向不同的低能级跃迁而发射出不同频率的谱线；两能级之间的跃迁概率越大，该频率谱线强度越大。所以，谱线强度与跃迁概率成正比。跃迁概率可通过实验数据计算出。

④ 激发温度　由式（4.8）可以看出，温度升高，一方面可以增加谱线的强度，另一方面使单位体积内处于基态的原子数目减少。原子电离是减少基态原子数的重要因素。萨哈（Saha）指出，电离度 x 和激发温度 T 的关系为：

$$\lg \frac{x^2}{1-x^2} = \frac{5}{2}\lg T - \frac{5039}{T}V - 6.5 \tag{4.9}$$

式中，V 为元素的电离电位。显然，电离度与元素的电离电位有关。温度一定时，元素的电离电位越大，电离度越小。所以，对电离电位比较高的元素，激发温度的变化对原子线强度的影响不会很大。综合激发温度的正反两方面的效应，要获得最大强度的谱线，应选择最适合的激发温度。图4.2为部分元素谱线强度与温度的关系图。

⑤ 基态原子数　单位体积内基态原子的数目和试样中的元素浓度有关。在一定的实验条件下，谱线强度与被测元素浓度成正比，这是发射光谱定量分析的依据。

（4）谱线的自吸与自蚀

样品中的元素产生发射谱线，首先必须让试样蒸发为气体。在高温激发源的激发下，气体处在高度电离状态，所形成的空间电荷密度大体相等，使得整个气体呈电中性，这种气体在物理学中称为等离子体。在光谱学中，等离子体是指包含有分子、原子、离子、电子等各

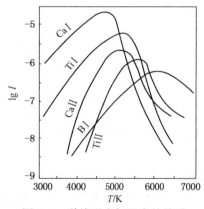

图4.2　谱线强度与温度的关系

种粒子电中性的集合体。

等离子体有一定的体积，温度分布是不均匀的。中心部位温度高，边缘部位温度低。中心区域激发态原子多，边缘区域基态原子、低能态原子比较多。这样，元素原子从中心发射一定波长的电磁辐射时，必须通过有一定厚度的原子蒸气。在边缘区域，同元素的基态原子或低能态原子将会对此辐射产生吸收，此过程称为元素的自吸过程。

自吸对谱线中心强度影响很大。从图4.3可以看出，元素浓度低，中心到边缘区域厚度薄，自吸现象表现不出来；元素浓度高，中心到边缘区域厚度增大，自吸现象明显；随着元素浓度增加，自吸现象越趋严重，直至使谱线中心强度比边缘区域的强度还低，更严重时，谱线中心强度全部被吸收，取而代之的是中心边缘的两条谱线，此时的自吸就称为自蚀。在谱线表中，常用r表示自吸谱线，用R表示自蚀谱线。

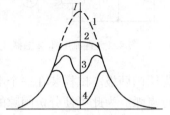

图4.3　谱线自吸现象示意图
1—无自吸；2—有自吸；
3—自蚀；4—严重自蚀

自吸与原子蒸气的厚度关系十分密切。不同类型的激发源，激发温度不一样，原子蒸气的厚度不同，谱线的自吸情况不一样。

在光谱定量分析中，谱线强度与被测元素浓度成正比，而自吸严重影响谱线强度。所以，在定量分析时必须注意自吸现象。

我们知道，在一定的实验条件下，单位体积内的基态原子数目 N_0 和元素浓度 C 的关系为：

$$N_0 = a\tau C^{bq} \tag{4.10}$$

式中，b 为自吸系数，当浓度很低时，原子蒸气的厚度很小，$b=1$，即没有自吸。a 与 q 是与试样蒸发过程有关的参数；不发生化学反应时，$q=1$，a 又称为有效蒸发系数。蒸发参数与被蒸发物质的熔点、沸点以及试样的蒸发温度有关。显然，蒸发参数直接影响等离子体区域内原子的总浓度。τ 为气态原子在等离子区域中停留的平均时间。将式(4.10)代入式(4.8)，化简得赛伯-罗马金(Scheibe-Lomakin)公式：

$$I = AC^b \tag{4.11}$$

式中，A 为与测定条件有关的系数。式(4.11)为原子发射光谱定量分析的基本公式。

元素谱线的产生是电子在原子能级之间跃迁的结果，不同的元素有不同的能级结构，所以，根据光谱特征谱线可以对元素进行定性分析。

4.1.3　光谱分析仪器

原子发射光谱仪器的基本结构由三部分组成，即激发光源、单色器和检测器。

(1) 光源

作为光谱分析用的光源对试样都具有两个作用过程。首先，把试样中的组分蒸发离解为气态原子，然后使这些气态原子激发，使之产生特征光谱。因此光源的主要作用是对试样的蒸发和激发提供所需的能量。光谱分析用的光源常常是决定光谱分析灵敏度、准确度的重要因素，因此必须了解光源的种类、特点及应用范围。由于光谱分析的试样种类繁多，例如试样的状态可能是气体、液体或固体；而固体又可能是块状或粉末状的；试样有良导体、绝缘体、半导体之分；分析的元素有容易被激发的，有难以激发的等等。因此光谱分析用的光源应该针对各种要求和目的，有所选择。最常用的光源有直流电弧、交流电弧、电火花等。近年来在光源上又有了一些重要的发展，例如激光光源、电感耦合等离子体

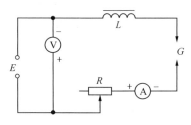

图 4.4　直流电弧发生器

（ICP）焰炬等。

1）直流电弧

直流电弧发生器的基本电路如图 4.4 所示。利用直流电作为激发能源，常用电压为 150~380V，电流为 5~30A。可变电阻（称作镇流电阻）用以稳定和调节电流的大小，电感（有铁芯）用来减小电流的波动。G 为放电间隙（分析间隙）。

利用这种光源激发时，分析间隙一般以两个碳电极作为阴阳两极。试样装在一个电极（下电极）的凹孔内。由于直流电不能击穿两电极，故应先行点弧，为此可使分析间隙的两电极接触或用某种导体接触两电极使之通电。这时电极尖端被烧热，点燃电弧，随后使两电极相距 4~6mm，就得到了电弧光源。此时从炽热的阴极尖端射出的热电子流，以很大的速度通过分析间隙奔向阳极。当冲击阳极时，产生高热，使试样物质由电极表面蒸发成蒸气，蒸发的原子因与电子碰撞，电离成正离子，并以高速运动冲击阴极。于是电子、原子、离子在分析间隙相互碰撞，发生能量交换，引起试样原子激发，发射出一定波长的光谱线。这种光源的弧焰温度与电极和试样的性质有关，一般可达到 4000~7000K，可使 70 种以上的元素激发，所产生的谱线主要是原子谱线。其主要优点是分析的绝对灵敏度高，背景小，适宜进行定性分析及低含量杂质的测定。但因弧光游移不定，再现性差，电极头温度比较高，所以这种光源不宜用于定量分析及低熔点元素的分析。

2）交流电弧

交流电弧有高压电弧和低压电弧两类。前者工作电压达 2000~4000V，可利用高电压把弧隙击穿而燃烧，但由于装置复杂，操作危险，实际上已很少使用。低压交流电弧应用较多，工作电压一般为 110~220V，设备简单，操作也安全。由于交流电随时间以正弦波形式发生周期变化，因而低压电弧不能像直流电弧那样，依靠两个电极接触来点弧，而必须采用高频引燃装置，使其在每一交流半周时引燃一次，以维持电弧不灭。交流电弧发生器的典型电路如图 4.5 所示。

此交流电弧发生器（高频引燃低压交流电弧）的作用原理如下。

① 接通交流电源（220V 或 110V），电流经可变电阻器 R_1 适当降压后，由变压器 B_1 升压至 2.5~3kV，并向电容器 C_2 充电（充电电路为 $l_2-L_1-C_2$，放电盘 G' 断路），充电速度由 R_1 调节。

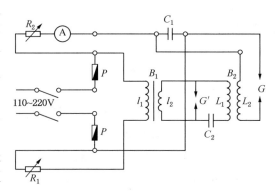

图 4.5　交流电弧发生器

② 当 C_2 所充电的能量达到放电盘 G' 的击穿电压时，放电盘击穿跳过火花，此时由于在回路内有高频变压器 B_2 初级线圈电感的存在，即产生一高频振荡电流（振荡电路为 C_2-L_1-G'，l_2 不作用），振荡的速度可由放电盘 G' 的间距及充电速度来控制，使每半周只振荡一次。

③ 振荡电压经 B_2 的次级线圈升压达 10kV，通过电容器 C_1 将电极间隙 G 的空气绝缘击

穿，产生高频振荡放电(高频电路为 L_2-C_1-G)。

④ 当电极间隙 G 被击穿时，跳过的火花使电极间隙之间的空气电离，电源的低压部分便沿着已造成的电离气体通道，通过 G 进行弧光放电(低压放电电路 R_2-L_2-G ， C_1 不作用)。

⑤ 当电压降至低于维持电弧放电所需的数值时，电弧将熄灭，但此时第二个交流半周又开始，重复上述过程，使 G 又被高频放电击穿，随之又进行电弧放电，如此反复进行而使电弧不断点燃。

由于交流电弧的电弧电流有脉冲性，它的电流密度比直流电弧大，弧温较高略高于直流电弧，所以在获得的光谱中，出现的离子线要比在直流电弧中稍多些。这种光源的最大优点是稳定性比直流电弧高，操作简便安全，因而广泛应用于光谱定性、定量分析中，但灵敏度较差。

3) 高压火花

高压火花发生器的线路如图 4.6 所示。电源电压 E 由调节电阻 R 适当降压后经变压器 B ，产生 $10\sim25kV$ 的高压，然后通过扼流圈 D 向电容器 C 充电。当电容器 C 上的充电电压达到分析间隙 G 的击穿电压时，就通过电感 L 向分析间隙 G 放电，产生具有振荡特性的火花放电。放电完了以后，又重新充电、放电，反复进行。

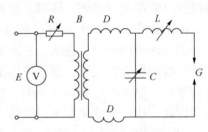

图 4.6 高压火花发生器

这种光源的特点是放电稳定性好，电弧放电的瞬间温度可高达 10000K 以上，适用于定量分析及难激发元素的测定。由于激发能量大，所产生的谱线主要是离子线，又称为火花线。这种光源每次放电后的间隙时间较长，电极头温度较低，因而对试样的蒸发能力较差，较适合分析低熔点的试样。缺点是，灵敏度较差，背景大，不宜作痕量元素分析。另一方面，由于电火花仅射击在电极的一小点上，若试样不均匀，产生的光谱不能全面代表被分析的试样，故仅适用于金属、合金等组成均匀的试样。由于使用高压电源，操作时应注意安全。

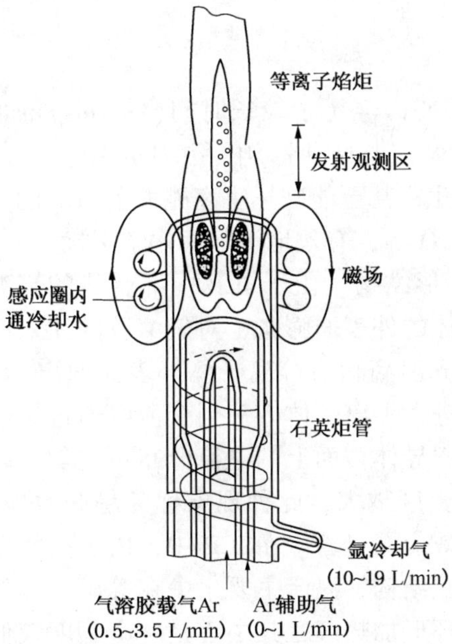

4) 电感耦合高频等离子体光源(inductive coupled frequency plasma, ICP)

等离子体是一种由自由电子、离子、中性原子与分子所组成的，在总体上呈电中性的气体。利用电感耦合高频等离子体(ICP)作为原子发射光谱的激发光源始于 20 世纪 60 年代。

ⅰ．ICP 的形成和结构 ICP 形成的原理如图 4.7 所示。

ICP 装置由高频发生器和感应圈、炬管和供气系统、试样引入系统三部分组成。高频发生器的作用是产生高频磁场以供给等离子体能量。应用最广泛的是利用石英晶体压电效应产生高频振荡的他激式高频发生器，其频率和功率输出稳定性高。频率多

等离子焰炬

发射观测区

磁场

感应圈内
通冷却水

石英炬管

氩冷却气
(10~19 L/min)

气溶胶载气Ar
(0.5~3.5 L/min)
Ar辅助气
(0~1 L/min)

图 4.7 ICP 形成原理图

为 27~50MHz，最大输出功率通常是 2~4kW。

感应线圈一般是以圆铜管或方铜管绕成的 2~5 匝水冷线圈。

等离子炬管由三层同心石英管组成。外管通冷却气 Ar 的目的是使等离子体离开外层石英管内壁，以避免它烧毁石英管。采用切向进气，其目的是利用离心作用在炬管中心产生低气压通道，以利于进样。中层石英管出口做成喇叭形，通入 Ar 气维持等离子体的作用，有时也可以不通 Ar 气。内层石英管内径约为 1~2mm，载气携带试样气溶胶由内管注入等离子体内。试样气溶胶由气动雾化器或超声雾化器产生。用 Ar 做工作气的优点是，Ar 为单原子惰性气体，不与试样组分形成难解离的稳定化合物，也不会像分子那样因解离而消耗能量，有良好的激发性能，本身的光谱简单。

当有高频电流通过线圈时，产生轴向磁场，这时若用高频点火装置产生火花，形成的载流子(离子与电子)在电磁场作用下，与原子碰撞并使之电离，形成更多的载流子，当载流子多到足以使气体有足够的导电率时，在垂直于磁场方向的截面上就会感生出流经闭合圆形路径的涡流，强大的电流产生高热又将气体加热，瞬间使气体形成最高温度可达 10000K 的稳定的等离子炬。感应线圈将能量耦合给等离子体，并维持等离子炬。当载气携带试样气溶胶通过等离子体时，被加热至 6000~7000K，并被原子化和激发产生发射光谱。

ICP 焰明显地分为三个区域：焰心区、内焰区和尾焰区。

焰心区呈白色，不透明，是高频电流形成的涡流区，等离子体主要通过这一区域与高频感应线圈耦合而获得能量。该区温度高达 10000K，电子密度很高，由于黑体辐射、离子复合等产生很强的连续背景辐射。试样气溶胶通过这一区域时被预热、挥发溶剂和蒸发溶质，因此，这一区域又称为预热区。

内焰区位于焰心区上方，一般在感应圈以上 10~20mm。略带淡蓝色，呈半透明状态。温度为 6000~8000K，是分析物原子化、激发、电离与辐射的主要区域。光谱分析就在该区域内进行，因此，该区域又称为测光区。

尾焰区在内焰区上方，无色透明，温度较低，在 6000K 以下，只能激发低能级的谱线。

ⅱ．ICP 的特性和分析性能

① 温度分布

ICP 温度分布如图 4.8 所示。样品气溶胶在高温焰心区经历了较长时间(约 2ms)的加热，在测光区的平均停留时间约为 1ms，比在电弧、电火花光源中平均停留时间(10^{-3}~10^{-2}ms)长得多。高温与长平均停留时间使样品充分地原子化，甚至能破坏解离能大于 7eV 的分子键，如 U—O、Th—O 等，有效地消除了化学干扰。

② 等离子体的环形结构　由于 ICP 内部受热的高温气体向垂直于等离子体的外表面膨胀，对气溶胶的注入产生斥力，使气溶胶形成泪滴状沿等离子体外表面逸出[参见图 4.9(a)]，不能进入等离子体内。当交流电通过导体时，由于感应作用引起导体截面上的电流分布不均匀，越接近导体表面，电流密度越大，此种现象称为趋肤效应。电流频率越高，趋肤效应越显著。在 ICP 中，由于高频电流的趋肤效应形成环状结构，涡流主要集中在等离子体的表面层内，造成一个环形加热区，其中心是一个温度较低的中心通道，使气溶胶能顺利地进入等离子体内[参见图

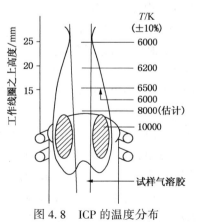

图 4.8　ICP 的温度分布

4.9(b)]。经过中心通道进入的气溶胶被加热而解离与原子化，产生的原子和离子限制在中心通道内不扩散到 ICP 的周围，避免了形成能产生自吸的冷蒸气，使工作曲线具有很宽的动态范围，可以达到 4~6 个数量级，既可测定试样中的痕量组分，又可测定主成分。

③ 谱线与背景强度的空间分布　图 4.10 是谱线和背景强度的空间分布图。由图可见，在测光区进行分析可以得到很高的信噪比，从而获得很好的检出限。

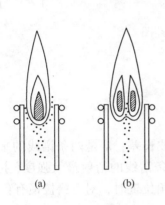

图 4.9　不同形状等离子体对
进样的影响

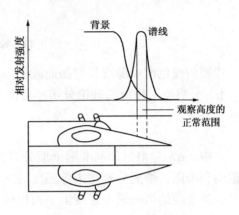

图 4.10　ICP 光源中谱线和背景
强度的空间分布示意图

④ 特殊的能量供给方式　ICP 通过感应圈以耦合方式从高频发生器获得能量，不需用电极，避免了电极沾污与电极烧损所导致的测光区的变动。经过中心通道的气溶胶借助对流、传导和辐射间接受到加热，试样成分的变化对 ICP 的影响很小，因此 ICP 具有良好的稳定性。

⑤ ICP 的电子密度很高，电离干扰一般可以不考虑。应用 ICP 可同时测定多种元素，用 ICP 可测定的元素达七十多种。

ICP 的不足是雾化效率低，对气体和一些非金属等测定的灵敏度还不令人满意，固体进样问题尚待解决。此外，设备和维持费用较高。

（2）分光系统

原子发射光谱的分光系统目前采用棱镜分光和光栅分光两种。

1）棱镜分光系统

棱镜分光系统的光路见图 4.11。由光源 Q 来的光经三透镜 K_I、K_{II}、K_{III} 照明系统聚焦在入射狭缝 S 上。入射的光由准光镜 L_1 变成平行光束，投射到棱镜 P 上。波长短的光折射率大，波长长的光折射率小，经棱镜色散之后按波长顺序被分开，再由照明物镜 L_2 分别将它们聚焦在感光板的乳剂面 FF′ 上，便得到按波长顺序展开的光谱。获得的每一条谱线都是狭缝的像。棱镜光谱是零级光谱。

棱镜分光系统的光学特性可用色散率、分辨率和集光本领三个指标来表征。

ⅰ. 色散率　角色散率 D 是指两条波长相差 $d\lambda$ 的谱线被分开的角度 $d\theta$；线色散率 D_1 是指波长相差 $d\lambda$ 的两条谱线在焦面上被分开的距离 dl。

$$D_1 = \frac{f}{\sin\varepsilon}D = \frac{f}{\sin\varepsilon}\frac{d\theta}{d\lambda} \tag{4.12}$$

式中，f 是照相物镜 L_2 的焦距，ε 是焦面对波长为 λ 的主光线的倾斜角。实际上常用倒色散率 $d\lambda/dl$，其意义是焦面上单位长度内容纳的波长数，单位是 nm/mm。

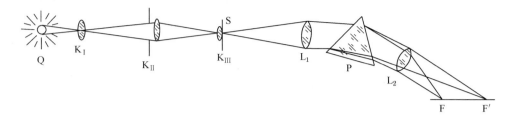

图 4.11　棱镜分光系统的光路图

棱镜的线色散率随波长增加而减小。

ⅱ. 分辨率　棱镜的理论分辨率可由下式计算：

$$R = \frac{\lambda}{\Delta\lambda} \tag{4.13}$$

式中，$\Delta\lambda$ 是根据瑞利准则恰能分辨的两条谱线的波长差；λ 是两条谱线的平均波长。根据瑞利准则，恰能分辨是指等强度的两条谱线间，一条谱线的衍射最大强度（主最大）落在另一条谱线的第一最小强度上。当棱镜位于最小偏向角位置时，对等腰棱镜有：

$$R = m'b \frac{\mathrm{d}n}{\mathrm{d}\lambda} \tag{4.14}$$

式中，$\mathrm{d}n/\mathrm{d}\lambda$ 是棱镜材料的色散率；m' 是棱镜的数目；b 是棱镜底边长。与线色散率不同，理论分辨率与物镜的焦距无关。

ⅲ. 集光本领　集光本领表示光谱仪光学系统传递辐射的能力。常用入射于狭缝的光源亮度为一单位时，在感光板焦面上单位面积内所得到的辐射通量表示，集光本领与物镜的相对孔径的平方 $(d/f)^2$ 成正比，而与狭缝宽度无关。因为狭缝增宽，像亦增宽，单位焦面上能量不变。增大物镜焦距，可增大线色散率，但要减弱集光本领。

2）光栅分光系统

光栅分光系统采用光栅作为分光器件，光栅分光系统的光学特性用色散率、分辨率和闪耀特性三个指标来表征。

ⅰ. 色散率　角色散率 $\mathrm{d}\beta/\mathrm{d}\lambda$ 和线色散率 $\mathrm{d}l/\mathrm{d}\lambda$ 可由光栅公式得出：

$$d(\sin i \pm \sin\beta) = m\lambda \tag{4.15}$$

微分，求得它们分别为：

$$\frac{\mathrm{d}\beta}{\mathrm{d}\lambda} = \frac{m}{d\cos\beta} \tag{4.16}$$

$$\frac{\mathrm{d}l}{\mathrm{d}\lambda} = \frac{mf}{d\cos\beta} \tag{4.17}$$

式中，d 是光栅常数；m 是光谱级次；i 是入射角；β 是衍射角。在光栅法线附近，$\cos\beta \approx 1$，即在同一级光谱中，色散率基本不随波长而改变，是均匀色散。色散率随光谱级次增大而增大。

ⅱ. 分辨率　光栅光谱仪器的理论分辨率 R 为：

$$R = \frac{\lambda}{\Delta\lambda} = mN \tag{4.18}$$

式中，m 是光谱级次；N 是光栅刻痕的总数。对于一块宽度为 50mm，刻痕数为 1200

条/mm 的光栅，在一级光谱中，按式(4.18)计算，$R=6\times10^4$。若用棱镜，即使是用色散率较大的重火石玻璃，$dn/d\lambda=120$ 条/mm，要达到光栅同样的分辨率，按式(4.14)计算，棱镜的底边长 $b=500$mm，这是多大的一块棱镜！由此可见，光栅单色器的分辨率要比棱镜单色器大得多。

(3) 检测系统

原子发射光谱的检测目前采用照相法和光电检测法两种。前者用感光板，后者以光电倍增管或电荷偶合器件(CCD)作为接收与记录光谱的主要器件。

1) 感光板

用感光板来接收与记录光谱的方法称为照相法，采用照相法记录光谱的原子发射光谱仪称为摄谱仪。

感光板由照相乳剂均匀地涂布在玻璃板上而成。感光板上的照相乳剂感光后变黑的黑度，用测微光度计测量以确定谱线的强度。

感光板的特性常用反衬度、灵敏度与分辨能力表征。

ⅰ. 反衬度　感光乳剂在光的作用下产生一定的黑度 S：

$$S=\lg\frac{1}{T}=\lg\frac{I_0}{I} \tag{4.19}$$

式中，I_0 是感光乳剂未曝光部分的透射光强度；I 是曝光变黑部分的透射光强度。

强度为 I 的光，在感光乳剂上产生一定的照度 E，照射时间 t 后，在感光乳剂上积累一定的曝光量 $H=Et$。黑度 S 与曝光量 H 的关系曲线，称为感光板的乳剂特性曲线 (图4.12)。

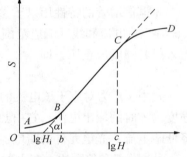

乳剂特性曲线 AB 段为曝光不足部分，CD 段为曝光过度部分，BC 段为正常曝光部分。对正常曝光部分，曝光量 H 与黑度 S 的关系是：

$$S=\gamma(\lg H-\lg H_i)=\gamma\lg H-i \tag{4.20}$$

图4.12　乳剂特性曲线

式中，γ 是乳剂特性曲线 BC 段的斜率，称为反衬度；H_i 是感光板乳剂的惰延量，其倒数表示乳剂的灵敏度。对一定的乳剂，$\gamma\lg H_i$ 为一定值，以 i 表示。BC 部分在横坐标上的投影 bc 称为感光板的展度。乳剂特性曲线下部与纵坐标的交点相应的黑度 S_0，称为雾翳黑度。

在可见光谱区，反衬度 γ 随波长增大，最大可达到 4。在 250～320nm 范围内，$\gamma\approx1$，基本保持不变。

制作乳剂特性曲线的常用的方法有谱线组法、阶梯感光板法与旋转扇形板法等。两种方法是基于改变光强度的强度标方法，后一种方法是基于改变曝光时间的时间标方法。在曝光量 H 相同时，用强度标与时间标方法制作的乳剂特性曲线是不一样的，具有不同的反衬度。

ⅱ. 灵敏度　感光板的灵敏度分为白光灵敏度与光谱灵敏度。按照我国的规定，白光灵敏度 S 定义为：

$$S=\frac{4}{H_{S_0}+0.65} \tag{4.21}$$

式中，H_{S_0} 是能产生雾翳黑度 S_0 所需的曝光量。光谱灵敏度 S_λ 是对不同波长单色辐射的灵敏度。灵敏度越高，感光越快。

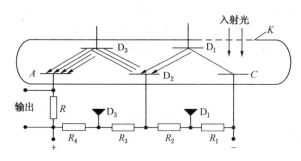

图 4.13 光电倍增管的工作原理图

$$S_\lambda = \frac{1}{H_{S_0} + 1.0} \qquad (4.22)$$

iii. 分辨能力 感光板的分辨能力是指乳剂记录精细条纹的能力，一般乳剂的分辨能力为 90 条/nm。

感光层中卤化银晶粒粗，灵敏度高，反衬度小，分辨率低，展度宽，这种感光板适用于定性分析；卤化银晶粒细，灵敏度低，分辨率高，反衬度大，展度宽，这种感光板适用于定量分析。

2) 光电倍增管

用光电倍增管来接收和记录谱线的方法称为光电直读法。光电倍增管既是光电转换元件，又是电流放大元件，其结构见图 4.13。

光电倍增管的外壳由玻璃或石英制成，内部抽真空，阴极涂有能发射电子的光敏物质，如 Sb-Cs 或 Ag-O-Cs 等，在阴极 C 和阳极 A 间装有一系列次级电子发射极，即电子倍增极 D_1，D_2 等。阴极 C 和阳极 A 之间加有约 1000V 的直流电压，当辐射光子撞击光阴极 C 时发射光电子，该光电子被电场加速落在第一倍增极 D_1 上，撞击出更多的二次电子，依此类推，阳极最后收集到的电子数将是阴极发出的电子数的 $10^5 \sim 10^6$ 倍。

光电倍增管的特性用以下参数表征：

i. 暗电流和线性响应范围 在入射光的光谱成分不变时，光电倍增管的光电流强度 I 与入射光强度成正比，即

$$I = kI_i + i_0 \qquad (4.23)$$

式中，I_i 为对应于该电流的入射光强度；k 为比例系数；i_0 为暗电流。暗电流指入射光强度为零时的输出电流，它由热电子发射及漏电流引起。因此，降低温度及降低电压都能降低暗电流。光电元件的暗电流越小，质量越好。

ii. 噪声和信噪比 在入射光强度不变的情况下，光电流也会引起波动。这种波动会给光谱测量带来噪声。光电倍增管输出信号与噪声的比值，称为信噪比。信噪比决定入射光强度测量的最低极限，即决定待测元素的检出限。只有将噪声减小，才能有效地提高信噪比，降低元素的检出限。

iii. 灵敏度和工作光谱区 在入射光通量为 1 个单位(1m)时，输出光电流强度的数值，称为光电倍增管的灵敏度：

$$S = \frac{i}{F} \qquad (4.24)$$

式中，i 为输出光电流强度；F 为入射光通量。光电倍增管的灵敏度随入射光的波长而变化。这种灵敏度称为光谱灵敏度。描述光谱灵敏度的曲线，称为光谱响应曲线。根据光谱响应曲线，可以确定光电倍增管的工作光谱区和最灵敏波长。

3) CCD 检测器

电荷偶合器件 CCD(charge-coupled device) 是一种新型固体多道光学检测器件，它是在大规模硅集成电路工艺基础上研制而成的模拟集成电路芯片。由于其输入面空域上逐点紧密排布着对光信号敏感的像元，因此它对光信号的积分与感光板的情形很相似。但是，它

可以借助必要的光学和电路系统，将光谱信息进行光电转换、储存和传输，在其输出端产生波长–强度二维信号，信号经放大和计算机处理后在末端显示器上同步显示出人眼可见的图谱，无需感光板那样的冲洗和测量黑度的过程。目前这类检测器已经在光谱分析的许多领域获得了应用。

在原子发射光谱中采用 CCD 的主要优点是，这类检测器的同时多谱线检测能力和借助计算机系统快速处理光谱信息的能力，可极大地提高发射光谱分析的速度。如采用这一检测器设计的全谱直读等离子体发射光谱仪，可在 1min 内完成样品中多达七十种元素的测定。此外，它的动态响应范围和灵敏度均有可能达到甚至超过光电倍增管，加之其性能稳定，体积小，比光电倍增管更结实耐用，因此，在发射光谱中有广泛的应用前景。

4.1.4 分析方法

(1) 光谱定性分析

由于各种元素的原子结构不同，在光源的激发作用下，试样中每种元素都发射自己的特征光谱。

1）元素的分析线与最后线

每种元素发射的特征谱线有多有少，多的可达几千条。当进行定性分析时，不需要将所有的谱线全部检出，只需检出几条合适的谱线就可以了。

进行分析时所使用的谱线称为分析线。如果只见到某元素的一条谱线，不能断定该元素确实存在于试样中，因为有可能是其他元素谱线的干扰。某元素是否存在，必须有两条以上不受干扰的最后线与灵敏线。灵敏线是元素激发电位低、强度较大的谱线，多是共振线。最后线是指当样品中某元素的含量逐渐减少时，最后仍能观察到的几条谱线。它也是该元素的最灵敏线。

2）分析方法

ⅰ. 铁光谱比较法　这是目前最通用的方法，它采用铁的光谱做为波长的标尺，来判断其他元素的谱线。铁光谱作标尺有如下特点：谱线多，在 210～660nm 范围内有几千条谱线。谱线间相距都很近。在上述波长范围内均匀分布。对每一条谱线波长，人们都已进行了精确的测量。在实验室中有标准光谱图对照进行分析。

标准光谱图是在相同条件下，在铁光谱上方准确地绘出 68 种元素的逐条谱线并放大 20 倍的图片。铁光谱比较法实际上是与标准光谱图进行比较，因此又称为标准光谱图比较法。在进行分析工作时，将试样与纯铁在完全相同条件下并列且紧挨着摄谱，摄得的谱片置于映谱仪（放大仪）上；谱片也放大 20 倍，再与标准光谱图进行比较。比较时首先需将谱片上的铁谱与标准光谱图上的铁谱对准，然后检查试样中的元素谱线。若试样中的元素谱线与标准图谱中标明的某一元素谱线出现的波长位置相同，即为该元素的谱线。判断某一元素是否存在，必须由其灵敏线来决定。铁光谱比较法可同时进行多元素定性鉴定。

ⅱ. 标准试样光谱比较法　将要检出元素的纯物质或纯化合物与试样并列摄谱于同一感光板上，在映谱仪上检查试样光谱与纯物质光谱。若两者谱线出现在同一波长位置上，即可说明某一元素的某条谱线存在。此法多用于不经常遇到的元素分析。

此外，还有谱长测量法。但此法应用有限，只有在感光板上发现特殊的谱线，标准光谱图与标准试样法都难以确定时才会用此法。

谱线的波长表已出版很多种，其中最详细和应用最广的是《MIT 波长表》，Harrison G R 编辑，1939 年出版。我国 1971 年出版的《光谱波长表》应用也较广。

（2）光谱半定量分析

光谱半定量分析可以给出试样中某元素的大致含量。若分析任务对准确度要求不高，多采用光谱半定量分析。例如对钢材与合金的分类、矿产品位的大致估计等等，特别是分析大批样品时，采用光谱半定量分析尤为简单而快速。

光谱半定量分析常采用摄谱法中比较黑度法，这个方法需配制基体与试样组成近似的被测元素的标准系列。在相同条件下，在同一块感光板上标准系列与试样并列摄谱；然后在映谱仪上用目视法直接比较试样与标准系列中被测元素分析线的黑度。黑度若相同，则可作出试样中被测元素的含量与标准样品中某一个被测元素含量近似相等的判断。

（3）光谱定量分析

1）光谱定量分析的关系式

光谱定量分析主要是根据谱线强度与被测元素浓度的关系来进行的。如前所述，当温度一定时谱线强度 I 与被测元素浓度 c 成正比，即：

$$I = Ac \tag{4.25}$$

当考虑到谱线自吸时，有如下关系式：

$$I = Ac^b \tag{4.26}$$

式中，b 为自吸系数。b 随浓度 c 增加而减小，当浓度很小无自吸时，$b=1$。式（4.26）是光谱定量分析的基本关系式。这个公式由 Schiebe G 和 Lomakin B A 先后独立提出，又称为 Schiebe-Lomakin 公式。

经过许多的研究发现，单纯应用式（4.26）测定谱线的绝对强度进行定量分析是困难的。因为试样的组成与实验条件都会影响谱线强度。因此，在实际工作中通常用内标法。

2）内标法

内标法是 Gerlach 于 1925 年提出的，它是光谱定量分析发展的一个重要成就。采用内标法可以减小前述因素对谱线强度的影响，提高光谱定量分析的准确度。

ⅰ．基本关系式　内标法是相对强度法，首先要选择分析线对，即选择一条被测元素的谱线为分析线，再选择其他元素的一条谱线为内标线，所选内标线的元素为内标元素。内标元素可以是试样的基体元素，也可以是试样中不存在的元素。分析线与内标线组成分析线对。

分析线强度 I，内标线强度 I_0，被测元素浓度与内标元素浓度分别为 c 与 c_0，b 与 b_0 分别为分析线与内标线的自吸系数。根据式（4.26），分别有：

$$I = A_1 c^b \tag{4.27}$$

$$I_0 = A_0 c_0^{b_0} \tag{4.28}$$

分析线与内标线强度之比 R 称为相对强度：

$$R = \frac{I}{I_0} = \frac{A_1 c^b}{A_0 c_0^{b_0}} \tag{4.29}$$

式中，内标元素含量 c_0 为常数，实验条件一定，$A = A_1/A_0 c_0^{b_0}$ 为常数，则：

$$R = \frac{I}{I_0} = Ac^b \tag{4.30}$$

对式（4.30）取对数，得：

$$\lg R = b\lg c + \lg A \tag{4.31}$$

式（4.31）是内标法光谱定量分析的基本关系式。

ⅱ．内标元素与分析线对的选择

① 内标元素与被测元素在光源作用下应有相近的蒸发性质。

② 内标元素若是外加的，必须是试样不含有或含量极少可以忽略的。

③ 分析线对选择要匹配：或两条都是原子线，或两条都是离子线，尽量避免一条是原子线、一条是离子线。

④ 分析线对两条谱线的激发电位相近。若内标元素与被测元素的电离电位相近，分析线对激发电位也相近，这样的分析线对称为"匀称线对"。

⑤ 分析线对波长应尽量接近。分析线对两条谱线应没有自吸或自吸很小，并且不受其他谱线的干扰。

3）工作曲线法

在确定的分析条件下，用三个或三个以上含有不同浓度被测元素的标准样品与试样在相同条件下激发光谱，以分析线强度 I，或内标法分析线对强度比 R 或 $\lg R$ 对浓度 c 或 $\lg c$ 做校准曲线。再由校准曲线求得试样中被测元素含量。

ⅰ．摄谱法　若分析线与内标线的黑度都落在感光板正常曝光部分，这时可直接用分析线对黑度差 ΔS 与 $\lg c$ 建立校准曲线。选用的分析线对波长比较靠近，此分析线对所在的感光板部位乳剂特性基本相同。分析线黑度 S_1、内标线黑度 S_2 按（4.20）式可得：

$$S_1 = \gamma_1 \lg H_1 - i_1$$
$$S_2 = \gamma_2 \lg H_2 - i_2$$

因分析线对所在部位乳剂特性基本相同，故：

$$\gamma_1 = \gamma_2 = \gamma$$
$$i_1 = i_2 = i$$

如前所述，曝光量与谱线强度成正比，因此：

$$S_1 = \gamma \lg I_1 - i$$
$$S_2 = \gamma \lg I_2 - i$$

黑度差：

$$\Delta S = S_1 - S_2 = \gamma(\lg I_1 - \lg I_2) = \gamma \lg \frac{I_1}{I_2} = \gamma \lg R \tag{4.32}$$

式（4.32）与内标法光谱定量分析公式（4.31）结合，得到：

$$\Delta S = \gamma b \lg c + \gamma \lg A \tag{4.33}$$

由式（4.33）可看出，分析线对黑度值都落在乳剂特性曲线直线部分，分析线与内标线黑度差 ΔS 与被测元素浓度的对数 $\lg c$ 呈线性关系。式（4.33）同样是摄谱法定量分析内标法的基本关系式。

ⅱ．光电直读法　ICP 光源稳定性好，一般可以不用内标法，但由于有时试液的黏度等会有差异而引起试样导入的不稳定，也采用内标法。ICP 光电直读光谱仪商品仪器上带有内标通道，可自动进行内标法测定。光电直读法中，在相同条件下激发试样与标样的光谱，测量标准样品的电压值 U 和 U_r，U、U_r 分别为分析线与内标线的电压值；再绘制 $\lg U - \lg c$ 或 $\lg(U/U_r) - \lg c$ 校准曲线；最后求出试样中被测元素含量。这些都由计算机来处理分析结果。

4）标准加入法

当测定低含量元素，找不到合适的基体来配制标准试样时，采用标准加入法比较好。设试样中被测元素含量为 c_x，在几份试样中分别加入不同浓度 c_1、c_2、c_3、…、c_i 的被测元

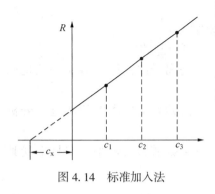

图 4.14 标准加入法

素；在同一实验条件下激发光谱，然后测量试样与不同加入量样品分析线对的强度比 R。在被测元素浓度低时，自吸系数 $b=1$，分析线对强度比 $R \propto c$，$R\text{-}c$ 图为一直线，见图 4.14。将直线外推，与横坐标相交截距的绝对值即为试样中待测元素含量 c_x。

根据式（4.30），有：

$$R = I/I_0 = Ac^b$$

$b=1$，则：

$$R = A(c_x + c_i)$$

$R=0$，则：

$$c_x = -c_i$$

思 考 题 与 习 题

4.1-1　原子发射光谱是怎么产生的？

4.1-2　原子发射光谱的特点是什么？

4.1-3　何谓分析线、共振线、灵敏线、最后线，它们有何联系。

4.1-4　试从电极头温度、弧焰温度、稳定性及主要用途比较三种光源(直流电源、交流电源、高压电火花)的性能。

4.1-5　简述 ICP 的形成原理及优缺点。

4.1-6　光谱定性分析的基本原理是什么？

4.1-7　光谱定量分析为什么用内标法？简述其原理。

4.1-8　对下列情况，提出 AES 方法选择光源的方案。

(1) 铁矿石定量全分析；(2) 水源调查中的六种元素定量分析；(3) 头发中重金属元素定量分析；(4) 农作物内元素的定性分析。

4.1-9　某合金中 Pb 的光谱定量测定，以 Mg 作为内标，实验测得数据如下：

溶 液	黑度计读数		Pb 的质量分数/	溶 液	黑度计读数		Pb 的质量分数/
	Mg	Pb	(mg/mL)		Mg	Pb	(mg/mL)
1	7.3	17.5	0.151	5	11.6	10.4	0.502
2	8.7	18.6	0.201	A	8.8	15.5	
3	7.3	11.0	0.301	B	9.2	12.5	
4	10.3	12.0	0.402	C	10.7	12.2	

根据上述数据，(1) 绘制工作曲线；(2) 求溶液 A，B，C 的质量浓度。

4.1-10　查阅相关文献，简述 ICP 最新技术进展。

4.2　原子吸收光谱分析(AAS)

4.2.1　概述

原子吸收光谱分析(atomic absorption spectrometry，AAS)又称原子吸收分光光度分析。早在 1802 年，人们就发现了原子吸收现象，但将它作为一种物质含量的分析方法，要比原子发射光谱分析法晚一百年。直到 1955 年，澳大利亚物理学家 A Walsh 等人发表了《原子吸收光谱在化学分析中的应用》一文后，才使原子吸收技术成为一种实用的分析方法。1959 年 B B JIbBOB 把电热石墨炉原子化方法引入原子吸收分析，1965 年 J B Willis 使用氧化亚氮-乙炔火焰原子化等进行了一系列的研究工作。在 20 世纪 60 年代中期，原子吸收光谱法得到迅速发展。

原子吸收光谱分析是基于试样蒸气相中被测元素的基态原子对由光源发出的该原子的特征性窄频辐射产生共振吸收，其吸光度在一定范围内与蒸气相中被测元素的基态原子浓度成正比，以此测定试样中该元素含量的一种仪器分析方法。根据被测元素原子化方式的不同，可分为火焰原子吸收法和非火焰原子吸收法两种。另外，某些元素如汞，能在常温下转化为原子蒸气而进行测定，称为冷原子吸收法。

原子吸收分光光度法与紫外-可见分光光度法的基本原理相同，都遵循朗伯-比尔定律，均属于吸收光谱法。但它们吸光物质的状态不同，原子吸收法是基于蒸气相中基态原子对光的吸收现象，吸收的是由空心阴极灯等发出的锐线光，是窄频率的线状吸收，吸收波长的半宽度只有 1.0×10^{-3} nm，所以原子吸收光谱是线状光谱。紫外-可见分光光度法则是基于溶液中的分子(或原子团)对光的吸收，可在广泛的波长范围内产生带状吸收光谱，这是两种方法的根本区别。

原子吸收分光光度法具有以下特点：

（1）灵敏度高

火焰原子吸收分光光度法测定大多数金属元素的相对灵敏度为 $1.0 \times 10^{-10} \sim 1.0 \times 10^{-8}$ g/mL，非火焰原子吸收分光光度法的绝对灵敏度为 $1.0 \times 10^{-14} \sim 1.0 \times 10^{-12}$ g。这是由于原子吸收分光光度法测定的是占原子总数 99% 以上的基态原子，而原子发射光谱测定的是占原子总数不到 1% 的激发态原子，所以前者的灵敏度比后者高得多。

（2）精密度好

由于温度变化对测定影响较小，该法具有良好的稳定性和重现性，精密度好。一般仪器的相对标准偏差为 1%~2%，性能好的仪器可达 0.1%~0.5%。

（3）选择性好，方法简便

由光源发出特征性入射光很简单，且基态原子是窄频吸收，元素之间的干扰较小，可不经分离在同一溶液中直接测定多种元素，操作简便。

（4）准确度高，分析速度快

测定微量、痕量元素的相对误差为 0.1%~0.5%，分析一个元素只需数十秒至数分钟。

（5）应用广泛

可直接测定岩矿、土壤、大气飘尘、水、植物、食品、生物组织等试样中七十多种微量金属元素，还能用间接法测定硫、氮、卤素等非金属元素及其化合物。该法已广泛应用于环境保护、化工、生物技术、食品科学、食品质量与安全、地质、国防、卫生检测和农林科学等各部门。

与原子发射光谱分析法比较，原子吸收法不能对多种元素进行同时测定，若要测定不同元素，需改变分析条件和更换不同的光源灯。对某些元素如稀土、锆、钨、铀、硼等的测定灵敏度较低，对成分比较复杂的样品，干扰仍然比较严重，这些是其应用上的局限性。尽管如此，原子吸收法仍然是测定微量元素一种较好的定量分析方法，是无机痕量分析的重要手段之一。

对原子吸收分析法基本理论的讨论，主要是解决两个方面的问题：①基态原子的产生以及它的浓度与试样中该元素含量之间的定量关系；②基态原子吸收光谱的特性及基态原子的浓度与吸光度之间的关系。

4.2.2 原子吸收光谱分析的基本原理

(1) 原子吸收光谱的产生

基态原子吸收其共振辐射，外层电子由基态跃迁至激发态而产生原子吸收光谱。原子吸收光谱位于光谱的紫外区和可见区。

(2) 原子吸收光谱的谱线轮廓

原子吸收光谱线并不是严格的几何意义上的线(几何线无宽度)，而是有相当窄的频率或波长范围，即有一定的宽度。一束不同频率强度为 I_0 的平行光通过厚度为 l 的原子蒸气，一部分光被吸收，透过光的强度 I_v 服从吸收定律

$$I_v = I_0 \exp(-K_v l) \tag{4.34}$$

式中，K_v 是基态原子对频率为 ν 的光的吸收系数。不同元素原子吸收不同频率的光，透过光强度对吸收光频率作图，如图4.15。由图可见，在频率 ν_0 处透过光强度最小，亦即吸收最大。若将吸收系数 K_v 对频率 ν 作图，所得曲线为吸收线轮廓，见图4.16。原子吸收线的轮廓以原子吸收谱线的中心频率(或中心波长)和半宽度来表征。中心频率由原子能级决定。半宽度是中心频率位置，吸收系数极大值一半处，谱线轮廓上两点之间频率或波长的距离($\Delta\nu$ 或 $\Delta\lambda$)。图4.16中 K_v 为吸收系数；K_0 为吸收系数极大值，即峰值吸收系数；ν_0 为中心频率。

半宽度受到很多因素的影响，下面讨论几种主要变宽的因素。

1) 自然宽度

没有外界影响，谱线仍有一定的宽度称为自然宽度。它与激发态原子的平均寿命有关，平均寿命越长，谱线宽度越窄。不同谱线有不同的自然宽度，在多数情况下约为 10^{-5} nm 数量级。

2) Doppler(多普勒)变宽

通常在原子吸收光谱法测定条件下，Doppler 变宽是影响原子吸收光谱线宽度的主要因素。Doppler 宽度是由于原子热运动引起的，又称为热变宽。从物理学中可知，无规则热运动的发光的原子运动方向背离检测器，则检测器接收到的光的频率较静止原子所发的光的频率低。反之，发光原子向着检测器运动，检测器接受光的频率较静止原子发的光频率高，这就是 Doppler 效应。原子吸收光谱法中，气态原子是处于无规则的热运动中，对检测器具有不同的运动速度分量，使检测器接受到很多频率稍有不同的吸收，于是谱线变宽。当处于热力学平衡状态时，谱线的 Doppler 宽度 $\Delta\nu_D$ 可用式(4.35)表示：

$$\Delta\nu_D = \frac{2\nu_0}{c}\sqrt{\frac{2(\ln2)RT}{A_r}} \tag{4.35}$$

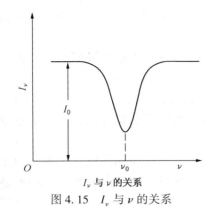

图 4.15　I_v 与 ν 的关系　　　　图 4.16　原子吸收光谱轮廓图

式中，ν_0 为谱线的中心频率，c 为光速，R 为摩尔气体常数，T 为热力学温度，A_r 为相对原子质量。将有关常数代入，得到：

$$\Delta\nu_D = 7.16 \times 10^{-7}\nu_0\sqrt{\frac{T}{A_r}} \tag{4.36}$$

$$\Delta\lambda_D = 7.16 \times 10^{-7}\lambda_0\sqrt{\frac{T}{A_r}} \tag{4.37}$$

由式(4.36)和式(4.37)可见，Doppler 宽度随温度升高、谱线波长变长和相对原子质量减小而变宽。Doppler 变宽可达 10^{-3} nm 数量级。

3）压力变宽

当原子吸收区气体压力变大时，相互碰撞引起的变宽是不可忽略的。原子之间的相互碰撞导致激发态原子平均寿命缩短，引起谱线变宽。根据与其碰撞的原子不同，又可分为 Lorentz（劳伦茨）变宽及 Holtsmark（赫鲁兹马克）变宽。Lorentz 变宽是指被测元素原子和其他粒子碰撞引起的变宽，它随原子区内气体压力增大和温度升高而增大。Holtsmark 变宽是指和同种原子碰撞而引起的变宽，也称为共振变宽。只有在被测元素浓度高时才起作用，在原子吸收法中可忽略不计。Lorentz 变宽与 Doppler 变宽有相同的数量级，也可达 10^{-3} nm。

4）自吸变宽

由自吸现象而引起的谱线变宽称为自吸变宽。光源空心阴极灯发射的共振线被灯内同种基态原子所吸收产生自吸现象，从而使谱线变宽。灯电流越大，自吸变宽越严重。

此外，由于外界电场或带电粒子、离子形成的电场及磁场的作用，使谱线变宽称为场致变宽。这种变宽影响不大。

（3）原子吸收光谱的测量

1）积分吸收

在吸收线轮廓内，吸收系数的积分称为积分吸收系数，简称为积分吸收，它表示吸收的全部能量。从理论上可以得出，积分吸收与原子蒸气中吸收辐射的原子数成正比。数学表达式为：

$$\int K_\nu \mathrm{d}\nu = \frac{\pi e^2}{mc}N_0 f \tag{4.38}$$

式中，e 为电子电荷；m 为电子质量；c 为光速；N_0 为单位体积内基态原子数；f 为振子强度，即能被入射辐射激发的每个原子的平均电子数，它正比于原子对特定波长辐射的吸收几率。式(4.38)是原子吸收光谱法的重要理论依据。

若能测定积分吸收，则可求出原子浓度。但是，测定谱线宽度仅为 10^{-3} nm 的积分吸收，需要分辨率很高的色散仪器，这是难以做到的，这也是一百多年前就已发现原子吸收现象，却一直未能用于分析化学的原因。

2）峰值吸收

1955 年 Walsh 提出，在温度不太高的稳定火焰条件下，峰值吸收系数与火焰中被测元素的原子浓度也成正比。吸收线中心波长处的吸收系数 K_0 为峰值吸收系数，简称峰值吸收。前面指出，在通常原子吸收测定条件下，原子吸收线轮廓取决于 Doppler 宽度，吸收系数为：

$$K_\nu = K_0\exp\left\{-\left[\frac{2(\nu - \nu_0)\sqrt{\ln 2}}{\Delta\nu_D}\right]^2\right\} \tag{4.39}$$

积分式(4.39)，得：

$$\int_0^\infty K_\nu \mathrm{d}\nu = \frac{1}{2}\sqrt{\frac{\pi}{\ln 2}} K_0 \Delta\nu_\mathrm{D} \tag{4.40}$$

将式(4.38)代入，得：

$$K_0 = \frac{2}{\Delta\nu_\mathrm{D}}\sqrt{\frac{\ln 2}{\pi}}\frac{\pi e^2}{mc}N_0 f \tag{4.41}$$

可以看出，峰值吸收系数与原子浓度成正比，只要能测出 K_0 就可得到 N_0。

3）锐线光源

由上所述，峰值吸收的测定是至关重要的，在分子光谱中光源都是使用连续光谱，连续光谱的光源很难测准峰值吸收。Walsh 还提出用锐线光源测量峰值吸收，从而解决了原子吸收的实用测量问题。

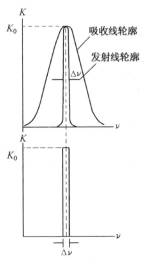

在发射线半宽 $\Delta\nu$ 范围内，
积分面积 $K = K_0\Delta\nu$

图 4.17 峰值吸收
测量示意图

锐线光源是发射线半宽度远小于吸收线半宽度的光源，如空心阴极灯。在使用锐线光源时，光源发射线半宽度很小，并且发射线与吸收线的中心频率一致。这时发射线的轮廓可看作一个很窄的矩形，即峰值吸收系数 K_ν 在此轮廓内不随频率而改变，吸收只限于发射线轮廓内。这样，一定的 K_0 即可测出一定的原子浓度，见图 4.17。

4）实际测量

强度为 I_0 的某一波长的辐射通过均匀的原子蒸气时，根据吸收定律有：

$$I = I_0 \exp(-K_\nu l)$$

式中，I_0 与 I 分别为入射光与透射光的强度，K_ν 为峰值吸收系数，l 为原子蒸气吸收层厚度。

当在原子吸收线中心频率附近一定频率范围 $\Delta\nu$ 测量时，则：

$$I_0 = \int_0^{\Delta\nu} I_\nu \mathrm{d}\nu \tag{4.42}$$

$$I = \int_0^{\Delta\nu} I_\nu \exp(-K_\nu l)\mathrm{d}\nu \tag{4.43}$$

使用锐线光源，$\Delta\nu$ 很小，用中心频率处的峰值吸收系数 K_0 来表示原子对辐射的吸收。吸光度 A 为：

$$A = \lg\frac{I_0}{I} = \lg\frac{\int_0^{\Delta\nu} I_\nu \mathrm{d}\nu}{\int_0^{\Delta\nu} I_\nu \exp(-K_0 l)\mathrm{d}\nu} = \lg\frac{\int_0^{\Delta\nu} I_\nu \mathrm{d}\nu}{\exp(-K_0 l)\int_0^{\Delta\nu} I_\nu \mathrm{d}\nu} = 0.43 K_0 l \tag{4.44}$$

将式(4.41)代入式(4.44)，得到：

$$A = 0.43\frac{2}{\Delta\nu_\mathrm{D}}\sqrt{\frac{\ln 2}{\pi}}\frac{\pi e^2}{mc}f l N_0 \tag{4.45}$$

在原子吸收测定条件下，如前所述原子蒸气中基态原子数 N_0 近似地等于原子总数 N。在实际测量中，要测定的是试样中某元素的含量而不是蒸气中的原子总数。但是，实验条件一定，被测元素的浓度 c 与原子蒸气中原子总数保持一定的比例关系，即：

$$N_0 = ac \tag{4.46}$$

式中，a 为比例常数，代入式(4.45)中，则：

$$A = 0.43 \frac{2}{\Delta \nu_D} \sqrt{\frac{\ln 2}{\pi}} \frac{\pi e^2}{mc} flac \tag{4.47}$$

实验条件一定，各有关的参数都是常数，吸光度为：

$$A = kc \tag{4.48}$$

式中，k 为常数。式(4.48)为原子吸收测量的基本关系式。

(4) 基态原子数与原子吸收定量基础

在通常的原子吸收测定条件下，原子蒸气中基态原子数近似等于总原子数。在原子蒸气中(包括被测元素原子)，可能会有基态与激发态存在。根据热力学原理，在一定温度下达到热平衡时，基态与激发态的原子数的比例遵循 Boltzmann 分布定律：

$$\frac{N_i}{N_0} = \frac{g_i}{g_0} \cdot \exp\left(-\frac{E_i}{kT}\right) \tag{4.49}$$

式中，N_i 与 N_0 分别为激发态与基态的原子数；g_i 与 g_0 为激发态与基态能级的统计权重，它表示能级的简并度；k 为 Boltzmann 常数，其值为 1.38×10^{-23} J/K；T 为热力学温度；E_i 为激发能。在原子光谱中，一定波长的谱线，g_i/g_0、E_i 是已知值，因此可以计算一定温度下的 N_i/N_0 值。表 4-1 是几种元素在不同温度下的 N_i/N_0 值。

表 4-1　某些元素共振线的 N_i/N_0 值

$\lambda_{共振线}$/nm	g_i/g_0	激发能/eV	N_i/N_0	
			$T=2000K$	$T=3000K$
Na 589.0	2	2.104	0.99×10^{-5}	5.83×10^{-4}
Sr 460.7	3	2.690	4.99×10^{-7}	9.07×10^{-9}
Ca 422.7	3	2.932	1.22×10^{-7}	3.55×10^{-5}
Fe 372.0		3.332	2.99×10^{-9}	1.31×10^{-6}
Ag 328.1	2	3.778	6.03×10^{-10}	8.99×10^{-7}
Cu 324.8	2	3.817	4.82×10^{-10}	6.65×10^{-7}
Mg 285.2	3	4.346	3.35×10^{-11}	1.50×10^{-7}
Pb 283.3	3	4.375	2.83×10^{-11}	1.34×10^{-7}
Zn 213.9	3	5.795	7.45×10^{-15}	5.50×10^{-10}

从式(4.49)与表 4-1 可以看出，温度越高，N_i/N_0 值越大，即激发态原子数随温度升高而增加，而且按指数关系变化；在相同温度下，激发能(电子跃迁能级之差)越小，吸收线波长越长，N_i/N_0 值越大。尽管有如此变化，但是在原子吸收光谱法中，原子化温度一般小于 3000K，大多数元素的最强共振线都低于 600nm，N_i/N_0 值绝大部分都在 10^{-3} 以下，激发态和基态原子数之比小于千分之一，激发态原子可以忽略。因此，可以认为，基态原子数 N_0 近似等于总原子数 N。

4.2.3　原子吸收分光光度计

原子吸收分光光度计由光源、原子化器、分光器、检测系统等几部分组成。基本构造见图 4.18。

(1) 光源

光源的功能是发射被测元素的特征共振辐射。对光源的基本要求是：发射的共振辐射的半宽度要明显小于吸收线的半宽度；辐射强度大；背景低，低于特征共振辐射强度的 1%；稳定性好，30min 之内漂移不超过 1%；噪声小于 0.1%；使用寿命长于 5Ah。空心阴

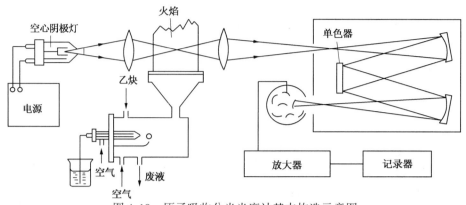

图 4.18　原子吸收分光光度计基本构造示意图

极灯是能满足上述各项要求的理想的锐线光源，应用最广。

空心阴极灯的结构如图 4.19 所示。它有一个由被测元素材料制成的空心阴极和一个由钛、锆、钽或其他材料制作的阳极。阴极和阳极封闭在带有光学玻璃窗口的硬质玻璃管内，管内充有压强为 260～1300Pa 的惰性气体氖或氩，其作用是载带电流，使阴极产生溅射及激发原子发射特征锐线光谱。云母屏蔽片的作用是使放电限制在阴极腔内，同时使阴极定位。

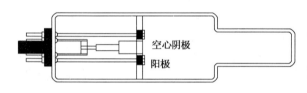

图 4.19　空心阴极灯结构示意图

空心阴极灯放电是一种特殊形式的低压辉光放电，放电集中于阴极空腔内。当两极之间施加几百伏电压时，便产生辉光放电。在电场作用下，电子在飞向阳极的途中，与载气原子碰撞并使之电离，放出二次电子，使电子与正离子数目增加，以维持放电。正离子从电场获得动能。如果正离子的动能足以克服金属阴极表面的晶格能，当其撞击在阴极表面时，就可以将原子从晶格中溅射出来。除溅射作用之外，阴极受热也要导致阴极表面元素的热蒸发。溅射与蒸发出来的原子进入空腔内，再与电子、原子、离子等发生第二次碰撞而受到激发，发射出相应元素的特征共振辐射。

空心阴极灯常采用脉冲供电方式，以改善放电特征，同时便于使有用的原子吸收信号与原子化器的直流发射信号区分开，这种供电方式称为光源调制。在实际工作中，应选择合适的工作电流。使用灯电流过小，放电不稳定；电流过大，溅射作用增加，原子蒸气密度增大，谱线变宽，甚至引起自吸，导致测定灵敏度降低，灯寿命缩短。

由于原子吸收分析中每测一种元素需换一种灯，很不方便。现已制成多元素空心阴极灯，但发射强度低于单元素灯，且如果金属组合不当，易产生光谱干扰，因此，使用尚不普遍。

对于砷、锑等元素的分析，为提高灵敏度，常用无极放电灯作光源。无极放电灯是由一个数厘米长、直径 5～12cm 的石英玻璃圆管制成。管内装入数毫克待测元素或其挥发性盐类，如金属、金属氯化物或碘化物等，抽成真空并充入压力为 67～200Pa 的惰性气体氩或氖，制成放电管。将此管装在一个高频发生器的线圈内，并装在一个绝缘的外套里，然后放在一个微波发生器的同步空腔谐振器中。这种灯的强度比空心阴极灯大几个数量级，没有自吸，谱线更纯。

（2）原子化器

原子化器的功能是提供能量，使试样干燥、蒸发和原子化。在原子吸收光谱分析中，试样中被测元素的原子化是整个分析过程的关键环节。实现原子化的方法，最常用的有两种：一种是火焰原子化法，是原子光谱分析中最早使用的原子化方法，至今仍在广泛地被应用；另一种是非火焰原子化法，其中应用最广的是石墨炉电热原子化法。

1）火焰原子化器

火焰原子化法中常用预混合型原子化器，其结构如图 4.20 所示。这种原子化器由雾化器、混合室和燃烧器组成。

雾化器是关键部件，其作用是将试液雾化，使之形成直径为微米级的气溶胶。混合室的作用是使较大的气溶胶在室内凝聚为大的溶珠沿室壁流入泄液管排走，使进入火焰的气溶胶在混合室内充分混合均匀以减少它们进入火焰时对火焰的扰动，并让气溶胶在室内部分蒸发脱溶。燃烧器最常用的是单缝燃烧器，其作用是产生火

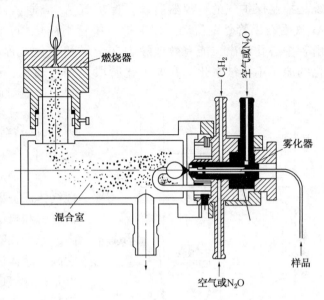

图 4.20　预混合型火焰原子化器示意图

焰，使进入火焰的气溶胶蒸发和原子化。因此，原子吸收分析的火焰应有足够高的温度，能有效地蒸发和分解试样，并使被测元素原子化。此外，火焰应该稳定，背景发射和噪声低，燃烧安全。

原子吸收测定中最常用的火焰是乙炔-空气火焰，此外，应用较多的是氢气-空气火焰和乙炔-氧化亚氮高温火焰。乙炔-空气火焰燃烧稳定，重现性好，噪声低，燃烧速度不是很大，温度足够高（约 2300℃），对大多数元素有足够的灵敏度。氢气-空气火焰是氧化性火焰，燃烧速度较乙炔-空气火焰高，但温度较低（约 2050℃），优点是背景发射较弱，透射性能好。乙炔-氧化亚氮火焰的特点是火焰温度高（约 2955℃），而燃烧速度并不快，是目前应用较广泛的一种高温火焰，用它可测定七十多种元素。

2）非火焰原子化器

非火焰原子化器中，常用的是管式石墨炉原子化器，其结构如图 4.21 所示。

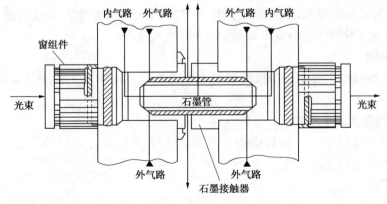

图 4.21　管式石墨炉原子化器示意图

管式石墨炉原子化器由加热电源、保护气控制系统和石墨管状炉组成。加热电源供给原子化器能量，电流通过石墨管产生高热高温，最高温度可达 3000℃。保护气控制系统是控制保护气的，仪器启动，保护气 Ar 流通，空烧完毕，切断 Ar 气流。外气路中的Ar 气沿石墨管外壁流动，以保护石墨管不被烧灼，内气路中 Ar 气从管两端流向管中心，由管中心孔流出，能有效地除去在干燥和灰化过程中产生的基体蒸气，同时保护已原子化的原子不再被氧化。在原子化阶段，停止通气，以延长原子在吸收区内的平均停留时间，避免对原子蒸气的稀释。石墨炉原子化器的操作分为干燥、灰化、原子化和净化四步，由微机控制实行程序升温。图 4.22 为程序升温过程的示意图。

石墨炉原子化法的优点是，试样原子化是在惰性气体保护下强还原性介质内进行的，有利于氧化物分解和自由原子的生成。用样量小，样品利用率高，原子在吸收区内平均停留时间较长，绝对灵敏度高。液体试样和固体试样均可直接进样测定。缺点是试样组成不均匀性较大，有强的背景吸收，测定精密度不如火焰原子化法。

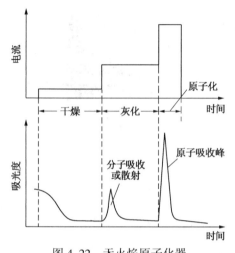

图 4.22　无火焰原子化器
程序升温过程示意图

3）低温原子化器

低温原子化是利用某些元素（如 Hg）本身或元素的氢化物（如 AsH₃）在低温下的易挥发性，将其导入气体流动吸收池内进行原子化。目前通过该原子化方式测定的元素有 Hg、As、Sb、Se、Sn、Bi、Ge、Pb、Te 等。生成氢化物是一个氧化还原过程，所生成的氢化物是共价分子型化合物，沸点低，易挥发分离分解。以 As 为例，反应过程可表示如下：

$$AsCl_3+4NaBH_4+HCl+8H_2O \Longrightarrow AsH_3\uparrow+4NaCl+4HBO_2+13H_2$$

AsH₃ 在热力学上是不稳定的，在 900℃下就能分解出自由 As 原子，实现快速原子化。

（3）分光器

分光器由入射和出射狭缝、反射镜和色散元件组成，其作用是将所需要的共振吸收线分离出来。分光器的关键部件是色散元件，现在商品仪器都使用光栅。原子吸收光谱仪对分光器的分辨率要求不高，曾以能分辨开镍三线 Ni 230.003nm、Ni 231.603nm、Ni 231.096nm 为标准，后采用 Mn 279.5nm 和 Mn 279.8nm 代替 Ni 三线来检定分辨率。光栅放置在原子化器之后，以阻止来自原子化器内的所有不需要的辐射进入检测器。

（4）检测系统

原子吸收光谱仪中广泛使用的检测器是光电倍增管，近年来，一些仪器也采用 CCD 作为检测器。

4.2.4　干扰及其消除方法

原子吸收光谱分析中，干扰效应按其性质和产生的原因，可以分为四类：物理干扰、化学干扰、电离干扰和光谱干扰。

（1）物理干扰

物理干扰是指试样在转移、蒸发过程中任何物理因素变化而引起的干扰效应。属于这类干扰的因素有：试液的黏度、溶剂的蒸气压、雾化气体的压力等。物理干扰是非选择性干扰，对试样各元素的影响基本是相似的。

配制与被测试样相似的标准样品，是消除物理干扰常用的方法。在不知道试样组成或无法匹配试样时，可采用标准加入法或稀释法来减小和消除物理干扰。

（2）化学干扰

化学干扰是指待测元素与其他组分之间的化学作用所引起的干扰效应，它主要影响待测元素的原子化效率，是原子吸收分光光度法中的主要干扰来源。它是由于液相或气相中被测元素的原子与干扰物质组成之间形成热力学更稳定的化合物，从而影响被测元素化合物的解离及其原子化。例如，磷酸根对钙的干扰，硅、钛形成难解离的氧化物，钨、硼、稀土元素等生成难解离的碳化物，从而使有关元素不能有效原子化等。化学干扰是一种选择性干扰，它对试样中各元素的影响是各不相同的，并随火焰温度、火焰状态和部位、其他组分的存在、雾滴的大小等条件而变化。

消除化学干扰的方法有：化学分离、使用高温火焰、加入释放剂和保护剂、使用基体改进剂等。例如磷酸根在高温火焰中干扰钙的测定，加入锶、镧或 EDTA 等都可消除磷酸根对测定钙的干扰。在石墨炉原子吸收法中，加入基体改进剂，提高被测物质的稳定性或降低被测元素的原子化温度以消除干扰。例如，汞极易挥发，加入硫化物生成稳定性较高的硫化汞，灰化温度可提高到 $300℃$；测定海水中 Cu、Fe、Mn、As 时，加入 NH_4NO_3，使 $NaCl$ 转化为 NH_4Cl，在原子化之前低于 $500℃$ 的灰化阶段除去。

（3）电离干扰

在高温下原子电离，使基态原子的浓度减少，引起原子吸收信号降低，此种干扰称为电离干扰。电离效应随温度升高、电离平衡常数增大而增大，随被测元素浓度增高而减小。加入更易电离的碱金属元素，可以有效地消除电离干扰。

（4）光谱干扰

光谱干扰包括谱线重叠、光谱通带内存在非吸收线、原子化池内的直流发射、分子吸收、光散射等。当采用锐线光源和交流调制技术时，前三种因素一般可以不予考虑，主要考虑分子吸收和光散射的影响，它们是形成光谱背景的主要因素。

分子吸收干扰是指在原子化过程中生成的气体分子、氧化物及盐类分子对辐射吸收而引起的干扰。光散射是指在原子化过程中产生的固体微粒对光产生散射，使被散射的光偏离光路而不为检测器所检测，导致吸光度值偏高。

光谱背景除了波长特征之外，还有时间、空间分布特征。分子吸收信号通常先于原子吸收信号产生，当有快速响应电路和记录装置时，可以从时间上分辨分子吸收和原子吸收信号。样品蒸气在石墨炉内分布的不均匀性，导致了背景吸收空间分布的不均匀性。

提高温度使单位时间内蒸发出的背景物的浓度增加，同时也使分子解离增加。这两个因素共同制约着背景吸收。在恒温炉中，提高温度和升温速率，使分子吸收明显下降。

在石墨炉原子吸收法中，背景吸收的影响比火焰原子吸收法严重，若不扣除背景，有时根本无法进行测定，测量时必须予以校正。校正背景吸收，可采用以下几种方法。

① 用邻近非共振线校正背景　先用分析线测量原子吸收与背景吸收的总吸光度，再用邻近线测量背景吸收的吸光度，两次测量值相减即得到校正了背景之后原子吸收的吸光度。

非共振线与分析线波长相近，可以模拟分析线的背景吸收，但这种方法只适用于分析线附近背景分布比较均匀的场合。

② 连续光源校正背景　先用锐线光源测量分析线的原子吸收和背景吸收的总吸光度，再用氘灯(紫外区)或碘钨灯、氙灯(可见区)测量同一波长处的背景吸收。由于原子吸收谱线波长范围仅 $10^{-3} \sim 10^{-2}$ nm，所以原子吸收可以忽略。计算两次测量的吸光度之差，即得到校正了背景的原子吸收。由于商品仪器多采用氘灯为连续光源扣除背景，故此法也常称为氘灯扣除背景法。

连续光源测定的是整个光谱通带内的平均背景，与分析线处的真实背景有差异。空心阴极灯与氘灯的能量分布也不相同，光斑大小及辐射通过原子吸收区的位置均有区别，加上背景空间、时间分布的不均匀性，影响了校正背景的能力。

③ 塞曼效应校正背景　塞曼效应校正背景是基于光的偏振特性，分为光源调制法和吸收线调制法两大类，后者应用较广。调制吸收线的方式有恒定磁场调制方式和可变磁场调制方式。两种调制方式仪器的光路如图 4-23 和图 4-24 所示。

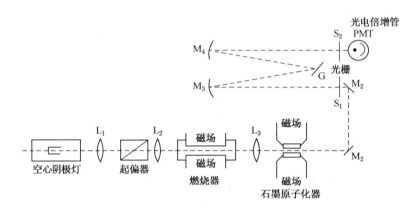

图 4-23　恒定磁场调制方式光路图

恒定磁场调制方式，是在原子化器上施加一恒定磁场，磁场垂直于光速方向。在磁场作用下，吸收线分裂为强度相等的 π 和 $\sigma_{\pm}$ 组分，前者平行于磁场方向，中心波长与吸收线相同；后者垂直于磁场方向，波长偏离原吸收线。光源共振发射线通过起偏器后变为偏振光，随着起偏器的旋转，π 和 $\sigma_{\pm}$ 组分交替通过。π 组分通过时，测得原子吸收和背景吸收的总吸光度。$\sigma_{\pm}$ 组分通过时，不产生原子吸收，但仍有背景吸收。两次测定吸光度之差，即为校正了背景吸收之后的原子吸收的吸光度。由于 π 和 $\sigma_{\pm}$ 组分强度相等，波长非常接近，因此背景对两者的吸收几乎完全相等，这样消除背景干扰是非常有效的。

可变磁场调制方式是在原子化器上加一电磁铁，后者仅在原子化阶段被激磁。偏振器是固定的，用以控制只让垂直于磁场方向的偏振光通过原子蒸气。零磁场时，测得原子吸收和背景吸收的总吸光度。激磁时，只测得背景吸收的吸光度。两次测量的吸光度之差，即为校正了背景值之后的原子吸收的吸光度。

塞曼效应校正背景不受波长限制，可校正吸光度高达 1.5~2.0 的背景，而氘灯只能校正吸光度小于 1 的背景，背景校正的准确度较高。恒定磁场调制方式测量灵敏度比常规原子吸收法有所降低，可变磁场调制方式的测量灵敏度与常规原子吸收法相当。

④ 自吸效应校正背景　低电流脉冲供电时，空心阴极灯发射锐线光谱，测定的是原子吸收和背景吸收的总吸光度。高电流脉冲供电时，空心阴极灯发射线变宽，当空心阴极灯

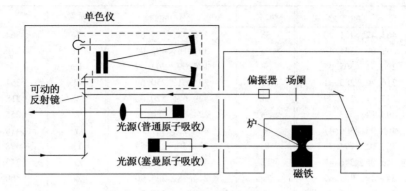

图 4-24 可变磁场调制方式光路图

内积聚的原子浓度足够高时，发射线产生自吸，在极端的情况下出现谱线自蚀，这时测得的是背景吸收的吸光度。上述两种脉冲供电条件下测得的吸光度之差，即为校正了背景吸收的原子吸收的吸光度。

自吸效应校正背景法可用于全波段的背景校正，特别适用于在高电流脉冲下共振线自吸严重的低温元素。对于在高电流脉冲下谱线产生自吸程度不够的元素，测量灵敏度有所降低。

4.2.5 原子吸收光谱分析的实验技术

（1）测量条件的选择

1）分析线

通常选用共振吸收线为分析线，测定高含量元素时，可以选用灵敏度较低的非共振吸收线为分析线。As、Se 等共振吸收线位于 200nm 以下的远紫外区，火焰组分对其有明显吸收，故用火焰原子吸收法测定这些元素时，不宜选用共振吸收线为分析线。表 4-2 列出了常用元素的分析线。

表 4-2 原子吸收分光光度法中常用的分析线

元素	λ/nm	元素	λ/nm	元素	λ/nm
Ag	328.07，338.29	Cr	357.87，359.35	Ho	410.38，405.39
Al	309.27，308.22	Cs	852.11，455.54	In	303.94，325.61
As	193.64，197.20	Cu	324.75，327.40	Ir	209.26，208.88
Au	242.80，267.60	Dy	421.17，404.60	K	766.49，769.90
B	249.68，249.77	Er	400.80，415.11	La	550.13，418.73
Ba	553.55，455.40	Eu	459.40，462.72	Li	670.78，323.26
Be	234.86	Fe	248.33，352.29	Lu	335.96，328.17
Bi	223.06，222.83	Ga	287.42，294.42	Mg	285.21，279.55
Ca	422.67，239.86	Gd	368.41，407.87	Mn	279.48，403.68
Cd	228.80，326.11	Ge	265.16，275.46	Mo	313.26，317.04
Ce	520.0，369.7	Hf	307.29，286.64	Na	589.00，330.30
Co	240.71，242.49	Hg	253.65	Nb	334.37，358.03

元素	λ/nm	元素	λ/nm	元素	λ/nm
Nd	463.42，471.90	Sb	217.58，206.83	Ti	364.27，337.15
Ni	232.00，341.48	Sc	391.18，402.04	Tl	276.79，377.58
Os	290.91，305.87	Se	196.09，203.99	Tm	409.4
Pb	216.70，283.31	Si	251.61，250.69	U	351.46，358.49
Pd	247.64，244.79	Sm	429.67，520.06	V	318.40，385.58
Pr	495.14，513.34	Sn	224.61，286.33	W	255.14，294.74
Pt	265.95，306.47	Sr	460.73，407.77	Y	410.24，412.83
Rb	780.02，794.76	Ta	271.47，277.59	Yb	398.80，346.44
Re	346.05，346.47	Tb	432.65，431.89	Zn	213.86，307.59
Rh	343.49，339.69	Te	214.28，225.90	Zr	360.12，301.18
Ru	349.89，372.80	Th	371.9，380.3		

2）狭缝宽度

狭缝宽度影响光谱通带宽度与检测器接受的能量。原子吸收光谱分析中，光谱重叠干扰的几率小，可以允许使用较宽的狭缝，增强光强与降低检出限。狭缝宽度的选择要能使吸收线与邻近干扰线分开。通过实验进行选择，调节不同的狭缝宽度，测定吸光度随狭缝宽度的变化，当有干扰线或非吸收光进入光谱通带内时，吸光度值将立即减小。不引起吸光度减小的最大狭缝宽度，即为应选取的合适的狭缝宽度。

3）空心阴极灯的工作电流

空心阴极灯一般需要预热 10～30min 才能达到稳定输出。灯电流过小，放电不稳定，故光谱输出不稳定，且强度小；灯电流过大，发射谱线变宽，导致灵敏度下降，校正曲线弯曲，灯寿命缩短。选用灯电流的一般原则是，在保证有足够强且稳定的光强输出条件下，尽量使用较低的工作电流。通常以空心阴极灯上标明的最大电流的 1/2～2/3 作为工作电流。在具体的分析场合，最适宜的工作电流由实验确定。

4）原子化条件的选择

在火焰原子化法中，火焰类型和特征是影响原子化效率的主要因素。对低、中温元素，使用空气-乙炔火焰；对高温元素，采用氧化亚氮-乙炔高温火焰；对分析线位于短波区（200nm 以下）的元素，使用空气-氢火焰是合适的。火焰类型确定后，一般说来，稍富燃的火焰（燃气量大于化学计量）是有利的。对氧化物不十分稳定的元素如 Cu、Mg、Fe、Co、Ni 等，用化学计量火焰（燃气与助燃气的比例与它们之间化学反应计量相近）或贫燃火焰（燃气量小于化学计量）也是可以的。为了获得所需的特性火焰，需要调节燃气与助燃气的比例。

在火焰区内，自由原子的空间分布不均匀，且随火焰条件而变化，因此，应调节燃烧器的高度，以使来自空心阴极灯的光束从自由原子浓度最大的火焰区域通过，以期获得高的灵敏度。

在石墨炉原子化法中，合理选择干燥、灰化、原子化及除残温度与时间是十分重要的。干燥应在稍低于溶剂沸点的温度下进行，以防止试液飞溅。灰化的目的是除去基体和局外组分，在保证被测元素没有损失的前提下应尽可能使用较高的灰化温度。原子化温度的选择原则是，选用达到最大吸收信号的最低温度作为原子化温度。原子化时间的选择，应以保证完全原子化为准。在原子化阶段停止通保护气，以延长自由原子在石墨炉内的平均停留时间。除残的目的是为了消除残留产生的记忆效应，除残温度应高于原子化温度。

5）进样量

进样量过小，吸收信号弱，不便于测量；进样量过大，在火焰原子化法中，对火焰产生冷却效应，在石墨炉原子化法中，会增加除残的困难。在实际工作中，应测定吸光度随进样量的变化，达到最满意的吸光度的进样量，即为应选择的进样量。

（2）定量分析方法

1）标准曲线法

配制一组合适的标准溶液，由低浓度到高浓度，依次喷入火焰，分别测定其吸光度 A。以测得的吸光度为纵坐标，待测元素的含量或浓度 c 为横坐标，绘制 $A-c$ 标准曲线。在相同的试验条件下，喷入待测试样溶液，根据测得的吸光度，由标准曲线求出试样中待测元素的含量。

在实际分析中，有时出现标准曲线弯曲现象。即在待测元素浓度较高时，曲线向浓度坐标弯曲。这是因为当待测元素的含量较高时，吸收线的变宽除考虑热变宽外，还要考虑压力变宽，这种变宽还会使吸收线轮廓不对称，导致光源辐射共振线的中心波长与共振吸收线的中心波长错位，因而吸收相应地减少，结果标准曲线向浓度坐标弯曲。试验证明，当 $\Delta\lambda_e/\Delta\lambda_a<1/5$ 时（$\Delta\lambda_e$ 为发射线半宽度，$\Delta\lambda_a$ 为吸收线半宽度），吸光度和浓度成线性关系；当 $1/5<\Delta\lambda_e/\Delta\lambda_a<1$ 时，标准曲线在高浓度区向浓度坐标稍微弯曲；若 $\Delta\lambda_e/\Delta\lambda_a>1$ 时，吸光度和浓度间就不成线性关系了。另外，火焰中各种干扰效应，如光谱干扰、化学干扰、物理干扰等也可能导致曲线弯曲。

考虑到上述因素，在使用本法时要注意以下几点。

① 所配制的标准溶液的浓度，应在吸光度与浓度成线性关系的范围内；

② 标准溶液与试样溶液都应用相同的试剂处理；

③ 应该扣除空白值；

④ 在整个分析过程中操作条件应保持不变；

⑤ 由于喷雾效率和火焰状态经常变动，标准曲线的斜率也随之变动，因此，每次测定前应用标准溶液对吸光度进行检查和校正。

标准曲线法简便、快速，但仅适用于组成简单的试样。

2）标准加入法

一般来说，待测试样的确切组成是不完全确知的，这就为配制与待测试样组成相似的标准溶液带来困难，但在这种情况下，若待测试样量足够，与其他仪器分析方法（如电位测定法等）一样，可应用标准加入法克服这一困难。这种方法的操作原理如下。

取相同体积的试样溶液两份，分别移入容量瓶 A 及 B 中，另取一定量的标准溶液加入 B 中，然后将两份溶液稀释至刻度，测出 A 及 B 两溶液的吸光度。设试样溶液中待测元素（容量瓶 A 中）的浓度为 c_x，加入标准溶液（容量瓶 B 中）的浓度为 c_0，A 溶液的吸光度为 A_x，B 溶液的吸光度为 A_0，则可得：

$$A_x = kc_x$$
$$A_0 = k(c_0 + c_x)$$

由上两式得：

$$c_x = \frac{A_x}{A_0 - A_x}c_0 \tag{4.50}$$

实际测定中，都采用下述作图法：取若干份（例如四份）体积相同的试样溶液，从第二

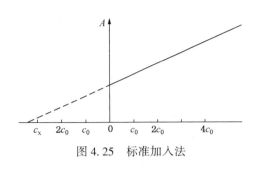

图 4.25　标准加入法

份开始按比例加入不同量的待测元素的标准溶液，然后用溶剂稀释至一定体积(设试样溶液中待测元素的浓度为 c_x，加入标准溶液后浓度分别为 c_x+c_0、c_x+2c_0、c_x+4c_0)，分别测得其吸光度(A_x、A_1、A_2 及 A_3)，以 A 对加入量做图，得图 4.25 所示的直线。这时直线并不通过原点。显然，相应的截距所反映的吸收值正是试样中待测元素所引起的效应。如果外延此直线使与横坐标相交，于原点与交点的距离，即为所求试样中待测元素的浓度 c_x。

使用标准加入法时应注意以下几点：

① 待测元素的浓度与其相应的吸光度应呈直线关系；

② 为了得到较精确的外推结果，最少应采用四个点(包括试样溶液本身)来做外推曲线，并且第一份加入的标准溶液与试样溶液的浓度之比应适当，这可通过试喷试样溶液和标准溶液，比较两者的吸光度来判断。增量值的大小可这样选择，使第一个加入量产生的吸收值约为试样原吸收值的一半；

③ 本法能消除基体效应带来的影响，但不能消除背景吸收的影响，这是因为相同的信号，既加到试样测定值上，也加到增量后的试样测定值上，因此只有扣除了背景之后，才能得到待测元素的真实含量，否则将得到偏高结果；

④ 对于斜率太小的直线(灵敏度差)，容易引进较大的误差。

(3) 灵敏度与检出限

1) 灵敏度及特征浓度

在原子吸收分光光度分析中，灵敏度 S 定义为校正曲线的斜率，其表达式为：

$$S = \frac{dA}{dc} \tag{4.51}$$

或

$$S = \frac{dA}{dm} \tag{4.52}$$

即当待测元素的浓度 c 或质量 m 改变一个单位时，吸光度 A 的变化量。在火焰原子化法中常用特征浓度(charaterisitic concentration)来表征灵敏度，所谓特征浓度是指能产生 1% 吸收或 0.0044 吸光度值时溶液中待测元素的质量浓度($\mu g \cdot mL^{-1}/1\%$)或质量分数($\mu g \cdot g^{-1}/1\%$)。例如 $1\mu g/g$ 镁溶液，测得其吸光度为 0.55，则镁的特征浓度为：

$$\frac{1}{0.55} \times 0.0044 = 8ng \cdot g^{-1}/1\%$$

对于石墨炉原子化法，由于测定的灵敏度取决于加到原子化器中试样的质量，此时采用特征质量(以 g/1% 表示)更为适宜。显然，特征浓度或特征质量越小，测定的灵敏度越高。

灵敏度或特征浓度与一系列因素有关，首先取决于待测元素本身的性质，例如难熔元素的灵敏度比普通元素的灵敏度要低得多。其次，还和测定仪器的性能如单色器的分辨率、光源的特性、检测器的灵敏度等有关。此外，还受到实验因素的影响，例如：光源工作条件不合适，引起自吸收或光强减弱；供气速度不当，导致雾化效率降低；燃烧器条件不合适，共振辐射不是从原子浓度最高的火焰区通过；燃气与助燃气流量比不恰当，引起原子化效率降低等，都会降低测定灵敏度。反之，若正确选择试验条件，并采取有效措施，则可进一步提高灵敏度。

2）检出限

检出限是指产生一个能够确证在试样中存在某元素的分析信号所需要的该元素的最小含量。即待测元素所产生的信号强度等于其噪声强度标准偏差 3 倍时所相应的质量浓度或质量分数，用 μg/mL 或 μg/g 表示。绝对检出限则用 m 表示：

$$D_c = \frac{c}{A}3\sigma \tag{4.53}$$

$$\text{或} \qquad D_m = \frac{m}{A}3\sigma \tag{4.54}$$

式中，c 或 m 分别为待测液的浓度或质量；A 为多次待测试液吸光度的平均值；σ 为噪声的标准偏差，是对空白溶液或接近空白的标准溶液进行至少 10 次连续测定，由所得的吸光度值求算其标准偏差而得。

检出限比灵敏度具有更明确的意义，它考虑到了噪声的影响，并明确地指出了测定的可靠程度。由此可见，降低噪声，提高测定精密度是改善检出限的有效途径。因此对于一定的仪器，合理地选择分析条件，诸如选择合适的灯电流，仪器充分预热，调节合适的检测系统的增益，保证供气的稳定等，都可以降低噪声水平。

4.2.6　原子吸收光谱分析的应用和进展

原子吸收光谱法在环境监测方面的应用十分广泛。例如，对大气飘尘、污泥和生物体内的重金属含量测定，为环境评价提供依据；也可进行废物、废水和灌溉用水的质量监测。测定的元素有汞、锰、铅、镉、铍、镍、钡、铬、铋、硒、铁、铜、锌、铝和砷等。

对于雪、雨水、无污染的清洁水，金属元素的含量极微，可采用共沉淀、萃取富集手段，然后测定。但要注意干扰，如果对各元素的干扰程度不明时，采用标准加入法可获得理想的结果，即使在共存物少、无合适的标准样品对照等情况下，用标准加入法也能得到较好的结果。对污水、矿泉水，所含的无机物、有机物多，情况比较复杂，一般是将萃取法、离子交换法等分离技术与标准加入法配合使用。

利用原子吸收法测定大气或飘尘中的微量元素时，一般用大气采样器，控制一定的流量，用装有吸收液的吸收管或滤膜采样，然后用适当的方法处理、测定。用原子吸收法还可进行元素的形态与价态分析。例如，用巯基棉分离法，选择不同的洗脱剂，用冷原子吸收法可分别测定河水中的有机汞和无机汞。利用巯基棉在酸性介质中对三价砷有较强的吸附能力，但对五价砷却完全不能吸附的特点，将水样适当酸化后，通过巯基棉可定量吸附三价砷。再将水样中的五价砷用碘化钾还原后，用另一种巯基棉柱吸附，然后分别用盐酸洗脱。采用砷化氢发生器系统，用原子吸收法可分别测定环境水样的价态砷。

原子吸收光谱法主要用于测定各类样品中的痕量元素，如果和其他的化学方法或手段相结合，也可以用间接法测定一些无机阴离子或有机化合物。目前，各种联用技术，如色谱-原子吸收光谱联用、流动注射-原子吸收光谱联用等也日益受到人们的重视。色谱-原子吸收光谱联用不仅在解决元素的化学形态分析方面，而且在测定有机金属化合物的复杂混合物方面，都有着重要的用途，是很有前途的发展方向。

思 考 题 与 习 题

4.2-1 简述原子吸收分光光度法的基本原理，并从原理上比较发射光谱法和原子吸收光谱法的异同点。

4.2-2 何谓锐线光源？在原子吸收光谱分析中为什么要用锐线光源？

4.2-3 谱线变宽的原因有哪些？有何特点？

4.2-4 试述对原子吸收分光光度计的光源进行调制的意义及其方式。

4.2-5 简述空心阴极灯的工作原理及特点。

4.2-6 原子吸收的干扰有哪几种？怎样产生的？怎样消除干扰？

4.2-7 原子吸收分析中，若采用火焰原子化方法，是否火焰温度越高，测定灵敏度就越高？为什么？

4.2-8 简述石墨炉原子化法的工作原理，与火焰原子化法相比较，有什么优缺点？

4.2-9 原子吸收分光光度法的定量分析依据是什么？进行定量分析有哪些方法？试比较它们的优缺点。

4.2-10 怎样选择原子吸收光谱分析的最佳条件？

4.2-11 用原子吸收分光光度法测定元素 M 时，由一份未知试液得到的吸光度为 0.435，在 9.00mL 未知液中加入 1.00mL 浓度为 100×10^{-6} g/mL 的标准溶液，测得此混合液吸光度为 0.835。试问未知试液中含 M 的浓度为多少？

4.2-12 测定血浆试样中锂的含量，取 4 份 0.500mL 血浆试样分别加入 5.00mL 水中，然后依次分别加入 0.050mol/L LiCl 标准溶液 0.0μL、10.0μL、20.0μL、30.0μL，摇匀，在 670.8nm 处测得吸光度依次为 0.201，0.414，0.622，0.835。计算此血浆中锂的含量，以 μg/L 为单位。

4.2-13 用波长为 213.8nm，质量浓度为 0.010μg/L 的 Zn 标准溶液和空白溶液交替连续测定 10 次，用记录仪记录的格数如下。计算原子吸收分光光度计测定 Zn 元素的检出限。

测定序号	1	2	3	4	5
记录仪格数	13.5	13.0	14.8	14.8	14.5
测定序号	6	7	8	9	10
记录仪格数	14.0	14.0	14.8	14.0	14.2

4.2-14 查阅相关文献，简述原子吸收光谱技术最新进展。

第5章 核磁共振波谱分析(NMR)

5.1 概述

核磁共振波谱(nuclear magnetic resonance spectroscopy, NMR)类似于红外或紫外吸收光谱, 是吸收光谱的另一种形式。

核磁共振波谱是测量原子核对射频辐射(4~600MHz)的吸收, 这种吸收只有在高磁场中才能产生。核磁共振是近几十年发展起来的新技术, 它与元素分析、紫外光谱、红外光谱、质谱等方法配合, 已成为化合物结构测定的有力工具。目前核磁共振波谱的应用已经渗透到化学学科的各个领域, 广泛应用于有机化学、药物化学、生物化学、环境化学等各个学科。

5.2 核磁共振基本原理

5.2.1 原子核的磁矩

原子核是带正电荷的粒子, 和电子一样有自旋现象, 因而具有自旋角动量以及相应的自旋量子数。由于原子核是具有一定质量的带正电的粒子, 故在自旋时会产生核磁矩。核磁矩和角动量都是矢量, 它们的方向相互平行, 且磁矩与角动量成正比, 即:

$$\mu = \gamma p \tag{5.1}$$

式中, γ 为旋磁比(magnetogyric ratio), rad/Ts, 即核磁矩与核的自旋角动量的比值, 不同的核具有不同旋磁比, 它是磁核的一个特征值; μ 为磁矩, 用核磁子表示, 1核磁子单位等于 5.05×10^{-27} J/T; p 为角动量, 其值是量子化的, 可用自旋量子数表示:

$$p = \frac{h}{2\pi} \sqrt{I(I+1)} \tag{5.2}$$

式中, h 为普朗克常数(6.63×10^{-34} J·s); I 为自旋量子数, 与原子的质量数及原子序数有关。自旋量子数与原子的质量数及原子序数的关系见表5-1。

表5-1 各种核自旋量子数

质量数 A	原子序数 Z	自旋量子数 I	NMR 信号	原子核
偶数	偶数	0	无	$^{12}C_6$, $^{16}O_8$, $^{32}S_{16}$
奇数	奇或偶数	1/2	有	$^{1}H_1$, $^{13}C_6$, $^{19}F_9$, $^{15}N_7$, $^{31}P_{15}$
奇数	奇或偶数	3/2, 5/2…	有	$^{17}O_8$, $^{33}S_{16}$
偶数	奇数	1, 2, 3	有	$^{2}H_1$, $^{14}N_7$

当 $I=0$ 时, $p=0$, 原子核没有磁矩, 没有自旋现象; 当 $I>0$ 时, $p \neq 0$, 原子核磁矩不为零, 有自旋现象。

$I=1/2$ 的原子核在自旋过程中核外电子云呈均匀的球型分布, 见图 5.1(b)。核磁共振谱线较窄,

(a) $I=0$ (b) $I=1/2$ (c) $I=1,3/2,2…$

图 5.1 原子核的自旋形状

最适宜核磁共振检测，是 NMR 主要的研究对象。$I>1/2$ 的原子核，自旋过程中电荷在核表面非均匀分布，见图 5.1（c），核磁共振信号很复杂。一些常见核的核磁共振性质见表5-2。

由表 5-2 数据可见，有机化合物的基本元素 ^{13}C、^1H、^{15}N、^{19}F、^{31}P 等都有核磁共振信号，且自旋量子数均为 1/2，核磁共振信号相对简单，已广泛用于有机化合物的结构测定。

表 5-2　某些磁性原子核的核磁共振性质

原 子 核	自旋量子数	天然丰度/%	旋磁比/10^7 rad/sT①	核磁矩 μ/β_N②	在 7.05T 磁场中共振频率/MHz
^1H	1/2	99.985	26.753	2.792	300
^{13}C	1/2	1.108	6.728	0.7025	75.45
^{15}N	1/2	0.37	-2.712	-0.2835	30.42
^{19}F	1/2	100	25.179	2.6285	228.27
^{31}P	1/2	100	10.840	1.1315	121.44
^2H	1	0.015	4.107	0.857	46.05
^{14}N	1	99.63	1.934	0.403	21.26
^{33}S	3/2	0.75	2.054	0.642 3	23.04
^{35}Cl	3/2	75.53	2.624	0.822	29.40
^{17}O	5/2	0.037	-3.628	-1.892 5	40.68

① rad 为弧度，s 为秒，T 为特斯拉。

② β_N 是核磁矩单位，$1\beta_N = 0.50504 \times 10^{-26}$ J/T。

然而，核磁共振信号的强弱是与被测磁性核的天然丰度和旋磁比的立方成正比的，如 ^1H 的天然丰度为 99.985%，^{19}F 和 ^{31}P 的天然丰度均为 100%，因此，它们的共振信号较强，容易测定，而 ^{13}C 的天然丰度只有 1.1%，很有用的 ^{15}N 和 ^{17}O 的天然丰度也在 1% 以下，它们的共振信号都很弱，必须在傅里叶变换核磁共振波谱仪上经过多次扫描才能得到有用的信息。

5.2.2　自旋核在外加磁场中的取向数和能级

按照量子力学理论，自旋核在外加磁场中的自旋取向数不是任意的，可按下式计算：

自旋取向数 = 2I+1

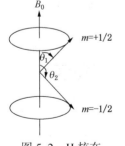

图 5.2　H 核在磁场中的行为

以 H 核为例，因 $I=1/2$，故在外加磁场中，自旋取向数 = 2（1/2）+1=2，即有两个且自旋相反的两个取向，其中一个取向磁矩与外加磁场 B_0 一致；另一个取向磁矩与外加磁场 B_0 相反。两种取向与外加磁场间的夹角经计算分别为 54°24′（θ_1）及 125°36′（θ_2）。见图 5.2。

应当注意，每个自旋取向将分别代表原子核的某个特定的能量状态，并可用磁量子数（m）来表示，它是不连续的量子化能级。m 取值可由 $-I \cdots 0 \cdots +I$ 决定。例如：$I=1/2$，则 $m=-1/2$，0，$+1/2$；$I=1$，则 $m=-1$，0，$+1$。

在上图中，当自旋取向与外加磁场一致时（$m=+1/2$），氢核处于一种低能级状态（$E=-\mu B_0$）；相反时（$m=-1/2$），氢核处于一种高能级状态（$E=+\mu B_0$）两种取向间的能级差，可用 ΔE 来表示：

$$\Delta E = E_2 - E_1 = +\mu B_0 - (-\mu B_0) = 2\mu B_0 \tag{5.3}$$

式中，μ 为氢核磁矩；B_0 为外加磁场强度。

上式表明：氢核由低能级 E_1 向高能级 E_2 跃迁时需要的能量 ΔE 与外加磁场强度 B_0 及氢核磁矩 μ 成正比。见图 5.3。

同理，$I = 1/2$ 的不同原子核，因磁矩不同，即使在同一外加磁场强度下，发生核跃迁时需要的能量也是不同的。例如氟核磁矩$(\mu_F) < (\mu_H)$，故在同一外加磁场强度下发生核跃迁时，氢核需要的能量将高于氟核。

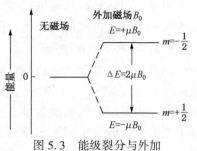

图 5.3 能级裂分与外加磁场强度的关系

5.2.3 核的回旋

当原子核的核磁矩处于外加磁场 B_0 中，由于核自身的旋转，而外加磁场又力求它取向于磁场方向，在这两种力的作用下，核会在自旋的同时绕外磁场的方向进行回旋，这种运动称为 Larmor 进动。如图 5.4。

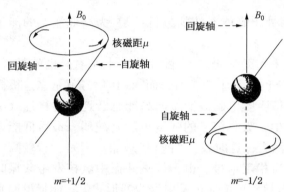

图 5.4 原子核自旋与回旋

原子核在磁场中的回旋，这种现象与一个自旋的陀螺与地球重力线作回旋的情况相似。换句话说，由于磁场的作用，原子核一方面绕轴自旋，另一方面自旋轴又围绕着磁场方向进动。其进动频率，除与原子核本身特征有关外，还与外界的磁场强度有关。进动时的频率、自旋质点的角速度与外加磁场的关系可用 Larmor 方程表示：

$$\omega = 2\pi\nu = \gamma B_0 \qquad (5.4)$$

$$\nu = \gamma B_0 / 2\pi \qquad (5.5)$$

式中，ω 为角速度；ν 为进动频率(回旋频率)；γ 为旋磁比(特征性常数)。

Larmor 方程表明，自旋核的进动频率与外加磁场强度成正比。当外加磁场强度 B_0 增加时，核的回旋角速度增大，其回旋频率也增加。对 ^1H 核来说，当磁场强度 B_0 为 1.4092T（1T $= 10^4$ 高斯）时，所产生的回旋频率 ν 为 60MHz（$\gamma = 26.753 \times 10^7$ rad/Ts）；B_0 为 2.3487T 时，所产生的回旋频率 ν 为 100MHz。

5.2.4 核跃迁与电磁辐射(核磁共振)

已知核从低能级自旋态向高能态跃迁时，需要一定能量。通常，这个能量可由照射体系用的电磁辐射来供给。如果用一频率为 $\nu_{射}$ 的电磁波照射磁场中的 ^1H 核时，电磁波的能量为：

$$E_{射} = h\nu_{射} \qquad (5.6)$$

当电磁波的频率与该核的回旋频率 $\nu_{回}$ 相等时，电磁波的能量就会被吸收，核的自旋取向就会由低能态跃迁到高能态，即发生核磁共振。此外 $E_{射} = \Delta E$，所以发生核磁共振的条件是：

$$\Delta E = h\nu_{回} = h\nu_{射} = \frac{h\gamma}{2\pi}B_0 \qquad (5.7)$$

或

$$\nu_{射} = \nu_{回} = \frac{\gamma}{2\pi}B_0 \qquad (5.8)$$

可见，射频频率与磁场强度 B_0 成正比。在进行核磁共振实验时，所用磁场强度越高，发生核磁共振所需的射频频率越高。

5.2.5 核的自旋弛豫

前面讨论的是单个自旋核在磁场中的行为，而实际测定中，观察到的是大量自旋核组成的体系。一组 ^1H 核在磁场作用下能级被一分为二，如果这些核平均分布在高低能态，也就是说，由低能态吸收能量跃迁到高能态和高能态释放出能量回到低能态的速度相等时，就不会有静吸收，也测不出核磁共振信号。但事实上，在热力学温度 0K 时，全部 ^1H 核都处于低能态(取顺磁方向)，而在常温下，由于热运动使一部分的 ^1H 核处于高能态(取反磁方向)，在一定温度下处于高低能态的核数会达到一个热平衡。处于低能态的核和处于高能态的核的分布，可由玻尔兹曼分配定律算出。例如 $B_0 = 1.4092T$，$T = 300K$ 时，则：

$$\frac{N_{+1/2}}{N_{-1/2}} = e^{\Delta E/kT} = e^{\gamma h B_0/2\pi kT} = 1.0000099 \qquad (5.9)$$

式中，N_+ 为处于低能态核的数目；N_- 为处于高能态核的数目；ΔE 为高低能态的能量差；k 为玻耳兹曼常数；T 为热力学温度。

对于氢核，处于低能态的核比高能态的核稍多一点，约百万分之十左右。也就是说，在 1000000 个氢核中，低能态的核仅比高能态的核多十个左右，而 NMR 信号就是靠这极微量过剩的低能态氢核产生的。如果低能态的核吸收电磁波能量向高能态跃迁的过程连续下去，那么这极微量过剩的低能态氢核就会减少，吸收信号的强度也随之减弱。最后低能态与高能态的核数趋于相等，使吸收信号完全消失，这时发生"饱和"现象。但是，若较高能态的核能够及时恢复到较低能态，就可以保持稳定信号。由于核磁共振中氢核发生共振时吸收的能量 ΔE 很小，因而跃迁到高能态的氢核不可能通过发射谱线的形式失去能量返回到低能态(如发射光谱那样)，这种由高能态恢复到低能态而不发射原来所吸收的能量的过程称为弛豫(relaxation)过程。

弛豫过程可分为两种：自旋-晶格弛豫和自旋-自旋弛豫。

① 自旋-晶格弛豫(spin-lattice relaxation) 自旋-晶格弛豫也称为纵向弛豫，是处于高能态的核自旋体系与其周围的环境之间的能量交换过程。当一些核由高能态回到低能态时，其能量转移到周围的粒子中去，对固体样品，则传给晶格，如果是液体样品，则传给周围的分子或溶剂。自旋-晶格弛豫的结果使高能态的核数减少，低能态的核数增加，全体核的总能量下降。

一个体系通过自旋-晶格弛豫过程达到热平衡状态所需时间，通常用半衰期 T_1 表示，T_1 是处于高能态核寿命的一个量度。T_1 越小，表明弛豫过程的效率越高；T_1 越大，则效率越低，容易达到饱和。T_1 的大小与核的种类、样品的状态、温度有关。固体样品的振动、转动频率较小，不能有效地产生纵向弛豫，T_1 较长，可以达到几小时。对于气体或液体样品，T_1 一般只有 $10^{-4} \sim 10^2 s$。

② 自旋-自旋弛豫(spin-spin relaxation) 自旋-自旋弛豫亦称横向弛豫，一些高能态的自旋核把能量转移给同类的低能态核，同时一些低能态的核获得能量跃迁到高能态，因而各种取向的核的总数并没有改变，全体核的总能量也不改变。自旋-自旋弛豫时间用 T_2 来表示。对于固体样品或黏稠液体，核之间的相对位置较固定，利于核间能量传递转移，T_2 约 $10^{-3} s$。而非黏稠液体样品，T_2 约 1s。

自旋-自旋弛豫虽然与体系保持共振条件无关，但却影响谱线的宽度。核磁共振谱线宽度与核在激发状态的寿命成反比。对于固体样品来说，T_1很长，T_2却很短，T_2起着控制和支配作用，所以谱线很宽。而在非黏稠液体样品中，T_1和T_2一般为1s左右。所以要得到高分辨的NMR谱图，通常把固体样品配成溶液进行测定。

5.3 核磁共振波谱仪与实验方法

5.3.1 仪器原理及组成

我们知道，实现NMR即满足核跃迁的条件是

$$\Delta E_{(核跃迁能)} = \Delta E'_{(辐射能)}$$

即

$$2\mu B_0 = h\nu$$

因μ与h均为常数，故满足上述等式，即实现核磁共振的方法只有以下两种：

① B_0不变，改变ν　方法是将样品置于强度固定的外加磁场中，并逐步改变照射用电磁辐射的频率，直至引起共振为止，这种方法叫扫频(frequency sweep)。

② ν不变，改变B_0　方法是将样品用固定电磁辐射进行照射，并缓缓改变外加磁场的强度，达到引起共振为止。这种方法叫扫场(field sweep)。

通常，在实验条件下实现NMR多用第二种方法。

核磁共振波谱仪主要由磁铁、射频振荡器、射频接收器等组成，如图5.5。

（1）磁铁

可以是永久磁铁，也可以是电磁铁，前者稳定性好。磁场要求在足够大的范围内十分均匀。当磁场强度为1.409T时，其不均匀性应小于六千万分之一。这个要求很高，即使细心加工也极难达到。因此在磁铁上备有特殊的绕组，以抵消磁场的不均匀性。磁铁上还备有扫描线

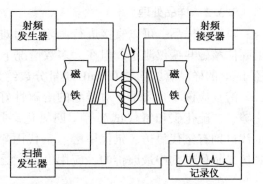

图5.5　NMR仪器组成示意图

圈，可以连续改变磁场强度的百万分之十几。可在射频振荡器的频率固定时，改变磁场强度，进行扫描。

由永久磁铁和电磁铁获得的磁场一般不能超过2.4T，这相应于氢核的共振频率为100MHz。对于200MHz以上高频谱仪采用超导磁体。由含铌合金丝缠绕的超导线圈完全浸泡在液氦中间，对超导线圈缓慢地通入电流，当超导线圈中的电流达到额定值(即产生额定的磁场强度时)，使线圈的两接头闭合。只要液氦始终浸泡线圈，含铌合金在此温度下的超导性则使电流一直维持下去。使用超导磁体，可获得10~17.5T的磁场，其相应的氢核共振频率为400~750MHz。

（2）射频振荡器

射频振荡器就是用于产生射频，NMR仪通常采用恒温下石英晶体振荡器。射频振荡器的线圈垂直于磁场，产生与磁场强度相适应的射频振荡。一般情况下，射频频率是固定的，振荡器发生60MHz(对于1.409T磁场)或100MHz(对于2.350T磁场)的电磁波只对氢核进行核磁共振测定。要测定其他的核，如^{19}F、^{13}C、^{11}B，则要用其他频率的振荡器。

（3）射频接收器

射频接收器线圈在试样管的周围，并与振荡器线圈和扫描线圈相垂直。当射频振荡器发生的频率 ν_0 与磁场强度 B_0 达到前述特定组合时，放置在磁场和射频线圈中间的试样就要发生共振而吸收能量，这个能量的吸收情况为射频接收器所检出，通过放大后记录下来。所以核磁共振波谱仪测量的是共振吸收。

（4）探头

样品探头是一种用来使样品管保持在磁场中某一固定位置的器件，探头中不仅包含样品管，而且包括扫描线圈和接收线圈，以保证测量条件一致。为了避免扫描线圈与接收线圈相互干扰，两线圈垂直放置并采取措施防止磁场的干扰。

仪器中还备有积分仪，能自动画出积分曲线，以指出各组共振峰的面积。

NMR 仪工作过程：将样品管（内装待测的样品溶液）放置在磁铁两极间的狭缝中，并以一定的速度（如 50~60r/s）旋转，使样品受到均匀的磁场强度作用。射频振荡器的线圈在样品管外，向样品发射固定频率（如 100MHz、200MHz）的电磁波。安装在探头中的射频接收线圈探测核磁共振时的吸收信号。由扫描发生器线圈连续改变磁场强度，由低场至高场扫描。在扫描过程中，样品中不同化学环境的同类磁核，相继满足共振条件，产生共振吸收，接受器和记录系统就会把吸收信号经放大并记录成核磁共振图谱。

5.3.2 样品处理

对液体样品，可以直接进行测定。对难以溶解的物质，如高分子化合物、矿物等，可用固体核磁共振仪测定。但在大多数情况下，固体样品和黏稠样品都是配成溶液（通常用内径 4mm 的样品管，内装 0.4mL 质量分数约为 10% 的样品溶液）进行测定。

溶剂应该不含质子，对样品的溶解性好，不与样品发生缔合作用。常用的溶剂有四氯化碳、二硫化碳和氘代试剂等。四氯化碳是较好的溶剂，但对许多化合物溶解度都不好。氘代试剂有氘代氯仿、氘代甲醇、氘代丙酮、重水等，可根据样品的极性选择使用。氘代氯仿是氘代试剂中最廉价的，应用也最广泛。

5.4 化学位移与核磁共振波谱图

5.4.1 化学位移的产生

如上所述，当自旋原子核处在一定强度的磁场中，根据公式 $\nu = \gamma B_0/2\pi$ 可以计算出该核的共振频率。例如，当 ^1H 核受到 60MHz 的射频作用时，其共振的磁场强度为 1.409T。

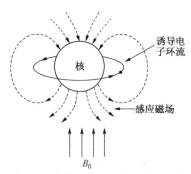

如果有机化合物的所有质子（^1H）的共振频率一样，核磁共振谱上就只有一个峰，这样核磁共振对有机化学也就毫无用处。1950 年，Protor 和 Dickinson 等发现了一个现象，它在有机化学上很有意义，即质子的共振频率不仅由外部磁场和核的旋磁比来决定，而且还要受到周围分子环境的影响。某一个质子实际受到的磁场强度与外部磁场强度不完全相同。质子由电子云包围，而电子在外部磁场垂直的平面上环流时，会产生与外部磁场方向相反的感应磁场，见图 5.6。

核周围的电子对核的这种作用，叫做屏蔽作用。各种

图 5.6 自旋核在 B_0 中的感应磁场

质子在分子内的环境不完全相同，所以电子云的分布情况也不一样。因此，不同质子会受到不同强度的感应磁场的作用，即不同程度的屏蔽作用。那么，核真正受到的磁场强度为 $B = B_0(1-\sigma)$（σ 为屏蔽常数），因此共振频率与磁场强度之间有如下关系：

$$\nu = \frac{\gamma B_0(1-\sigma)}{2\pi} \tag{5.10}$$

从式(5.10)看出，如果磁场强度固定而改变频率，或将射频固定而改变磁场强度时，不同环境的质子(即具有不同屏蔽常数 σ 的质子)会一个接一个地产生共振。不同类型氢核因所处的化学环境不同，共振峰将出现在磁场的不同区域。这种由于分子中各组质子所处的化学环境不同，而在不同的磁场产生共振吸收的现象称为化学位移。

5.4.2 化学位移表示方法

因为化学位移数值很小，质子的化学位移只有所用磁场的百万分之几，所以要准确测定其绝对值比较困难。实际工作中，由于磁场强度无法精确测定，故常将待测氢核共振峰所在磁场 $B_{0(\text{sample})}$ 与某标准物氢核共振峰所在磁场 $B_{0(\text{ref})}$ 进行比较，把这个相对距离叫做化学位移，并以 δ 表示：

$$\delta = \frac{B_{0(\text{sample})} - B_{0(\text{ref})}}{B_{0(\text{ref})}} \tag{5.11}$$

其中，$B_{0(\text{sample})}$ 是待测氢核共振时所在磁场；$B_{0(\text{ref})}$ 是参考标准物氢核共振时所在磁场。

由于磁场强度的测定比较困难，而精确测量待测氢核相对于参考氢核的吸收频率却比较方便，故以 $B_{0(\text{sample})} = \frac{h}{2\mu}\nu_{(\text{sample})}$ 及 $B_{0(\text{ref})} = \frac{h}{2\mu}\nu_{(\text{ref})}$ 代入式(5.11)，得：

$$\delta = \frac{\nu_{(\text{sample})} - \nu_{(\text{ref})}}{\nu_{(\text{ref})}} \tag{5.12}$$

在上列公式中，因 $\nu_{(\text{sample})}$ 及 $\nu_{(\text{ref})}$ 数值都很大(其相对差很小)，而它们与在 NMR 仪中用来照射样品的电磁辐射的固定频率(射频)ν_0(60MHz，100MHz，200MHz)却相差很小。故为方便起见，分母中的 $\nu_{(\text{ref})}$ 可用 ν_0 代替，则：

$$\delta = \frac{\nu_{(\text{sample})} - \nu_{(\text{ref})}}{\nu_0} = \frac{\Delta\nu(\text{Hz})}{\nu_0(\text{MHz})} \tag{5.13}$$

这样，化学位移(δ)就成了一个无因次的数了。因 $\Delta\nu$ 是用"Hz"单位表示的化学位移，分子以 Hz 表示，分母以 MHz 表示，因此，δ 是以多少个 ppm 来表示的参数($\Delta\nu$ 和 $\nu_{(\text{ref})}$ 相比仅为百万分之几)。

故

$$\delta = \frac{\nu_{(\text{sample})} - \nu_{(\text{ref})}}{\nu_0} \times 10^6 \tag{5.14}$$

由此，化学位移是相对位移，是无量纲的。

5.4.3 标准氢核

理想的标准氢核应是多层没有电子屏蔽的裸露氢核，但实际上是做不到的，因此常用具有一尖锐共振峰的化合物代替。其中常被用来加入待测样品中作为内标物的化合物是四甲基硅烷(tetramethylsilane，简称 TMS)。由于它的结构对称，波谱图上只能给出一个尖锐的单峰；加以屏蔽作用较强，共振峰位于较高磁场，绝大多数的有机化合物氢核共振峰均将出现在它的左侧，因此用它作为参考标准很方便。此外它还有沸点低，容易回收样品，性质不活泼，与样品不发生缔合以及可使溶剂位移影响降低至最小等优点。

按照 IUPAC 的建议，通常把 TMS 峰位规定为零，待测氢核共振峰则按左正右负的原则，分别用 $+\delta$ 及 $-\delta$ 表示，此外，也还有用 τ 值表示化学位移的方法（注意：$\tau=10-\delta$）。

例如，在 60MHz 仪器上测得的 ^{1}H-NMR 谱上，某化合物的—CH$_3$ 氢核峰位与 TMS 峰相差 134Hz，而—CH$_2$—氢核峰位与 TMS 相差 240Hz，故两者的化学位移值分别为：

$$\delta_{(CH_3)} = \left[\,(134 - 0/60 \times 10^6)\,\right] \times 10^6 = 2.23$$

$$\delta_{(CH_2)} = \left[\,(240 - 0/60 \times 10^6)\,\right] \times 10^6 = 4.00$$

但同一化合物在 100MHz 仪器测得的 ^{1}H-NMR 谱上，两者化学位移值（δ）虽无改变，但它们与 TMS 峰的间隔以及两者之间的间隔（$\Delta\nu$）却明显增大了。—CH$_3$ 为 223Hz，—CH$_2$—则为 400Hz。由此可见，随着照射用电磁辐射频率的增大，共振峰频率及 NMR 谱中横坐标的幅度也相应增大，但化学位移值并无改变。

5.4.4 影响化学位移的因素

由前所述，^{1}H 核的核外电子云在外加磁场的作用下产生对抗磁场，此对抗磁场对外加磁场产生屏蔽效应，因而产生了化学位移。由于有机化合物分子中各个 ^{1}H 核所处的化学环境不同，产生的化学位移也不同，影响化学位移的因素有如下几种。

（1）诱导效应

对于所要研究的 ^{1}H 核，是由电子云包围着的，核周围的电子在外加磁场的作用下，产生与外加磁场方向相反的感应磁场。这个屏蔽效应显然与质子周围的电子云密度有关。电子云密度越大，则对核产生的屏蔽作用越强。而影响电子云密度的一个重要因素，就是与质子相连接的原子或基团的电负性的大小有关。电负性大的取代基（吸电子基团），可使邻近氢核的电子云密度减少（去屏蔽效应），导致该质子的共振信号向低场移动，化学位移左移；电负性小的取代基（推电子基团），可使邻近氢核的电子云密度增加（屏蔽效应），导致该质子的共振信号向高场移动，化学位移右移。见表 5-3。

表 5-3　不同取代基对 CH$_3$X 化学位移的影响

化合物	取代基	电负性	化学位移/ppm	化合物	取代基	电负性	化学位移/ppm
CH$_3$F	—F	4.0	4.30	CH$_3$Br	—Br	2.8	2.70
CH$_3$OH	—OH	3.5	3.40	CH$_3$I	—I	2.5	2.20
CH$_3$Cl	—Cl	3.1	3.10	CH$_3$H	—H	2.1	0.20

由表中数据可见，随着取代基（X）电负性增加，卤代甲烷的化学位移也增加，移向低场。

（2）磁各向异性效应

除电子屏蔽作用外，化学位移还受到其他因素的影响。实践证明，化学键尤其是 π 键，因电子的流动将产生一个小的诱导磁场，并通过空间影响到邻近的氢核。这个由化学键产生的第二磁场是各向异性的，即在化学键周围是不对称的。有的地方与外加磁场方向一致，将增加外加磁场，并使该处氢核共振移向低磁场处（去屏蔽效应），故化学位移值增大；有的地方与外加磁场方向相反，将削弱外加磁场，并使该处氢核共振移向高磁场处（屏蔽效应），故化学位移值减小。这种效应叫做磁的各向异性效应（magnetic anisotropic effect）。

在含有 π 键的分子中，如芳香系统、烯烃、羰基、炔烃等，其磁场的各向异性效应对化学位移的影响十分重要。下面分别讨论：

1）芳烃

以苯环为例，在外加磁场 B_0 条件下，苯环 π 电子的电子流系统产生的磁的各向异性效应如图 5.7。

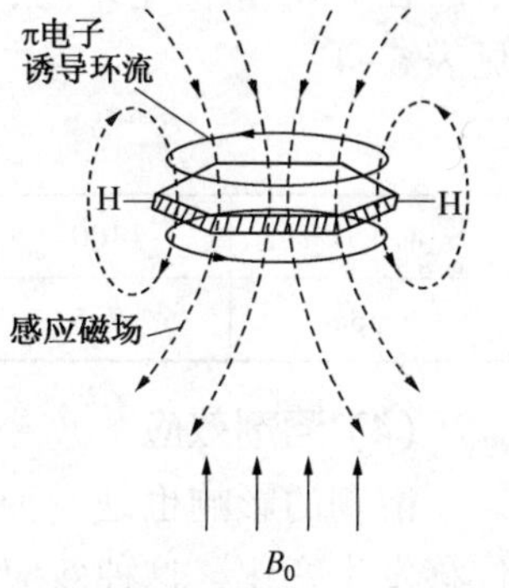

显然，在苯环平面的上下方，因环电流形成的第二磁场方向相反，将使该处氢核共振信号移向高磁场处，化学位移值减小，故为屏蔽区。而其他方向，如苯环周围，则因两者方向正好一致，将使氢核共振信号移向低磁场处，因此化学位移值增大，故为去屏蔽区。

屏蔽区位于苯环的上下方，而苯环平面为去屏蔽区，故苯环上 ^{1}H 核的 $\delta = 7.27$ppm。

图 5.7 苯环中由 π 电子诱导环流产生的磁场

2）双键化合物

以醛基为例，在一外加磁场 B_0 条件下，因—C =O 基 π 电子流的磁的各向异性效应，如图 5.8。

显然，由于环电子流与 C =O 平行，故上下为正屏蔽区，左右为去屏蔽区，氢核共振信号将发生在很低的磁场处。故醛基上 ^{1}H 核的 $\delta = 9 \sim 10$ppm。

烯烃情况与芳环相似，因为氢核(烯烃)位于 π 键各向异性作用与外加磁场方向一致的地方，即位于去屏蔽区，故氢核共振信号将出现在较低的磁场处，$\delta = 4.5 \sim 5.7$ppm。

3）炔烃

由图 5.9 看出，炔烃三键上的 π 电子云围绕三键运行，形成 π 电子的环电子流，因此生成的磁场与三键之间两个氢核平行，正好与外加磁场相对抗，故其屏蔽作用较强，$\delta = 2.0 \sim 3.0$ppm。

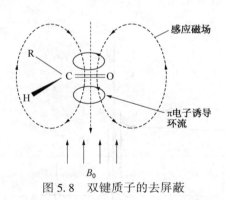

图 5.8 双键质子的去屏蔽 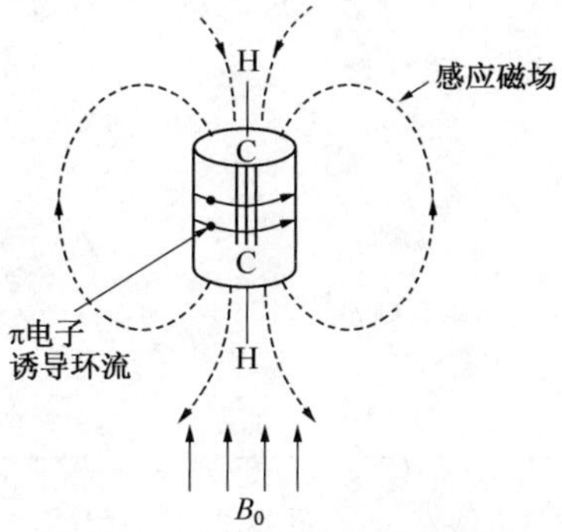　　　　图 5.9 乙炔质子的屏蔽作用

（3）氢键效应

化学位移受氢键的影响较大，当分子中形成氢键以后，由于静电作用，使氢键中 ^{1}H 核周围的电子云密度降低，^{1}H 核处于较低的磁场处，其 δ 值增大。

共振峰的峰位取决于氢键缔合的程度，即样品浓度。显然，样品浓度越高，则 δ 值越大。随着样品用非极性溶剂稀释，共振峰将向高磁场方向位移，故 δ 值减小。

例：在苯酚中，存在下列平衡：

$$2C_6H_5OH \rightleftharpoons \overset{\overset{\displaystyle H}{|}}{C_6H_5OH \cdots O—C_6H_5}$$

未缔合　　　　氢键缔合

105

在 CCl₄ 中测定苯酚，其中酚—OH 基的氢核将表现为一个单峰，其峰位与浓度的关系见表 5-4。

表 5-4　酚—OH 基氢核共振峰位与浓度的关系

(W/V)/%	100	20	10	5	2	1
δ/ppm	7.5	6.8	6.45	5.95	4.9	4.35

（4）溶剂效应

溶剂的影响也是一种不可忽视的因素，¹H 核在不同溶剂中，因受溶剂的影响而使化学位移发生变化，这种效应称为溶剂效应。溶剂的影响是通过溶剂的极性形成氢键以及屏蔽效应而发生作用的。

5.4.5　核磁共振图谱

图 5.10 是用 60MHz 仪器测定的乙醚的核磁共振谱，横坐标用 δ 表示化学位移。左边为低磁场（简称低场），右边为高磁场（简称高场）。$\delta = 0$ 的吸收峰表示标准样品 TMS 的吸收峰。它左边第一个三重峰是乙基中的甲基（—CH₃）中质子的吸收峰。图中阶梯式曲线是积分线，积分曲线的高度等于相应吸收峰的面积，用来确定各基团的质子比。

从质子的共振谱图中，可以获得如下信息：

① 吸收峰组数：说明分子中处在不同化学环境下的质子组数。图 5.10 中有两组峰，说明分子中有两组化学环境不同的质子。

② 质子的化学位移值 δ 是和分子中的基团相关的信息。

③ 吸收峰分裂个数和偶合常数（分裂峰之间的距离），说明基团之间的连接关系。

④ 阶梯式积分曲线高度与相应基团的质子数成正比。

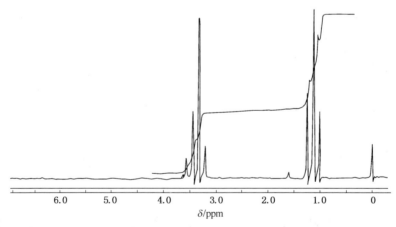

图 5.10　乙醚核磁共振波谱图

5.5　各类质子的化学位移

综上，各种类型的氢核因所处的化学环境不同，共振峰将分别位于磁场的某个特定区域，即有不同的化学位移值。因此由测得的共振峰化学位移值，可以帮助推断氢核的结构类型。目前，在大量实践基础上，对氢核结构类型与化学位移之间的关系已经积累了丰富的资料和数据。可作为解析共振谱图的参考。各种结构环境中质子的吸收位置见表 5-5。

表 5-5　各种结构环境中质子的吸收位置

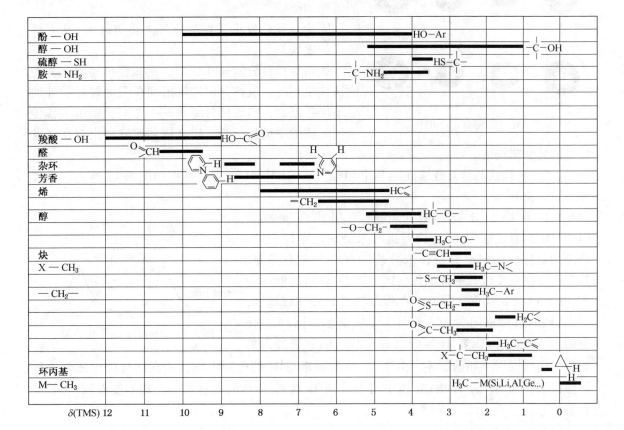

5.6　自旋-自旋裂分与自旋-自旋偶合

在 ^1H-NMR 谱图上，共振峰并不总表现为一个单峰。以—CH_3 及—CH_2 为例，在 $ClCH_2C(Cl)_2CH_3$ 中，虽然都表现为一个单峰，但在 CH_3CH_2Cl 中却分别表现为相当于三个氢核的一组三重峰（—CH_3）及相当于两个氢核的一组四重峰（—CH_2），这种现象称自旋-自旋裂分。

5.6.1　吸收峰裂分的原因

吸收峰之所以裂分是由相邻的两个（组）磁性核之间的自旋-自旋偶合（spin-spin coupling）或自旋-自旋干扰（spin-spin interaction）所引起。为方便起见，先以 HF 分子为例说明如下。

氟核（^{19}F）自旋量子数 $I=1/2$，与氢核（^1H）相同，在外加磁场中也应有两个方向相反的自旋取向。其中，一种取向与外加磁场方向平行（自旋↑），$m=+1/2$；另一种取向与外加磁场方向相反（自旋↓），$m=+1/2$。在 HF 分子中，因 ^{19}F 与 ^1H 挨得特别近，故 ^{19}F 核的这两种不同自旋取向将通过键合电子的传递作用，对相邻 ^1H 核的实受磁场产生一定影响，如图 5.11。

当 ^{19}F 核的自旋取向为↑、$m=+1/2$ 时，因与外加磁场方向一致，传递到 ^1H 核时将增强

107

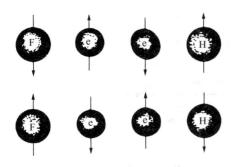

图 5.11　HF 键合电子的传递

外加磁场；反之，当 ^{19}F 核的自旋取向为 ↓、$m =$ $-1/2$ 时，则因与外加磁场方向相反，传递到 ^{1}H 核时将削弱外加磁场。

因为，氢核发生共振的磁场 = 外加磁场 + 从氟核传递的磁场。

故当氟核自旋 $m = +1/2$ 时，则氟核传递到氢核的磁场就是正的，氢核共振峰将出现在强度较低的外加磁场区；反之，当氟核自旋 $m = -1/2$ 时，则由氟核传递到氢核的磁场是负的，故氢核共振峰将出现在强度较高的外加磁场区。

由于 ^{19}F 核这两种自旋取向的几率相等，故 HF 中 ^{1}H 核共振峰将如图 5.12 所示，表现为一组二重峰。

该二重峰中分裂的两个小峰面积或强度相等（1∶1），总和正好与无 ^{19}F 核干扰时未分裂的单峰一致，峰位则对称、均匀地分布在未分裂的单峰的左右两侧。其中一个在强度较低的外加磁场区，因 ^{19}F 核自旋取向为 ↑、$m = +1/2$ 所引起；另一个在强度较高的外加磁场区，因 ^{19}F 核的自旋取向为 ↓、$m = -1/2$ 所引起。同理，HF 中的 ^{19}F 核也会因相邻 ^{1}H 核的自旋干扰，偶合裂分为类

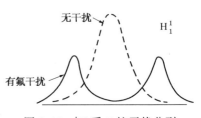

图 5.12　^{1}H 受 F 核干扰分裂

似的二重峰图形。如前所述，由于 ^{19}F 核的磁矩与 ^{1}H 的磁矩不同，故在同样的电磁辐射频率照射下，在 HF 的 ^{1}H-NMR 谱中虽可看到 ^{19}F 核对 ^{1}H 核的偶合影响，却不能看到 ^{19}F 核的共振信号。

5.6.2　偶合常数

偶合常数和化学位移一样，在 NMR 中也是鉴定分子结构的一种重要数据。由于它起源于自旋核之间的相互作用，所以其大小与外加磁场强度无关，仅由分子结构决定。

（1）偶合常数的定义

在图 5.12 中，共振信号精细结构（小峰）间的距离（单位用 Hz 表示），叫做自旋-自旋偶合常数（spin-spin coupling constant），简称偶合常数（J），用以表示两个核之间相互作用的强度。应当注意：相互干扰的两个核，其偶合常数必然相等，可以根据偶合常数相同与否判断哪些核之间相互偶合。

（2）偶合常数的含义

以氢核来说，已知在外加磁场影响下，两种不同取向的能级差 $\triangle E = 2\mu_H B_0$。这说明能级差是外加磁场的函数并可用图 5.13（a）表示。

由图 5.13（a），实线箭头"↑"代表在外加磁场无干扰时氢核的能级跃迁情况，虚线箭头"↟"则代表受氟核自旋干扰时氢核能级跃迁情况。显然因氟核自旋干扰，外加磁场强度增大时，核跃迁能将随之增大，反之则应减小。

在 HF 中，因氟核干扰，氢核的能级差可增强或减弱 $J/4$，见图 5.13（b），并相应伴随有两种类型的核跃迁。与无核干扰相比，一种类型跃迁增强 $J/2$ 的能量，另一种类型跃迁则减小 $J/2$ 的能量，两者能量差为 J。

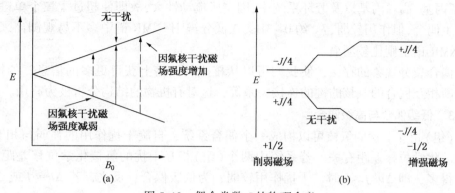

图 5.13　偶合常数 J 的物理含义

显然，核跃迁能小，B_0 也小，共振峰将出现在低磁场区；核跃迁能大，B_0 也大，共振峰将出现在高磁场区。因此，在波谱图中，HF 分子中的氢核共振峰将均裂为两个强度相等的小峰，每个小峰的强度为"无干扰峰"强度的 1/2，小峰间的距离（偶合常数）为 J_{HF}，位置正好在"无干扰峰"的左右两侧。见图 5.14。

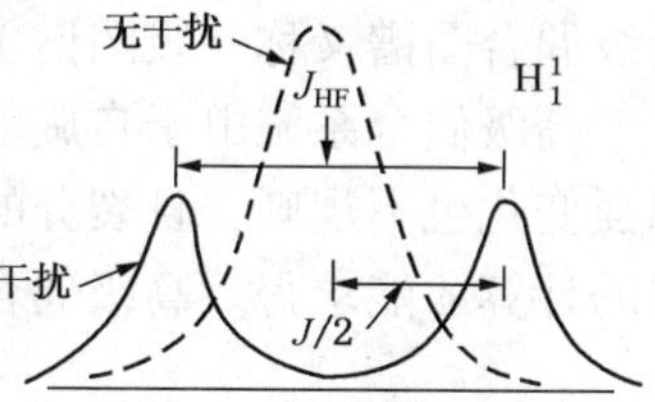

图 5.14　偶合常数 J_{HF}

（3）偶合常数与分子结构的关系

偶合常数与化学位移值一样，都是解析核磁共振谱的重要数据。但偶合常数与化学位移值的区别，在于偶合常数的大小与外加磁场强度无关。

自旋核间的相互干扰作用是通过它们之间的成键电子传递的，所以偶合常数的大小主要与连接 ^1H 核之间的键的数目和键的性质有关，也与成键电子的杂化状态、取代基的电负性、分子的立体结构等因素有关。因此，可根据偶合常数的大小及其变化规律，推断分子结构。

对简单的自旋系统，偶合常数可直接从图谱上测出，对复杂的自旋系统，可进行数学处理。一般来说，通过双数键的偶合常数为负值，用 ^2J，^4J，…表示；通过单数键的偶合常数为正值，用 ^1J，^3J，…表示。偶合常数可分为同碳偶合常数、邻位偶合常数、远程偶合常数等。

1）同碳偶合常数（$J_{同}$，^2J）

因相互干扰的两个氢核（如不同构象）处于同一碳原子上，两者之间的偶合常数叫 $J_{同}$。同碳偶合经过两个 C—H 键（H—C—H），因此，可用 ^2J 表示。$J_{同}$ 一般为负值，但变化范围较大（通常 -15～-12Hz），与结构紧密相关。

2）邻位偶合常数（$J_{邻}$，^3J）

两个（组）相互偶合的氢核位于相邻的两个碳原子上，偶合常数可用 $J_{邻}$ 或 ^3J 表示。偶合常数的符号一般为正值。$J_{邻}$ 的大小与许多因素有关，如键长、取代基的电负性、两面角以及 C—C—H 间键角的大小等。

3）远程偶合常数

间隔三个以上化学键的偶合叫作远程偶合，偶合常数用 $J_{远}$ 表示。

饱和化合物中，间隔三个以上单键时，$J_{远} \approx 0$，一般可以忽略不计。不饱和烃化合物中 π

系统,如烯丙基、高烯丙基以及芳环系统中,因电子流动性大,故即使超过了三个单键,相互之间仍可发生偶合,但作用较弱,$J_{远}$约 0~3Hz,在低分辨 ^{1}H-NMR 谱中多不易观测出来,但在高分辨 ^{1}H-NMR 谱上则比较明显。

由于偶合裂分现象的存在,使我们可以从核磁共振谱上获得更多的信息,如根据偶合常数可判断相互偶合的氢核的键的连接关系等,这对有机物的结构分析极为有用。

5.6.3 低级偶合与高级偶合

几个(组)相互干扰的氢核可以构成一个偶合系统,自旋干扰作用的强弱与相互偶合的氢核之间的化学位移差距有关。若系统中两个(组)相互干扰的氢核化学位移差距 $\Delta\nu$ 比偶合常数大得多,即 $\Delta\nu/J \geqslant 6$ 时,干扰作用较弱,为低级偶合;反之,若 $\Delta\nu \approx J$ 或 $\Delta\nu < J$ 时,则干扰作用较强,为高级偶合。

低级偶合系统因偶合干扰作用较弱,故裂分图形比较简单,分裂的小峰数目符合 $n+1$ 规律,小峰面积比大体可用二项式展开后各项前的系数表示,δ 与 J 值可由图上直接读取。低级偶合图谱又称一级图谱。

高级偶合系统由于自旋的相互干扰作用比较强,故分裂的小峰数将不符合 $n+1$ 规律,峰强变化也不规则,且裂分的间隔各不相等,δ 与 J 值不能由图上简单读取,而需要通过一定的计算才能求得。高级偶合图谱又称二级图谱。

5.7 图谱解析

从核磁共振谱图上可以获得三种主要信息:从化学位移判断核所处的化学环境;从峰的裂分个数及偶合常数鉴别谱图中相邻的核,以说明分子中基团间的关系;积分线的高度代表了各组峰面积,而峰面积与分子中相应的各种核的数目成正比,通过比较积分线高度可以确定各组核的相对数目。综合应用这些信息就可以对所测定样品进行结构分析鉴定。但有时仅依据其本身的信息来对试样结构进行准确的判断是不够的,还要与其他方法配合。

^{1}H-NMR 谱图的解析大体程序为:①首先注意检查 TMS 信号是否正常;②根据积分曲线算出各个信号对应的 H 数;③解释低磁场处($\delta = 10 \sim 16$ppm)出现的—COOH 及具有分子内氢键缔合的—OH 基信号;④参考化学位移、小峰数目及偶合常数,解释低级偶合系统;⑤解释芳香氢核信号及高级偶合系统;⑥对推测出的结构,结合化学法或利用 UV、IR、MS 等提供的信息进行确定。解析举例:

【例 1】 某化合物的分子式为 $C_6H_{10}O_3$,其核磁共振谱图见图 5.15,试确定化合物的结构。

解:从化合物分子式 $C_6H_{10}O_3$ 求得未知物的不饱和度为 2,说明分子式中含有 C=O 或 C=C。但核磁共振谱中化学位移 5 以上没有吸收峰,表明不存在烯烃。谱图中有 4 组峰,化学位移及峰的裂分数目为:$\delta = 4.1$ppm(四重峰),$\delta = 3.5$ppm(单峰),$\delta = 2.2$ppm(单峰),$\delta = 1.2$ppm(三重峰),各组峰的积分高度比为 2:2:3:3,这也是各组峰代表的质子数。从化学位移和峰的裂分数可见,$\delta = 4.1$ppm 和 $\delta = 1.2$ppm 互相偶合,且与强吸电子基相连,表明分子中存在乙酯基(—COOCH$_2$CH$_3$)。$\delta = 3.5$ppm 为—CH$_2$—,$\delta = 2.2$ppm 为—CH$_3$,均不与其他质子偶合,根据化学位移 $\delta = 2.2$ppm 应与吸电子的羰基相连,即—CH$_3$—C=O。综上所述,分子中具有下列结构单元:

$$CH_3—C=O, \quad —COOCH_2CH_3, \quad —CH_2—$$

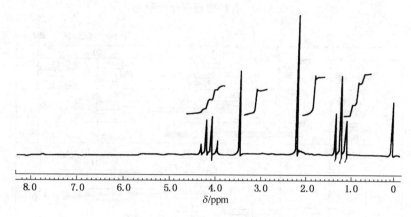

图 5.15 $C_6H_{10}O_3$ 核磁共振谱图

这些结构单元的元素组成正好与分子式相符，所以该化合物的结构为：

$$H_3C-\overset{O}{\overset{\|}{C}}-CH_2-\overset{O}{\overset{\|}{C}}-O-CH_2CH_3$$

5.8 ^{13}C 核磁共振谱

碳是有机化合物分子的基本骨架，它可以为有机分子的结构提供重要的信息。^{12}C 虽然自然丰度大，但由于它的自旋 $I=0$，故不能产生 NMR 信号。^{13}C 虽有自旋，其 $I=1/2$，但自然丰度很低，只占全部碳原子的 1.1%，同时 ^{13}C 的核磁矩很小，所以 ^{13}C 的共振强度也很小，仅是 ^1H 核的几千分之一。因此 ^{13}C-NMR 直到傅里叶变换 NMR 仪问世，才得到广泛的研究和应用。

在 ^{13}C-NMR 中，键合于 ^{13}C 上的 ^1H 能使它发生自旋-自旋裂分。但相邻 ^{13}C 原子之间，由于丰度低，而且两个相邻碳原子都是 ^{13}C 的可能性很小，因而 ^{13}C-^{13}C 的自旋裂分是极少见的。

^{13}C-NMR 谱的参数与 ^1H 谱相似，主要有化学位移、偶合常数及弛豫时间 T_1 和 T_2 等。

5.8.1 ^{13}C 的化学位移

常规的 ^{13}C-NMR 谱都是质子去偶谱，采用的磁场强度一般在 $2\sim2.5T$，对应于 ^{13}C 核的拉摩尔（Lamor）频率为 $20\sim25MHz$。^{13}C-NMR 谱的特点是所得各种核的共振峰表现为简单的单峰，其位置决定于化学位移。^{13}C-NMR 谱的化学位移与 ^1H 谱不同，后者大约只有 20ppm 宽度，而 ^{13}C 的化学位移却宽得多，一般为 250ppm。这样就提供了一个高的谱宽（Δ）对线宽（$\Delta\nu_{1/2}$）的比值。在 25MHz 时，对 ^{13}C 来说，这个比值大约是 10kHz：1Hz，使得 ^{13}C 化学位移可提供比 ^1H 质子化学位移更直接的与 C 骨架有关的信息。同时，^{13}C-NMR 谱常常比同核偶合的 ^1H 谱更容易归属。表 5-6 是常见基团的 ^{13}C-NMR 谱化学位移。

影响 ^{13}C 化学位移的主要因素有：

① 碳的杂化   在很大程度上决定了 ^{13}C 共振信号出现的范围。sp^3 杂化的 ^{13}C 核，其共振吸收在最高场；sp 杂化的 ^{13}C 核次之；sp^2 杂化的 ^{13}C 核共振信号在最低场出现。例如：

$$sp^3: \quad -CH_3, -CH_2- \qquad 0\sim50ppm$$
$$sp: \quad -C\equiv CH \qquad 50\sim80ppm$$
$$sp^2: \quad -CH=CH_2 \qquad 100\sim150ppm$$

表 5-6 各种碳原子化学位移

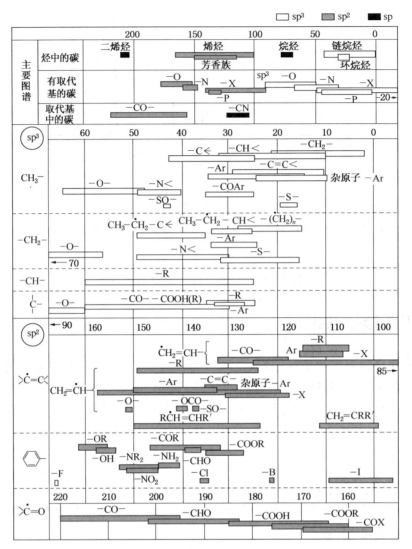

② 取代基电负性　电负性基团的取代，使 ^{13}C 核的屏蔽效应减小，故化学位移移向高场，并且随着电负性的增大和取代基数目的增多，化学位移也随之增大。

5.8.2 偶合常数

前已论述，偶合常数来源于核间的相互作用。其中核的偶极-偶极相互作用，在液体高分辨 NMR 中，由于分子的布朗运动，使偶极-偶极相互作用被平均化了，故可不予考虑。因此，偶合常数主要来自核的自旋-自旋偶合。它是由成键电子自旋相互作用所引起的，其大小由分子结构决定，与外加磁场的大小及各种外界条件无关。^{13}C 偶合常数大多由实验测得，它包括 ^{13}C 与 ^1H 质子之间的偶合常数 J_{CH}，^{13}C 与 ^{13}C 之间的偶合常数 J_{CC}，以及 ^{13}C 与其他核的偶合常数 J_{CF}，J_{CP}，J_{CN} 等。

5.8.3 ^{13}C 纵向弛豫时间 T_1 的应用

^{13}C 的弛豫时间有几毫秒至几百秒的较大差别，且与分子量的大小及分子中基团运动的速度有关，找出分子结构与 ^{13}C 的弛豫时间之间的规律，就可以利用 ^{13}C 的 T_1 来推测分子结

构。所以在 ^{13}C 谱的测定中，除化学位移、偶合常数、信号强度外，弛豫时间也是一个重要的、可以利用的参数。但这种重要性仅限于纵向弛豫时间 T_1。

5.9 核磁共振技术进展

5.9.1 固体高分辨核磁共振谱

前面所讨论的全限于液态样品（且要求低黏度）。在实际工作中，由于有些样品找不到任何溶剂以配制它们的溶液，如某些高聚物、煤；对某些样品，人们担心配制成溶液后结构会有一些变化，常要求用固态样品做图。

如果按照通常的作图方法，用固态样品做图会得到很宽的谱线，得不到什么信息。产生这种现象主要有两个原因：第一是自旋之间的偶极-偶极作用；第二是化学位移的各向异性。这两个原因都和分子在磁场中的取向有关。在液体样品中，分子在不断地翻滚，因此，以上两种作用都被平均掉了。除上述谱线变宽的问题要解决以外，碳谱本身灵敏度低，受氢核的偶合将使谱线分裂（也就降低了信噪比）。

做固体高分辨核磁共振谱的方法为交叉极化-魔角旋转法（cross polarization-magic angle spinning，CP-MAS）。前面提到的偶极-偶极相互作用及化学位移的各向异性，其数值的大小均包含 $(3\cos^2\theta-1)$ 项，θ 是所讨论的两核连线和静磁场 B_0 之间的夹角。如果取 $\cos^2\theta = 1/3$ （$\theta = 54°44'$），$(3\cos^2\theta-1)$ 项为零，这样就可消除上述两相作用。$54°44'$ 这个角度就叫做魔角。绕魔角旋转的速度是非常高的：液体试样旋转的速度是几十赫兹，固体试样绕魔角旋转的速度是几千到上万赫兹，高出 2~3 个数量级。由于采用魔角旋转，磁铁间隙也需增大。

采用 CP-MAS 方法已得出与液态试样分辨率相近的可供解析的谱图。

5.9.2 核磁成像

核磁成像是 20 世纪 80 年代发展起来的先进医疗诊断方法。它提供类似于 X-射线的 CT 的图像，并且分辨率高，患者可免受 X 射线辐射。

核磁成像测定的对象是氢核，需要测出物体内部氢核在空间的分布（常以若干截面图表示出来），这样才可得出诊断信息（某一部位患有肿瘤）。

思 考 题 与 习 题

5-1 下列哪个核没有自旋角动量？

$^{7}Li_3$，$^{4}He_2$，$^{12}C_6$，$^{16}O_8$，$^{2}D_1$，$^{14}N_7$

5-2 氢核（^{1}H）磁矩为 2.79，磷核（^{31}P）磁矩为 1.13，试问在相同磁场条件下，发生核跃迁时何者需要的能量较低。

5-3 何谓化学位移？它们有什么重要性，在 ^{1}H-NMR 中影响化学位移的因素有哪些？

5-4 使用 60MHz 的仪器，TMS 和化合物中某质子之间的频率差为 180Hz，如果使用 90MHz 仪器，则它们之间的频率差是多少。

5-5 在下列化合物中，质子的化学位移有如下顺序：苯（7.27ppm）＞乙烯（5.25ppm）＞乙炔（1.80ppm）＞乙烷（0.80ppm），试解释之。

5-6 在化合物 $\underset{\underset{\overset{|}{H_a}}{|}}{\overset{\overset{H}{|}}{C}}-\underset{\underset{\overset{|}{H_b}}{|}}{\overset{\overset{H}{|}}{C}}-Br$ 中，H_a、H_b 哪个质子具有较大的 δ 值？为什么？

5-7 预测下列化合物中各类氢核的化学位移在何区域？

    (1) $\underset{a}{CH_3}\underset{b}{CH_2}Cl$ (2) $\underset{a}{(CH_3)_2}\underset{b}{CH}Br$ (3) $Br-\underset{a}{CH_2}-\underset{b}{CHO}$ (4) $\underset{a}{CH_3}\underset{b}{CH}=CH_2$

5-8 对氯苯乙醚的 ^1H-NMR 谱图如图 5.16 所示。试说明各峰之归属，并解释之。

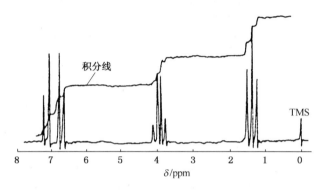

图 5.16 对氯苯乙醚的 ^1H-NMR 图谱

5-9 解释下列化合物中所指出质子的不同 δ 值。

$H_a = 7.72ppm$
$H_b = 7.40ppm$

5-10 何谓自旋偶合、自旋裂分？

5-11 在 CH_3CH_2COOH 的氢核磁共振谱图中可观察到其中有四重峰及三重峰各一组。

(1) 说明这些峰产生的原因；

(2) 哪一组峰处于较低磁场？为什么？

5-12 查阅文献，简述核磁共振技术最新进展。

第 6 章　质谱分析(MS)

6.1　概述

质谱分析法(mass spectrometry，MS)是在高真空系统中测定样品的分子离子及碎片离子质量，以确定样品相对分子质量及分子结构的方法。化合物分子受到电子流冲击后，形成的带正电荷分子离子及碎片离子，按照其质量 m 和电荷 z 的比值 m/z(质荷比)大小依次排列而被记录下来的图谱，称为质谱。质谱分析法有如下特点：

① 应用范围广。测定样品可以是无机物，也可以是有机物。应用上可作化合物的结构分析、测定原子量与相对分子量、同位素分析、生产过程监测、环境监测、热力学与反应动力学研究、空间探测等。被分析的样品可以是气体或液体，也可以是固体。

从 20 世纪 60 年代开始，质谱就广泛应用于有机化合物分子结构的测定。随着科学技术的发展，质谱仪已实现了与不同分离仪器的联用。例如，气相色谱与质谱联用、液相色谱与质谱联用、质谱和质谱的联用已成为一种用途很广的有机化合物分离、结构测定及定性定量分析的方法。另外，质谱仪和电子计算机的结合使用，既简化了质谱仪的操作，又提高了质谱仪的效能。特别是近年来从各种类型有机分子结构的研究中，找出了一些分子结构与质谱的规律，使质谱成为剖析有机物结构强有力的工具之一。在鉴定有机物的四大重要手段(NMR、MS、IR、UV)中，也是惟一可以确定分子式的方法(测定精度达 10^{-4})。

② 灵敏度高，样品用量少。目前有机质谱仪的绝对灵敏度可达 50pg($1pg$ 为 $10^{-12}g$)，无机质谱仪绝对灵敏度可达 $10^{-14}g$。用微克级样品即可得到满意的分析结果。

③ 分析速度快，并可实现多组分同时测定。

④ 与其他仪器相比，仪器结构复杂，价格昂贵，使用比较麻烦。对样品有破坏性。

目前质谱技术已发展成为三个分支，即同位素质谱、无机质谱和有机质谱。本章主要介绍有机质谱。

6.2　质谱仪及基本原理

6.2.1　质谱仪

有机质谱仪包括离子源、质量分析器、检测器和真空系统。现以扇形磁场单聚焦质谱仪为例，将质谱仪器各主要部分的作用原理讨论如下。图 6.1 为单聚焦质谱仪的示意图。

(1)真空系统

质谱仪的离子源、质谱分析器及检测器必须处于高真空状态(离子源的真空度应达 $10^{-5} \sim 10^{-3}Pa$，质量分析器应达 $10^{-6}Pa$)，若真空度低，则：

① 大量氧会烧坏离子源的灯丝；

② 会使本底增高，干扰质谱图；

③ 引起额外的离子-分子反应，改变裂解模型，使质谱解释复杂化；

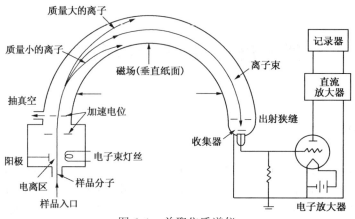

图 6.1　单聚焦质谱仪

④ 干扰离子源中电子束的正常调节；

⑤ 用作加速离子的几千伏高压会引起放电，等。

因此，质谱仪都必须有真空系统。一般真空系统由机械真空泵和扩散泵或涡轮分子泵组成。机械真空泵能达到的极限真空度为 0.1Pa，不能满足要求，必须依靠高真空泵。扩散泵是常用的高真空泵，其性能稳定可靠，缺点是启动慢，从停机状态到仪器能正常工作所需时间长；涡轮分子泵则相反，仪器启动快，但使用寿命不如扩散泵。由于涡轮分子泵使用方便，没有油的扩散污染问题，因此近年来生产的质谱仪大多使用涡轮分子泵。涡轮分子泵直接与离子源或分析器相连，抽出的气体再由机械真空泵排到体系外。

（2）进样系统

图 6.2 是两种进样系统的示意图。

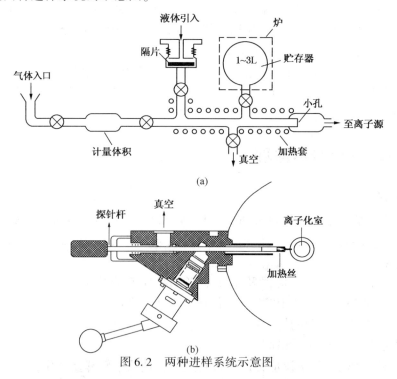

图 6.2　两种进样系统示意图

116

对于气体及沸点不高、易于挥发的样品，可以用图 6.2 中(a)装置。贮样器由玻璃或上釉不锈钢制成，抽低真空(1Pa)，并加热至 150℃，试样用微量注射器注入，在贮样器内立即化为蒸气分子，然后由于压力梯度，通过漏孔以分子流形式渗透入高真空的离子源中。

对于高沸点的液体、固体，可以用探针(probe)杆直接进样[图 6.2(b)]。调节加热温度，使试样气化为蒸气。此方法可将微克量级甚至更少试样送入电离室。探针杆中试样的温度可冷却至约-100℃，或在数秒钟内加热到较高温度(如 300℃ 左右)。

对于有机化合物的分析，目前较多采用色谱-质谱联用。此时试样经色谱柱分离后，经分子分离器进入质谱仪的离子源。

(3) 离子源(ion source)

被分析的气体或蒸气首先进入仪器的离子源，转化为离子。使分子电离的手段很多。最常用的离子源是电子轰击(electron impact，EI)离子源，其构造原理见图 6.3。

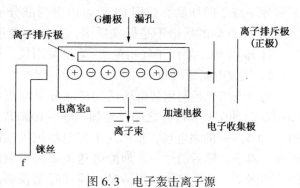

图 6.3　电子轰击离子源

电子由直热式阴极(多用铼丝制成)f发射，在电离室 a(正极)和阴极(负极)之间施加直流电压(70V)，使电子得到加速而进入电离室中。在电离室内，气态的样品分子受到高速电子的轰击后，该分子就失去电子成为正离子(分子离子)。

$$M+e=M^++2e$$

分子离子继续受到电子的轰击，使一些化学键断裂，或引起重排以瞬间速度裂解成多种碎片离子(正离子)。在排斥极上施加正电压，带正电荷的阳离子被排挤出离子化室，而形成离子束，离子束经过加速极加速，而进入质量分析器。多余热电子被钨丝对面的电子收集极(电子接收屏)捕集。

分子中各种化学键的键能最大为几十电子伏特，电子轰击的能量远远超过普通化学键的键能，过剩的能量将引起分子多个键的断裂，生成许多碎片离子，由此提供分子结构的一些重要的官能团信息。但对有机物中相对分子量较大或极性大，难气化，热稳定性差的化合物，在加热和电子轰击下，分子易破碎，难以给出完整的分子离子信息，这是 EI 源的局限性。为了解决这类有机物的质谱分析，发展了一些软电离技术，如化学电离源(chemical ionization，CI)、场致电离源(field ionization，FI)、场解析电离源(field desorption，FD)等。

1) 化学电离源(CI)

有些化合物稳定性差，用 EI 方式不易得到分子离子，因而也就得不到相对分子质量。为了得到分子量可以采用化学电离源(chemical ionization)。CI 和 EI 在结构上没有多大差别，或者说主体部件是共用的。其主要差别是 CI 源工作过程中要引进一种反应气体，可以是甲烷、异丁烷、氨等。反应气的量比样品气要大得多。灯丝发出的电子首先将反应气电离，然后反应气离子与样品分子进行离子-分子反应，并使样品气电离。现以甲烷作为反应气为例，说明化学电离的过程。在电子轰击下，甲烷首先被电离：

$$CH_4 \longrightarrow CH_4^+ + CH_3^+ + CH_2^+ + CH^+ + C^+ + H^+$$

甲烷离子与分子进行反应，生成加合离子：

$$CH_4^+ + CH_4 \longrightarrow CH_5^+ + \cdot CH_3$$
$$CH_3^+ + CH_4 \longrightarrow C_2H_5^+ + H_2$$

加合离子与样品分子反应：

$$CH_5^+ + XH \longrightarrow XH_2^+ + CH_4$$
$$C_2H_5^+ + XH \longrightarrow X^+ + C_2H_6$$

生成的 XH_2^+ 和 X^+ 比样品分子多一个 H 或少一个 H，可表示为 $(M\pm1)^+$，称为准分子离子。事实上，以甲烷作为反应气，除 $(M\pm1)^+$ 之外，还可能出现 $(M+17)^+$、$(M+29)^+$ 等离子，同时还出现大量的碎片离子。化学电离源是一种软电离方式，有些用 EI 方式得不到分子离子的样品，改用 CI 后可以得到准分子离子，因而可以推断相对分子质量。但是由于 CI 得到的质谱不是标准质谱，所以不能进行库检索。

EI 和 CI 源主要用于气相色谱-质谱联用仪，适用于易气化的有机物样品分析。

2）场致电离源（FI）

场致电离源是利用强电场诱发样品分子电离。它由两个尖细的电极组成，在相距很近（$d<1mm$）的阳极和阴极之间，施加 7000～10000V 的稳定直流电压，在阳极的尖端附近产生 $10^7 \sim 10^8 V/cm$ 的强电场，依靠这个强电场把尖端附近纳米处的分子中的电子拉出来，使之形成正离子，然后通过一系列静电透镜聚焦成束，并加速到质量分析器中去。在场致电离的质谱图上，分子离子峰很清楚，碎片峰则较弱，这对相对分子质量测定是很有利的，但缺乏分子结构信息。为了弥补这个缺点，可以使用复合离子源，例如电子轰击-场致电离复合源、电子轰击-化学电离复合源等。

3）场解析电离源（FD）

将液体或固体试样溶解在适当溶剂中，并滴加在特制的 FD 发射丝上，发射丝由直径约 $10\mu m$ 的钨丝及在丝上用真空活化的方法制成的微针形碳刷组成。发射丝通电加热使其上的试样分子解吸下来并在加热丝附近的高压静电场（电场梯度为 $10^7 \sim 10^8 V/cm$）的作用下被电离形成分子离子，其电离原理与场致电离相同。解吸所需能量远低于气化所需能量，故有机化合物不会发生热分解，因为试样不需气化而可直接得到分子离子，因此即使是热稳定性差的试样仍可得到很好的分子离子峰。使用 FD 源，分子中的 C—C 键一般不断裂，因而很少生成碎片离子。

4）质量分析器（mass analyzer）

质量分析器由非磁性材料制成，单聚焦质量分析器所使用的磁场是扇形磁场，扇形开度角可以是180°，也可以是90°。当被加速的离子流进入质量分析器后，在磁场作用下，各种阳离子被偏转。质量小的偏转大，质量大的偏转小，因此互相分开。当连续改变磁场强度或加速电压时，各种阳离子将按 m/z 大小顺序依次到达离子检测器（收集极），产生的电流经放大，由记录装置记录成质谱图。

5）离子检测器

常以电子倍增器（electron multiplier）检测离子流。电子倍增器种类很多，其工作原理如图 6.4 所示。一定能量的离子轰击阴极导致电子发射，电子在电场作用下，依次轰击下一级电极而被放大，电子倍增器的放大倍数一般在 $10^5 \sim 10^8$。电子倍增器中电子通过的时间很短，利用电子倍增器可以实现高灵敏、快速测定。但电子倍增器存在质量歧视效应，且随使用时间增加，增益会逐步减小。

近代质谱仪中常采用隧道电子倍增器，其工作原理与电子倍增器相似。因为体积较小，

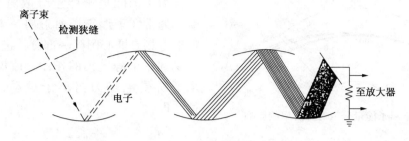

图 6.4　电子倍增器

多个隧道电子倍增器可以串列起来，用于同时检测多个 m/z 不同的离子，从而大大提高分析效率。

6.2.2　质谱仪工作过程及基本原理

（1）将样品由储存器送入电离室。

（2）样品被高能量（70~100eV）的电子流冲击。通常，首先被打掉一个电子形成分子离子（母离子），若干分子离子在电子流的冲击下，可进一步裂解成较小的子离子及中性碎片，其中正离子被安装在电离室的正电压装置排斥进入加速室（只要正离子的寿命在 $10^{-6} \sim 10^{-5}$ s）。

（3）加速室中有 2000V 的高压电场，正离子在高压电场的作用下得到加速，然后进入分离管。在加速室里，正离子所获得的动能应该等于加速电压和离子电荷的乘积（即电荷在电场中的位能）。故：

$$\frac{1}{2}mv^2 = zU \tag{6.1}$$

式中，z 为离子电荷数；U 为加速电压。显然，在一定的加速电压下，离子的运动速度 v 与质量 m 有关。

（4）分离管为一定半径的圆形管道，在分离管的四周存在均匀磁场。在磁场的作用下，离子的运动由直线运动变为匀速圆周运动。此时，圆周上任何一点的向心力和离心力相等。故：

$$mv^2/R = Hzv \tag{6.2}$$

式中，R 为圆周半径；H 为磁场强度。

合并式（6.1）及式（6.2）消去 v，可得：

$$m/z = H^2R^2/2U \tag{6.3}$$

式（6.3）称为磁分析器质谱方程，是设计质谱仪的主要依据。式中 R 为一定值（因仪器条件限制），如再固定加速电压 U，则 m/z 仅与外加磁场强度 H 有关。实际工作中通过调节磁场强度 H，使其由小到大逐渐变化，则 m/z 不同的正离子也依次由小到大通过分离管进入离子检测器，产生的信号经放大后，被记录下来得到质谱图。

6.2.3　双聚焦质谱仪

在讨论单聚焦分析器质量分离原理时，曾假定离子的初始能量为零，离子的动能只决定加速电压。实际上，由离子源产生的离子，其初始能量并不为零，而且其能量各不相同，经加速后的离子其能量也就不同。因此即使是质量相同的离子，由于能量（或速度）的不同，在磁场中的运动半径也不同，因而不能完全会聚在一起。这就大大降低了仪器的分辨率，使相邻两种质量的离子 m_1 和 m_2 很难分离，见图 6.5。

图 6.5 离子能量分散对分辨率的影响

为了消除离子能量分散对分辨率的影响，通常在扇形磁场前附加一个扇形电场，扇形电场是同心圆筒一部分，进入电场的离子受到一个静电力的作用，改做圆周运动，离子所受电场力与离子运动的离心力平衡，即：

$$Ez = \frac{mv^2}{R_e} \quad (6.4)$$

式中，E 为扇形电场强度；m 为离子质量；z 为离子电荷；v 为离子速度；R_e 为离子在电场中轨道半径。

将 $\frac{1}{2}mv^2 = zU$ 与 $Ez = \frac{mv^2}{R_e}$ 合并，得：

$$R_e = \frac{2U}{E} = \frac{mv^2}{Ez} \quad (6.5)$$

如果电场强度 E 一定，对质量相同的离子，离子轨道半径仅取决于离子的速度或能量，而与离子质量无关，所以扇形电场是一个能量分析器，不起质量分离的作用；对于质量相同的离子，它是一个速度分离器。这样，质量相同而能量不同的离子，经过静电场后将被分开，即静电场具有能量色散作用。如果设法使静电场和磁场对能量产生色散作用相补偿，则可实现方向和能量的同时聚焦。

磁场对离子的作用也具有可逆性。由某一方向进入磁场的质量相同而能量不同的离子，经磁场后会按一定的能量顺序分开；反之，从相反方向进入磁场的以一定能量顺序排列的质量相同的离子，经磁场后可以会聚在一起。因此，把电场和磁场配合使用，使电场产生的能量色散与磁场产生的能量色散数值相等而方向相反，就可实现能量聚焦，在加上磁场本身具有的方向聚焦作用，这样就实现了能量和方向的双聚焦。

这种静电分析器和磁分析器配合使用，同时实现方向和能量聚焦的分析器，称为双聚焦分析器，见图 6.6。

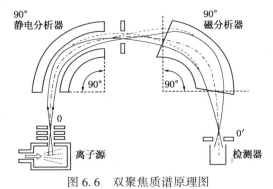

图 6.6 双聚焦质谱原理图

6.2.4 质谱仪主要性能指标

(1) 分辨率

分辨率是指仪器对质量非常接近的两种离子的分辨能力。一般定义是：对两个相等强度的相邻峰，当两峰间的峰谷不大于其峰高 10% 时，则认为两峰已经分开，其分辨率：

$$R = \frac{m_1}{m_2 - m_1} = \frac{m_1}{\Delta m} \quad (6.6)$$

其中 m_1、m_2 为质量数，且 $m_1 < m_2$，故在两峰质量数相差越小时，要求仪器分辨率越大。

而在实际工作中，有时很难找到相邻的且峰高相等的两个峰，同时峰谷又为峰高的

10%。在这种情况下，可任选一单峰，测其峰高 5% 处的峰宽 $W_{0.05}$，即可当作上式中的 Δm，此时分辨率定义为：

$$R = \frac{m}{W_{0.05}} \qquad (6.7)$$

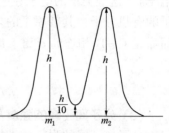

图 6.7　质谱仪 10% 峰谷分辨率

（2）质量范围

质量范围是指质谱仪能测量的最大 m/z 值，它决定仪器所能测量的最大相对分子质量。自质谱进入大分子研究的分析领域以来，质量范围已成为被关注和感性趣的焦点。各种质谱仪具有的质量范围各不相同。目前质量范围最大的质谱仪是基质辅助激光解吸电离飞行时间质谱仪，该种仪器测定的相对分子质量可高达 1000000u❶ 以上。

测定气体用的质谱仪，一般质量测定范围在 2~100u，而有机质谱仪一般可达几千 u。

6.2.5　质谱图

图 6.8 是丙酮的质谱。图中的竖线称为质谱峰，不同的质谱峰代表有不同质荷比的离子，峰的高低表示产生该峰的离子数量的多少。质谱图的质荷比(m/z)为横坐标，以离子峰的相对丰度为纵坐标。图中最高的峰称为基峰。基峰的相对丰度常定为 100%，其他离子峰的强度按基峰的百分比表示。在文献中，质谱数据也可以用列表的方法表示。

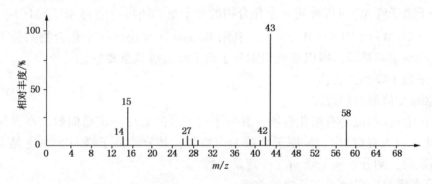

图 6.8　丙酮的质谱图

6.3　离子主要类型

6.3.1　分子离子

（1）分子离子形成

样品分子失去一个电子而形成的离子称为分子离子。所产生的峰称为分子离子峰或称母峰，一般用符号"M·⁺"表示。其中"+"代表正离子，"·"代表不成对电子。如：

$$M+e=M^{+}_{\cdot}+2e$$

分子离子峰的 m/z 就是该分子的分子量。

（2）形成分子离子时电子失去的难易程度及表示方法

有机化合物中原子的价电子一般可以形成 σ 键、π 键，还可以是未成键电子 n（即独对

---

❶1u = 1.6606×10⁻²⁷ kg。

电子），这些类型的电子在电子流的撞击下失去的难易程度是不同的。一般来说，含有杂原子的有机分子，其杂原子的未成键电子最易失去；其次是 π 键；再次是 C—C 相连的 σ 键；而后是 C—H 相连的 σ 键。即失去电子的难易顺序为：

$$\xrightarrow[\text{易} \qquad\qquad\qquad\qquad \text{难}]{\text{杂原子} > C{=}C > C{-}C > C{-}H}$$

（3）分子离子峰的强度与结构的关系

分子离子峰的强度与结构的关系有如下规律：

① 碳链越长，分子离子峰越弱；

② 存在支链有利于分子离子裂解，故分子离子峰很弱；

③ 饱和醇类及胺类化合物的分子离子峰弱；

④ 有共振系统的分子离子稳定，分子离子峰强；

⑤ 环状分子一般有较强的分子离子峰。

综合上述规律，有机化合物在质谱中的分子离子的稳定性（即分子离子峰的强度）有如下顺序：

芳香环>共轭烯>烯>环状化合物>羰基化合物>醚>酯>胺>酸>醇>高度分支的烃类。

（4）分子离子峰的识别方法

根据分子离子峰 M^+ 可以确定一个化合物的分子量；还可以通过 M^+、M+1、M+2 峰的相对强度比，即(M+1)/M 和(M+2)/M，利用 Beynon 表来决定一个化合物的分子式。而分子式又是结构测定的基础，所以正确识别分子离子峰是极其重要的。

识别分子离子峰的方法：

1）注意 m/z 值的奇偶规律

只有 C、H、O 组成的有机化合物，其分子离子峰的 m/z 一定是偶数。在含氮的有机化合物（N 的化合价为奇数）中，N 原子个数为奇数时，其分子离子峰 m/z 一定是奇数；N 原子个数为偶数时，则分子离子峰 m/z 一定是偶数。

2）同位素峰对确定分子离子峰的贡献

利用某些元素的同位素峰的特点（在自然界中的含量），来确定含有这些原子的分子离子峰。例如：在自然界中 ^{35}Cl 和 ^{37}Cl 的丰度比为 3：1，^{79}Br 和 ^{81}Br 的丰度比为 1：1，所以在含有 Cl 或 Br 的有机化合物的质谱上，可以看到特征的二连峰。即如果碎片离子含有一个 Cl，就会出现强度比为 3：1 的 M 和 M+2 峰。如果含有一个 Br，就会出现强度比为 1：1 的 M 和 M+2 峰。

3）注意该峰与其他碎片离子峰之间的质量差是否有意义

分子离子在发生裂解时，失去的游离基或中性碎片在质量上是有一定规律的。通常在分子离子峰的左侧 3~14 个质量单位处，不应有其他碎片离子峰出现。如有其他峰（出现），则该峰不是分子离子峰。因为不可能从分子离子上失去相当于 3~14 个质量单位的结构碎片。

6.3.2　碎片离子

碎片离子是由于分子离子进一步裂解产生的。生成的碎片离子可能再次裂解，生成质量更小的碎片离子，另外在裂解的同时也可能发生重排，所以在化合物的质谱中，常看到许多碎片离子峰。碎片离子的形成与分子结构有着密切的关系，一般可根据反应中形成的几种主要碎片离子,推测原来化合物的结构。

高丰度的碎片峰代表分子中不同部分,则由这些碎片峰就可以粗略地把分子骨架拼凑起来。所以掌握各种类型有机化合物分子的裂解方式,对确定分子结构是非常重要的。

6.3.3 亚稳离子

质谱中的离子峰,不论强弱,绝大多数都是尖锐的,但也存在少量较宽(一般要跨 2~5 个质量单位),强度较低,且 m/z 不是整数值的离子峰,这类峰称为亚稳离子(metastable ion)峰。

(1) 亚稳离子的产生

正常的裂解都是在电离室中进行的,如质量为 m_1 的母离子在电离室中裂解:

$$m_1^+ \longrightarrow m_2^+ + 中性碎片$$

生成的碎片离子就会在质荷比为 m_2 的地方被检测出来。但如上述的裂解是在 m_1^+ 离开了加速电场,进入磁场时才发生,则生成的碎片离子的能量要小于正常的 m_2^+。因它在加速电场中是以 m_1 的质量被加速,而在磁场中是以 m_2 的质量被偏转,故它将不在 m_2 处被检出,而是出现在质荷比小于 m_2 的地方,这就是产生亚稳离子的原因。一般亚稳离子用 m^* 来表示。

m_1、m_2、和 m^* 之间存在下列关系:

$$m^* = m_2^2/m_1$$

(2) 亚稳离子的识别

① 一般的碎片离子峰都很尖锐,但亚稳离子峰钝而小;

② 亚稳离子峰一般要跨 2~5 个质量单位;

③ 亚稳离子的质荷比一般都不是整数。

(3) 亚稳离子峰在解析质谱中的意义

亚稳离子峰的出现,可以确定 $m_1^+ \longrightarrow m_2^+$ 的开裂过程的存在。但须注意,并不是所有的开裂都会产生亚稳离子。所以,没有亚稳离子峰的出现并不能否定某种开裂过程的存在。

例如苯乙酮,在其质谱中分子离子峰 $C_6H_5COCH_3^+$,$m/z = 120$,基峰 $C_6H_5CO^+$,$m/z = 105$,和碎片离子峰 $C_6H_5^+$,$m/z = 77$,后者 $C_6H_5^+$ 的生成有两种途径:

(a) $$C_6H_5COCH_3^+ \longrightarrow C_6H_5^+ + \cdot COCH_3$$

(b) $$C_6H_5CO^+ \longrightarrow C_6H_5^+ + CO$$

由于在质谱中存在亚稳离子 $m/z = 56.47$,根据 m_1、m_2、m^* 的关系可知 $56.47 = 77^2/105$,而不是 $77^2/120$,这就可以确定 $C_6H_5^+$ 是通过(b)形式的开裂生成的。但这并不等于(a)形式的裂解被否定。

6.3.4 同位素离子

质谱中还常有同位素离子(istopic ion)。自然界中,大多数元素都存在同位素。通常,相对丰度最大的是该元素的轻同位素,而重同位素往往比轻同位素重 1 到 2 个质量单位,相对丰度较小。组成有机化合物的一些主要元素如 C、H、O、N、Cl、Br、S、Si 等均存在同位素,其轻同位素与重同位素的天然丰度参见表 6-1。由这些同位素形成的离子峰称为同位素离子峰。

表 6-1 有机化合物常见元素同位素丰度表

元素	同位素	天然丰度/%	丰度比/%
氢	^1H	99.985	$^2H/^1H = 0.015$
	^2H	0.015	
碳	^{12}C	98.89	$^{13}C/^{12}C = 1.11$
	^{13}C	1.11	
氮	^{14}N	99.63	$^{15}N/^{14}N = 0.37$
	^{15}N	0.37	
氧	^{16}O	99.76	$^{17}O/^{16}O = 0.04$
	^{17}O	0.037	$^{18}O/^{16}O = 0.20$
	^{18}O	0.204	
硫	^{32}S	95.02	$^{33}S/^{32}S = 0.79$
	^{33}S	0.75	$^{34}S/^{32}S = 4.43$
	^{34}S	4.21	
氯	^{35}Cl	75.5	$^{37}Cl/^{35}Cl = 32.5$
	^{37}Cl	24.5	
溴	^{79}Br	50.537	$^{81}Br/^{79}Br = 98.0$
	^{81}Br	49.463	

在一般有机化合物分子鉴定时，可以通过同位素的统计分布来确定其元素组成，分子离子的同位素离子峰相对强度比总是符合统计规律的。如在 CH_3Cl、C_2H_5Cl 等分子中 $Cl_{M+2}/Cl_M = 32.5\%$，而在含有一个溴原子的化合物中 $(M+2)^+$ 峰的相对强度几乎与 M^+ 峰的相等。同位素离子峰可用来确定分子离子峰。

6.3.5 重排离子

重排离子是由原子迁移产生重排反应而形成的离子。重排反应中，发生变化的化学键至少有两个或更多。重排反应可导致原化合物碳架的改变，并产生原化合物中并不存在的结构单元离子。

6.4 质谱解析及在环境科学中的应用

6.4.1 分子式的确定

高分辨质谱仪可精确地测定分子离子或碎片离子的质荷比（误差可小于 10^{-5}），故可利用元素的精确质量及丰度比（表 6-1）求算其元素组成。

对于相对分子质量较小，分子离子峰较强的化合物，在低分辨的质谱上，可通过同位素丰度法推导其分子式。

各元素具有一定的同位素天然丰度，因此，不同的分子式其 (M+1)/M 和 (M+2)/M 的百分比都将不同。利用精确测定的分子离子峰及其分子离子的同位素峰(M+1，M+2)的相对强度，根据(M+1)/M 和(M+2)/M 的百分比，可从 Beynon 表（查阅有关专著）中查出最可能的分子式，再结合其他规则，确定出分子式。举例说明：

【例 1】 某一化合物，根据质谱图，测得 M、M+1、M+2 的相对丰度比如表 6-2，试确定此化合物的分子式。

表 6-2 相对丰度比

m/z	丰度比/%	m/z	丰度比/%	m/z	丰度比/%
150(M)	100	151(M+1)	10.2	152(M+2)	0.88

解：根据 $\frac{M+2}{M}=0.88\%$，可知分子不含 S 及卤素(Cl，Br)，因为：

$$^{34}S/^{32}S=4.43\% \qquad ^{37}Cl/^{35}Cl=32.5\% \qquad ^{81}Br/^{79}Br=98.0\%$$

其数值均大于 0.88%。

在 Beynon 表中，相对分子质量为 150 的分子式共 29 个，其中(M+1)/M 的百分比在 9~11 之间的分子式有 7 个(见表 6-3)。

表 6-3　相对分子质量为 150 的分子式

分子式	(M+1)/M	(M+2)/M	分子式	(M+1)/M	(M+2)/M
$C_7H_{10}N_4$	9.25	0.38	$C_9H_{10}O_2$	9.96	0.84
$C_8H_8NO_2$	9.23	0.78	$C_9H_{12}NO$	10.34	0.68
$C_8H_{10}N_2O$	9.61	0.61			
$C_8H_{12}N_3$	9.98	0.45	$C_9H_{14}N_2$	10.71	0.52

根据分子离子质量的奇偶数与含氮原子个数之间的关系，其中 $C_8H_8NO_2$、$C_8H_{12}N_3$ 和 $C_9H_{12}NO$ 三个化合物可立即排除。因为它们都含有奇数的氮原子，故分子量也必为奇数，与所给条件 M=150 不符。

剩下的四个式子中只有 $C_9H_{10}O_2$ 的 M+1 与 M+2 的相对丰度比与实测值相近。所以化合物的分子式应该是 $C_9H_{10}O_2$。

【例 2】　有一化合物经测定得知，相对分子质量为 104，分子离子各峰的相对丰度比如表 6-4 所示，试确定该化合物的分子式。

表 6-4　丰度比

m/z	丰度比/%	m/z	丰度比/%	m/z	丰度比/%
104(M)	100	105(M+1)	6.45	106(M+2)	4.77

解：根据 $\frac{M+2}{M}=4.47\%$ 可知，该化合物含有一个硫，因为 $\frac{M+2}{M}$ 的百分比超过 4.40。

因 Beynon 表只列有含 C、H、N、O 的有机物数值，故扣除 S 的贡献。

从相对分子质量 104 中减出硫的质量 32 剩下 72。

从 M+1 和 M+2 的百分比中减去 ^{33}S 和 ^{32}S 的百分比即：

$$[(M+1)/M]\%=6.45-0.79=5.66$$
$$[(M+2)/M]\%=4.77-4.43=0.34$$

查 Beynon 表，相对分子质量为 72 的式子共有 11 个，其中(M+1)/M 百分比接近 5.67 的式子有 3 个。见表 6-5。

表 6-5　丰度比

分子式	(M+1)/M	(M+2)/M	分子式	(M+1)/M	(M+2)/M	分子式	(M+1)/M	(M+2)/M
C_5H_{12}	5.60	0.13	$C_4H_{10}N$	4.48	0.04	C_4H_8O	4.49	0.28

根据分子离子质量的奇偶数与含氮原子个数的关系，可排除 $C_4H_{10}N$。剩下两个式子中只有 C_5H_{12} 的(M+1)/M 值与测得的值 5.67 最接近，故所得分子式应该是 $C_5H_{12}S$。

6.4.2　质谱解析

解析未知物的图谱，可按下述程序进行。

第一步：对分子离子区进行解析(推断分子式)：

① 确认分子离子峰，并注意分子离子峰对基峰的相对强度比，这对判断分子离子的稳定性以及确定结构是有一定帮助的。

② 注意 M⁺是偶数还是奇数，如果 M⁺为奇数，而元素分析又证明含有氮时，则分子中一定含有奇数个氮原子。

③ 注意同位素峰中(M+1)/M 及(M+2)/M 数值的大小，据此可以判断分子中是否含有 S、Cl、Br，并可初步推断分子式。

④ 根据高分辨质谱测得的分子离子的 m/z 值，推定分子式。

第二步：对碎片离子区的解析(推断碎片结构)：

① 找出主要碎片离子峰。并根据碎片离子的质荷比，确定碎片离子的组成。常见碎片离子的组成见表6-6。

表6-6　常见碎片离子

离子	失去的碎片	可能存在的结构	离子	失去的碎片	可能存在的结构
M−1	H	醛、某些醚及胺	M−35	Cl	氯化物
M−15	CH_3	甲基	M−36	HCl	氯化物
M−18	H_2O	醇类，包括糖类	M−43	CH_3CO、C_3H_7	甲基酮、丙基
M−28	C_2H_4、CO、N_2	C_2H_4、麦氏重排、CO	M−45	COOH	羧酸类
M−29	CHO、C_2H_5	醛类、乙基	M−60	CH_3COOH	醋酸酯
M−34	H_2S	硫醇			

② 注意分子离子有何重要碎片脱去，见表6-7。

表6-7　分子离子可能脱去的碎片

m/z	离子	可能的结构类型	m/z	离子	可能的结构类型
29	CHO、C_2H_5	醛类，乙基	39、50、51	芳香化合物开裂产物	芳香化合物
30	CH_2NH_2	伯胺	52、65、77 等		
43	CH_3CO	CH_3CO	60	CH_3COOH	羧酸类、醋酸酯
	C_3H_7	丙基	91	$C_6H_5CH_2$	苄基
29、43、57、71 等	C_2H_5、C_3H_7 等	直链烃类	105	C_6H_5CO	苯甲酰基

③ 找出亚稳离子峰，利用 $m^* = m_2^2/m_1$，确定 m_1 与 m_2 的关系，确定开裂类型。

第三步：提出结构式：

根据以上分析，列出可能存在的结构单元及剩余碎片，根据可能的方式进行连接，组成可能的结构式。

【例3】　某未知物经测定是只含 C、H、O 的有机化合物，红外光谱显示在3100~3600cm⁻¹之间无吸收，其质谱如图6.9，试推测其结构。

解：第一步：解析分子离子区：

① 分子离子峰较强，说明该样品分子离子结构稳定，可能具有苯环或共轭系统。分子量为136。

② 根据 M+1/M=9%，可知该样品约含8个 C 原子，查 Beynon 表(一般专著中都有此表)，含 C、H、O 的只有下列四个式子：

（a）$C_9H_{12}O$　　　　（Ω=4）

（b）$C_8H_8O_2$　　　　（Ω=5）

（c）$C_7H_4O_3$　　　　（Ω=6）

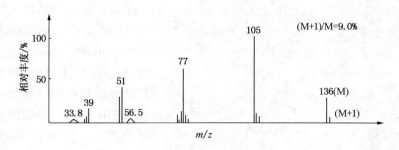

图 6.9　未知物质谱图

（d）$C_5H_{12}O_4$　　　（$\Omega=0$）

第二步：解析碎片离子区：

① 质荷比 105 为基峰，提示该离子为苯甲酰基（C_6H_5CO），质荷比 39、51、77 等峰为芳香环的特征峰，进一步肯定了苯环的存在。

② 分子离子峰与基峰的质量差为 31，提示脱去的可能是 CH_2OH 或 CH_3O，其裂解类型可能是简单开裂。

③ 质荷比 33.8 的亚稳离子峰表明有 m/z 77 ——→ m/z 51 的开裂，56.5 的亚稳离子峰表明有 m/z 105 ——→ m/z 77 的开裂，开裂过程可表示为：

$$C_6H_5CO^+ \xrightarrow{-CO} C_6H_5^+ \xrightarrow{-C_2H_2} C_4H_3^+$$
$$m/z\,105 \qquad m/z\,77 \qquad m/z\,51$$

第三步：提出结构式：

（1）根据以上解析推测，样品的结构单元有：

（2）上述结构单元的确定，可排除分子式中的 $C_9H_{12}O$（$\Omega=4$）、$C_7H_4O_3$（H 原子不足）、$C_5H_{12}O_4$（$\Omega=0$），所以唯一可能的分子为 $C_8H_8O_2$。由此可算出剩余碎片为 CH_3O，可能剩余的结构为—CH_2OH 或 CH_3O—。

（3）连接部分结构单元和剩余结构，可得下列两种可能的结构式：

（a）　　　　　　（b）

（4）由于该样品的红外光谱在 $3100\sim3600\text{cm}^{-1}$ 处无吸收，提示结构中无—OH，所以该未知化合物的结构为（a）。

6.4.3　质谱在环境科学中的应用

质谱是化合物固有的特性之一，利用每个化合物不同的质谱特点进行检测，可显著提高检测方法的选择性，从而提高检测灵敏度。质谱分析的这一特性使其在复杂体系中的痕量物质检测方面有极其重要的应用，如二噁英（dioxins）的检测方法。近年的比利时二噁英污染食品事件引起了世界性轩然大波。二噁英作为两千多种可能的多氯联苯（PCBs）产物的

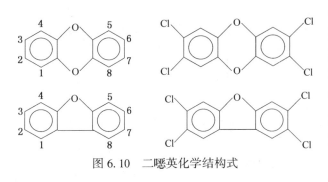

图 6.10 二噁英化学结构式

一部分，依化学结构大体可分为两大类(图 6.10)，一类为多氯代二苯二噁英(PCDDs)，另一类为多氯代二苯呋喃(PCDFs)。PCDDs 和 PCDFs 根据其含氯个数和取代位置的不同，异构体多达 210 种，各异构体的毒性存在极大的差异。按照国际毒性当量参数(TEF)比较，二噁英中急毒性最强的是 2，3，7，8 - TCDD，其老鼠 LD_{50} (半数致死量)为 0.022mg/kg，约为砒霜毒性的 1000 倍或 HCN 的 390 倍。

二噁英被称为"世纪之毒"，除了其具有很强的急毒性外，因其化学结构非常稳定，不易代谢，人体吸收后会残留在体内，长期累积可导致癌变。已有资料证明二噁英对人体的影响可造成男女不孕、增加婴儿死亡率、致癌等。其内分泌干扰剂行为影响生物体本身激素的调节、产生和代谢的表现，更直接对人类生存造成威胁。

在自然界中二噁英的来源有多种途径，已证实的有因废弃物的燃烧不当，垃圾未分类而造成的燃烧不完全。工业生产甚至汽车尾气排放等均可产生二噁英，成为环境污染源。目前所有的二噁英分析检测工作均以 2,3,7,8 - TCDD 为首的 17 种较具有毒性的异构体为分析目标物，检测灵敏度要求 10^{-12}g/g。由于在分析样品中常存在与二噁英共流出物和与二噁英有共同的离子碎片的干扰，所以检测方法必须具有很好的选择性，才能保证检测的灵敏度和准确性。用普通的气相色谱法(GC-ECD)和气相色谱-质谱法(GC-MS)，其灵敏度和其他技术指标都难以达到要求。但是，高分辨(大于 10000u)质谱仪可以通过相对分子质量的精确测定来去除干扰物离子，达到二噁英检测所需的选择性。例如：2,3,7,8-TCDD(其 M+2 的离子质量为 321.9536)的检测，用低分辨质谱仪测到一个很强的 m/z = 322 峰，但用高分辨质谱仪检测时，在 m/z 321.5000～322.4999 范围内，m/z = 321.9536 峰只占很小的比例，其余均为干扰峰(图 6.11)。

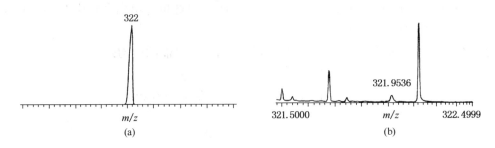

图 6.11 二噁英质谱图

另外，利用串联质谱法也可以达到二噁英分析所需的灵敏度和选择性。串联质谱在筛选母离子的步骤中，可同时去除造成干扰的背景离子。通过去除干扰物使仪器的灵敏度达到更低的检测范围。二噁英检测所需的选择性可通过子离子质谱的确认来实现：二噁英分子通过碰撞活化作用后会丢失 COCl 碎片，从而产生特定的子离子谱图，这样，即使干扰物离子与二噁英的母离子有相同的质量，也很难产生相同的子离子质谱，并且因为 ^{35}Cl、^{37}Cl 有特殊的同位素比例(^{35}Cl：^{37}Cl ≈ 3：1)，二噁英的子离子质谱会出现一定的 ^{35}Cl、^{37}Cl 比例，也为确认二噁英的存在提供佐证。

总之，利用高分辨气相色谱结合高分辨质谱或串联质谱，可以很好地解决环境、食品中的痕量二噁英检测问题。目前有机质谱正以其灵敏度高、分析速度快、选择性好以及仪器功能多样化的特点，在分析测试领域中获得广泛的应用并占据越来越重要的地位。

6.5 质谱最新进展

1988 年以来，用于研究测定多肽、蛋白质、核酸和多糖等生物大分子的基质辅助光解吸电离飞行时间质谱（matrix assisted laser desorption/ionization time - of - flight mass spectrometry，MALDI-TOF MS）和电喷雾质谱（electrospray ionization mass spectrometry，ESI MS）迅速发展，质谱分析进入了生命科学研究的崭新领域。MALDI-TOF MS 分析灵敏度高（10^{-15}mol 量级），质量范围大，已经能够测得相对分子质量达百万以上的完整的分子离子，并且能直接应用于多组分混合物的分析。ESI MS 也已经能够检测到样品相对分子质量达 20 万的多电荷分子离子。使用 MALDI-TOF MS 的源裂解技术和 ESI 多级串联质谱技术并结合蛋白质质谱数据库检索，可以快速灵敏地分析多肽和蛋白质的一级结构。在人类基因组测序工作完成后随之开展的蛋白质组研究中，MALDI-TOF MS 和 ESI MS 已成为不可缺少的重要工具。MALDI-TOF MS 已开展的研究内容还包括：直接对细胞和组织进行测定以监测蛋白质的表达和表征蛋白质的后翻译修饰、分析蛋白质的空间分布、对细菌进行分类、分析单核苷酸多态性等。ESI MS 的研究内容则包括：蛋白质的构象分析、酶反应中间体分析、酶抑制剂机理分析等。由于都采用软电离技术，MALDI-TOF MS 和 ESI MS 还可应用于非共价复合体分析、生物活性小分子与生物大分子的相互作用与识别分析等。目前生物质谱已成为分析科学中最为活跃、最具发展潜力和应用前景的研究领域。

思 考 题 与 习 题

6-1 简述单聚焦质谱仪的工作原理。

6-2 在质谱仪中当收集离子的狭缝位置和加速电压 V 固定时，若逐渐增大磁场强度 H，对具有不同质荷比的正离子，其通过狭缝的顺序如何确定？

6-3 在质谱仪中，当收集正离子的狭缝位置和磁场强度 H 固定时，若把加速电压 V 值逐渐加大，对具有不同质荷比的正离子，其通过狭缝的顺序如何确定？

6-4 在质谱仪中，若将下述的离子分离开，其具有的分辨率是多少？

(1) $C_{12}H_{10}O^+$ 和 $C_{12}H_{11}N^+$　　(2) CH_2CO^+ 和 $C_3H_7^+$

6-5 试确定具有下述分子式的化合物，其形成的离子具有偶数电子（+）还是奇数电子（$\overset{+}{\cdot}$）？

(1) C_3H_8　　(2) CH_3CO　　(3) $C_6H_5COOC_2H_5$　　(4) $C_6H_5NO_2$

6-6 在质谱分析中，试以分子中由双电子构成的 σ 键断裂过程说明均裂、异裂和半异裂的含义。

6-7 有一化合物，其分子离子的 m/z 为 120，其碎片离子的 m/z 为 105，问其亚稳离子的 m/z 是多少？

6-8 某有机化合物(M=140)质谱图中有 m/z 分别为 83 和 57 的离子峰,试问下述哪种结构式与上述质谱数据相符合。

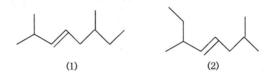

(1)   (2)

6-9 某一未知物的质谱图如图 6.12 所示, m/z 为 93、95 的谱线强度接近, m/z 为 79、81 峰也类似,而 m/z 为 49、51 的峰强度之比为 3∶1。试推测其结构。

6-10 某一液体化合物的化学式为 $C_5H_{12}O$,沸点 138℃,质谱数据如图 6.13 所示,试推测其结构。

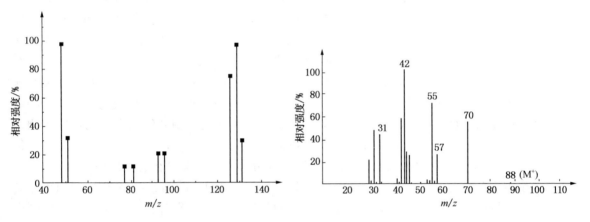

图 6.12 某未知物质谱图   图 6.13 化合物 $C_5H_{12}O$ 的质谱图

6-11 查阅相关文献,简述质谱技术最新进展。

参 考 文 献

1 王宗明. 实用红外光谱学(第二版). 北京:石油工业出版社,1990

2 孟令芝,龚淑珍,何永炳. 有机波谱分析(第二版). 武汉:武汉大学出版社,2003

3 朱明华. 仪器分析(第三版). 北京:高等教育出版社,2002

4 马礼敦. 高等结构分析. 上海:复旦大学出版社,2001

5 赵瑶兴,孙祥玉. 有机分子结构光谱鉴定. 北京:科学出版社,2003

6 高向阳. 新编仪器分析(第二版). 北京:科学出版社,2004

7 邓芹英,刘岚,邓慧敏. 波谱分析教程. 北京:科学出版社,2003

8 刘密新,罗国安,张新荣等. 仪器分析(第二版). 北京:清华大学出版社,2002

9 陈国珍,黄贤智,刘文远等. 紫外-可见分光光度法(上册). 北京:原子能出版社,1983

10 常建华,董绮功. 波谱原理及解析. 北京:科学出版社,2001

11 北京大学化学系仪器分析教学组. 仪器分析教程. 北京:北京大学出版社,1997

12 陈国珍,黄贤智,许金钩等. 荧光分析法(第二版). 北京:科学出版社,1990

13 何金兰,杨可让,李小戈. 仪器分析原理. 北京:科学出版社,2002

14 寿曼立. 发射光谱分析. 北京:地质出版社,1985

15 张锐,黄碧霞,何友昭. 原子光谱分析. 合肥:中国科技大学出版社,1991

16 武内次夫,铃木正己著. 原子吸收分光光度法. 王玉珊等译. 北京:科学出版社,1981

17　林守林．原子吸收光谱分析．北京：地质出版社，1985

18　邓勃．原子吸收分光光度法．北京：清华大学出版社，1981

19　梁晓天．核磁共振波谱．北京：科学出版社，1982

20　姚新生．有机化合物波谱分析．北京：中国医药科技出版社，1997

21　唐恢同．有机化合物的光谱鉴定．北京：北京大学出版社，1992

22　于世林，李寅尉．波谱分析法 第二版．重庆：重庆大学出版社，1994

23　马礼敦．高等结构分析．上海：复旦大学出版社，2002

二、电化学分析法

第7章 电化学分析引言

7.1 电化学分析的分类及应用

电化学分析法是应用电化学原理和实验技术建立起来的一类分析方法的总称。

用电化学分析法测量试样时，通常将试样溶液和两支电极构成电化学电池，利用试液的电化学性质，即其化学组成和浓度随电学参数变化的性质，通过测量电池两个电极间的电位差（或电动势）、电流、阻抗（或电导）和电量等电学参数，或是这些参数的变化，确定试样的化学组成或浓度。

电化学分析法可以分为三种类型：

第一类是以活度（浓度）与电学参数的直接函数关系为基础的方法；

第二类是以电学参数的变化指示滴定终点的滴定分析方法；

第三类是通过电流把试样中的测定组分转化为固相（金属或其氧化物），再以称量或滴定的方式测定的方法。

电化学分析法的习惯分类法是以不同的电学参数来进行分类，见表7-1。

表7-1 电化学分析法分类

电 学 参 数	方 法	电 学 参 数	方 法
溶液电导	电导法	电量	库仑法
电动势（或电位）	电位法		
电子作沉淀剂	电重量法	电流-电位曲线	伏安法、极谱法

电化学分析法在化学研究中也具有十分重要的作用。它已广泛应用于电化学基础理论、有机化学、药物化学、生物化学、临床化学、环境化学等领域的研究中。例如各类电极过程动力学、电子转移过程、氧化还原过程及其机制、催化过程、有机电极过程、吸附现象、大环化合物的电化学性能等等。因而电化学分析法对成分分析（定性及定量分析）、生产控制和科学研究等方面都有很重要的意义，并得到迅速发展。

电化学分析法与其他分析法相比，具有独特的优点。它不仅可以快速测定含量较高的物质，如血液中的 Na^+、Cl^-、HCO_3^- 等，而且也可以测定痕量物质，如农作物中的重金属、血液中的药物代谢物等。电化学分析法测量时，试样的体积可以很小，可少至微升范围。用微升级的试样结合低检出限分析方法，可检出 10^{-18} mol/L 的物质，甚至单分子检出已成为可能。在其他分析方法的测量中，需要将分析信号转换成电信号，而电化学分析法的电化学电池可直接提供原始的电信号，测量简单快速，仪器便于自动化。

上述三种类型的电化学分析方法，无论哪一种，其理论基础都是电化学，都是在电化学电池中进行研究的。因此，必须对电化学电池的基本原理和实际操作有一定的了解。

7.2 电化学电池

电化学电池是化学能与电能互相转换的装置，可以分为原电池和电解池两大类。原电池(galvanic cell)能自发地将化学能转化为电能；电解池(electrolytic cell)则需要消耗外部电源提供的电能，使电池内部发生电化学反应。当实验条件改变时，原电池和电解池能互相转化。

简单的化学电池是由两支称为电极的导体浸在适当的电解质溶液中组成。图7.1所示为典型的化学电池(丹聂耳电池)。

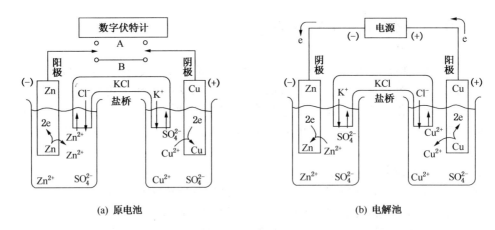

(a) 原电池   (b) 电解池

图7.1 电化学电池

将锌片和铜片分别浸入 $ZnSO_4$ 和 $CuSO_4$ 溶液中，两溶液用盐桥连接，构成导电通路。两电极接通后[图7.1(a)]，就可以看到电流计的指针发生偏转，说明有电流通过。电流是由于电池中发生电化学反应产生的。

在锌和铜电极上的电化学反应如下：

$$Zn = Zn^{2+} + 2e \qquad （氧化反应） \qquad 阳极 \quad （负极）$$
$$Cu^{2+} + 2e = Cu \qquad （还原反应） \qquad 阴极 \quad （正极）$$

该电池的一个电极上发生氧化反应，称为阳极；另一个电极上发生还原反应，称为阴极。

带有负电荷的电子是从阳极通过外电路流向阴极，所以阳极(锌电极)作负极，阴极(铜电极)作正极，电子从负极(阳极 Zn)流向正极(阴极 Cu)，电池的总反应为阳极、阴极两个半电池反应之和：

$$Zn + Cu^{2+} = Zn^{2+} + Cu$$

原电池是将化学能转化为电能的一种电化学装置。如果将外电源接到丹聂尔电池上[图7.1(b)]，当外加电源的电压大于丹聂尔电池的电动势且方向相反时，则外电路电子流动方向由外电源的极性来决定，此时两电极上的反应与上述电池相反。

$$Zn^{2+} + 2e = Zn \qquad （还原反应） \qquad 阴极 \quad （负极）$$
$$Cu = Cu^{2+} + 2e \qquad （氧化反应） \qquad 阳极 \quad （正极）$$

这样，锌电极变为阴极，铜电极变为阳极。该反应不能自发地进行。这种由于外加电能引起化学反应的电池，即将电能转化成化学能的电化学装置，就称为电解池。

由上述讨论看出，不能简单地把电池的正极看成是阳极或阴极，负极看成是阴极或阳极，只有在说明该电池是电解池还是原电池的情况下再作出判断。

7.3 电极电位

7.3.1 电极电位的产生

两种导体接触时，其界面的两种物质，可以是固体-固体、固体-液体及液体-液体。因两相中的化学组成不同，故将在界面处发生物质迁移。若进行迁移的物质带有电荷，则将在两相之间产生一个电位差。如锌电极浸入 $ZnSO_4$ 溶液中，铜电极浸入 $CuSO_4$ 溶液中。因为任何金属晶体中都含有金属离子和自由电子，一方面金属表面的一些原子，有一种把电子留在金属电极上，而自身以离子形式进入溶液的倾向，金属越活泼，溶液越稀，这种倾向就越大；另一方面电解质溶液中的金属离子又有一种从金属表面获得电子而沉积在金属表面的倾向，金属越不活泼，溶液浓度越大，这种倾向也越大。这两种倾向同时进行着，并达到暂时的平衡：

$$M \rightleftharpoons M^{2+} + 2e$$

若金属失去电子的倾向大于获得电子的倾向，达到平衡时，将是金属离子进入溶液，使电极上带负电，靠近电极附近的溶液带正电；反之，若金属失去电子的倾向小于获得电子的倾向，结果是电极带正电，而其附近的溶液带负电。如图 7.2。

因此，在金属与电解质溶液界面形成一种扩散层，即在两相之间产生了一个电位差，这种电位差就是电极电位。实验证明：金属的电极电位大小与金属本身的活泼性、金属离子在溶液中浓度以及温度等因素有关。

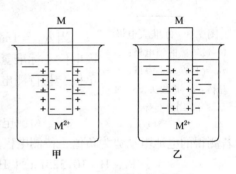

图 7.2　金属的电极电位

如把铜电极浸入与 $ZnSO_4$ 相同浓度的 $CuSO_4$ 溶液中时，铜与 $CuSO_4$ 界面所产生的电极电位就比 Zn-$ZnSO_4$ 界面的电极电位小；同时在这个溶液中，Zn^{2+}（或 Cu^{2+}）的浓度越大，则平衡时的电极电位也越大。

7.3.2 能斯特公式

电极电位的大小，不但取决于电极的本质，而且与溶液中离子的浓度、温度等因素有关，对于一个电极来说，其电极反应可以写成：

$$M^{n+} + ne \rightleftharpoons M$$

能斯特从理论上推导出电极电位的计算公式为：

$$\varphi = \varphi^{\ominus} + \frac{RT}{nF} \ln \frac{\alpha_{ox}}{\alpha_{red}} \tag{7.1}$$

式中　φ——平衡时电极电位，V；

　　　$\varphi^{\ominus}$——标准电极电位，V；

α_{ox}，α_{red}——分别为电极反应中氧化态和还原态的活度；

　　　n——电极反应中的电子得失数。

在 25℃时，如以浓度代替活度，则上式可写成：

$$\varphi = \varphi^{\ominus} + \frac{0.059}{n} \lg \frac{[\alpha_{ox}]}{[\alpha_{red}]} \tag{7.2}$$

137

7.3.3 电极电位的测量

任何电池都是由两个电极组成的，根据它们的电极电位，可以计算出电池电动势。但是单个电极的电位是无法测量的，必须把它和另一个电极（参比电极）一起组成一个电池，用电位计测定这个电池的电动势，即为该电极的电位。有了电极电位的相对值，就可以互相进行比较，以及计算电池的电动势。常用的参比电极有标准氢电极和甘汞电极。

（1）标准氢电极（NHE）

标准氢电极见图7.3。

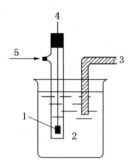

图7.3 标准氢电极
1—镀铂黑的铂电极；2—$a_{H^+} = 1$ 的 HCl 溶液；3—盐桥；4—电接头；5—H_2
（$P = 101325Pa$）

标准氢电极是由一对镀铂黑的铂电极浸入 H^+ 活度为 1 的 HCl 溶液中，通氢气使铂电极表面上不断有氢气泡通过，以保证电极既与溶液又与气体保持连续接触，在液相上面氢气的分压保持在 101325Pa，于是 H^+ 和 H_2 在电极上迅速建立下列平衡：

$$2H^+ + 2e \Longrightarrow H_2$$

故氢电极的电极电位为：

$$\varphi = \varphi^{\ominus}_{2H^+/H_2} + \frac{0.059}{2}\lg\frac{\left[\alpha_{H^+}\right]^2}{P_{H_2}} \tag{7.3}$$

当 $\alpha_{H^+} = 1mol/L$、$P_{H_2} = 101325Pa$ 时，$\varphi = \varphi^{\ominus}_{2H^+/H_2}$，称为标准氢电极电位。标准氢电极电位为"零"伏，并且习惯上把标准氢电极作为负极，与待测电极组成电池：

标准氢电极 ‖ 待测电极

如果待测电极上进行还原反应，作为正极测得的电动势为正值。若测得的电池电动势为负值，待测电极上进行的是氧化反应，是负极，而氢电极为正极。如：

$$Pt，H_2(101325Pa) \mid H^+(\alpha_{H^+} = 1mol/L) \parallel Cu^{2+}(xmol/L) \mid Cu$$

电池电动势：

$$E_{电池} = \varphi_右 - \varphi_左 = \varphi_{Cu电极} - \varphi_{H电极}$$

若 $[Cu^{2+}] = 1mol/L$，则：

$$\varphi_{Cu电极} = \varphi^{\ominus}_{Cu电极}$$

25℃时，该电池的电动势为+0.344V，即 $E_{电池} = \varphi_{Cu电极} = +0.344V$，所以铜电极标准电极电位为+0.344V。

（2）甘汞电极

由于氢电极使用不方便，而且对实验条件要求苛刻，所以常用甘汞电极作参比。甘汞电极有多种，但基本原理是相同的，图7.4是甘汞电极的基本构造。

甘汞电极由汞、氯化亚汞（Hg_2Cl_2，甘汞）和饱和氯化钾溶液组成。电极反应如下：

$$Hg_2Cl_2(s) + 2e = 2Hg + 2Cl^-$$

其电极电位计算式为：

$$\varphi = \varphi^{\ominus}_{Hg_2Cl_2/Hg} + \frac{0.059}{2}\lg\frac{1}{[Cl^-]^2}$$

$$= \varphi^{\ominus}_{Hg_2Cl_2/Hg} - 0.059\lg[Cl^-]$$

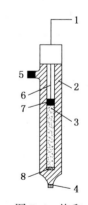

图7.4 饱和甘汞电极
1—导线；2—KCl 饱和溶液；3—Hg_2Cl_2；4—多孔物质；5—胶帽；6—导线；7—Hg；8—纤维

由上式可见，甘汞电极的电位取决于所用 KCl 的浓度。见表 7-2。

表 7-2　常用甘汞电极的电位

名　称	KCl 浓度/(mol/L)	电极电位(对 NHE)/V
饱和甘汞电极	饱和	+0.242
摩尔甘汞电极	1	+0.280
0.1mol 甘汞电极	0.1	+0.334

饱和甘汞电极(SCE)是实验中最常用的一种参比电极。它的优点是电极电位稳定，只要测量时通过的电流比较小，它的电极电位是不会发生显著变化的。

与甘汞电极类似的还有 Ag-AgCl 电极。将涂有 AgCl 的 Ag 丝插在 Cl^- 溶液中便构成这种电极，称为 Ag-AgCl 电极：

$$AgCl(饱和)，KCl(xmol/L) \mid Ag$$

电极反应为：

$$AgCl+e = Ag+Cl^-$$

$$\varphi = \varphi_{AgCl/Ag}^{\ominus} = 0.222V$$

与甘汞电极相同，其电极电位取决于 Cl^- 的浓度。

7.3.4　电极的极化与超电位

(1) 电极的极化

如果一个电极的电极反应可逆，通过电极的电流非常小，电极反应是在平衡电位下进行的，该电极称为可逆电极。如 Ag∣AgCl 电极等都可近似为可逆电极。只有可逆电极才满足能斯特方程。

当较大的电流流过电池时，这时电极电位将偏离可逆电位，不再满足能斯特方程，如电极电位改变很大，而产生的电流变化很小，这种现象称为极化。极化是一个电极的现象。电池的两个电极都可以发生极化。影响极化程度的因素有电极的大小和形状、电解质溶液组成、搅拌情况、温度、电流密度、电池反应中反应物和生成物的物理状态以及电极的成分等。

极化通常可以分为浓差极化和电化学极化。

浓差极化是由于电极反应过程中电极表面附近溶液的浓度和主体溶液的浓度发生了差别所引起的。如电解时，阴极发生 $M^{n+}+ne \Longrightarrow M$ 的反应。电极表面附近离子的浓度会迅速降低，离子的扩散速率又有限，得不到很快的补充。这时阴极电位比其可逆电极电位要负；而且电流密度越大，电位负移就越显著。如果发生的是阳极反应，金属溶解将使电极表面附近的金属离子的浓度比主体溶液中的大，阳极电位变得更正一些。这种由浓度差别所引起的极化，称为浓差极化。

电化学极化是由某些动力学因素决定的。电极上进行的反应是分步进行的，其中某一步反应速率较慢，则对整个电极反应起决定作用。这一步反应需要比较高的活化能才能进行。对阴极反应，必须使阴极电位比可逆电位更负，以克服其活化能的增加，让电极反应进行。阳极反之，需要更正的电位。

(2) 超电位

由于极化现象的存在，实际电位与可逆的平衡电位之间产生一个差值。这个差值称为超电位(过电位、超电压)，一般用 η 表示。并以 η_c 表示阴极超电位，η_a 表示阳极超电位。

阴极上的超电位使阴极电位向负的方向移动，阳极上的超电位使阳极电位向正的方向移动。超电位的大小可以作为电极极化程度的衡量。但是它的数值无法从理论上进行计算，只能根据经验归纳出一些规律：

① 超电位随电流密度的增大而增大；

② 超电位随温度升高而降低；

③ 电极的化学成分不同，超电位也有明显的不同；

④ 产物是气体的电极过程，超电位一般较大。金属电极和仅仅是离子价态改变的电极过程，超电位一般较小。

思 考 题 与 习 题

7-1 电化学分析方法的特点和分类？

7-2 什么是原电池？什么是电解池？化学电池的表示方法如何确定正负极？

7-3 什么是电极电位？电极电位是怎样产生的？

7-4 正极是阳极，负极是阴极的说法对吗？阳极和阴极、正极和负极的定义是什么？

7-5 写出下列电池的半电池反应及电池反应，计算电池的电动势，并标明电极的正负。

（1）$Zn \mid ZnSO_4(0.100mol/L) \parallel AgNO_3(0.010mol/L) \mid Ag$

$\varphi^{\ominus}_{Zn^{2+}/Zn} = -0.762V$　　$\varphi^{\ominus}_{Ag^+/Ag} = +0.80V$

（2）$Pt \mid Cr^{3+}(1.00×10^{-4}mol/L)$，$Cr^{2+}(0.100mol/L) \parallel Pb^{2+}(0.08mol/L) \mid Pb$

$\varphi^{\ominus}_{Cr^{3+}/Cr^{2+}} = -0.41V$　　$\varphi^{\ominus}_{Pb^{2+}/Pb} = -0.126V$

7-6 图7.5所示为 Weston 标准电池的结构图，请写出该电池的表示式和电池中发生的半反应。

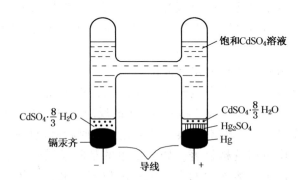

图 7.5　Weston 标准电池（饱和型）

第8章　电位分析法与离子选择性电极

8.1　概述

电位分析法是电化学分析方法的重要分支,它是通过在零电流条件下测定两电极间的电位差(即所构成原电池的电动势)进行分析测定。它包括电位测定法和电位滴定法。

由上一章可知,能斯特公式表达了电极电位 φ 与溶液中对应离子活度之间存在的简单关系。通过测量一个可逆电池的电动势,测定溶液中某种离子的活度或浓度的方法,就是电位分析法。如电位法测量溶液的 pH 值和用离子选择性电极来指示待测离子的浓(活)度等。

电位滴定法则是根据滴定过程中,由某个电极(指示电极)的电极电位变化来确定滴定终点,根据消耗滴定剂的体积及其浓度来计算待测物含量的方法。

在电位分析中,构成电池的两个电极中,一个电极的电位随待测离子的浓度的变化而变化,称为指示电极;另一个电极的电位则不受待测溶液的组成变化的影响,其电位在滴定过程中保持不变,称为参比电极。

8.2　电位分析装置及测量仪器

电位分析的装置见图 8.1。用指示电极、参比电极与被测试液组成原电池。常用的参比电极有饱和甘汞电极(SCE)和银-氯化银电极,指示电极有金属基电极和膜电极等。由于参比电极在测量过程中电极电位不变,因此,测得的电动势为指示电极电位。

设测得的电动势为 E,则:

$$E = \varphi_{指} - \varphi_{SCE} \qquad (8.1)$$

$$\varphi_{指} = E + \varphi_{SCE} \qquad (8.2)$$

也可表达为以参比电极为基准的电位值:

$$\varphi = E(vs \cdot SCE) \qquad (8.3)$$

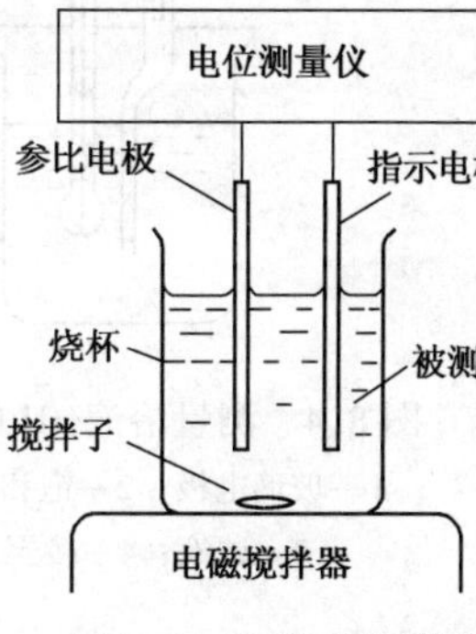

电动势的测量应在电池电流接近零的情况下进行,一般使用电位差计或高阻抗伏特计,但不能使用普通的伏特计测量。电位差计(见图 8.2)测量原理:先将线性分压器刻线,示值与标准电池值相同,当电路与标准电池接通后,调节可变电阻,使检流计 G 示零;再使电路与待测电池接通,调节线性分压器,使检流计示零,并由线性分压器读出待测电池的电动势值。

图 8.1　电位分析装置

测量的精密度取决于检流计的灵敏度及测量电池的内阻。如对于检流计灵敏度为 10^{-8}A,电池内阻为 $10^4\Omega$ 的测量系统,可辨认的最小测量电位为 0.1mV。

电位差计一般用于内阻小于 10kΩ 的电池的电动势测量,如由金属基电极构成的原电池系统;它不适用于内阻较大的膜电极,如 pH 电极构成的电池系统。

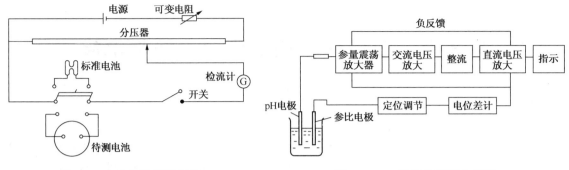

图 8.2　电位差计测量原理　　　　　　图 8.3　pH 计工作原理方框图

膜电极的内阻一般大于 $10^4\Omega$，因此在测量用离子选择性电极构成的电池的电动势时，需要使用具有高输入阻抗的电子伏特计。pH 计是这一类仪器中的典型仪器，图 8.3 为一种 pH 计工作原理示意图。

8.3　电位法测定溶液的 pH 值

8.3.1　玻璃电极的构造及原理

用于测量溶液 pH 值的典型电极体系如图 8.4 所示。其中 pH 玻璃电极（glass electrode）是测量溶液中氢离子活度的指示电极（indicator electrode），而饱和甘汞电极（saturated calomel electrode，SCE）则作为参比电极（reference electrode）。

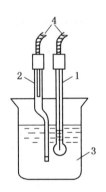

图 8.4　测量溶液 pH 的电极系统
1—玻璃电极；2—饱和甘汞电极；
3—试液；4—接至 pH 计

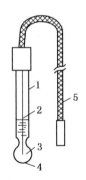

图 8.5　玻璃电极
1—玻璃管；2—内参比电极（Ag/AgCl）；3—内参
比溶液（0.1mol/L HCl）；4—玻璃薄膜；5—接线

pH 玻璃电极的构造如图 8.5 所示。它的主要部分是一个玻璃泡，泡的下半部为特殊组成的玻璃薄膜（摩尔分数 $x_{Na_2O}=22\%$，$x_{CaO}=6\%$，$x_{SiO_2}=72\%$）。膜厚约 $30\sim100\mu m$。在玻璃泡内装有一定 pH 的溶液（内参比溶液，或称内部溶液，通常为 0.1mol/L HCl 溶液），插入一银-氯化银电极作为内参比电极。

pH 玻璃电极是一个对 H^+ 具有高度选择性的膜电极。当玻璃电极与溶液接触时，在玻璃表面与溶液接界处会产生电位差，此电位差只与溶液中 H^+ 有关。玻璃膜由固定的带负电荷的硅酸晶格组成骨架，在晶格中存在较小的但活动能力比较强的钠离子。溶液中的 H^+ 能进入硅酸晶格替代 Na⁺的点位，但负离子却被带负电荷的硅酸晶格所排斥，二价和高价正离子也不能进入硅酸晶格。

当玻璃膜浸泡在水中时，由于硅酸结构与 H⁺所结合的键的强度远大于与 Na⁺结合的强度，因此发生如下的离子交换反应：

$$H^+ + Na^+Gl^- \Longleftrightarrow Na^+ + H^+Gl^- \tag{8.4}$$
（溶液中）（玻璃）　（溶液）　　（玻璃）

上述反应的平衡常数很大，有利于反应向右进行，使玻璃膜表面的点位在酸性或中性溶液中，基本上全为 H⁺所占有而形成一个硅酸(H^+Gl)水化层（硅胶层）。从硅酸水化层表面到膜内部，H⁺离子数目不断降低，而 Na⁺数目不断增加，在玻璃膜的中部各个点位上几乎全为 Na⁺所占据，成为"干玻璃层"。可用图 8.6 来示意。

设内、外水化层的性质相同，令水化层中的 H⁺浓度为[H⁺]。当电极插入 H⁺浓度为[H⁺]₂的待测溶液时，由于溶液中和硅胶层中 H⁺浓度不同，浓度高的向浓度低的扩散，扩散的结果，破坏了界面附近原来正负离子电荷分布的均匀性，与两相界面形成双电层，产生电位差。这里相界电位由两部分组成，即外硅胶表面对外部溶液（其 H⁺浓度为[H⁺]₂）的相界电位 $\varphi_{外}$，以及内硅胶表面对内部溶液（其 H⁺浓度为[H⁺]₁）的相界电位 $\varphi_{内}$。当 H⁺在两相间扩散速度达到平衡后，$\varphi_{外}$ 和 $\varphi_{内}$ 可以用下式表示：

$$\varphi_{外} = K_1 + 0.059\lg\frac{[H^+]_2}{[H^+]_s} \tag{8.5}$$

$$\varphi_{内} = K_2 + 0.059\lg\frac{[H^+]_1}{[H^+]_s} \tag{8.6}$$

外部溶液 [H⁺]₂	外部溶液表面 均被 H⁺占据 [H⁺]=a_1	含水硅胶 ←~10⁻⁴mm→ 表面均被 H⁺和 Na⁺混合物占据	干玻璃层 ←~0.1mm→ 所有表面全被 Na⁺占据	含水硅胶 ←~10⁻⁴mm→ 表面均被 H⁺和 Na⁺混合物占据	内部溶液 表面均被 H⁺ 占据[H⁺]=a_2	内部溶液 [H⁺]₁

图 8.6　一种浸泡好的玻璃薄膜

由于玻璃膜内外表面结构状态是相同的，故 $K_1 = K_2$，玻璃电极膜内外侧之间的电位差称为膜电位：

$$\varphi_{膜} = \varphi_{外} - \varphi_{内} = 0.059\lg\frac{[H^+]_2}{[H^+]_1} \tag{8.7}$$

又因玻璃电极，内参比溶液的[H⁺]₁是常数，所以：

$$\varphi_{膜} = 常数 + 0.059\lg[H^+]_2 = 常数 - 0.059pH_{试} \tag{8.8}$$

可见，通过测定膜电位即可求出膜外溶液 H⁺的浓度[H⁺]₂，这也是用玻璃电极测定溶液 pH 值的理论依据。同时可以看出，在膜电极上是没有电子转移的，但由于离子交换和扩散的结果，同样可以建立双电层产生电位差而存在相界电位。

除相界电位外，在内、外水化胶层与玻璃层之间，还存在扩散电位。但是由于在水化胶层中的点位被 H⁺占据，而玻璃层表面的点位被 Na⁺离子占据，致使它们在两相中的浓度不同，所以就破坏了界面附近原来正、负电荷分布的均匀性，产生与液接电位相似的电位差，称为扩散电位。如果内、外水化层的情况完全相同，于是内、外界面上的两个扩散电位的数值相等，但符号相反，相互抵消。因此，玻璃电极的膜电位可以认为只与两个溶液与水化胶层界面上的相界电位有关。

8.3.2 溶液 pH 值的测定

用电位法测定溶液的 pH 值，用玻璃电极作指示剂，饱和甘汞电极作参比电极，则组成如下电池：

$$Ag \mid AgCl, 0.1mol/L\ HCl \mid 玻璃膜 \mid 试液 \parallel KCl(饱和), Hg_2Cl_2 \mid Hg$$
$$\overleftarrow{\hspace{1em}玻璃电极\hspace{1em}} \quad \overleftarrow{\hspace{2em}SCE\hspace{2em}}$$

该电池的电动势为：

$$E_{电池} = \varphi_右 - \varphi_左$$
$$E_{电池} = \varphi_{SCE} - \varphi_玻$$
$$E_{电池} = \varphi_{SCE} - (常数 - 0.059pH_试)$$
$$E_{电池} = K + 0.059pH_试$$

试液 pH 值每改变 1 个单位，电池电动势变化 59mV(25℃)。式中常数项 K 与玻璃电极的成分、内外参比电极的电位差以及不对称电位、温度有关，无法确知。因此，pH 值不能由 pH 计测得 $E_{电池}$ 值后用公式计算，必须采用已知 pH 值的溶液作为标准进行校正。用玻璃电极测定溶液 pH 值的原电池为：

$$玻璃电极 \left| \begin{array}{c} 标准 pH 缓冲溶液(s) \\ 或待测试液(x) \end{array} \right| SCE$$

标准 pH 缓冲溶液 pH 值为 pH_s，待测试液为 pH_x，测量两个溶液 pH 值的电池电动势分别为：

$$E_x = K_x + 0.059pH_x$$
$$E_s = K_s + 0.059pH_s$$

若测量两电池电动势的条件相同，则 $K_x = K_s$：

$$E_x - E_s = 0.059pH_x - 0.059pH_s$$
$$pH_x = pH_s + \frac{E_x - E_s}{0.059} \tag{8.9}$$

可见，以标准缓冲溶液的 pH_s 为基准，通过比较 E_x 和 E_s 的值，即可求出 pH_x，这就是 pH 标度的意义。测定 pH 的仪器——pH 计就是根据这一原理设计制成的。

8.3.3 pH 标准溶液

pH 标准溶液是 pH 测量的基准，在用 pH 计测量 pH 值时用来校准 pH 计，所以标准溶液的配制及其 pH 值的确定是非常重要的。常用的标准缓冲溶液有：饱和酒石酸氢钾、0.05mol/L 邻苯二甲酸氢钾、0.025mol/L 磷酸二氢钾、0.025mol/L 磷酸二氢钠、0.01mol/L 硼砂。每种标准缓冲溶液在不同温度下的 pH_s 可查阅有关参考书。

制备 pH 标准缓冲溶液，需要用高纯度的试剂和去离子水，标准溶液一般可保存 2～3 个月，如发现混浊，沉淀等现象时，不能继续使用。

8.4 离子选择性电极

8.4.1 离子选择性电极分类

离子选择性电极属于薄膜类电极，其电化学活性元件是对特定离子有选择性响应的敏感膜，故称为离子选择性电极。离子选择性电极与金属基电极的本质区别在于电极的薄膜本身并不给出或得到电子，而是选择性地让一些离子渗透和交换，由此产生电极电位。它是目前电位分析中应用最广泛的一类指示电极。20世纪60年代以来，离子选择性电极得到了很大发展，按国际纯粹与应用化学联合会（IUPAC）的推荐，离子选择性电极分类为：

离子选择性电极（ISE）

原电极（primary electrodes）

晶体膜电极（crystalline membrane electrodes）

均相膜电极（homogeneous membrane electrodes）

非均相膜电极（heterogeneous membrane electrodes）

非晶体膜电极（non-crystalline membrane electrodes）

刚性基质电极（rigid matrix electrodes）

活动载体电极（electrodes with a mobile carrier）

敏化离子选择电极（sensitized electrodes）

气敏电极（gas sensing electrodes）

酶底物电极（enzyme substrate electrodes）

8.4.2 离子选择性电极简介

(1) 晶体膜电极

晶体膜电极以离子导电的固体膜为敏感膜。敏感膜一般是将金属难溶盐加压或拉制成单晶、多晶或混晶的活性膜，对构成晶体的金属离子或难溶盐阴离子有响应，该响应满足能斯特公式。这类晶体物质一般在水中溶解度极小，不受氧化剂、还原剂的干扰，且机械强度高。

根据不同制膜方法，晶体膜电极又可分为均相膜电极和非均相膜电极两类。均相膜是由一种或几种化合物的均相混晶体构成的，如单晶 LaF_3、硫化银与卤化银混晶、硫化银与 Pb^{2+}、Cu^{2+}、Cd^{2+} 等金属硫化物混晶等。非晶体膜是将电活性物质晶体与惰性物质，如硅橡胶、聚氯乙烯、聚苯乙烯、石蜡等混匀后制成的，其中电活性物质决定电极的性能。

氟离子选择性电极是这类电极的代表，是单晶膜电极。它的敏感膜是掺有少量 EuF_2 或 GaF_2 的 LaF_3 单晶切片。EuF_2 或 GaF_2 的作用是增加膜的电导性能，使其电阻下降。单晶膜封在聚四氟乙烯管一端，管内充入 0.1mol/L 的 NaF 和 0.1mol/L 的 NaCl 作为内参比溶液，插入银-氯化银电极作为内参比电极，即构成氟电极，如图8.7。

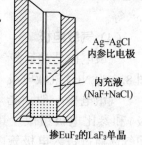

图8.7 氟离子选择电极

将电极插入待测离子溶液中，待测离子可吸附在膜表面，它与膜上相同的离子交换，并通过扩散进入膜相，膜相中存在的晶格缺陷产生的离子也可扩散进入溶液相。这样，在晶体膜与溶液界面上建立了双电层结构，产生相界电位。

$$\varphi = 常数 - 0.059\lg\alpha_{F^-} \qquad (8.10)$$

式中，φ 为氟离子选择电极电位；α_{F^-} 为氟离子活度。由式（8.10）可知，电位 φ 与氟离子的活度有关。

氟离子活度一般在 $10^{-6} \sim 1mol/L$ 范围内，电极电位符合能斯特公式。其检测下限由单晶的溶度积决定。LaF_3 饱和溶液中氟离子活度约为 $10^{-7}mol/L$ 数量级，因此氟电极在溶液中检测下限也在 $10^{-7}mol/L$ 左右。

氟电极具有良好的选择性。主要干扰物是 OH^- 和 H^+。产生干扰的原因是由于在膜表面发生如下反应：

$$LaF_3 + 3OH^- \rightleftharpoons La(OH)_3 + 3F^-\qquad(8.11)$$

反应产物 F^- 为电极本身的响应离子而造成正干扰。在较高酸度时，由于形成 HF_2^- 而降低氟离子活度，造成负干扰。因此测定时需控制试液 pH 值在 $5\sim6$ 之间。镧的强络合剂会溶解 LaF_3，使 F^- 活度的响应范围缩短。

若把上述晶体膜电极的 LaF_3 膜改为 $AgCl$、$AgBr$、AgI、CuS、PbS 和 Ag_2S 等难溶盐，压片制成的薄膜，则成为卤素离子、银离子、铜离子、铅离子等离子的选择性电极。

（2）非晶体膜电极——刚性基质电极

玻璃电极属于刚性基质电极，它是出现最早，至今仍应用最广的一类离子选择性电极。常用的 pH 玻璃电极的构造及原理前面已论述。除此之外，钠玻璃电极（pNa）亦为较重要的一种，其结构与玻璃电极相似，选择性主要决定于玻璃膜的组成。对 $Na_2O—Al_2O_3—SiO_2$ 玻璃膜，改变三种组分的相对含量会使选择性有很大差异。

（3）流动载体电极（液膜电极）

上述电极其敏感膜均为固态，而液体流动电极的敏感膜是由浸有液体离子交换剂的惰性多孔膜制成的。流动载体电极又称液膜电极，它由电活性物质（载体）、溶剂（增塑剂）、基体（微孔支持体）以及内参比电极和内参比溶液等部分组成，见图 8.8。

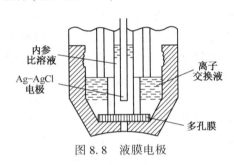

图中内管装有内参比电极（Ag/AgCl）和内参比溶液，外管装有离子交换液，离子交换液和内参比溶液由多孔膜与外界分开。离子交换液有两个主要官能团，一个是憎水性的官能团，另一个是亲水性的官能团，亲水性的官能团可以和水溶液中某种离子进行离子交换，形成选择性的电极响应，也就是说亲水基团决定了流动载体电极的选择性。当液膜电极置于溶液中时，被测离子与膜中的离子交换液发生交换作用，且可以自由地通过膜界面而形成相间电位。流动载体膜电极可制成阴离子选择电极如 Cl^-、Br^-、I^-、ClO_4^- 等，阳离子选择电极如 Ca^{2+}、Cu^{2+}、Pb^{2+}、NH_4^+、Li^+、Ba^{2+} 等。

图 8.8　液膜电极

（4）气敏电极

气敏电极是对某些气体敏感的电极。它不是单个的电极，而是一个完整的化学电池。图 8.9 为 NH_3 气敏电极。

气敏电极一般由指示电极（离子选择电极）和参比电极组成。其顶端的透气膜，可使气体通过进入电极管内，管内插有指示电极（pH 玻璃电极）和外参比电极（Ag/AgCl），并充有电解质溶液。当试样中的气体通过透气膜进入管内，电解质溶液离子活度发生变化，可由 pH 玻璃电极与外参比电极组成测量回路进行检测，这样可间接测定透过的气体。NH_3 气敏指示电极为平头玻璃电极，参比电极为银-氯化银电极，内充电解质溶液为 $0.1 \text{mol/L } NH_4Cl$。当 NH_3 经透气膜进入电

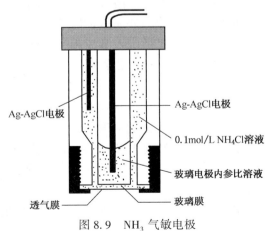

图 8.9　NH_3 气敏电极

解质溶液时，NH_3 与电解质溶液结合形成 NH_4^+，使电解质溶液的 pH 值发生变化，此时玻璃电极的电位值亦随之改变，故测量电池的电动势就可以测出 NH_3 的含量。气敏电极的应用很普遍，如用 CO_2 气敏电极测定水中的有机碳、总碳，电站水汽中的 CO_2，血清、血浆等中的 CO_2；用 NH_3 气敏电极测定水、大气、酒类、血浆中的 NH_3，肥料、土壤、植物、食品等中的氮；用 SO_2 气体敏电极测定空气、烟道气、水、食品、酒类、石油产品等中的 SO_2；用 NO_x 气敏电极测定食品中的亚硝酸盐、空气中的氧化氮等。表 8-1 列出了一些气敏电极的组成。

表 8-1 气敏电极的组成及检出限

气敏电极	指示电极	透 气 膜	中 介 液	检出限
CO_2	pH 玻璃电极	微孔聚四氟乙烯或硅橡胶	10^{-2} mol/L $NaHCO_3$，10^{-2} mol/L NaCl	约 10^{-5}
NH_3	pH 玻璃电极	微孔聚四氟乙烯或聚偏氟乙烯	10^{-2} mol/L NH_4Cl（或加惰性电解质）	约 10^{-6}
SO_2	pH 玻璃电极	硅橡胶	$10^{-4} \sim 10^{-3}$ mol/L $NaHSO_3$，10^{-2} mol/L NaCl	约 10^{-6}
NO_2	pH 玻璃电极	聚丙烯	2×10^{-2} mol/L $NaNO_2$，10^{-2} mol/L NaCl	约 10^{-7}
H_2S	Ag_2S 电极	微孔聚四氟乙烯	柠檬酸缓冲液（pH = 5）	约 10^{-8}
HCN	Ag_2S 电极	微孔聚四氟乙烯	10^{-2} mol/L $KAg(CN)_2$	约 10^{-7}
HF	氟离子电极	微孔聚四氟乙烯	1 mol/L H^+，10^{-2} mol/L NaCl	约 10^{-3}

8.4.3 生物传感器

传感器是一类信息获取和处理的装置，它包括识别系统、转换系统和数据处理系统，这些部分的集成构成传感器。以化学物质为检测对象的传感器称为化学传感器。化学传感器的测量对象多为无机化学物质，这并不能满足实际的需要，在生物学、医学研究中，需要测定各种生物物质，因此人们希望研制出有选择性地测量底物及生物大分子的传感器。最早使用的生物传感器是酶传感器，由于酶传感器的寿命一般较短，提纯的酶价格也比较昂贵，后来人们逐渐设计出其他类型的传感器，如动物组织传感器、细胞及细胞器传感器、微生物传感器以及免疫传感器。

生物传感器的识别系统是生物分子识别元件，它是一些具有分子识别功能的生物活性物质，如蛋白质、细胞、酶、抗体、有机物分子等，这些物质和被识别物质之间存在着互相亲和性的关系，如酶-底物、抗原-抗体、激素-激素受体等，把它们的一方固定在传感器的表面作为分子识别元件，就可以选择性地测量另一方。生物传感器的转换系统主要有电化学电极、光学检测元件、热敏电阻、场效应晶体管、压电石英晶体及表面等离子共振器件等。当待测物质与分子识别元件特异性结合后，所产生的电、光、热等信号通过转换系统变为可以输出的光、电信号，从而达到分析检测的目的。生物传感器原理见图 8.10。

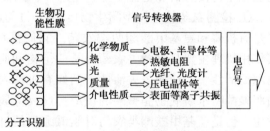

图 8.10 生物传感器原理示意图

根据生物传感器中生物分子识别元件上敏感物质的类型，可分为酶电极、微生物电极、生物组织电极和免疫电极等。

（1）酶生物传感器（酶电极）

酶生物传感器是应用固定化酶作为敏感元件的生物传感器，主要用于测定样品溶液中底物或酶的反应产物，也可用于测定酶的活性。酶是生物体内产生的具有催化活性的一类蛋白质，是生物催化剂。它的特点：①催化效率高。以分子比表示，酶催化反应的反应速率比非催化反应高 $10^8 \sim 10^{20}$ 倍；②酶的催化作用具有高度的专一性。一种酶只能作用于某一种或某一类特定的物质，通常把被酶作用的物质称为该酶的底物。例如脲酶只作用于尿素的水解反应，甚至对于尿素构造相似的硫脲，它也不发生催化作用；③酶易失活，强酸、强碱、高温等条件都能使酶失去活性。

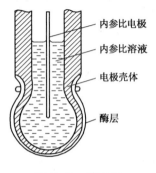

内参比电极
内参比溶液
电极壳体
酶层

图 8.11　酶电极

酶电极的分析原理是基于用电位法直接测量酶促反应中反应物的消耗或反应物的产生而实现对底物分析的一种分析方法。它将酶活性物质覆盖在电极表面，如图 8.11 所示。

这种酶活性物质与被测的有机物或无机物（底物）反应，形成一种能被电极响应的物质，例如，尿素在尿素酶催化下发生下面的反应：

$$NH_2CONH_2 + 2H_2O \xrightarrow{\text{尿素酶}} 2NH_4^+ + CO_3^{2-}$$

氨基酸在氨基酸氧化酶催化下发生如下反应：

$$RCHNH_2COOH + O_2 + H_2O \xrightarrow{\text{氨基酸氧化酶}} RCOCOO^- + NH_4^+ + H_2O_2$$

反应生成的 NH_4^+ 可用铵离子选择性电极测定。将尿素酶涂在铵离子电极的敏感膜上，则成为尿素电极；将此电极插入含有尿液的试液中，可间接测出尿素的含量。

碘化乙酰硫代胆碱在乙酰胆碱酯酶（AchE）的作用下发生水解反应：

$$CH_3COSCH_2CH_2N(CH_3)_3I + H_2O \rightleftharpoons HSCH_2CH_2N(CH_3)_3I + CH_3COOH$$

反应生成的酸可用 pH 玻璃电极测定。若将 pH 玻璃电极与酶（AchE）结合，可间接测定有机磷农药。

电化学酶生物传感器也称酶电极。酶电极是由固定化酶与离子选择电极组合而成的生物传感器，因而具有酶的分子识别和选择催化功能，又有电化学电极响应快、操作简单的特点，能快速测定试液中某一给定化合物的浓度，且用样量很少。电化学生物传感器包括电位型生物传感器和电流型生物传感器，例如：

① 检测农药的电位型酶生物传感器　目前造成环境污染并对人类健康产生威胁的农药主要是有机磷和氨基甲酸酯两类农药。它们都可以对人体内的乙酰胆碱酯酶产生抑制作用。其作用机理主要是这两类农药分子的结构和胆碱酯酶底物胆碱酯的结构相似，从而可以占据酶的活性中心使酶失去活性。例如有机磷农药可以通过占据胆碱酯酶的活性中心从而阻断胆碱酯酶水解底物胆碱酯的反应，此反应属于非竞争性抑制，无论底物是否存在都可以发生。但是氨基甲酸酯类农药对胆碱酯酶的抑制是属于竞争性抑制，这类化合物和底物与酶的活性中心发生竞争性结合，所以高浓度的底物可以避免氨基甲酸酯类农药对酶的抑制作用。

自 20 世纪 70 年代人们就开始把农药对胆碱酯酶的抑制原理应用于检测农药的目的。许多研究一直致力于研制出一种稳定性强、灵敏度高、检出限低的酶生物传感器，科学界一直希望把这种酶生物传感器直接应用于实际样品的测定。电位型生物传感器就是人们探索的一种。其工作原理是将胆碱酯酶固定到 pH 玻璃电极上，构成酶生物传感器。当以乙酰胆碱(Ach)或(Bch)作为底物时，胆碱酯酶可以水解底物生成胆碱和相应的有机酸。由于胆碱不具有电活性，所以酶活力的变化可以通过在生物传感器表面产生的有机酸引起的溶液 pH 值的变化检测出来。而溶液酸度的变化值 ΔpH 与溶液中农药的含量在一定范围内均成正比，由此可以推断出农药的大致含量。以乙酰胆碱酯酶为例：

$$乙酰胆碱 \xrightarrow{\text{乙酰胆碱酯酶}} 胆碱+乙酸$$

由于乙酸的生成，溶液的 pH 值将发生改变，达到稳定时得到 pH_1，若此时向溶液中加入有机磷农药，则在上述反应中乙酰胆碱酯酶的活性将受到抑制，产生的乙酸减少。当达到稳定时得到 pH_2，即：

$$pH_1 - pH_2 = \Delta pH$$

此 ΔpH 与待测试样中有机磷农药含量在一定范围内成正比，由此可推断有机磷和氨基甲酸酯两类农药的含量。

② 检测农药的电流型酶生物传感器 检测农药的电流型胆碱酯酶生物传感器可以通过以下三种方式来实现。最常用的方法是检测水解产物胆碱在胆碱氧化酶的催化下生成的过氧化氢；第二种方法是用 Clark 溶氧电极检测在上述同一个反应中，溶解氧消耗的浓度；第三种方法是采用硫代乙酰胆碱作为胆碱酯酶的底物，直接在阳极上测量水解产物硫代胆碱。第一种方法通常使用金属铂电极作为能量转换器。铂具有良好的导电性，因而具有很高的电流密度，当作为酶催化反应的能量转换器时具有很高的灵敏度。Bernabei 等人利用交联法将乙酰胆碱酯酶和胆碱氧化酶固定到尼龙膜上，然后将尼龙膜覆盖在铂电极表面构成一种检测农药的电流型双酶生物传感器。其检测农药的基本原理为：

反应① $\quad\quad\quad 乙酰胆碱 \xrightarrow{\text{乙酰胆碱酯酶}} 胆碱+乙酸$

反应② $\quad\quad\quad 胆碱 \xrightarrow{\text{胆碱氧化酶}} 甜菜碱+H_2O_2$

反应③ $\quad\quad\quad H_2O_2 \longrightarrow O_2+2H^++2e$

在缓冲溶液中首先加入一定浓度的底物乙酰胆碱，乙酰胆碱在乙酰胆碱酯酶的催化作用下生成胆碱，产物胆碱在胆碱氧化酶的作用下生成甜菜碱和 H_2O_2，而 H_2O_2 在金属铂电极上氧化失去两个电子，导致电极输出电流的改变。电极上电流的输出值与乙酰胆碱的浓度成正比。测量时首先把传感器浸入缓冲溶液中，记录达到平衡时的电流输出值 I_1。此时向溶液中加入一定量的农药，作用一段时间后记录电流输出 I_2，则胆碱酯酶的抑制率可以通过下式计算出来。

$$I\% = \frac{I_1 - I_2}{I_1} \times 100\%$$

抑制率 $I\%$ 与溶液中的农药含量成正比，由此可推断溶液中农药的含量。

(2) 微生物传感器(微生物电极)

微生物传感器是由微生物固定化膜与电化学装置组合而成，按微生物的不同大致可分为"好气"和"厌气"两种类型。好气微生物的繁殖必须有氧，可根据呼吸活性来了解微生物的活动状态，而厌气微生物的繁殖不需要氧，可以用其代谢产物或二氧化碳作为指标来追踪其活动状态。

1) 呼吸活性测定型微生物传感器

好气微生物呼吸时要消耗氧，且产生二氧化碳，因此，把固定化好气微生物膜和氧电

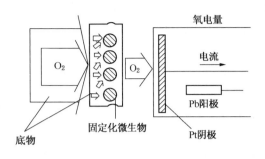

图 8.12 呼吸活性测定型微生物传感器

极或二氧化碳电极组合起来，就可构成呼吸活性测定型微生物传感器(图 8.12)。例如，把活的微生物吸附在多孔性醋酸纤维素膜上，再把此膜装在氧电极的透气膜上，就是此类传感器。当把这种传感器浸入含有有机化合物的试样溶液中时，有机化合物则向微生物膜内扩散，结果被微生物同化。微生物同化有机化合物后，其呼吸活性增强，这种呼吸的变化可以用和微生物膜相接的氧电极来测定，于是有机物同化前后微生物的呼吸改变量可以电流的形式测定出来。研究发现，此电流值和一定范围内有机物的量有直接关系，利用这种关系可对有机物进行定量测定。

2) 电极活性测定型微生物传感器

微生物同化有机物后，可生成 H_2、CO_2、CH_4 和有机酸类电化学活性代谢物，这些代谢物中含有能在电极上响应或与之反应的物质。于是，固定化厌气微生物膜和燃料电池型电极、离子选择性电极或气体电极组合在一起就可以构成电极活性测定型微生物传感器(图 8.13)。例如，将能产生氢气的细菌固定在琼脂凝胶膜中，并把它装在燃料电池的阳极上，其中燃料电极的阳极为铂电极，阴极是过氧化银电极，电极液为 0.1mol/L 磷酸缓冲液。将此传感器浸入含有有机物的试液中，有机物即可向凝胶膜中产生氢气的细菌处扩散，细菌将有机物同化，即可产生氢气。氢气又向密接在凝胶膜上的阳极处扩散，并在阳极上被氧化。此时测得的电流值与电极上反应的氢气量(即微生物产生的氢气量)成正比例，而氢气的生成量则依赖于试液中有机物的浓度，所以能通过电流值测出有机物的浓度。

微生物传感器固定化微生物敏感膜的主要特征是：微生物细胞内含有活性很高的酶体系；微生物的可繁殖性使该生物膜获得长期可保存的酶活性，从而延长了传感器的使用寿命。例如将大肠杆菌固定在二氧化碳气敏电极上，可实现对赖氨酸的检测分析；将链球菌固定在氨气敏电极上，可实现对精氨酸的检测。表 8-2 列出了一些电位法微生物电极。

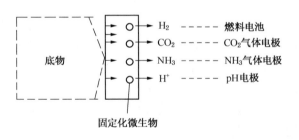

图 8.13 电极活性测定型微生物传感器

表 8-2 一些电位法微生物电极

被测物	微生物	基础电极	被测物	微生物	基础电极
头孢菌素	弗氏柠檬酸杆菌	玻璃电极	赖氨酸	大肠杆菌	二氧化碳电极
精氨酸	链球菌	氨电极	谷氨酸	大肠杆菌	二氧化碳电极
天冬氨酸	短杆菌	氨电极	谷酰氨	黄色八叠球菌	氨电极

微生物菌体系含有天然的多酶系列，活性高，可活化再生，稳定性好，作为生物膜传感器，具有广泛的应用和开发前景。

(3) 电位法免疫电极

生物中的免疫反应具有很高的特异性。电位法免疫电极的原理是：抗体与抗原结合后的电化学性质与单一抗体或抗原的电化学性质有较大差别。将抗体(或抗原)固定在膜或电极的表面，与抗原(或抗体)形成免疫复合物后，膜电极表面的物理性质，如表面电荷密度、离子在膜中的扩散速度发生了改变，从而引起了膜电位或电极电位的改变。例如，将人绒毛膜促性腺激素(hCG)的抗体通过共价键交联的方法固定在二氧化钛电极上，形成检测hCG的免疫电极。当该电极上hCG抗体与被测物中的hCG形成免疫复合物时，电极表面的电荷分布发生变化。该变化通过电极电位的测量检测出来。同样抗体也可以交联在乙酰纤维素膜上形成免疫电极，如图8.14。

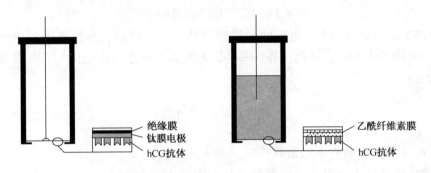

图 8.14　hCG 电位法免疫电极

(4) 生物组织电极

使用组织切片作为生物传感器的敏感膜是基于组织切片有很高的生物选择性。生物组织含有丰富的酶，在适宜的环境中具有稳定的活性。当所需要的酶难以得到纯物质时，直接利用生物组织切片如动物的肾、肝、肌肉以及植物的根、茎、叶等可以进行测定。它的制作简单，一般不需要固定化技术，在某些情况下可以代替酶传感器。一些组织电极见表8-3。

表 8-3　常见生物组织电极的酶源和测定对象

测 定 对 象	生 物 组 织	检 测 电 极	测 定 对 象	生 物 组 织	检 测 电 极
谷氨酰胺	猪肾	NH_3	丙酮酸	稻谷	CO_2
腺苷	鼠小肠黏膜细胞	NH_3	尿素	大豆	NH_3、CO_2
鸟嘌呤	兔肝、鼠脑	NH_3	尿酸	鱼肝	NH_3
过氧化氢	牛肝、土豆	O_2	磷酸根	土豆	O_2
谷氨酸	黄瓜	CO_2	酪酸根	甜菜	O_2
多巴胺	香蕉、鸡肾	NH_3	半胱氨酸	黄瓜	NH_3

8.4.4　离子敏感场效应晶体管

离子敏感场效应晶体管(ion-selective field-effect transistor, ISFET)是一种微电子化学敏感元件，它具有离子选择性电极的响应特性，又保留了场效应晶体管的性能。

金属-氧化物-半导体场效应晶体管(MOSFET)的结构及工作原理见图8.15(a)。当 $U_{gs}=0$、U_{ds} 为正电压时，漏极与衬底间的p-n结为反向偏置，s 与 d 间无导电沟道，$I_d=0$。当 U_{gs} 加上正电压后，在衬底与栅极间则构成以 SiO_2 为介质的平板电容器，产生垂直向下的电场。在电场作用下，p 型硅表面孔穴向体内移动，当 U_{ds} 加大时，电场将 p 型中少数电子吸引到表面，在 s 与 d 之间形成导电沟道，回路中即有电流 I_d 通过。

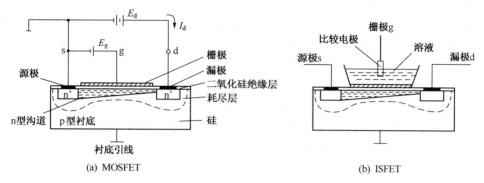

图 8.15　场效应管晶体管的结构

将 MOSFET 的金属极用离子电极的敏感膜代替,并与试液、参比电极组成测量体系即制成 ISFET,见图 8.15(b)。其电动势(g-s 间)为界面上产生的膜电位与栅压叠加,此时漏极电流 I_d 为:

$$I_d = \alpha \left(k + U_{gs} \frac{RT}{nF} \ln a \right) \tag{8.12}$$

式中,α、k 为一定条件下的常数;U_{gs} 为栅极电压。

Janata 等在绝缘栅极上覆盖一层聚氯乙烯(PVC)膜,制得 K^+、Ca^{2+}、H^+、卤素离子等的选择性电极 ISFET。随后又将酶与 ISFET 结合起来,如利用青霉素酶将青霉素水解为青霉酸的反应,可以在 pH 敏感膜上涂一层相互交联的青霉素酶-白蛋白,制得对青霉素敏感的 ISFET。

ISFET 是固态器件,体积小,易于微型化,本身具有高阻抗转换和放大功能等特点,目前受到了广泛重视。

8.4.5　离子选择性电极的性能参数

(1) 能斯特响应、线性范围、检出限

以离子选择性电极的电位对响应离子活度的负对数作图,所得的曲线称为校准曲线,见图 8.16。其响应变化遵循能斯特方程,称为能斯特响应。校准曲线的线性部分 CD 所对应的离子活度范围称为线性范围(一般在 $10^{-6} \sim 10^{-1}$ mol/L 之间),该直线的斜率称为响应斜率。实际测得的斜率与能斯特方程的理论斜率往往不相等。

离子选择性电极的检出限由校准曲线确定。按 IUPAC 定义,为校正曲线线性部分 CD 段与 AB 段的延长线交点所对应活度值(图中 G 点),即为检出限。对于晶体膜电极,其检出限由敏感膜中电极活性物质的溶解度决定。另外,检出限还受温度和溶剂成分等因素影响,因此,介绍有关电极的检出限时,必须说明试液成分等实验条件。

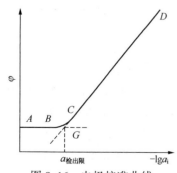

图 8.16　电极校准曲线

(2) 选择性系数

当被测离子 i 和干扰离子 j 共存时,膜电位 φ 可表示为:

$$\varphi = k \pm \frac{RT}{n_i F} \ln \left(a_i + K_{i,j} a_j^{n_i/n_j} \right) \tag{8.13}$$

式中,n_i、n_j 为离子 i 和 j 的电荷数;$K_{i,j}$ 为选择性系数(selectivity coefficient);a_i、a_j 为响应离子活度;式中第二项

（±），当测定正离子时取"+"，负离子取"-"。

选择性系数 $K_{i,j}$ 是表示电极性能的重要参数。它的含义是电极相对被测离子 i 来说，对干扰离子 j 的选择性。换句话说，表示 j 离子对 i 离子的干扰程度。$K_{i,j}$ 数值越大，则干扰越大，选择性越小。例如，NO_3^- 电极的选择性系数 $K_{NO_3^-,Cl^-} = 4 \times 10^{-3}$，表示电极对干扰离子 Cl^- 的响应仅为被测离子 NO_3^- 的 4‰。

（3）响应时间及内阻

IUPAC 规定响应时间是指从离子选择性电极和参比电极接触试液开始到电极电位变化达到稳定（1mV 之内）后所需要的时间。但相差 1mV 而引起的相应浓度的相对误差变化太大，一般采用达到稳定电位 95% 时所用的时间 t_{95} 更合适。影响响应时间的因素与敏感膜的组成和性质、参比电极电位的稳定性、测量对象及实验条件有关。被测试液浓度越高、搅拌速度加快、试液中不存在干扰离子、测量温度较高、电极表面光洁、敏感膜层薄等因素都有利于缩短响应时间。在实际测量中往往通过搅拌来缩短响应时间。

离子选择电极的内阻，主要是膜内阻，也包括内充液、内参比电极的内阻。不同类型的离子选择电极有不同的内阻，晶体膜在 $10^3 \sim 10^6 \Omega$，PVC 膜在 $10^6 \sim 10^7 \Omega$，流动载体膜在 $10^6 \sim 10^8 \Omega$，玻璃膜在 $10^8 \Omega$ 左右。电极内阻的大小直接影响对测量仪器输入阻抗的要求。

8.5　测定离子活（浓）度的方法

8.5.1　直接电位法

离子选择电极可以直接用来测定离子的活（浓）度，与 pH 指示电极一样，用离子选择电极测定离子的活度时，也是将它浸入待测溶液与参比电极组成原电池，并测量其电动势。其电动势可表示为：

$$E = \varphi_{ISE} - \varphi_{SCE} + \varphi_j \tag{8.14}$$

而：

$$\varphi_{ISE} = \varphi_{ISE}^{\ominus} + (2.303RT/nF)\lg a_{M^{n+}} \tag{8.15}$$

$$a_{M^{n+}} = \gamma_{M^n} + c_{M^{n+}} \tag{8.16}$$

将式（8.15）、式（8.16）代入式（8.14）得：

$$E = \varphi_{ISE}^{\ominus} + (2.303RT/nF)\lg \gamma_{M^{n+}} + (2.303RT/nF)\lg c_{M^{n+}} - \varphi_{SCE} + \varphi_j \tag{8.17}$$

由上式可见，由于液接电位 φ_j 与膜电极不对称电位的存在，以及活度系数 γ 难以计算，因此，一般不能通过测得的电池电动势 E 直接用式（8.17）计算试液中被测离子的浓度 c，而是在相同实验条件下，测定标准试样与未知试样电动势，进行比较，用间接的方法计算未知试样中待测组分的含量。

在测定标准试样及未知试样时，要使用同一套电极及测量装置，同时，标准试液和未知试液具有相似的体系，这样才能使式（8.17）中的 $\varphi_{ISE}^{\ominus}$、活度系数 γ、φ_{SCE} 和液接电位 φ_j 保持不变。式（8.17）可写成：

$$E = k + (2.303RT/nF)\lg c_{M^{n+}} = k + (S/n)\lg c_{M^{n+}} = k + S'\lg c_{M^{n+}} \tag{8.18}$$

式中，k、S' 为与实验条件及电极响应有关的常数，在一定实验条件下为定值。

对于各种离子选择性电极，可得如下通式：

$$E = k - S'\lg c_{\text{阴离子}} \tag{8.19}$$

$$E = k + S'\lg c_{\text{阳离子}} \tag{8.20}$$

由式(8.19)、式(8.20)说明，在一定的实验条件下，工作电池的电动势与欲测离子浓度的对数呈直线关系。实际工作中，通过测量一系列标准试样及未知试样的电动势，即可由上式计算出未知试样的浓度。

8.5.2 标准曲线法

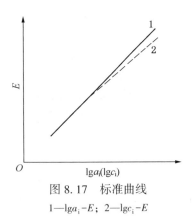

图 8.17　标准曲线

1—$\lg a_i$-E；2—$\lg c_i$-E

标准曲线法又称校准曲线法。将离子选择电极与参比电极插入一系列活(浓)度已确知的标准溶液，测出相应的电动势 E。然后以测得的 E 值对相应的 $\lg a_i$($\lg c_i$)值绘制标准曲线(校正曲线)。在同样条件下测出欲测溶液的 E 值，即可从标准曲线上查出欲测溶液中的离子活(浓)度。

一般分析工作中要求测定的是浓度，而离子选择性电极测定的则是活度。图 8.17 是一个典型的标准曲线图。可见，E-$\lg a_i$ 曲线(曲线 1)及 E-$\lg c_i$ 曲线(曲线 2)是有差异的，这种差异在高浓度范围尤为显著。其原因是活度和浓度的关系为 $a_i = \gamma_i c_i$，γ_i 是活度系数，它是溶液中离子强度的函数，在极稀溶液中，$\gamma_i \approx 1$，而在较浓的溶液中，$\gamma_i < 1$。

在实际工作中，很少通过计算活度系数来求欲测离子的浓度，而是在控制溶液离子强度的条件下，通过绘制 E-$\lg c_i$ 曲线来求得浓度的。当试样中含有一种含量高而且基本恒定的非欲测离子时，可使用"恒定离子背景法"，即以试样本身为基础，制备相似组成的标准溶液；如果试样所含非欲测离子浓度不能确知或变动较大，则可使用加入"离子强度调节剂"的办法。离子强度调节剂是高浓度的强电解质溶液，对欲测离子没有干扰。将它加到标准溶液及试样溶液中，使二者的离子强度都近乎一致，活度系数基本相同。在某些情况下，离子强度调节剂还含有 pH 缓冲剂和消除干扰的络合剂。例如测定水样中 F^-，为了试样 pH 值稳定，并消除铁、铝离子干扰，需加入 pH 缓冲剂、配合剂、惰性盐的混合溶液。该溶液称为"总离子强度调节缓冲剂"(total ionic strength adjustment buffer，TISAB)。

8.5.3 标准加入法

标准曲线法要求标准溶液与待测溶液具有接近的离子强度和组成，否则将会因 γ 值变化而引起误差。如采用标准加入法，则可减小或消除误差。

设某一未知溶液待测离子浓度为 c_x，其体积为 V_0，测得电动势为 E_1，则：

$$E_1 = k + S'\lg c_x \tag{8.21}$$

然后加入待测离子的标准溶液，其体积为 V_s(约为试样体积的 1/100)，浓度为 c_s(c_s 约为 c_x 的 100 倍)。再测量电池电动势 E_2，有：

$$E_2 = k' + S''\lg c'_x \tag{8.22}$$

由于 $V_s \ll V_x$，试样加入标准溶液后，其体积变化可近似看作不变，则：

$$c'_x = \frac{c_x V_x + c_s V_s}{V_x + V_s} \approx c_x + \frac{c_s V_s}{V_x} = c_x + \Delta c \tag{8.23}$$

又因待测试液中已有大量惰性电解质存在，标准溶液加入前后其离子强度基本不变，所以活度系数 $\gamma_x = \gamma'_x$；两次测量中，其他实验条件保持不变，故 $k = k'$、$S' = S''$。将式(8.23)代入式(8.22)，并与式(8.21)相减，得：

$$\Delta E = E_2 - E_1 = S'\lg \frac{c_x + \Delta c}{c_x} \tag{8.24}$$

式中，S' 为实验值。当 S' 用理论值代替时，$S' = 2.303RT/nF = 1.985 \times 10^{-4}T/n$，25℃时，$S'$ = 59.1/nmV。由上式可得：

$$\lg\left(1 + \frac{\Delta c}{c_x}\right) = \Delta E/S' \tag{8.25}$$

$$1 + \frac{\Delta c}{c_x} = 10^{\Delta E/S'} \tag{8.26}$$

$$c_x = \Delta c/(10^{\Delta E/S'} - 1) \tag{8.27}$$

式中，S' 为常数，Δc 可由式(8.23)求得，因而根据测得的 ΔE 值可算出 c_x。实际分析时，如 S' 值固定(温度固定)，若 $n=1$，只要令 V_x、c_s 与 V_s 为常数，则 Δc 为常数，于是 c_x 仅与 ΔE 有关。若预先计算出以 $c_x/\Delta c$ 作为 ΔE 的函数的数值，并列成表，分析时按测得的 ΔE 值由表中查出 $c_x/\Delta c$，即可求得 c_x。

本方法的优点是，仅需要一种浓度标准溶液，操作简单快速，适用于待测试液成分比较复杂，离子强度比较大的情况。

8.6 电位滴定法

电位滴定法是以电极电位变化指示滴定终点的容量分析法。它克服了一般容量分析中因试液浑浊、有色或缺乏合适指示剂而无法确定终点的弊病。

电位滴定时，在被滴定的溶液中插入指示电极和参比电极，组成化学池，测量滴定过程中电动势的变化。由于被测离子与滴定剂发生化学反应，导致对指示电极有响应的离子活度发生变化，引起电极电位的变化，在化学计量点附近发生电位的突跃，从而确定滴定终点。电位滴定法比电位测定法更准确，但费时。电位滴定法的基本装置如图 8.18 所示。

在电位滴定中，滴定终点的确定方法可以通过图解法从电位滴定曲线上确定。如果滴定曲线对称，且电位突跃部分陡直，则可直接由电位突跃的中点来确定滴定终点。如果滴定曲线的电位突跃不陡直又不对称，则可将其进行微分处理，得到一次微分曲线，峰尖的极值处即为滴定终点。在实际测绘时，由于滴加

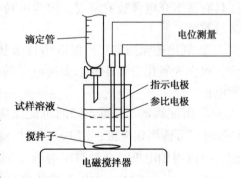

图 8.18　电位滴定基本装置

的体积不是连续的，用离散的数据绘制滴定的一次微分曲线，会产生较大的偏差，因此将其作二次微分处理，以二次微分等于零的那一点作为滴定终点则更为准确，如图 8.19 所示。

滴定终点还可以根据终点时的电动势来确定，一般可以从滴定标准溶液获得经验等当点作为终点电动势的依据，并依据终点电动势自动计算出并显示终点时滴定剂用量。

电位滴定法的仪器分为手动滴定法和自动滴定法。手动滴定法所用基本装置见图 8.18，在滴定过程中测定电动势的变化，然后绘制滴定曲线。自动电位滴定仪是在滴定过程中自动绘制滴定体系中 pH 值(或电位值)与滴定体积变化曲线，然后由计算机找出滴定终点，给出消耗的滴定体积。仪器结构框图如图 8.20 所示。

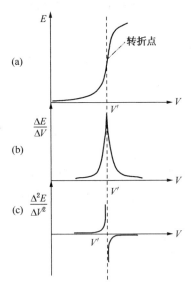

图 8.19　电位滴定曲线

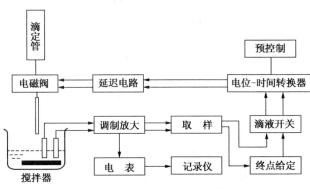

图 8.20　自动电位滴定仪的工作原理图

在电位滴定中，指示电极的选择极为重要。不同类型的滴定应选用不同的指示电极。

① 酸碱滴定　它以酸碱中和反应为基础，应选用对氢离子活度有响应的 pH 玻璃电极为指示电极。在使用指示剂确定终点时，一般要求在滴定终点有 2pH 值的变化，才能观察到颜色变化；而电位法，只要在滴定终点有 0.2pH 值变化就能反映出来，因而它常用于弱酸、弱碱、多元酸(碱)及混合酸(碱)的滴定。

在非水体系的酸碱滴定中，也可使用 pH 玻璃电极和甘汞电极组成的测量系统。但需要注意的是在测量系统中应使用以 KCl 饱和的乙醇溶液代替 KCl 饱和的水溶液的盐桥，并选择具有适当介电常数的溶剂，因为电位读数的稳定性和滴定曲线的突跃是否明显均与介电常数有关。

② 氧化还原滴定　一般以惰性金属如 Pt 作为指示电极。其电极本身并不参加电极反应，仅作为氧化态和还原态交换电子的导体，由它来显示被滴定溶液中氧化还原体系的平衡电位。

③ 沉淀滴定　根据不同的沉淀反应选用不同的指示电极。如用 $AgNO_3$ 滴定 Cl^-、Br^-、I^- 等时，可选用银电极；用 $Fe(CN)_6^{4-}$ 滴定 Zn^{2+}、Cd^{2+} 等时，生成相应的亚铁氰化物复盐沉淀，可选用铂电极。在被滴定溶液中加入少量 $Fe(CN)_6^{3-}$，与 $Fe(CN)_6^{4-}$ 组成氧化还原体系 $Fe(CN)_6^{3-}/Fe(CN)_6^{4-}$，此体系的浓度比在滴定过程中同样发生变化，铂电极可反映因浓度比突变而引起的电位突跃。先加入 $Fe(CN)_6^{3-}$ 不会与 Zn^{2+}、Cd^{2+} 生成沉淀而影响滴定，所以该滴定过程中可以使用铂电极作为指示电极。

④ 络合滴定　根据不同的络合反应用不同的指示电极。如 EDTA 作滴定剂进行络合滴定时，可用 Hg|Hg-EDTA 电极作为指示电极，当 EDTA 与被测离子形成 M-EDTA 络合物后，便形成了能指示金属离子浓度的第三类电极：

$$Hg | Hg\text{-}EDTA,\ M\text{-}EDTA,\ M^{n+}$$

如果用 EDTA 滴定的是 Ca^{2+}，也可选用钙离子选择性电极作为指示电极。

离子选择性电极的发展，大大扩充了电位滴定法的应用范围。自动电位滴定仪的应用使操作更为便利，且分析速度大为加快。

思 考 题 与 习 题

8-1 什么是电位分析法，它可以分成哪两类？

8-2 试以 pH 玻璃电极为例简述膜电位的形成。

8-3 金属基电极的共同特点是什么？

8-4 气敏电极在构造上与一般的离子选择性电极的不同之处是什么？

8-5 什么是离子选择性电极的选择性系数？它是如何求得的？

8-6 试讨论酶电极和离子敏感场效应晶体管的电位响应原理。

8-7 用氟离子选择电极测定水样中的氟，取水样 25.0mL，加离子强度调节剂缓冲液 25mL，测得其电位值为 +0.1372V(vs. SCE)；再加入 1.00×10^{-3} mol/L 标准氟溶液 1.00mL，测得其电位值为 +0.117V(vs. SCE)；氟电极的响应斜率为 58.0mV/pF。考虑稀释效应的影响，精确计算水样中 F^- 的浓度。

8-8 用标准加入法测定离子浓度时，于 100mL 铜盐溶液中加入 1mL 0.1mol/L $Cu(NO_3)_2$ 后，电动势增加 4mV，求铜盐溶液原来的铜离子浓度。

8-9 电位滴定法终点如何确定？各类反应的电位滴定应选用什么指示电极和参比电极？

8-10 以 0.1052mol/L NaOH 标准溶液电位滴定 25.00mL HCl 溶液，用玻璃电极和饱和甘汞电极时，测得以下数据：

V_{NaOH}/mL	0.55	24.5	25.5	25.6	25.7	25.8	25.9	26.0
pH 值	1.70	3.00	3.37	3.41	3.45	3.50	3.75	7.5
V_{NaOH}/mL	26.1	26.2	26.3	26.4	26.5	27.0	27.5	
pH 值	10.20	10.35	10.47	10.52	10.56	10.74	10.92	

（1）绘制 pH-V_{NaOH} 曲线，从曲线拐点确定等当点；

（2）绘制 pH-ΔV_{NaOH} 曲线，从曲线最高点确定等当点；

（3）用二次微商计算法确定等当点；

（4）用（3）的值计算 HCl。

第9章 电解分析法与库仑分析法

电解分析法是将被测物质通过电解沉积于适当的电极上，并通过称量电极增加的质量求出试样中金属含量的分析方法。这也是一种重量分析法，所以又称为电重量法（electro-gravimetry）。它有时也作为一种分离的手段，方便地除去某些杂质。

库仑分析法是以测量电解过程中被测物质在电极上发生电化学反应所消耗的电量为基础的分析方法。它和电解分析不同，被测物质不一定在电极上沉积，但一般要求电流效率为100%。

9.1 电解分析法

9.1.1 电解分析法的基本原理

电解是借助于外电源的作用，使电化学反应向着非自发的方向进行。典型的电解过程是在电解池中插入一对面积较大的电极如铂，外加直流电压，改变电极电位，使电解质溶液在电极上发生氧化还原反应。图9.1所示为典型的电解装置。

如在 0.1mol/L H_2SO_4 介质中，电解 0.1mol/L $CuSO_4$ 溶液，如果在电极间加一个很小的直流电压，最初只有微小的残余电流流过电解池。当逐渐增大外加电压，到达某一数值时，便有电极反应发生，在阴极和阳极上分别有 Cu 和 O_2 析出，并开始有电流流过，发生电解。在两个电极上发生的电极反应为：

阴极 $Cu^{2+}+2e \longrightarrow Cu\downarrow$

阳极 $2H_2O \longrightarrow O_2\uparrow+4H^++4e$

总反应 $2Cu^{2+}+2H_2O \longrightarrow 2Cu\downarrow+O_2\uparrow+4H^+$

此时，原先的铂电极已构成 Cu 电极和 O_2 电极，组成了自发电池。该电池产生的电动势将阻止电解作用的进行，称为反电动势。只有当外加电压达到足以克服反电动势时，电解才能继续进行，电流才能显著上升，并按欧姆定律线性地增大。图9.2所示为电解铜

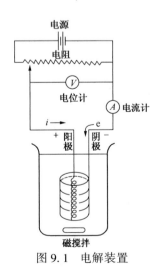

图 9.1 电解装置

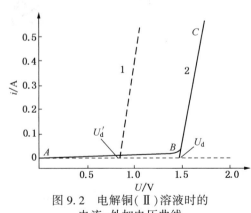

图 9.2 电解铜（Ⅱ）溶液时的电流-外加电压曲线
1—计算所得曲线（U'_d 理论分解电压）；
2—实验所得曲线（U_d 实际分解电压）

（Ⅱ）溶液的电流-外加电压曲线。使某一电解质溶液连续不断地发生电解反应所必需的最小外加电压，称为该电解质的分解电压（decomposition voltage）。图 9.2 所示的直线部分斜率应是电解池内阻的倒数。外加电压继续增大，电流达到一极限值，称为极限电流。这时电解电流将受到二价铜离子传递到电极表面的传质过程的限制。

为了使某种离子在电极上发生氧化或还原反应，而在阳极或阴极上施加的最小电位称为析出电位（depositiong potential）。它可以得到与图 9.2 相似的极化曲线，此时横坐标为析出离子的电极电位，析出电位可以由极化曲线来确定。

图 9.1 示例中，理论分解电压值可以由铜-氧原电池的电动势求得。25℃时，铜电极和氧电极的平衡电位分别为：

Cu 电极 $\qquad$ $Cu^{2+}+2e \Longrightarrow Cu$ $\qquad$ $\varphi^{\ominus}=+0.337V$

$$\varphi_{Cu}=\varphi_{Cu^{2+}/Cu}^{\ominus}+\frac{0.059}{2}\lg[Cu^{2+}]$$

$$=0.337+\frac{0.059}{2}\lg[0.100]=0.308V$$

O_2 电极 $\qquad$ $2H_2O=O_2+4H^++4e$ $\qquad$ $\varphi^{\ominus}=-1.23V$

$$\varphi_{O_2}=\varphi_{O_2/H_2O}^{\ominus}+\frac{0.059}{4}\lg\{P(O_2)[H^+]^4\}$$

$$=1.23+\frac{0.059}{4}\lg\{1\times(0.2)^4\}=1.189V$$

当铜电极和氧电极与被测溶液构成原电池时：

$$Pt\mid O_2(101325Pa)，H^+(0.2mol/L)，Cu^{2+}(0.1mol/L)\mid Cu$$

其电动势为：

$$E=\varphi_{Cu}-\varphi_{O_2}=0.308-1.189=-0.881V$$

电解时的理论分解电压值是它的反电动势值（0.881V）。

从图 9.2 可知，实际所需的分解电压比理论分解电压大，超出的部分是由于电极极化作用引起的，极化结果将使阴极电位更负，阳极电位更正。超出部分的电位差值称为过电位，也称超电位 η。电解池回路的电压降 iR 也应是电解所加电压的一部分。这时电解池的实际分解电压为：

$$U_d=(\varphi_a+\eta_a)-(\varphi_c+\eta_c)+iR \qquad (9.1)$$

若图 9.1 装置电解时，电解池内阻为 0.50Ω，铂电极面积为 100mm²，电流为 0.10A，O_2 在铂电极上的超电压为+0.72V，Cu 电极的超电压在加强搅拌的情况下可以忽略。则外加电压为：

$$U_d=(1.189+0.72)-(0.308+0)+0.10\times0.50=1.65V$$

9.1.2 控制电位电解分析法

当试样溶液中含有两种以上的金属离子时，如果一种金属离子与其他金属离子间的还原电位差足够大，就可以把工作电极的电位控制在某一个数值或某一个小范围内，只使被测金属析出，而其他金属离子留在溶液中，达到分离该金属的目的，通过称量电沉积物，求得该试样中被测金属物质的含量，这种方法称为控制电位电解分析法（controlled potential electrolysis）。

要实现对电极电位 $\varphi^{\ominus}$ 的控制，需要在电解池中引入参比电极，如甘汞电极，它和工作电极（阴极）构成回路，可以通过机械式的自动阴极电位电解装置或电子控制的电位电解仪，

159

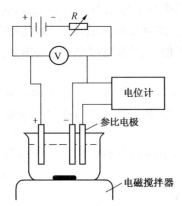

图 9.3　控制阴极电位电解装置

将阴极电位控制在设定的数值。其装置原理见图 9.3。

对于两种金属离子 A、B，在电解还原时，它们有各自的分解电位 a、b，可将阴极电位控制在 a、b 之间，则 A 定量析出，而 B 留在溶液内。一般来说，两种一价金属离子的电位相差 0.35V，两种二价金属离子的电位相差 0.2V，便可用控制阴极电位电解分析法分别测定。

如以铂为电极，电解液为 0.1mol/L 的 H_2SO_4，含有 0.0100mol/L 的 Ag^+ 和 2.00mol/L 的 Cu^{2+}。若在 25℃时，阴极超电压和电池内阻均不计，试问哪种离子先在阴极铂网上析出？

铜开始析出的电位为：

$$\varphi_{Cu} = \varphi^{\ominus}_{Cu^{2+}/Cu} + \frac{0.059}{2}\lg[Cu^{2+}]$$

$$= 0.337 + \frac{0.059}{2}\lg 2.00 = 0.346V$$

银开始析出的电位为：

$$\varphi_{Ag} = \varphi^{\ominus}_{Ag^+/Ag} + 0.059\lg[Ag^+]$$

$$= 0.799 + 0.059\lg 0.0100 = 0.681V$$

结果 $\varphi_{Ag} > \varphi_{Cu}$，所以银先在阴极铂网上析出。当其浓度降至 10^{-6} mol/L 时，一般可以认为 Ag^+ 已电解完全。此时 Ag 的电极电位为：

$$\varphi_{Ag} = 0.799 + 0.059\lg 10^{-6} = 0.445(V)$$

阳极发生水的氧化反应，析出氧气。

$$\varphi_a = 1.189 + 0.72 = 1.909V$$

而电解电池的外加电压值为：

$$U = \varphi_a - \varphi_c = 1.909 - 0.681 = 1.228V$$

这时 Ag 开始析出，到：$U = \varphi_a - \varphi_c = 1.909 - 0.445 = 1.464V$

即 1.464V 时，电解完全。而 Cu 开始析出的电位值为：

$$U = \varphi_a - \varphi_c = 1.909 - 0.346 = 1.563V$$

即 1.464V 时，Cu 还没有开始析出。

阴极电位控制范围虽然可以通过计算求出，但实际分析中要求电解在较短的时间内完成，且电解电流尽可能大，又由于超电压的存在及电解池 iR 降和溶液电导的变化，所以很难从理论上计算出一定阴极电位下所需的外加电压值。实际工作中是在相同的实验条件下分别求出两种金属离子的电解电流与其阴极电位的关系曲线，由实际分解电位来决定。

9.1.3　控制电流电解分析法

电解分析有时也在控制电流恒定的情况下进行。这时外加电压较高，电解反应的速度较快，但选择性不如控制电位电解法好。往往一种金属离子还未沉积完全时，第二种金属离子就在电极上析出。

为了防止干扰，可使用阳极或阴极去极化剂，以维持电位不变。如在 Cu^{2+} 和 Pb^{2+} 的混合液中，为防止 Pb 在分离沉积 Cu 时沉淀，可以加入 NO_3^- 作为阴极去极化剂。NO_3^- 在阴极上还原生成 NH_4^+，即：

$$NO_3^- + 10H^+ + 8e \Longleftrightarrow NH_4^+ + 3H_2O$$

它的电位比 Pb^{2+} 更正，而且量比较大，在 Cu^{2+} 电解完成前可以防止 Pb^{2+} 在阴极上的还原沉积。

类似的情况也可以用于阳极，加入的去极化剂比干扰物质先在阳极上氧化，可以维持阳极电位不变，称为阳极去极化剂。

9.2 库仑分析法

9.2.1 库仑分析法的基本原理

库仑分析法(coulometric analysis)是用电解过程中消耗的电量进行定量的分析方法。它的基本依据是法拉第(Faraday)电解定律。在电解时，电极上发生化学变化的物质的量 m 与通过电解池的电量 Q 成正比关系。其数学表达式为：

$$m = \frac{M}{nF}Q \text{ 或 } m = \frac{M}{nF}it = \frac{M}{n}\frac{it}{96485} \tag{9.2}$$

式中，M 为物质的摩尔质量；n 为电极反应中电子转移数；F 为法拉第常数，96485C/mol；i 为电流，mA；t 为时间，s；Q 是通过的电量，C。因此利用电解反应来进行分析时，可称量在电极上析出物质的量(电重量分析)，也可测量电解时通过的电量，再由上式计算反应物质的量，后者即为库仑分析法的基本依据。可见，库仑分析法就是一种电解分析法，它与电重量法不同之处是分析结果是通过测量电解反应所消耗的电量求得。由于可以精确地测量分析时通过溶液的电量，故可得到准确度很高的结果。

进行库仑分析时，应注意使发生电解反应的电极(工作电极)上只发生单纯的电极反应，而此反应又必须以 100% 的电流效率进行。为了满足上述条件，可以采用两种方法——恒电位库仑分析及恒电流库仑滴定。

9.2.2 恒电位库仑分析法

恒电位库仑分析的仪器装置与前述控制电位电解法相同。由于库仑分析是根据进行电解反应时通过电解池的电量来分析的，因此需要在电解电路中串联一个能精确测量电量的库仑计(coulometer)，见图 9.4。

将试液置于电解池中，在电解时控制工作电极的电位保持恒定值，使被分析物质以 100% 电流效率进行电解。当电解电流趋近于 0 时，指示该物质已被电解完全，用库仑计精确测量出电解所需的电量，则可由法拉第定律计算出该物质的含量。

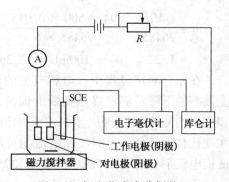

图 9.4　恒电位库仑分析装置

库仑计本身也是一种电解池，可以应用不同的电极反应来构成。有氢氧库仑计、银库仑计、电流积分库仑计等。氢氧库仑计的构造见图 9.5。

它是由一支刻度管，用橡皮管与电解管相接，电解管中焊接两片铂电极，管外装有恒温水套。常用的电解液是 0.5mol/L K_2SO_4 或 Na_2SO_4 溶液。通过电流时，在阳极上析出氧，阴极上析出氢。电解前后刻度管内液面之差即为生成的氢、氧气体的总体积。在标准状态下，每库仑电量相当于析出 0.1742mL 氢、氧混合气体。如果测得库仑计中混合气体的体积为 $V(mL)$，则电解消耗电量 Q 为：

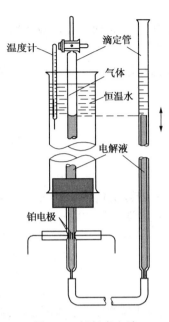

图9.5 氢氧库仑计

$$Q = \frac{V}{0.1742} \tag{9.3}$$

由法拉第定律计算，求出被测物质的质量：

$$m = \frac{VM}{0.1742 \times 96485n} = \frac{VM}{16808n} \tag{9.4}$$

式中，M 为物质的摩尔质量；n 为电极反应中电子转移数。

这种库仑计的准确度可达 $\pm0.1\%$，操作方便，是最常用的一种库仑计。

9.2.3 恒电流库仑分析法(库仑滴定)

恒电流库仑分析法也称库仑滴定法(coulometric titration)。用一恒定强度的电流通过电解池，在电极附近由于电极反应而产生一种试剂，犹如普通滴定分析中的"滴定剂"，这种电生试剂即刻与被测物质反应，反应终点可用适当的方法确定。通过恒定电流 i 和电解开始至反应终点所消耗的时间 t，可求得电量 $Q = it$，再通过法拉第电解定律求得物质的含量。库仑滴定装置如图9.6所示。

例如：用库仑滴定法测定水中的酚，取 100mL 水样，酸化后加入 KBr，电解产生的 Br_2 同酚发生如下反应：

$$C_6H_5OH + 3Br_2 = Br_3C_6H_2OH \downarrow + 3HBr$$

通过的恒定电流为 15.0mA，经 8′20″ 到达终点，求水样中酚的含量，以 mg/L 表示。

解：设 100mL 水样中酚的含量为 m（g/100mL），已知 $i = 15.0mA = 0.015A$，$t = 8′20″ = 500″$，由反应式知 $n = 6$，酚的分子量 $M = 94$。

$$m = \frac{Mit}{96485n} = \frac{94 \times 500 \times 0.015}{96485 \times 6}$$

$$= 1.22 \times 10^{-3}g/100mL = 12.2mg/L$$

在库仑滴定过程中，电解电流的变化、电流效率的下降、滴定终点判断的偏离以及时间和电流的测量误差等因素都会影响滴定误差。

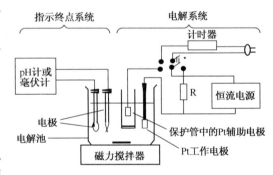

图9.6 库仑滴定装置

在现代技术条件下，时间和电流均可准确地测量，恒电流控制也可达 0.01%。因此如何保证恒电流下具有 100% 的电流效率和怎样指示滴定终点成为极为重要的问题。

库仑滴定装置中的恒电流源，可用 45~90V 乙型干电池与可调电阻器串联而得，也可使用晶体管恒电流源。通过电解池工作电极的电流强度，可用电位计测定流经与电解池串联的标准电阻 R 上的电压降 iR 求得。时间可用计时器（如电子计数式频率计）或停表测量。工作电极一般为产生滴定试剂的电极，直接浸于溶液中；辅助电极常需要套一多孔性隔膜（如微孔玻璃），以防止由于辅助电极所产生的反应干扰测定，保证 100% 电流效率。库仑滴定的终点可根据测定溶液的性质选择适宜的方法确定。例如伏安法、电导法及比色法等。如果应用伏安法，则需要在溶液中再插入一对电极，作为终点指示电极。

9.2.4　库仑滴定法的特点及应用

库仑滴定法的优点是：灵敏度高，准确度好，它不需要制备标准溶液，可以电解产生不稳定的滴定剂，电流和时间能准确测定。这些优点使得它被广泛应用。凡能以100%电流效率电解产生滴定试剂，且能迅速而定量地与之反应的任何物质都可以用这种方法测定。故能用于容量分析的各类滴定，如酸碱滴定、氧化还原法滴定、容量沉淀滴定、络合滴定等。

库仑滴定中，电解质溶液通过电极反应产生的滴定剂种类很多，由电解产生滴定剂的条件和应用见表9-1。

表 9-1　库仑滴定应用示例

电生滴定剂	介　　质	工作电极	测 定 物 质
Br_2	0.1mol/L H_2SO_4+0.2mol/L NaBr	Pt	Sb(III)、I^-、Tl(I)、U(VI)、有机化合物
I_2	0.1mol/L 磷酸盐缓冲液(pH=8)+0.1mol/L HCl	Pt	As(III)、Sb(III)、$S_2O_3^{2-}$、S^{2-}
Cl_2	2mol/L HCl	Pt	As(III)、I^-、脂肪酸
Ce(IV)	1.5mol/L H_2SO_4+0.1mol/L $Ce_2(SO_4)_2$	Pt	Fe(II)、Fe(CN)$_6^{4-}$
Mn(III)	1.8mol/L H_2SO_4+0.45mol/L $MnSO_4$	Pt	草酸、Fe(II)、As(III)
Ag(II)	5mol/L HNO_3+0.1mol/L $AgNO_3$	Au	As(III)、V(IV)、Ce(III)、草酸
Fe(CN)$_6^{4-}$	0.2mol/L $K_3Fe(CN)_6$，pH=2	Pt	Zn(II)
Cu(I)	0.02mol/L $CuSO_4$	Pt	Cr(VI)、V(V)、IO_3^-
Fe(II)	2mol/L H_2SO_4+0.6mol/L $(NH_4)Fe(SO_4)_2 \cdot 12H_2O$	Pt	Cr(IV)、V(V)、MnO_4^-
Ag(I)	0.5mol/L $HClO_4$	Ag	Cl^-、Br^-、I^-

实例　污水中化学耗氧量(COD)的测定

化学耗氧量(COD)是指单位体积(1L)水体中能被强化学氧化剂氧化的物质(主要是有机物)氧化时所消耗的氧量。它是评价水体中有机污染物相对含量的一项重要的综合指标，也是对地面水、工业污水的研究以及污水处理厂控制的一项重要的测定参数。在COD测定中，常用的方法是重铬酸钾法和高锰酸钾法，两者均为化学分析法。前者对有机物氧化率高，常用于COD值高的水体测定，但操作费时，试剂用量大。后者简便快速，但氧化率低，一般用于COD值低的水样的测定。近年来已采用恒电流库仑滴定法测定化学耗氧量。

(1) 方法原理

以重铬酸钾或高锰酸钾为氧化剂，对水样进行氧化，剩余的氧化剂以恒电流电生滴定剂 Fe^{2+} 滴定。

阴极反应：$$Fe^{3+}+e \longrightarrow Fe^{2+}$$

次级化学反应：$Cr_2O_7^{2-}+6Fe^{2+}+14H^+ === 2Cr^{3+}+6Fe^{3+}+7H_2O$，用来滴定 $Cr_2O_7^{2-}$

或：$MnO_4^-+5Fe^{2+}+8H^+ === Mn^{2+}+5Fe^{3+}+4H_2O$，用来滴定 MnO_4^-

扣除本底的重铬酸钾或高锰酸钾总氧化量作为空白值，则由法拉弟定律可得：

$$COD(O_2, mg/L) = \frac{I \times (t_0 - t_1)}{96485} \times \frac{8000}{V_样}$$

式中　I——电解电流，mA；

　　　t_0——空白溶液电生 Fe^{2+} 标定 $Cr_2O_7^{2-}$ 或 MnO_4^- 的时间，s；

　　　t_1——水样测定时电生 Fe^{2+} 滴定剩余的 $Cr_2O_7^{2-}$ 或 MnO_4^- 的时间，s。

（2）仪器与试剂

① HH-5 型微机化学耗氧量测定仪；

② 库仑滴定池；

③ 消解杯；

④ 0.05mol/L $K_2Cr_2O_7$ 溶液：称取 2.4516g $K_2Cr_2O_7$ 溶于 1000mL 二次蒸馏水中；

⑤ 0.1mol/L $KMnO_4$ 溶液：称取 3.2g $KMnO_4$ 溶于 1200mL 二次蒸馏水中，加热煮沸，使体积减少至约 1000mL，放置过夜，用 G-3 玻璃砂芯漏斗过滤后，滤液贮于棕色瓶中，临用前稀释配制与标定；

⑥ 硫酸-硫酸银溶液：在 500mL 浓硫酸中加入 6g 硫酸银，使其溶解，摇匀；

⑦ 0.1mol/L 硫酸铁溶液：称取 200g 硫酸铁溶于 1000mL 二次蒸馏水中（若有沉淀物需过滤除去）。

试剂均为分析纯，实验用水为二次蒸馏水。

（3）操作步骤

按仪器使用说明书要求操作。先消解试样，然后将库仑滴定和指示系统与仪器连接，标定扣除本底空白值和进行试样测定。

（4）说明

① 所用水为二次蒸馏水最好，如 3mL $K_2Cr_2O_7$ 总氧化量空白值应在 102mg/L 以上。切勿使用去离子水，因去离子水含有树脂一类的有机物本身耗氧，所以往往导致空白值不稳定，且重现性差。

② 如果 $K_2Cr_2O_7$ 总氧化量的空白值明显偏低，一般多为硫酸等试剂纯度较差，或消解系统不干净，或蒸馏水质量差，这些都是由还原性物质较多引起的。

③ 如果发现电解阴极上有 Ag 析出时，一般是硫酸铁浓度偏低，或未加硫酸银所致。可用 1:3 热硝酸浸泡电极片刻后，再用蒸馏水冲洗即可使用。

④ 测定低含量 COD 值的水样时，如含 Cl^- 量又较高（大于 60mg/L）时，电解电极表面有时形成一层白膜，可用 2% 氨水浸泡去除。

⑤ 当水样含 Cl^- 量大于 100mg/L 时，采用氯化银沉淀除氯。取适量水样（约 15mL）于一试管中，加入 1 滴 3mol/L H_2SO_4 搅拌，加入 2~4 滴 50% 硫酸银溶液，摇匀，再加入 0.2g $KAl(SO_4)_2$ 溶解后。静置片刻，过滤或离心除去 AgCl。当水样含 Cl^- 量大于 500mg/L 时，可在水样中加入固体硝酸银 0.1~0.2g，搅拌溶解，然后吸取一定量上层清液进行库仑滴定。

9.2.5 自动库仑分析法

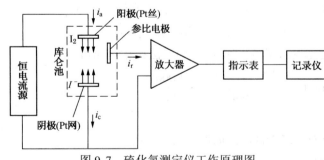

图 9.7 硫化氢测定仪工作原理图

随着工业生产和科学研究的发展，已出现多种类型的库仑分析仪器。例如应用库仑法对大气污染进行连续监测的仪器。图 9.7 为硫化氢测定仪的工作原理图。

图中库仑池由三个电极组成：铂丝阳极、铂网阴极和活性炭参比电极。电解液由柠檬酸钾（缓冲液）、二甲亚砜（溶解反应析出的游离硫)及碘化钾组成。恒电流加到两个电解电极上后，两电极上发生的反应为：

阳极 $\qquad\qquad\qquad\qquad 2I^- \longrightarrow I_2 + 2e$

阴极 $\qquad\qquad\qquad\qquad I_2 + 2e \longrightarrow 2I^-$

即由阳极的氧化作用连续地产生 I_2，I_2 被带到阴极后，因阴极的作用而被还原为 I^-。若库仑池内无其他反应，在 I_2 浓度达到平衡后，阳极的氧化速率和阴极的还原速率相等，阴极电流 i_c 等于阳极电流 i_a，这时参比电极无电流输出。如进入库仑池的大气试样中含有 H_2S，则与碘产生下列反应：

$$H_2S + I_2 \longrightarrow 2HI + S$$

这个反应在池中定量的进行，因而就降低了流入阴极的 I_2 的浓度，从而使阴极电流降低。为了维持电极间氧化还原的平衡，降低的部分将由参比电极流出，其反应为：

$$\cdots CO + 2H^+ + 2e \longrightarrow \cdots C + H_2O$$

试样中 H_2S 含量越大，消耗 I_2 越多，导致阴极电流相减小越多，则通过参比电极的电流随之增加。若气样以固定流速连续地通入仪器，根据式(9.2)：

$$m = \frac{itM_{H_2S}}{96485n} = 0.0001766it \qquad (9.5)$$

式中，i 为流经参比电极的电流，μA；m 为 H_2S 的质量，μg；t 为进样时间，s；M_{H_2S} 为 H_2S 的相对分子质量。设单位时间进入库仑池的 H_2S 量为 $\phi(\mu g/s)$，则：

$$\phi = \frac{m}{t} = 0.0001766i \qquad (9.6)$$

大气中 H_2S 的质量浓度为 c(单位为 $\mu g/L$ 或 mg/m^3)，单位时间进入库仑池的大气流量若取为 $150mL/min$，则：

$$\phi = \frac{c \times 0.15}{60} = 0.0001766i$$

$$i = \frac{0.15}{60 \times 0.0001766} \times c = 14.19\mu A \qquad (9.7)$$

由上式可见，当大气中 H_2S 的质量浓度为 $1mg/m^3$ 时，流经参比电极的电流为 $14.16\mu A$，可见灵敏度是很高的。

大气中若存在二氧化硫等还原性组分，则与池中的 I_2 可发生下列反应：

$$SO_2 + I_2 + 2H_2O \longrightarrow SO_4^{2-} + 2I^- + 4H^+$$

因此，适当改变条件，硫化氢测定仪同样可用作 SO_2 测定仪。为了防止大气中常见干扰气体的影响，需要在进气管路内装置选择过滤器。例如在测定 H_2S 时，过滤器内填充载有副品红试剂的 6201 担体，此时 SO_2 与副品红发生下述反应而吸收除去：

当被测气体通过硫酸亚铁过滤器和银网过滤器时，可除去臭氧、NO_2、H_2S、Cl_2 等干扰气体。

思 考 题 与 习 题

9-1 什么叫分解电压? 什么叫析出电位?

9-2 什么叫超电位? H_2 的超电位在金属析出时起什么作用?

9-3 恒电位库仑分析法与恒电流电解法相比有什么特点? 电解分离两种不同金属的原理是什么?

9-4 说明库仑分析的理论依据。

9-5 简述库仑滴定法的原理。

9-6 计算 $0.1mol/L$ $AgNO_3$ 在 $pH=1$ 的溶液中的分解电压, 已知 $\eta_{Ag}=0$, $\varphi_{O_2}=+0.4V$。

9-7 有一 Cu^{2+} 和 Ag^+ 的混合溶液, 其浓度分别是 $1mol/L$ 及 $0.01mol/L$, 以铂为电极进行电解, 在阴极上首先析出的是 Ag 还是 Cu? 电解时两种金属离子能否分开?

9-8 电解池的电阻为 1.5Ω, 阴极析出电位为 $+0.281V$, 阳极析出电位为 $+1.531V$, 电解电流为 $0.500A$, 应施加的外电压为多少?

9-9 用控制电位库仑法测定 Br^-, 在 $100.0mL$ 酸性溶液中电解, Br^- 在铂阳极上氧化为 Br_2, 当电解电流降至接近于 0 时, 测得消耗的电量为 $105.5C$, 试计算试液中 Br^- 的浓度。

9-10 用库仑法检测某炼焦厂下游河水中的酚含量, 取水样 $100mL$, 酸化后加入 KBr。电解产生的 Br_2 同酚发生如下反应:

$$C_6H_5OH+3Br_2 \Longrightarrow Br_3C_6H_2OH\downarrow +3HBr$$

电解电流为 $20.8mA$, 需要 $580s$。问水样中酚含量为多少?

第10章 伏安分析法

伏安分析法(voltammetry)是一种特殊的电解方法，由工作电极、参比电极和试液组成电解池，根据电解过程中的电极电位–电流曲线进行分析。与电位分析法不同，伏安法是在一定的电位下对体系电流的测定；而电位分析法是在零电流条件下对体系电位的测定。极谱分析法(polarography)是伏安分析法的早期形式，1922年由Jaroslay Heyrovsky创立。随着电子技术的发展，固体电极、修饰电极以及电分析化学在生命科学与材料科学中的广泛使用，使伏安分析法得到了长足的发展，单一的极谱分析法已经成为伏安分析法的一种特例。

10.1 极谱分析法

10.1.1 极谱分析的基本原理

极谱分析装置如图10.1所示。直流电源E加于滑线电阻CD两端，通过移动触点，改变加在电解池两电极上的电压，由电压表显示，电解回路电流i由检流计G示出。采用滴汞电极(dropping mercury electrode, DME)为工作电极，甘汞电极(SCE)为参比电极。滴汞电极作为负极，它由贮汞瓶下接一厚壁塑料管，再接一内径约为0.05mm的玻璃毛细管构成。汞滴从毛细管中以3~5s的周期长大下落，流量为1~3mg/s。甘汞电极作为阳极，它的面积较大，电流密度低，没有浓差极化现象，是一种非极化电极。通过移动滑线电阻上接触键将电解池电压调节在−2~0V内，通过灵敏检流计G来测量通过电解池的电流。连续地以100~200mV/min的速度改变两极之间的电压，记录得到的是电流–电压曲线，称为极谱图。图10.2为镉离子的极谱图。

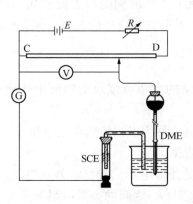

图10.1 极谱分析装置

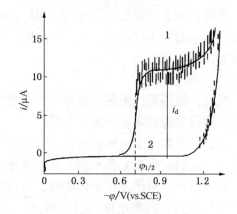

图10.2 镉离子的极谱图

1—0.5mol/L Cd^{2+} 1mol/L HCl；2—1mol/L HCl

电解池中是$CdCl_2$溶液，当电位从0V开始逐渐增加，在未到达Cd^{2+}的分解电位以前，只有微小的电流通过，这种电流称残余电流。当电位增加到Cd^{2+}的分解电位时，Cd^{2+}开始在滴汞电极上还原为金属，并与汞生成汞齐：

$$Cd^{2+} + 2e + Hg \Longrightarrow Cd(Hg)$$

同时，在阳极上也发生 Hg 的氧化还原反应生成 Hg_2^{2+}，并和溶液中的 Cl^- 生成甘汞：

$$2Hg + 2Cl^- \Longrightarrow Hg_2Cl_2 + 2e$$

随着电位增加，电流迅速增加，滴汞表面的 Cd^{2+} 的浓度则迅速减小，出现浓差极化现象。由于溶液是静止的，因此电极表面的 Cd^{2+} 浓度小于主体的 Cd^{2+} 浓度 c，此浓度差将使溶液主体中的 Cd^{2+} 向电极表面扩散而形成一个扩散层，如图 10.3。设扩散层内电极表面上的 Cd^{2+} 离子浓度为 c_s，扩散层外溶液中 Cd^{2+} 浓度和主体溶液中 Cd^{2+} 离子浓度相等，设为 c，扩散层中 Cd^{2+} 离子浓度的变化，可用图 10.4 来表示。

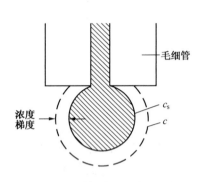

图 10.3　汞滴周围的浓差极化

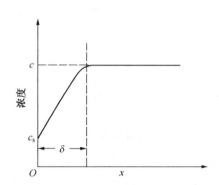

图 10.4　扩散层中的浓度变化

x—离电极表面的距离；δ—扩散层厚度

扩散电流的大小取决于 Cd^{2+} 从溶液主体扩散到电极表面的速度，而扩散速度又与扩散层中的浓度梯度成正比，即 $i_{扩散} \propto$ 扩散速度 $\propto$ 浓度梯度 $\dfrac{c-c_s}{\delta}$

所以

$$i_{扩散} = k(c-c_s) \tag{10.1}$$

式中，k 为与实验条件有关的常数，当继续增加外加电压，滴汞电极电位负到一定程度时，电极表面上的浓度趋于零（$c_s \approx 0$），即离子从溶液主体扩散到电极表面便立即被还原。那么，电流的大小仅决定于 c，不随电位增加而增加，于是电流到达最大值，称为极限扩散电流 i_d，即：

$$i_d = kc \tag{10.2}$$

此时，极谱曲线出现电流平台。根据极限扩散电流的大小可以求得溶液中待测离子的浓度，这就是极谱定量分析的基础。

当扩散电流等于极限扩散电流一半时滴汞电极的电位称为极谱波的半波电位 $\varphi_{1/2}$。不同的离子，它们的半波电位不同，这是极谱定性分析的依据。

滴汞电极在极谱分析中作阴极，其电极电位完全受外加电压的控制。外加电压（$V_{外}$）与阳极电位（φ_a）、阴极电位（φ_c）、电流（i）和电路中的电阻（R）之间的关系可用下式表示：

$$V_{外} = \varphi_a - \varphi_c + iR \tag{10.3}$$

由于极谱分析中的电流很小（只要几微安），故 iR 项可以忽略不计。

$$V_{外} = \varphi_a - \varphi_c \tag{10.4}$$

甘汞电极（SCE）的电极电位 φ_a 是恒定的，通常作为参比的标准，即规定 $\varphi_a = 0$，则 $V_{外}$

与滴汞电极的电极电位 φ_c 之间的关系可写成：

$$V_外 = -\varphi_c(\text{对 SCE}) \tag{10.5}$$

由于滴汞电极的电位完全受外加电压所控制，因此，$i-\varphi_c$ 曲线与 $i-V_外$ 曲线接近重合。为更好地消除 iR 降的影响，许多极谱仪器已采用三电极系统。如图 10.5 所示，除工作电极、参比电极之外，尚有一个辅助电极（也称对电极）。辅助电极一般为铂电极。辅助电极和工作电极构成一个电位监测回路。此回路的电阻

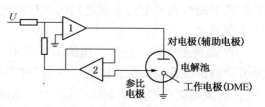

图 10.5　三电极系统电子线路框图

抗很大，实际上没有明显的电流通过，在该回路中的两电极之间溶液的电压降完全可以忽略，监测回路随时显示电解过程中工作电极对参比电极的电位 φ_c。

10.1.2　极谱定量分析

（1）扩散电流方程式

扩散是指物质在固体、液体或气体介质中由于不同部位的浓度不同而引起的一种方向性运动，即物质从高浓度部位向低浓度部位的移动。扩散的速度与浓度差呈正比，也与扩散物质的性质和介质的性质有关。对滴汞电极上的扩散电流由式（10.2）可知：

$$i_d = kc$$

此式说明极限扩散电流与被分析物质的浓度呈正比，这是极谱定量分析的基本关系式。扩散电流方程式又称为尤考维奇（I1 Kovic）方程式，其表达式为：

$$i_d = 607nD^{1/2}m^{2/3}t^{1/6}c \tag{10.6}$$

式中　i_d——平均极限扩散电流，即表示汞滴由生成至落下过程中汞滴上的平均电流，μA；

n——电极反应的电子转移数；

D——被测组分在溶液中的扩散系数，cm^2/s；

m——滴汞流速，mg/s；

t——滴汞周期，s；

c——被测物的浓度，mmol/L。

在式（10.6）中，除 c 以外其他各项因素不变时，即 $607nD^{1/2}m^{2/3}t^{1/6} = k$，只有保持扩散电流方程式中的常数项 k 不变，才能使极限扩散电流与被测定物质的浓度成正比。

影响扩散电流的主要因素有：

① 溶液组分的影响　从式（10.6）可知，i_d 与扩散系数 $D^{1/2}$ 成正比，而扩散系数与溶液的黏度有关，黏度越大，D 就越小，i_d 也随之减小。溶液的组分不同，黏度也不同，因此对 i_d 的影响也不同。所以在实际工作中，应保持标准溶液与试液的组分基本一致。

② 毛细管特性的影响　从尤考维奇扩散电流公式可见，i_d 与 $m^{2/3}$、$t^{1/6}$ 成正比，因此 m 与 t 的任何改变都要引起扩散电流的变化，m 与 t 均为毛细管特性，$m^{2/3}t^{1/6}$ 称为毛细管常数。汞流速度 m 与汞柱压力 P 成正比，而滴汞周期与汞柱压力 P 成反比，即：

$$m = k'P$$

$$t = k''/P$$

所以：

$$m^{2/3}t^{1/6} = (k'P)^{2/3}(k''/P)^{1/6} = k'^{2/3}k''^{1/6}(P^{2/3}P^{-1/6})$$

$$= k'''P^{1/2}$$

169

因为扩散电流 $i_d \propto m^{2/3} t^{1/6}$，所以 $i_d \propto P^{1/2}$。 　　　　　　　　　　　(10.7)

也就是说，扩散电流与汞柱压力的平方根成正比，一般作用于每一滴汞上的压力用贮汞瓶的汞面与滴汞电极末端之间的汞柱高度 h 来表示，故 $i_d \propto h^{1/2}$，在实际操作中应保持汞柱高度不变。

③ 温度的影响　在扩散电流方程式中，除 n 外，其他各项均受温度的影响，尤其是被测组分的扩散系数。实验证明，室温下扩散电流的温度系数约为 +0.013/℃，即温度每升高 1℃，扩散电流约增加 1.3%。因此为了保证极限扩散电流因温度变化而产生的误差 <±1%，温度变化必须控制在 ±0.5℃ 范围内。如果将标准溶液和试液在同一条件下进行极谱测定，则温度的影响可以忽略。

(2) 定量方法

极谱定量方法一般有如下几种：

① 直接比较法　将浓度为 c_s 的标准溶液及浓度为 c_x 的未知液在同一实验条件下，分别测得其极谱波的波高 h_s 及 h_x，由：

$$c_x = \frac{h_x}{h_s} c_s$$　　　　　　　　　　　(10.8)

求出未知液的浓度。测定应在同一条件下进行，即应使两个溶液的底液组成、温度、毛细管、汞柱高度等保持一致。

② 标准曲线法　配制一系列含不同浓度的被测离子的标准溶液，在相同的实验条件下（底液条件、滴汞电极、汞柱高度）绘制极谱波；以波高对浓度作图得到一条通过原点的标准曲线。在上述条件下测定未知溶液的波高，从标准曲线上查得试液的浓度。

③ 标准加入法　分析大量同一类的试样时，常应用此法。此时先测定体积为 V 的未知液的极谱波高 h_x，然后加入一定体积 (V_s) 相同物质的标准溶液 (c_s)，在同一实验条件下再测定其极谱波高 H，由波高的增加计算出未知液的浓度。由扩散电流公式得：

$$h_x = Kc_x$$

$$H = K\left(\frac{Vc_x + V_s c_s}{V + V_s}\right)$$

由以上两式可求得未知液的浓度 c_x：

$$c_x = \frac{c_s V_s h_x}{H(V + V_s) - h_x V}$$　　　　　　　(10.9)

由上述可见，在进行定量测定时，通常只需测量所得极谱波的波高（以毫米或记录纸格数表示），而不必测量扩散电流的绝对值。对于波形良好的极谱波，只需通过极谱波的残余电流部分和极限电流部分做两条相互平行的直线，两线间的垂直距离即为所求的波高。由于极谱波呈锯齿形，故在做直线时应取锯齿形的中值（参见图 10.6）。但很多情况下，极谱波可能呈不同的波形，此时

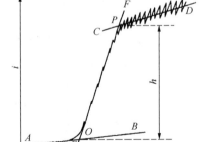

图 10.6　三切线法测量峰高

波高的测量应采用三切线法，即在极谱波上通过残余电流、极限电流和扩散电流，分别做出 *AB*、*EF*、*CD* 三条切线，*EF* 分别与 *AB* 和 *CD* 相交于 *O* 点 *P* 点，通过 *O* 点和 *P* 点分别做横坐标的平行线，此两平行线之间的垂直距离 h 即为所求波高。

10.1.3 干扰电流及消除方法

（1）残余电流及其扣除

残余电流是指在进行极谱分析时，当外加电压还未达到被测物质的分解电压，就有微小电流通过电解池，这种微小电流称为残余电流（i_r）。残余电流一般很小（约十分之几微安），然而对测定微量物质却有影响。因为此时被测物产生的扩散电流很小，甚至比残余电流还小，以致残余电流会掩盖被测定物质的极谱波而影响测定。

残余电流包括电解电流和电容电流两部分。溶液中存在的易于在滴汞电极上还原的微量杂质所引起的残余电流为电解电流，如水中的微量铜离子、溶液中未除尽的微量氧等。这些杂质在未达到被测定物质的分解电压之前，即在滴汞电极上还原，产生很小的电解电流，这部分电流一般是微小的。电容电流又称充电电流，它是残余电流的主要组成部分，是由于滴汞不断地生长和落下而形成的，是影响极谱法灵敏度的主要因素。滴汞电极与溶液两相界面之间，存在相当于电容器作用的双电层，其电容量随滴汞面积的变化而变化。当外加电压加于电解池两极时，双电层两端存在一定的电位差，在固定电位差的情况下，由于电容量的不断改变，必然在电路中不断产生充电电流。充电电流的大小为 10^{-7}A 数量级，这相当于浓度为 10^{-5}mol/L 物质所产生的扩散电流的大小，因此使得浓度低于 10^{-5}mol/L 的物质难于测定，结果很不准确，大大限制了普通极谱法的灵敏度。

残余电流应从极限电流中扣除，扣除方法常采用作图法或空白实验。

（2）迁移电流和支持电解质

极谱分析中扩散电流的产生，是由于电解时溶液中待测离子的浓度梯度，使离子由浓向稀扩散而形成的。但由于电解池的正负之间存在的电场，而产生静电吸引或排斥力，如作负极的滴汞电极对正离子有静电吸引力，使得在一定时间内有更多的正离子移向滴汞电极表面而还原，使观测到的总电流比只有扩散电流时高。这种由于电极对分析离子的静电力而使更多的离子移向电极表面，并在电极上还原而产生的电流称为迁移电流。因为迁移电流与被分析物质的浓度之间无定量关系，故应加以消除。

消除迁移电流的方法是向待测试液中加入大量电解质，这种电解质称为支持电解质。由于大量支持电解质的存在，它们在溶液中电离为正、负离子，负极对所有正离子都有吸引力，使滴汞电极对被分析离子的吸引力大大削弱，从而使因静电作用而引起的迁移电流趋近于 0，达到消除迁移电流的目的。

常用的支持电解质有 KCl、HCl、H_2SO_4、NaAc-HAc 及 NH_3-NH_4^+ 等。

（3）极谱极大

在极谱分析中，当外加电压达到被测离子的析出电位后，电流随电压的增加而迅速增大到一个极大值，然后再降到扩散电流区域，并保持不变，见图10.7中曲线。这种在极谱曲线上出现的比极限扩散电流大得多的不正常的电流峰，称为极谱极大。它是极谱分析中常见的现象，绝大多数离子在滴汞电极上还原时都产生极大。极谱极大的高度与被测离子的浓度之间并无简单的关系，同时还影响扩散电流和半波电位的准确测量，特别是当两个离子的半波电位相差很小时，影响更为严重，故应设法消除。

通常可采用加入表面活性剂的方法抑制极谱极大。常用的表面活性剂有明胶、聚乙烯醇、TX-100 等。应该注意，加入极大

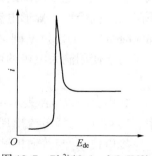

图 10.7　Pb^{2+}（0.1mol/L KCl）的极谱极大

抑制剂的量不能太大，否则将影响扩散电流。

（4）氧波及除氧

在室温、常压下，氧气在水中的溶解度约为 8mg/L（相当于 2.5×10^{-4} mol/L），当电解时，氧在电极上被还原而产生两个极谱波。

$$O_2 + 2H^+ + 2e \longrightarrow H_2O_2 \qquad \varphi_{1/2} = -0.2V$$

$$H_2O_2 + 2H^+ + 2e \longrightarrow 2H_2O \qquad \varphi_{1/2} = -0.8V$$

这两个极谱波的半波电位 $\varphi_{1/2}$ 范围正是极谱分析中最有用的（$-1.2 \sim 0V$）电位区间，因而重叠在被测物质的极谱波上，因此氧是极谱分析中具有普遍性的干扰因素，必须设法消除。

常用的除氧方法有以下几种：

① 在惰性气体环境中进行极谱分析。即通入惰性气体（H_2、N_2、CO_2 等）驱逐溶液中的氧。CO_2 仅适用于酸性溶液。

② 在中性或碱性溶液中，可加入 Na_2SO_3 使氧发生下列还原反应：

$$2SO_3^{2-} + O_2 \longrightarrow 2SO_4^{2-}$$

但 Na_2SO_3 不能在酸性溶液中使用，这是因为 SO_2 也会在电极上还原产生极谱波：

$$SO_3^{2-} + 2H^+ \longrightarrow SO_2 + H_2O$$

$$2SO_2 + 2H^+ + 2e \longrightarrow H_2S_2O_4$$

③ 在强酸性溶液中，可加入 Na_2CO_3，放出大量的 CO_2 驱逐 O_2；或加入还原剂（如铁粉），使与酸作用析出 H_2 而驱逐氧。

④ 在酸性溶液中加入抗坏血酸也有较好的除氧效果。

10.2 现代极谱方法

经典极谱法具有较大的局限性。主要表现在电容电流在检测过程中不断变化，电位施加以及极谱电流检测的速度较慢。为了克服这些局限性，一方面可以改进和发展极谱仪器以降低电容电流的影响，如采用单扫描示波极谱法、方波极谱法和脉冲极谱法等；另一方面可以采用阳极溶出伏安法等提高样品的有效利用率，从而提高检测灵敏度。

10.2.1 单扫描极谱法

经典直流极谱法的电位扫描速率一般为 200mV/min，若将扫速提高至 250mV/s，则电极表面的被测离子迅速被还原，瞬间产生很大的极谱电流。由于被测离子在电极表面迅速减少，以至于电极周围的离子来不及扩散到电极表面，使扩散层加厚，导致极谱电流迅速下降，形成峰形。峰形电流大小与被测物质浓度成正比，这便是单扫描极谱法（single sweep polarography）的定量基础。

对于使用滴汞电极的可逆极谱波，25℃时，峰电流 i_p 为：

$$i_p = 2.28 \times 10^5 n^{3/2} D^{1/2} v^{1/2} m^{2/3} t_p^{2/3} c \qquad (10.10)$$

式中，i_p 以 μA 表示；D 为扩散系数，cm^2/s；m 为滴汞流速，mg/s；v 为电压扫描速率，V/s；t_p 为峰电流出现的时间，s；c 为被测物质的浓度，mmol/L。

峰电位 φ_p 与普通极谱波的 $\varphi_{1/2}$ 的关系为：

$$\varphi_p = \varphi_{1/2} - 1.1 \frac{RT}{nF} = \varphi_{1/2} - \frac{0.028}{n} \qquad (25℃) \qquad (10.11)$$

经典极谱法记录的是滴汞电极上的平均电流值，而单扫描极谱法是在每滴汞的生长后期，加上一个极化电压的锯齿波脉冲。该脉冲随时间线性增加，用长余辉的阴极射线示波器记录峰电流，x 轴为电位，y 轴为电流变化，见图 10.8 及图 10.9。

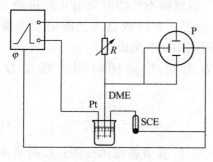

图 10.8　单扫描极谱仪基本电路

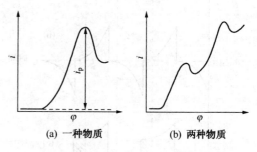

(a)　一种物质　　　　(b)　两种物质

图 10.9　单扫描极谱图

单扫描极谱法中，汞滴滴下时间一般为 7s。在汞滴滴下的最后 2s 内，才加上一般为 0.5V 的线性扫描电压。扫描时的起始电压可任意设定，在扫描结束时，用敲击器将汞滴同时敲下，以保证汞滴滴下时间与扫描同步。图 10.10 示出了汞滴表面积变化、扫描电压及电极上极谱电流变化与时间的相关关系。

单扫描极谱法测量速度快，峰电流与 $v^{1/2}$ 成正比，且扫描速率大，有利于峰电流增大，检测下限可达 10^{-7}mol/L。但由于电容电流也随 v 增大，故 v 也不能太大，否则会使信噪比减小。单扫描极谱法的分辨率较普通极谱法高一倍，使用导数技术测定还可进一步提高分辨率。

10.2.2　方波极谱法

方波极谱是交流极谱法的一种。在这类极谱法中，是将一频率通常为 225～250Hz、振幅为 10～30mV 的方波电压叠加到直流线性扫描电压上，然后测量每次叠加方波电压改变方向前瞬间通过电解池的交流电流。方波极谱仪的工作原理如图 10.11 所示。

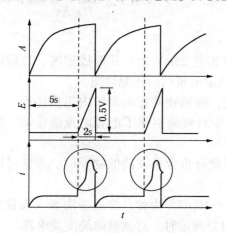

图 10.10　汞滴表面积(A)、极化电压(E)、电流(i)与时间的关系

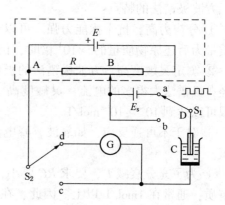

图 10.11　方波极谱仪工作原理图

通过 R 的滑动触点向右移动，对极化电极进行线性电压扫描。利用振动子 S_1 往复接通

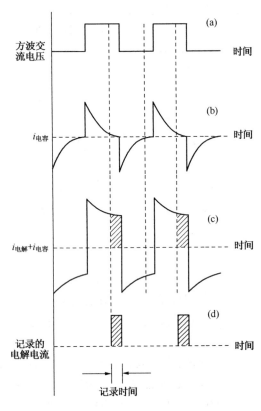

方波交流电压 .... 时间 (a)

$i_{电容}$ .... 时间 (b)

$i_{电解}+i_{电容}$ .... 时间 (c)

记录的
电解电流 .... 时间 (d)

记录时间

图 10.12　方波极谱法消除电容电流的原理

a、b，而在一定的时间将方波电源 E_s 产生的方波电压加到电解池 C 上。在电极反应过程中产生的极谱电流，通过振动子 S_2 在电容电流衰减到可以忽略不计的时刻与 d 点接通，由检流计 G 检测。方波极谱法消除电容电流的原理，可用图 10.12 来说明。

电容电流 I_c 是随时间 t 按指数衰减的，即：

$$I_c = \frac{E_s}{R} e^{-\frac{t}{RC}} \qquad (10.12)$$

式中，E_s 是方波电压振幅；C 是滴汞电极和溶液界面双电层的电容；R 是包括溶液电阻在内的整个回路的电阻。RC 称为时间常数。当 $t=RC$ 时：

$$e^{-\frac{t}{RC}} = 0.368$$

即此时的 I_c 仅为初始时的 36.8%；若衰减时间为 5 倍的 RC，则 I_c 只剩下初始值的 0.67% 了，可以忽略不计[见图 10.12（b）]。而法拉第电流 I_f 只随时间 $t^{-1/2}$ 衰减，比 I_c 衰减慢[见图 10.12（c）]。对于一般电极，$C = 0.3\mu F$，$R = 100\Omega$，时间常数 $RC = 3\times10^{-5}s$。如果采用的方波频率为 225Hz，则周期 $\tau = \frac{1}{450}s = 2.2\times10^{-3}$。$\tau > 5RC$，因此，在一方波电压改变方向前的某一时刻 $t(5RC < t < \tau)$，记录极谱电流，就可以消除电容电流 I_c 对测定的影响。方波极谱法与交流极谱法相似，只有当直流扫描电压落在经典极谱 $\varphi_{1/2}$ 前后，叠加的方波电压才显示明显的影响。

方波极谱法的特点：

① 分辨力高，抗干扰能力强。可以分辨峰电位相差 25mV 的相邻两极谱波，在前还原物质量为后还原物质量的 5×10^4 倍时，仍可有效地测定痕量的后还原物质。

② 测定灵敏度高。方波极谱法的极化速度很快，被测物质在短时间内迅速还原，产生比经典极谱法大得多的电流，灵敏度高。而且，由于有效地消除了电容电流的影响，使检出限可以达到 $10^{-9} \sim 10^{-8} mol/L$。

③ 对于不可逆反应，如氧波，峰电流很小，因此分析含量较高的物质时，常常可以不除氧。

④ 为了充分衰减 I_c，要求 RC 要小，R 必须小于 100Ω。为此，溶液中需加入大量支持电解质，通常在 1mol/L 以上。因此，在进行痕量组分测定时，对试剂的纯度要求高。

10.2.3　脉冲极谱

脉冲极谱是在缓慢变化的直流电压上，在滴汞电极每一汞滴生长的末期，叠加一个小振幅的周期性脉冲电压，并在电压衰减的后期记录电解电流。由于此法使电容电流和毛细管的噪声电流充分衰减，提高了信噪比，因此脉冲极谱成为极谱方法中灵敏度较高的方法之一。脉冲极谱分为常规脉冲极谱(NPP)和微分脉冲极谱(DPP)两种类型。

(1) 常规脉冲极谱

它是在给定的直流电压上，在每一汞滴的生长末期，叠加一个矩形脉冲电压，脉冲振幅随时间呈线性增加，振幅范围在 $0 \sim 2V$，脉冲宽度(持续时间)τ 为 $40 \sim 60ms$。在脉冲的后期测量电流，所得的常规脉冲极谱波呈台阶形，如图 10.13 所示。

(2) 微分脉冲极谱

它是在线性变化的直流电压上，在每一汞滴的生长末期，叠加一个振幅 ΔV 为 $5 \sim 100mV$ 的矩形脉冲电压，脉冲宽度为 $40 \sim 80ms$。在每次叠加脉冲前 20ms 和终止前 20ms 内测量电流，记录两次测量的电流差值，得到如图 10.14 所示微分脉冲极谱。极谱波的峰值在普通直流极谱的半波电位处。

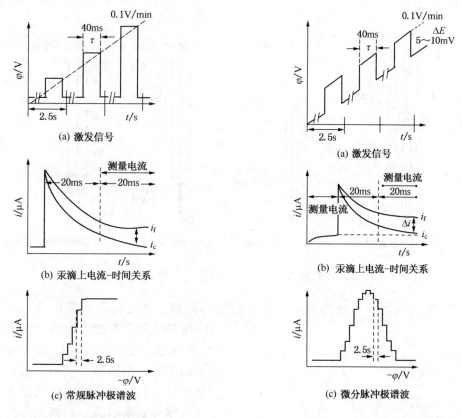

图 10.13 常规脉冲极谱图   图 10.14 微分脉冲极谱图

(3) 脉冲极谱的特点

① 灵敏度高。对电极反应为可逆的物质，灵敏度约为 $10^{-8}mol/L$；对不可逆的物质，也可达 $10^{-7} \sim 10^{-6}mol/L$，若与溶出技术相结合，灵敏度可提高到 $10^{-11} \sim 10^{-10}mol/L$。

② 分辨能力强，两个峰电位相差 $25 \sim 30mV$ 的被测物质也可分开。

③ 对不可逆波的灵敏度也很高，分辨率也好，很适合有机物分析。

④ 是研究电极过程动力学的有力工具。

10.2.4 溶出伏安法

溶出伏安法(stripping voltammetry)是一种很灵敏的方法，检出限可达 $10^{-11} \sim 10^{-7}mol/L$。它包

括电解富集和电解溶出两个过程。

（1）电解富集

通过适当的阴极或阳极过程，恒电位预电解一定时间后，使痕量被测组分在电极上沉积。

（2）电解溶出

富集后的溶液静止 0.5~1min 后，用与预电解相反的电极过程，使富集在电极上的被测物质在短时间内重新溶解下来，如线性扫描溶出或脉冲溶出。通过溶出过程的极化曲线，得到溶出峰。溶出峰的电流大小与被测物质的浓度成正比。溶出伏安法可以使用普通极谱仪测定，两个过程在同一溶液中进行。使用的工作电极有悬汞电极、汞膜电极、玻璃态石墨（玻碳）电极、铂电极及金电极等，如图 10.15 所示。其中汞膜电极因其电沉积效率高，常被用作工作电极。

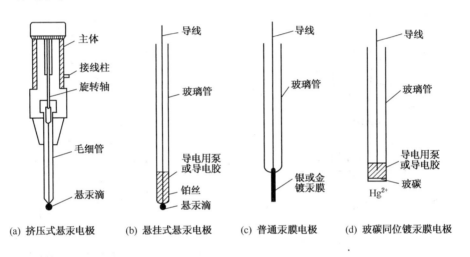

图 10.15　溶出伏安法常用电极

电解富集时，工作电极为阴极，溶出时则作阳极，称之为阳极溶出法。Cu^{2+}、Pb^{2+}、Cd^{2+} 在 HCl 介质中的阳极溶出伏安曲线如图 10.16 所示。溶出曲线的峰高与溶液中金属离子的浓度、电极富集时间、电解时溶液的搅拌速度、悬汞电极的大小及溶出时的电位变化速率等因素有关。当其他条件固定不变时，峰高与溶液中金属离子的浓度成比例，故可用以进行定量测定。

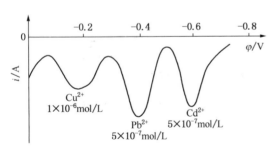

在 1.5mol/L HCl 中于 -0.8V 处预电解 3min 后，电位扫描从 -0.8~0V，扫描速度 0.1V/min

图 10.16　阳极溶出伏安曲线

在阴极溶出伏安法中，被测离子预电解的阳极过程在电极上形成一层难溶化合物。溶出时工作电极为阴极，向负方向扫描后，难溶化合物被溶解下来，并产生还原峰。此法可用于卤素离子、硫离子、钨酸根离子和钼酸根等离子的测定。

10.2.5　循环伏安分析法

循环伏安法（cyclic voltammetry）与单扫描极谱法相似，都是以快速线性扫描方式施加电压，其不同之处在于单扫描极谱法施加的是锯齿波电压，而循环伏安法施加等腰三角形脉冲电压[三角波如图10.17(a)]，得到如图10.17(b)所示的极化曲线。其上部为物质的氧化态还原产生的i-E曲线，下部为还原的产物在电压回扫过程中重新被氧化而产生的i-E曲线。在一次三角波电压扫描过程中完成一个还原和氧化过程的循环，故称为循环伏安法。

循环伏安法是一种很有用的电化学研究方法，可用于研究电极反应的性质、机理和电极过程动力学参数等。这种方法对研究有机物、金属有机物及生物物质等的氧化还原机理特别有用。

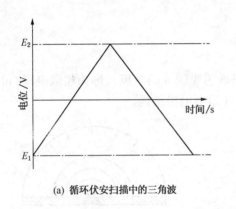
(a) 循环伏安扫描中的三角波

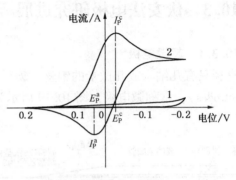
(b) 循环扫描中的响应信号

图 10.17　循环伏安曲线

循环伏安法可用于电极过程的可逆性判断。若电极反应可逆，则图10.17(b)中的曲线上下对称，两峰电流之比i_{pa}/i_{pc}近似等于1，阳极峰电位与阴极峰电位的电位差为：

$$\Delta E_p = E_{pa} - E_{pc} = 2.2\frac{RT}{nF} = \frac{56.5}{n}$$

若电极反应不可逆，则曲线上下不对称，$\Delta E_p > 56.5/n$（25℃）。要注意ΔE_p值与实验条件有关，其值在$55\sim65\text{mV}$（$n=1$）之间时，可以判断为可逆。

循环伏安法还可用于电极反应机理的判断。如用对-氨基苯酚的循环伏安图10.18研究它的电化学反应产物和电化学-化学偶联反应。

图10.18由s点负电位沿箭头方向作阳极扫描，得阳极峰1；然后作反向扫描，出现两个阴极还原峰2、3；再作阳极氧化扫描，得两个氧化峰4、5。其中峰5与峰1位置相同。根据上述实验现象，对电极反应机理分析如下。

第一次阳极扫描时，电极附近溶液中只有对氨基苯酚是电活性物质，其被氧化为亚氨基苯醌，即峰1，其反应为：

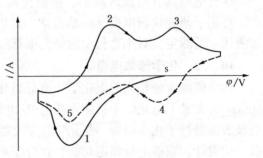
图 10.18　对氨基苯酚循环伏安图

$$\text{HO}—\text{\textcircled{}}—\text{NH}_2 \longrightarrow \text{O}=\text{\textcircled{}}=\text{NH} + 2\text{H}^+ + 2e$$

电极反应产物一部分在电极附近溶液中，有下列化学反应：

$$\text{O}=\text{\textcircled{}}=\text{NH} + \text{H}_2\text{O} + \text{H}^+ \longrightarrow \text{O}=\text{\textcircled{}}=\text{O} + \text{NH}_4^+$$

生成苯醌。阴极扫描时形成峰2、峰3，有电极还原反应。峰2反应为：

$$O=\!\!\!\bigcirc\!\!\!=\!\!NH + 2H^+ + 2e \longrightarrow HO\!\!-\!\!\bigcirc\!\!-\!\!NH_2$$

峰3为：

$$O=\!\!\!\bigcirc\!\!\!=\!\!O + 2H^+ + 2e \longrightarrow HO\!\!-\!\!\bigcirc\!\!-\!\!OH$$

再次阳极扫描时，对苯二酚被氧化为苯醌，形成峰4、峰5，与峰1过程相同。峰3、峰4物质的确定，可以通过制备对苯二酚溶液做循环伏安图来证实。

10.3　伏安法电极研究进展

10.3.1　超微电极

直径只有几纳米或几微米的铂丝、碳纤维或敏感膜制成的电极，称为超微电极（ultramicroelectrodes），常称微电极，图10.19所示为一种超微电极结构。

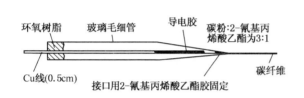

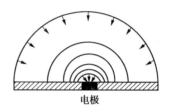

图10.19　一种碳纤维超微电极　　　　图10.20　超微圆盘电极上的等浓度线

超微电极的形状有圆盘型、环形、半球形和条形，还可将其组合成为电极簇。由于电极超微的几何尺寸，在溶液中易发生边界效应，使微电极上的扩散面很快由平面转向球面，如图10.20所示。这样径向扩散大大提高了传质速率。在进行加电压扫描时，扩散层很快达到稳定，获得稳定电流。

这种电极具有电极区域小、扩散传质速率快、电流密度大、信噪比高及iR降小等特点。可用于研究快速电极反应动力学，也可用于微小区域、有机介质、生物体系或高阻抗溶液体系的测定，对生命科学的研究很有价值。

10.3.2　化学修饰电极

化学修饰电极是当前电化学、电分析化学方面十分活跃的研究领域。1975年Miller和Marray等突破了电化学中只研究裸电极/电解液界面的传统，分别独立地通过人为设计，对电极表面进行了化学修饰。从化学状态上控制电极表面结构，通过对电极表面分子的裁剪、微结构设计，获得电极预定功能，在分子水平上实现了电极的功能设计。把具有某种功能的化学基团，通过共价键结合、吸附或高聚物涂层等方法，将其修饰在导体或半导体上，如铂、玻碳等电极表面，形成单分子、多分子、离子或聚合物薄膜，使电极具有某种特定的化学、电化学或光学、电学性质，这类电极称为化学修饰电极（chemically modified electrodes，CMEs）。化学修饰电极的修饰薄膜可以是单一的，也可以含有多种化学修饰剂。

与离子选择性电极相比较，化学修饰电极的表面性质要宽得多，它可进行有意图的设计，如设计界向面，设计电极表面与电极之间的膜中分配和传输性质，即对电极表面进行修饰，改变电极/电解液界面的微结构，调制出某种特性。化学修饰电极一般用于安培法，而离子选择性电极则使用电位法。需要注意的是电化学生物传感器是化学修饰电极或选择性电极的一种特殊形式，其仅在电极表面接触生物物质，具有化学受体的功能，即具有能识别被分析物质或与被分析物质发生反应的选择性接收点的功能。用化学修饰的方法在电极表面接触有所选择的化学功能团，赋予电极某一特定性质，可以有选择地进行反应。

化学修饰电极按表面上微结构的尺度分类，有单分子层和多分子层两大类型，此外还有组合型等。电极表面的修饰方法依其类型、功能和基底电极材料的性质和要求而不同，有关化学修饰电极的制备方法见图10.21。

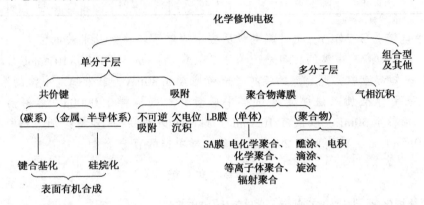

图 10.21　化学修饰电极的制备方法和类型

化学修饰电极的基底材料主要是碳（包括石墨、热解石墨、玻碳）和贵金属及半导体。在制作中，基底电极必须进行清洁处理，使电极表面处于新鲜、活性和重现性好的状态，以利于进行修饰步骤。以分析为目的的化学修饰电极，要考虑制作简单、快速、重现性好。

在定量分析中，化学修饰电极是一种把分离、富集和测定三者合而为一的理想体系。化学修饰电极表面的微结构设计，有目的地接触化学功能团，通过它与待测物质发生络合、离子交换及共价键合等反应而有效地进行富集、分离。富集不仅提高了灵敏度，而且也因修饰剂与待测物的相互作用，提高了选择性。

在超微电极表面进行修饰的技术方面已得到很好的应用，例如 Adams 等采用 Nafion 修饰的超微电极测定鼠脑中神经传递物质。在通常生理 pH 值下，神经传递物质多巴胺（DA）、去甲肾上腺素（NE）、5-羟基色胺（5-HT）均为阳离子，而其他生物胺代谢物与抗坏血酸则为阴离子或以中性形式存在，因此对阳离子有交换能力的 Nafion 修饰剂，只对 DA、NE、5-HT 有灵敏响应，达 10^{-7} mol/L，而其他物质不干扰测定。

思 考 题 与 习 题

10-1　如何理解极谱分析是特殊条件下的电解？

10-2　在极谱分析中使用大面积的甘汞电极作参比电极，小面积的滴汞电极作工作电极，为什么？

10-3　简要说明极谱曲线——极谱波的形成。

10-4　写出扩散电流公式，阐述式中各项符号含义。

10-5　什么是残余电流？如何扣除残余电流？

10-6　迁移电流是如何形成的？如何消除？

10-7　什么是极谱极大？如何抑制？极谱分析中为什么要除氧？除氧的方法有哪些？

10-8　极谱分析的底液组成是什么？各组成起什么作用？

10-9　现代极谱、伏安技术是通过哪些途径降低检出限的？举例说明。

10-10　试述溶出伏安法及微分脉冲极谱法的基本原理。

10-11　在 25℃时，测得某可逆还原波在不同电位时的扩散电流值如下：

$\varphi(\text{vs. SCE})/V$	−0.395	−0.406	−0.415	−0.422	−0.431	−0.445
$i/\mu A$	0.48	0.97	1.46	1.94	2.43	2.92

极限扩散电流为 3.24μA，试计算电极反应中的电子转移数及半波电位。

10-12　某未知溶液中镍的扩散电流为 3.75μA。将 1mL 的 $1.00×10^{-2}$ mol/L 标准溶液加入到 20.0mL 未知溶液中，混合液的镍扩散电流增至 6.80μA。求未知液中镍的浓度。

10-13　采用标准加入法测定某试样中微量锌。取标样 1.0000g，溶解后加入 NH_3 - NH_4Cl 底液，稀释至 50mL。取试液 10.0mL，测得极谱波高为 10 格；加入锌标准溶液（含 Zn 1mg/mL）0.5mL 后，波高则为 20 格，计算试样中锌的百分含量。

参 考 文 献

1　李启隆. 电分析化学. 北京：北京师范大学出版社，1995

2　刘密新，罗国安，张新荣等. 仪器分析（第二版）. 北京：清华大学出版社，2002

3　何金兰，杨克让，李小戈. 仪器分析原理. 北京：科学出版社，2002

4　朱明华. 仪器分析（第三版）. 北京：高等教育出版社，2002

5　北京大学化学系仪器分析教学组. 仪器分析教程. 北京：北京大学出版社，1997

6　田丹碧. 仪器分析. 北京：化学工业出版社，2004

7　方惠群，于俊生，史坚. 仪器分析. 北京：科学出版社，2002

8　董绍俊，车广礼，谢远武. 化学修饰电极（修订版）. 北京：科学出版社，2003

三、色谱分析

第11章　色谱分析导论

11.1　概述

色谱法(chromatography)又叫色层法或层析法,是20世纪初发展起来的一种分离分析方法。现代色谱法具有高分离效能、高检测性能和高分析速度,在石油化工、环境科学、生命科学、医学及医药学、材料科学、食品科学、有机化工、纺织印染、商品检验等诸多领域获得广泛应用并发挥重要作用。由于其发展极为迅速,已成为分析化学中一个重要的独立学科,是现代仪器分析的重要组成部分。

11.1.1　色谱的历史

人们公认的色谱法创始人是俄国植物学家茨维特(M. Tswett),他在1906年首先提出了色谱法。

茨维特在研究植物绿叶的色素成分时做了这样的实验:将一根装有碳酸钙粉末的玻璃管竖直放置,然后把植物叶子的石油醚提取液倒入玻璃管的顶端,再用纯净的石油醚连续不断地向下淋洗。随着淋洗的进行,样品中各种色素成分向下移动的速度不同,在玻璃管上出现了不同颜色的清晰色带,成功地分离了混合色素中的叶绿素a、叶绿素b、叶黄素和胡萝卜素等组分。茨维特就将这种分离方法命名为"色谱法"。

在这一分离方法中,装有碳酸钙粉末的玻璃管称为色谱柱(chromatographic column),是组分完成分离的场所。玻璃管中填充的固定不动、用于分离样品的碳酸钙,称为固定相(stationary phase)。固定相可以是液体或固体。淋洗液石油醚连续不断地通过色谱柱,携带着组分与固定相作相对运动并为组分提供分配空间,称为流动相(mobile phase)。流动相可以是气体、液体或超临界流体。要想实现色谱分析,固定相和流动相是必不可少的条件。

当今的色谱分析对象早已不再局限于有色物质,而大部分是无色物质,并不存在真正意义上的"色谱",也不需要通过辨认颜色将组分分开,但"色谱法"这个名称一直被沿用下来。早期的色谱法只是一种分离技术,随着色谱检测技术的发展,色谱法能够实现分离、分析一次完成,因而当今的色谱法通常称为色谱分析法(chromatography analysis)。

11.1.2　色谱法分类

色谱法经过多年的发展,现已有多种分离类型和操作方式,故其分类方法也有多种。主要依据色谱过程中两相所处的物理状态、分离作用原理和固定相的物理特征分类。

(1) 按两相状态分类

流动相为气体的色谱分析法统称为气相色谱(gas chromatography, GC),包括气-液色谱(gas-liquid chromatography, GLC)和气-固色谱(gas-solid chromatography, GSC)。气相色谱的气体流动相一般称为载气(carrier gas)。

流动相为液体的色谱分析法统称为液相色谱(liquid chromatography, LC)。同理,液相色谱可分为液-液色谱(liquid-liquid chromatography, LLC)和液-固色谱(liquid-solid chromatography, LSC)。

流动相为超临界流体的色谱分析法称为超临界流体色谱（supercritical fluid chromatography，SFC）。

（2）按分离作用原理分类

根据固体固定相对样品中各组分吸附能力差别而进行分离的色谱法称为吸附色谱（absorption chromatography）。根据各组分在固定相和流动相间分配系数的不同进行分离的色谱法称为分配色谱（partition chromatography）。利用不同离子与固定相上带相反电荷的离子基间作用力的差异而进行分离的色谱法称为离子交换色谱（ion exchange chromatography，IEC）。利用固定相对分子大小、形状所产生阻滞作用的不同而进行分离的色谱法称为空间排阻色谱（steric exclusion chromatography）。利用生物大分子和固定相表面存在某种特异性亲和力进行分离的色谱法称为亲和色谱（affinity chromatography）。

（3）按固定相的物理特征分类

固定相装在柱管内的色谱法称为柱色谱（column chromatography），包括填充柱色谱和开管柱色谱（open tubular column chromatography）。把固体固定相涂敷在玻璃板或其他平板上的色谱法叫做薄层色谱（thin layer chromatography，TLC）。把液体固定相涂敷在滤纸上的色谱法叫做纸色谱（paper chromatography，PC）。薄层色谱和纸色谱又称为平板色谱（planar chromatography）。

另外，根据色谱展开方式不同还可分为迎头法色谱、顶替法色谱和冲洗法色谱等。

以上分类方法，总结于表11-1中。

表11-1　色谱分析方法分类

按两相物理状态分类			按分离作用原理分类		按固定相物理特征分类	
流动相	固定相	名　称	原　理	名　称	特　征	名　称
液体		液相色谱			固定相板状	平板色谱
	液体	液-液色谱	分配系数不同	液-液分配色谱	固定相涂敷在滤纸上	纸色谱
	固体	液-固色谱	吸附能力差别	液-固吸附色谱	固定相涂敷在平板上	薄层色谱
			分子大小不同	空间排阻色谱	固定相柱状	柱色谱
			离子交换能力不同	离子交换色谱	固定相紧密填充在管内	填充柱色谱
			亲和力差别	亲和色谱	固定相附着在管内壁上	开管柱色谱
			电渗析淌度差别	电泳	流动相用电压驱动	电色谱
气体		气相色谱				
	液体	气-液色谱	分配系数不同	气-液分配色谱		
	固体	气-固色谱	吸附能力差别	气-固吸附色谱		
超临界流体		超临界流体色谱				

11.1.3　色谱法发展概况

1906年，Tswett创立了色谱法，但这一分离技术当时并没有引起足够的重视，此后的二十多年间色谱法发展缓慢。直到1931年，Kuhn和Lederer用Tswett的液-固色谱法从蛋黄中分离出叶黄素，人们才开始重视色谱技术。1941年，Martin和Synge采用水分饱和的硅胶作固定相，以含有乙醇的氯仿作流动相，成功地分离了乙酰化氨基酸，创立了液-液分配色谱法，他们还提出了色谱学基础理论之一的塔板理论，并预言流动相可用气体来代替。1944年，Consden、Gorden和Martin等发展了纸色谱法。

1952年，Martin和James首次用气体作流动相，配合微量酸碱滴定，成功地分离了脂肪酸，发明了气相色谱法。这是色谱法的一项革命性进展，给挥发性有机化合物的分离测定带来了划时代的变革。由于对现代色谱法的形成和发展所作的重大贡献，Martin 和 Synge 被授予了 1952 年诺贝尔化学奖。1956 年，Van Deemter 等在前人的基础上发展了描述色谱过程的速率理论，为提高色谱柱的分离效能指明了方向。1957 年，Golay 发明了分离效能更高的毛细管柱气相色谱法，使气相色谱法得到了更加广泛的应用和蓬勃发展。

20 世纪 60 年代初，Giddings 等人对色谱理论的研究成果，为高效液相色谱的诞生和发展奠定了基础。人们针对经典液相色谱存在的分析速度慢、分离效率低等不足进行改进，采用高压泵输送流动相，把化学键合固定相用于液相色谱，Kirkland、Huber、Horvath、Snyder 等终于在 1969 年研制出了高效液相色谱仪，使液相色谱的分离效能和分析速度大大提高，从而开创了高效液相色谱（high performance liquid chromatography，HPLC）的新时期，解决了对于高沸点、强极性、热不稳定性化合物以及生物活性物质的分离难题，HPLC 在 20 世纪 70 年代获得了高速发展。

20 世纪 80 年代，出现了高效毛细管电泳以及将 HPLC 与毛细管电泳完美结合的毛细管电色谱，极大地提高了液相色谱的分离效能和选择性。20 世纪 90 年代，又发展起来了全二维气相色谱（GC×GC）、多维液相色谱、超高效液相色谱等技术，为复杂混合物的分析提供了强有力的手段，更接近实现"更快地得到更好的分析结果"的目标。在色谱仪微型化方面也取得了长足进展。1979 年，美国 Stanford 大学的 Terry 等进行了开创性的工作，利用现代微加工技术率先研制出了微型气相色谱系统，整个仪器的尺寸比实验室常规气相色谱仪缩减了近 3 个数量级，利用它可以在不到 10s 的时间内分离出 8 个烃类化合物。20 世纪 90 年代以来，微型气相色谱引起了广泛重视并得到快速发展。此外，还发展了各种联用技术，如气相色谱–质谱联用、气相色谱–傅里叶红外光谱联用、高效液相色谱–电喷雾质谱联用、气相色谱或高效液相色谱–等离子发射光谱联用等，使得色谱定性信息更加广泛而全面。经过一百多年的发展，色谱分析法已成为世界上应用最广的分析技术，在科学研究和社会生产的众多领域发挥着重要作用。

11.1.4 色谱法特点

色谱分析法是仪器分析的重要组成部分，与其他仪器分析法相比具有以下特点。

（1）分离效能高

色谱分析法的高效能表现在能分离性质极为相近的组分，如同系物、同位素、同分异构体、空间异构体或光学异构的对映体等。对那些沸点极为相近或组成极为复杂的多组分混合物，也具有良好的分离效能。如用一根 50m×0.25mm OV-101 交联毛细管柱，可分离出汽油中二百多个组分。这是其他分析方法无可比拟的。

（2）分析速度快

色谱法不仅分离效率高，而且分析速度快，可分离、分析一次完成。一个较为复杂样品的分析，通常可在几分钟到几十分钟内完成，某些快速分析可在 1s 内分析 6~7 个组分。随着计算机技术的发展，色谱分析实现了自动化，操作更加方便快捷。

（3）灵敏度高

使用高灵敏度检测器，可检测出 $10^{-14} \sim 10^{-7}$ g 物质，能用于痕量分析。例如，GC 可以检测出超纯气体、高分子单体、半导体材料、高纯试剂中质量分数为 10^{-6} 甚至 10^{-10} 数量级的杂质；在环境监测上可用来直接检测大气中质量分数为 $10^{-9} \sim 10^{-6}$ 数量级的污染物；检测食品中 10^{-9} 数量级的农药残留量。此外，色谱分析法样品用量少，一次进样量仅为 $0.001 \sim 0.1$ mg。

(4) 应用范围广

气相色谱法适于分析易挥发、热稳定性好、分子量适中的物质。一般来说，只要沸点在500℃以下，热稳定性良好的物质，原则上都可采用气相色谱法分析。目前气相色谱法所能分析的有机物，约占全部有机物的15%~20%。高效液相色谱法因样品不需要气化，故不受试样挥发性的限制，对于高沸点、强极性、离子性、热不稳定性、相对分子质量大的有机物(约占有机物总数的80%)，都可用高效液相色谱法进行分析，非常适用于分离与生物、医学有关的大分子和离子型化合物、复杂的环境样品、不稳定的天然产物以及很多高分子化合物。气相色谱和高效液相色谱各有所长，相互补充，无论是有机物、无机物、低分子或高分子化合物，甚至有生物活性的生物大分子，都可用色谱法进行分离和测定。目前，色谱分析法是生命科学、环境科学、材料科学、医药科学、食品科学、商品检验、临床化学、法庭科学以及航天科学等领域的重要研究手段，也是各部门科研和生产中分离检测不可缺少的工具。

11.2 色谱流出曲线和术语

11.2.1 色谱分离过程

在色谱分析中，色谱柱是样品完成分离的场所。柱内装有固定相，流动相与其作连续地相对运动并以一定速度渗滤通过固定相。在进行色谱分析时，将少量样品定量引入色谱柱，样品中各组分将随着流动相不断向柱后移动。在移动过程中，样品中各组分将在两相间进行反复多次地溶解－挥发或吸附－解吸过程。由于样品中各组分的性质不同，它们与两相间的作用力不同，表现为在柱内的迁移速度不同。在固定相上溶解或吸附力大的组分，迁移速度慢；在固定相上溶解或吸附力小的组分，迁移速度快。结果是样品中各组分同时进入色谱柱，而以不同的速度在色谱柱内迁移，出柱时就有了先后之分，依次流出色谱柱，导致混合物中各组分的分离。从色谱柱流出的组分先后进入检测器，经检测器把各组分的浓度或质量信号转换成电信号，由记录仪或工作站软件记录下来，得到色谱图。这就完成了一个色谱分离过程。

11.2.2 色谱流出曲线

色谱柱分离后的组分先后到达检测器，经检测器转换成电信号，再由记录仪记录下来。这种组分响应信号大小随时间变化的曲线，称为色谱流出曲线，也叫色谱图。它反映分离出的各组分浓度随时间的变化，从一个侧面记录下组分在柱内运行的情况。理想的色谱流出曲线应为对称的正态分布曲线。色谱图是色谱分析的主要技术资料，是对各组分进行定性定量分析的重要依据。

11.2.3 基本术语

图11.1是典型的微分色谱图，下面结合该图介绍色谱图有关术语。

(1) 基线

在实验操作条件下，只有纯流动相经过检测器时记录下的信号－时间曲线称为基线。如图11.1中的 OO' 线。正常的基线应该是一

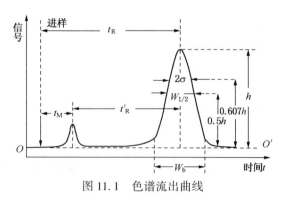

图11.1　色谱流出曲线

条平滑的直线。若基线单向漂移或上下波动，说明操作条件不稳定或仪器运转不正常，应查找原因。因此，保持基线平稳，是进行色谱分析最基本的要求。

（2）峰高

指峰顶与基线之间的垂直距离，以 h 表示。是色谱定量分析的依据之一。

（3）色谱峰区域宽度

色谱峰区域宽度是色谱流出曲线的重要参数之一，通常有三种表示方法：

标准偏差 σ：指峰高 0.607 倍处色谱峰宽度的一半。

半峰宽 $W_{1/2}$：峰高一半处色谱峰的宽度。

峰底宽 W_b：由色谱峰两侧的拐点作切线与基线交点间的距离，也称基线宽度。

三种色谱峰区域宽度之间的关系为：

$$W_{1/2} = 2\sqrt{2\ln 2}\,\sigma = 2.354\sigma \tag{11.1}$$

$$W_b = 4\sigma \tag{11.2}$$

（4）峰面积

色谱曲线与基线之间围成的面积，以 A 表示，是色谱定量分析的重要依据。对于理想的对称峰，峰面积可近似表示为：

$$A = 1.065h \times W_{1/2} \tag{11.3}$$

11.3 色谱法基本理论

11.3.1 分配平衡

由色谱分离过程可知，样品进入色谱柱中遇到固定相和流动相，混合物中的各组分将根据各自的性质与两相发生作用，在两相间进行溶解–挥发（或吸附–解吸）的分配平衡。在流动相携带组分向柱后移动过程中，组分不断遇到新鲜固定相，不断进行新的分配平衡。因而，在整个色谱分离过程中，组分在两相间的分配平衡要反复多次。组分在柱内两相间的分配行为用分配系数和分配比来描述。

（1）分配系数

在一定温度、压力下，组分在固定相和流动相间达分配平衡时的浓度之比，称为分配系数（或分布系数），用 K 表示，即：

$$K = \frac{\text{组分在固定相中的浓度}}{\text{组分在流动相中的浓度}} = \frac{C_s}{C_m} \tag{11.4}$$

K 值是组分在两相间分配平衡性质的量度，反映了组分与固定相和流动相作用力的差别。它取决于固定相、流动相和组分性质，还与温度、压力有关，而与柱管特性和仪器无关。

K 值大，说明组分在固定相中的浓度大，也即与固定相作用力强，不易被洗出色谱柱；反之，说明组分在固定相中的浓度小，与固定相作用力弱，容易被洗出色谱柱。可见，K 值能定量描述组分与固定相间作用力的大小。在一定条件下，只要混合物中组分的 K 值有差异，就有可能实现色谱分离。所以，分配系数不同是混合物中有关组分分离的基础。

在色谱分离条件中，柱温是影响分配系数的一个重要参数。其他条件一定时，分配系数与柱温的关系为：

$$\ln K = -\frac{\Delta G^{\ominus}}{RT} \tag{11.5}$$

这是色谱分离的热力学基础。式中，$\Delta G^\ominus$ 为标准状态下组分的自由能；R 为气体常数；T 为柱温。在气相色谱分析中，通常可通过合理选择柱温调节组分的 K 值，使组分间 K 值有较大差异，从而获得良好的分离效果。

（2）分配比

在一定温度、压力下，组分在固定相和流动相间达分配平衡时的质量之比，叫做分配比，又称为容量因子，用 k 表示，即：

$$k = \frac{组分在固定相中的质量}{组分在流动相中的质量} = \frac{m_s}{m_m} \quad\quad (11.6)$$

K 与 k 的关系为：

$$K = \frac{C_s}{C_m} = \frac{m_s V_m}{m_m V_s} = k\frac{V_m}{V_s} = k\beta \quad\quad (11.7)$$

或

$$k = K\frac{V_s}{V_m} = \frac{K}{\beta} \quad\quad (11.8)$$

式中，$\beta = \dfrac{V_m}{V_s}$，称为相比，是柱特性参数；V_m 为柱内流动相体积，包括固定相颗粒之间和颗粒内部孔隙中的流动相体积，近似等于死体积；V_s 为色谱柱中固定相的体积，它指真正参与分配的那部分体积，在分配色谱中表示固定液的体积，若固定相是吸附剂、离子交换剂或凝胶，则分别指吸附剂表面积、离子交换剂交换容量或凝胶孔容。

由式(11.8)可知，影响分配系数 K 的因素均影响分配比 k。此外，k 还与两相体积有关。

11.3.2 色谱分离原理

有了分配系数和分配比的概念，就可进一步解释色谱分离原理。现假设某样品由两组分混合物 A+B 组成，且 $K_A < K_B$。样品经过色谱柱后，A、B 两组分得到分离，其色谱分离过程见图 11.2。

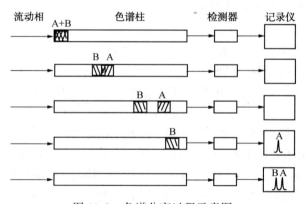

图 11.2　色谱分离过程示意图

进样后，A、B 两组分以混合状态被引入色谱柱头，它们按照各自 K 值的大小在固定相和流动相间进行分配，并随流动相向柱后移动。由于 $K_A < K_B$，A 组分与固定相作用力比 B 组分小，在柱内移动速度快，其谱带渐渐移动到了 B 组分的前面，先出柱；而 B 组分与固定相作用力大，在柱内移动速度慢，其谱带落在了后面，后出柱。由于 A、B 两组分的性质不同，使得它们的 K 值不同，在柱内移动的速度不同，结果导致同时进入色谱柱的两组分

以不同时间离开色谱柱，使混合物得到分离。

可见，由于样品中各组分性质有差异，它们在相对运动的两相间进行连续多次地分配平衡时产生了差速迁移，从而使样品中各组分得到了分离。

11.3.3 保留值及其热力学性质

在色谱分析中，混合物中组分的分离最终表现为不同组分在色谱柱中停留的时间不同。用来描述组分在柱内停留时间长短的数量称为保留值。它反映组分与固定相作用力的大小，主要取决于组分在两相中分配的情况。当色谱条件一定时，任何一种组分都有一个确定的保留值。因而保留值是色谱定性分析和色谱过程热力学特性的重要参数。保留值的表示形式很多，有保留比、保留时间、保留体积、比保留体积和相对保留值等。

(1) 保留比

组分在柱内的平均线速度 u_x 与相同条件下流动相在该柱内的平均线速度 u 的比值，称为保留比，用 R_s 表示，即：

$$R_s = \frac{u_x}{u} \tag{11.9}$$

(2) 保留时间

1）死时间

不被固定相滞留的组分，从进样到出现色谱峰顶点所用的时间，称为死时间，以 t_M 表示。死时间也表示流动相流经色谱柱的平均时间，即：

$$t_M = \frac{L}{u} \tag{11.10}$$

式中，u 为流动相平均线速度；L 为色谱柱长。

t_M 是色谱柱的基本参数。实际应用中，将几乎不与固定相作用的组分视为非滞留组分，它与流动相等速迁移，该组分必须在检测器上产生信号。气相色谱中常选用空气、甲烷等来测定死时间。

2）保留时间

组分从进样到出现色谱峰顶点所用的时间，称为该组分的保留时间，以 t_R 表示。保留时间表示组分通过色谱柱的时间，即：

$$t_R = \frac{L}{u_x} \tag{11.11}$$

组分通过色谱柱时，一面与固定相作用，一面随流动相向柱后移动。组分的保留时间实际上由两部分组成，即组分与固定相作用消耗的时间和随流动相运行所用时间，后者就是死时间，前者称为调整保留时间。

3）调整保留时间

扣除死时间后的保留时间，称为调整保留时间，用 t'_R 表示。

$$t'_R = t_R - t_M \tag{11.12}$$

调整保留时间可理解为因组分与固定相作用，比非滞留组分在柱内多滞留的时间，即组分在固定相上滞留的时间。t_M、t_R、t'_R 三者之间的关系见图 11.1。

由式(11.12)可得：

$$t_R = t_M + t'_R \tag{11.13}$$

一个混合物样品进行色谱分离时，各组分的 t_M 是相同的，组分的 t_R 不同，实质上是因

为它们的 t'_R 不同。组分的 t'_R 不同是产生差速迁移的物理化学基础。

（3）保留体积

1）死体积

在死时间内流经色谱柱的流动相体积称为死体积，以 V_M 表示，即：

$$V_M = F_c t_M \tag{11.14}$$

式中，F_c 是柱温为 $T_c(K)$、柱出口压力为 $P_o(Pa)$ 时流动相体积流速，mL/min。在设计优良的色谱仪中，$V_M \approx V_m$。

在气相色谱中，载气的体积流速是用皂膜流量计在柱出口处测定的。直接测得的值 F_o 仅表示在室温下、柱出口处的载气流速，应校正到柱温和干燥气体情况下（排除皂膜流量计中水蒸气的影响），故：

$$F_c = F_o \frac{T_c}{T_r} \times \frac{P_a - P_w}{P_a} \tag{11.15}$$

式中，T_r 为室温，K；P_a 为测定时室内的大气压力，Pa；P_w 为室温下水蒸气的分压，Pa。

2）保留体积

在保留时间内消耗的流动相体积称为保留体积，以 V_R 表示，即：

$$V_R = F_c t_R \tag{11.16}$$

3）调整保留体积

扣除死体积后的保留体积称为调整保留体积，以 V'_R 表示，即：

$$V'_R = V_R - V_M = F_c(t_R - t_M) = F_c t'_R \tag{11.17}$$

4）净保留体积

净保留体积指经压力梯度校正因子修正后的调整保留体积，以 V_N 表示，即：

$$V_N = jV'_R \tag{11.18}$$

式中，j 为压力梯度校正因子，用以校正色谱柱中由于流动相的可压缩性，在色谱柱进口和出口之间所产生的压力梯度。

$$j = \frac{3}{2} \times \left[\frac{(P_i/P_o)^2 - 1}{(P_i/P_o)^3 - 1} \right] \tag{11.19}$$

P_i、P_o 分别表示色谱柱进口压力和出口压力。

（4）比保留体积

比保留体积定义为 0℃（273K）时，单位质量固定液的净保留体积，用 V_g 表示，单位为 mL/g，即：

$$V_g = \frac{273V_N}{T_c m_L} \tag{11.20}$$

式中，V_N 为净保留体积，mL；m_L 为色谱柱中固定液的质量，g；T_c 为色谱柱绝对温度，K。

比保留体积不受柱长、固定液用量、载气流速等因素的影响，仅与柱温和固定液种类有关。

（5）相对保留值

在一定色谱条件下，被测物 i 与标准物 s 的调整保留值之比，称为该组分的相对保留值，以 $r_{i,s}$ 表示：

190

$$r_{i,s} = \frac{t'_{R_i}}{t'_{R_s}} = \frac{V'_{R_i}}{V'_{R_s}} = \frac{K_i}{K_s} = \frac{k_i}{k_s} \tag{11.21}$$

对于给定的固定相，在给定温度下，组分的相对保留值是一个常数，与色谱柱的类型、长度、内径以及流动相流速无关。由于相对保留值具有以上优势，所以常用作色谱定性分析的依据。

（6）基本保留方程

色谱基本保留方程可表示为：

$$t_R = t_M(1 + k) = \frac{L}{u}\left(1 + K\frac{V_s}{V_m}\right) \tag{11.22}$$

上式表明，保留时间与分配系数、柱长、流动相线速度及两相的体积有关，主要取决于色谱过程热力学因素 K。在一定色谱体系和特定的色谱操作条件下，任何一种物质都有一个确定的保留时间，这是色谱定性的依据。

还可用保留体积来表示：

$$V_R = t_M(1 + k)F_c = V_M(1 + k) = V_M + KV_s \tag{11.23}$$

式（11.23）是色谱基本保留方程的另一种形式，适用于任何色谱过程。该式表示某组分从柱后流出所需的流动相体积由两部分组成，即 V_M 和 KV_s。V_M 表示组分必须通过的柱死体积；KV_s 表示在组分滞留于固定相时间 t'_R 内所流过的流动相体积，它决定于该组分的分配系数和固定相体积。在同一根色谱柱上，V_M 及 V_s 均为定值，决定组分保留值大小的只有分配系数 K，正是由于各组分的 K 值不同，才使其保留值不同。这说明了保留值的热力学属性，组分的保留行为是由热力学因素决定的。

由式（11.22）得：

$$k = \frac{t_R - t_M}{t_M} = \frac{t'_R}{t_M} \tag{11.24}$$

利用上式，可由色谱图方便地计算 k 值。

11.3.4 塔板理论

为了解释色谱分离过程，1941 年 Martin 和 Synge 在平衡色谱理论的基础上，提出了塔板理论。

塔板理论把色谱柱比拟为精馏塔，直接利用精馏的概念来处理连续的色谱过程，即把连续的色谱过程看成是若干小段平衡过程的重复。

塔板理论基本假设：

① 色谱柱内有若干块理论塔板。把色谱柱分为若干小段，每一小段的空间分别被固定相和流动相所占据，流动相占据的空间称为板体积。在每一小段内，组分按照其 k 或 K 值的大小在两相间完成一次分配平衡。这段柱区域称为一块理论塔板，这段柱长叫做一个理论塔板高度，用 H 表示。

② 所有组分一齐投到第零号塔板上，即没有柱前扩散。

③ 流动相脉冲式地进入色谱柱，每次进入一个板体积。

④ 组分在每块塔板的两相间能瞬时达到分配平衡，即无纵向扩散。

⑤ 组分在各块塔板上的分配系数是一个常数。

根据以上假设，塔板数越多，组分在柱内两相间达到分配平衡的次数也越多，柱效越高，分离越好。当有 n 个板体积的流动相进入色谱柱，经 n 次分配平衡后，组分在各块塔板上的质量分布遵循$(m_s + m_m)^n$二项式展开式。当n足够大时，二项式分布可用正态分布来表示，得色谱流出曲线方程式：

$$C = \frac{\sqrt{n}\,m}{\sqrt{2\pi}\,V_R} \exp\left[-\frac{n}{2}\left(1 - \frac{V}{V_R}\right)^2\right] \tag{11.25}$$

式中　C——色谱流出曲线上任意点被测组分的浓度；

　　　V——流动相体积变量；

　　　n——柱内理论塔板数；

　　　m——组分质量；

　　　V_R——组分保留体积。

式(11.25)也叫塔板理论方程式，描述了任一流动相体积V通过具有n块塔板的色谱柱时，流出组分浓度的变化情况。

当$V = V_R$时，流出组分的浓度最大，此时为色谱峰峰高，即：

$$h = C_{max} = \frac{\sqrt{n}\,m}{\sqrt{2\pi}\,V_R} \tag{11.26}$$

由式(11.26)可知，C_{max}与进样量成正比，与理论塔板数的平方根成正比，与组分的保留值成反比。当保留值和进样量一定时，理论塔板数越多，色谱峰既窄又高；当进样量和理论塔板数一定时，保留值越大，峰高越低，即先出的峰高而窄，后出的峰低而宽。

由塔板理论可得出理论塔板数计算公式：

$$n = 5.54\left(\frac{t_R}{W_{1/2}}\right)^2 = 16\left(\frac{t_R}{W_b}\right)^2 \tag{11.27}$$

设柱长为L，可计算理论塔板高度：

$$H = \frac{L}{n} \tag{11.28}$$

理论塔板数越多，板高越小，表示色谱柱分离能力越强，柱效越高。但n与组分性质有关，不同组分在同一色谱柱上的理论塔板数不同。另外，n还与柱操作条件有关。

在理论塔板数的计算中，包括了死时间t_M，而t_M与分配平衡无关，对柱效无贡献，因而提出有效塔板数n_{eff}和有效塔板高度H_{eff}的概念：

$$n_{eff} = 5.54\left(\frac{t'_R}{W_{1/2}}\right)^2 = 16\left(\frac{t'_R}{W_b}\right)^2 \tag{11.29}$$

$$H_{eff} = \frac{L}{n_{eff}} \tag{11.30}$$

n_{eff}和H_{eff}扣除了与分配平衡无关的死时间或死体积，能更好地反映色谱柱实际效能。

根据$t'_R = t_R - t_M$，$k = \frac{t'_R}{t_M}$，导出n_{eff}、H_{eff}与n、H的关系：

$$n_{eff} = \left(\frac{t'_R}{t_R}\right)^2 n = \left(\frac{k}{1+k}\right)^2 n \tag{11.31}$$

$$H_{eff} = \frac{L}{n_{eff}} = \left(\frac{1+k}{k}\right)^2 H \tag{11.32}$$

当k值很大时，$n \approx n_{eff}$，$H \approx H_{eff}$。

192

塔板理论从热力学角度描述了组分在柱内的分配平衡和分离过程，得到的塔板理论方程式很好地解释了色谱流出曲线的形状及其变化规律，给出了浓度极大点的位置。导出的理论塔板数计算公式，用 n 值大小形象而定量地评价色谱柱的柱效是成功的，具有广泛的适用性。塔板理论属于半经验理论，它初步揭示了色谱分离的真实过程，在色谱学的发展中起到了率先作用和对实际工作的指导作用。

但塔板理论所作的某些假设属理想状态，与实际情况有差距。如假设组分在两相间可瞬时达到分配平衡，而色谱分离是个动态过程，很难实现真正的平衡。塔板理论忽略了组分在两相中的纵向扩散和传质的动力学过程。不能解释为什么流动相线速度 (u) 不同，柱效 (n) 不同，不能回答塔板高度 H 这个抽象物理量是由哪些因素决定的，应用上受到了限制。

11.3.5　速率理论

为了更确切地描述色谱过程，从本质上揭示影响塔板高度或峰形扩展的各种因素，1956 年，荷兰学者 Van Deemter 等人提出了色谱过程动力学理论——速率理论，通过研究扩散、传质等与色谱过程物料平衡或质量平衡的关系，导出了速率理论方程。其后，美国的 Giddings 等又进一步补充完善，将色谱过程看作分子无规则运动的随机过程，根据随机理论也导出了速率理论方程。

（1）速率理论方程

根据随机理论，组分分子在色谱柱内的运动完全是无规则的，可用随机模型描述它们的行为。随机过程总是导致高斯分布。采用标准偏差 σ 或 σ^2 作为组分分子在色谱柱内离散程度的度量，σ^2 称为变度或离散度。色谱柱中发生着不同的随机过程，则总离散度等于各个独立因素引起的离散度之和：

$$\sigma^2 = \sigma_1^2 + \sigma_2^2 + \sigma_3^2 + \cdots + \sigma_i^2 = \sum_{i=1}^{n} \sigma_i^2 \tag{11.33}$$

总离散度与柱长及单位柱长分子的离散度成正比，即：

$$\sigma^2 = HL \tag{11.34}$$

$$H = \frac{\sigma^2}{L} \tag{11.35}$$

H 表示单位柱长分子的离散度。速率理论赋予了"塔板高度" H 新的含义，用单位柱长分子的离散度表示柱效的高低。由式（11.33）与式（11.35）得：

$$H = H_1 + H_2 + H_3 + \cdots + H_i = \frac{\sigma_1^2}{L} + \frac{\sigma_2^2}{L} + \frac{\sigma_3^2}{L} + \cdots + \frac{\sigma_i^2}{L} \tag{11.36}$$

H 值越大，说明组分分子的离散度越大，峰形扩展越严重，柱效越低。

组分分子在色谱柱内的离散度受四种动力学过程的控制，即涡流扩散、纵向分子扩散、流动相传质和固定相传质，它们对峰形扩展的贡献分别以 σ_e^2、σ_1^2、σ_m^2、σ_s^2 表示。

1）涡流扩散

在填充色谱柱中，流动相碰到固定相颗粒时会不断改变流动方向，其路径是弯曲的，从而形成紊乱的"涡流"。

由于色谱柱内填料颗粒大小不一致和装填得不均匀，使颗粒间的缝隙有大有小。当组分分子随流动相向柱后移动时，每个分子碰到固定相颗粒的几率不同，所走的路径不同。有些分子在颗粒间较宽的缝隙中运行，另一些分子不断碰到固定相颗粒，需绕道而行。显然，前者走近路跑在前面，后者走弯路落在后面，介于二者之间的分子处于中间。这样，

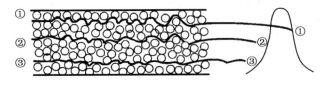

图 11.3　涡流扩散示意图

使同时进入色谱柱的相同组分的不同分子到达柱后的时间不一致，引起了色谱峰的展宽，如图 11.3 所示。

涡流扩散使色谱峰展宽的程度可表示为：

$$\sigma_e^2 = 2\lambda d_p L \qquad (11.37)$$

单位柱长的离散度为：

$$H_1 = \frac{\sigma_e^2}{L} = 2\lambda d_p = A \qquad (11.38)$$

式中，λ 为不规则因子；d_p 为填料平均粒径。采用适当细粒度、颗粒均匀、筛分范围窄的固定相，并尽可能装填均匀，有利于降低涡流扩散项，提高柱效。对于空心毛细管柱，A 项为零。

涡流扩散项纯属流动状态造成的，与固定相性质无关，只取决于固定相颗粒的几何形状和填充均匀性。

2）纵向分子扩散

当样品以塞子状态进入柱头后，由于组分分子并不能充满整个柱子，因而组分在轴向存在着浓度梯度，向前运动的分子势必要产生浓差扩散，也叫纵向扩散，从而引起谱带展宽，见图 11.4。

纵向分子扩散引起的分子离散度为：

$$\sigma_1^2 = \frac{2\gamma D_m L}{u} \qquad (11.39)$$

塔板高度增加值为：

$$H_2 = \frac{\sigma_1^2}{L} = \frac{2\gamma D_m}{u} = \frac{B}{u} \qquad (11.40)$$

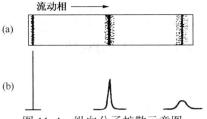

图 11.4　纵向分子扩散示意图

式（11.40）中，u 为流动相线速度；B 称为分子扩散系数，$B = 2\gamma D_m$；γ 为弯曲因子，反映固定相颗粒的存在对分子扩散的阻碍作用，一般小于 1，对于开管柱，$\gamma = 1$；D_m 为组分在流动相中的扩散系数（GC 中用 D_g 表示），与组分性质、温度、压力和流动相性质有关。D_m 与流动相相对分子质量的平方根成反比，因此在气相色谱中，采用轻载气（如氢气）比用重载气（如氮气）分子扩散要严重。组分在液体中的扩散系数约为气体中的 1/10^5，故在液相色谱中，纵向分子扩散一般可忽略。

由式（11.39）可看出，流动相线速度越小，柱越长，组分在柱内滞留时间越长，纵向分子扩散越严重。

3）流动相传质阻力

组分从流动相主体扩散到流动相与固定相界面进行两相间的质量交换过程中所遇到的阻力，称为流动相传质阻力。

理想情况下，组分在流动相中的传质应是瞬间的，而实际上存在着传质阻力，使传质速率有限，组分分子从流动相主体扩散到两相界面需要时间。由于不同分子处在颗粒空隙间的不同位置，离固定相表面的距离不同，它们到达两相界面所需要的时间不同，其中还有些分子来不及到达两相界面就被流动相携带继续前进了。这就阻止了组分在两相间瞬时

194

建立平衡，造成有的分子超前，有的落后，使谱带展宽，如图 11.5。

在气相色谱中，由流动相传质阻力引起的单位柱长分子离散度为：

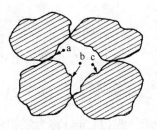

图 11.5　组分在流动相中的传质

$$H_3 = \frac{\sigma_m^2}{L} = 0.01 \left(\frac{k}{1+k} \right)^2 \cdot \frac{d_p^2}{D_m} u = C_m u \qquad (11.41)$$

C_m 称为流动相传质阻力系数。

由式(11.41)可知，d_p 越大，D_m 越小，组分到达两相界面所需时间越长；增加流动相线速度会进一步增大分子间距离。这些都导致流动相传质阻力的增加，引起谱带展宽。

采用细颗粒固定相，增大组分在载气中的扩散系数(如选用轻载气)，适当减小流动相线速度等均可降低流动相传质阻力，提高柱效。

4) 固定相传质阻力

组分分子从两相界面扩散到固定相内部，达到分配平衡后又返回两相界面时遇到的阻力，称为固定相传质阻力。

色谱过程中流动相处于连续流动状态，固定相传质阻力的存在使组分在两相间的平衡不可能瞬间建立，这一传质过程也需要时间。就在组分达到分配平衡后的瞬间内，流动相已携带其中的分子向前移动了，发生分子超前；而处于固定相中的分子来不及返回流动相，发生分子滞后，如图 11.6 所示。这势必导致峰形扩展。

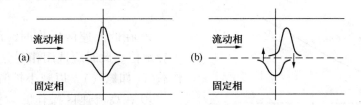

图 11.6　固定相传质对谱带展宽的影响

固定相传质阻力的存在使单位柱长产生的离散度为：

$$H_4 = \frac{\sigma_s^2}{L} = q \frac{k}{(1+k)^2} \frac{d_f^2}{D_s} u = C_s u \qquad (11.42)$$

C_s 为固定相传质阻力系数；D_s 为组分在固定相中的扩散系数；d_f 为固定相液膜厚度；q 为与固定相性质、构型有关的结构因子。固定相为球形，q 为 $\frac{8}{\pi^2}$；若固定相不规则，q 为 $\frac{2}{3}$。

由式(11.42)可知，C_s 与固定相液膜厚度的平方成正比，与组分在固定相中的扩散系数成反比。所以，固定相液膜越薄，扩散系数越大，固定相传质阻力越小，柱效越高。应采用低配比的柱子，以减小 d_f；选用低黏度固定液，增大 D_s。

以上分别讨论了色谱柱内发生的四种独立的动力学过程，它们对谱带展宽均有贡献。实际上，在色谱分离中引起柱内谱带展宽的因素不是独立的，而是同时发生的，且其离散度具有加合性，因此，色谱柱总的塔板高度等于各种因素对塔板高度贡献之和，即：

$$H = \frac{\sigma^2}{L} = \frac{\sigma_e^2 + \sigma_l^2 + \sigma_m^2 + \sigma_s^2}{L} = H_1 + H_2 + H_3 + H_4 \qquad (11.43)$$

将 $H_1 \sim H_4$ 值带入上式，得：

$$H = 2\lambda d_p + \frac{2\gamma D_m}{u} + 0.01 \left(\frac{k}{1+k}\right)^2 \frac{d_p^2}{D_m} u + q \frac{k}{(1+k)^2} \frac{d_f^2}{D_s} u \qquad (11.44)$$

式（11.44）称为气相色谱速率方程，也叫 Van Deemter 方程，简称范氏方程，可简写为：

$$H = A + \frac{B}{u} + (C_m + C_s)u = A + \frac{B}{u} + Cu \qquad (11.45)$$

C 为流动相传质阻力系数与固定相传质阻力系数之和。在一定条件下，A、B、C 为常数。上式中的三项分别表示涡流扩散、纵向分子扩散和两相传质阻力对总塔板高度的贡献。

速率理论吸收了塔板理论中塔板高度的概念，并赋予其新的含义，即单位柱长分子的离散度。充分考虑了组分在两相中的扩散和传质等动力学因素的影响，更接近真实地描述了组分在柱内的运动过程。把影响塔板高度的各种动力学因素结合进去，导出了塔板高度 H 与流动相线速度 u 之间的关系式——速率方程。速率方程阐明了影响塔板高度的各种因素，为选择合适的操作条件，制备高效色谱柱提供了理论指导。

（2）对速率方程的讨论

根据式（11.45），对于气相色谱，以不同流速下测得的板高对流动相线速度作图，可以得到如图 11.7 所示的 $H-u$ 曲线。由该图可知：

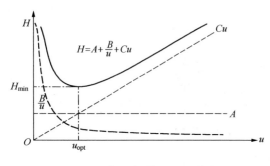

① 涡流扩散项 A 为常数，与流动相线速无关；

② 在低流速区操作时，纵向分子扩散占主导地位。此时应选用相对分子质量大的气体作载气（如氮气），以减小扩散系数；

③ 在高流速区操作时，传质阻力是影响板高的主要因素，此时应选用相对分子质量小的气体作载气（如氢气），以增大扩散系数，提高柱效。

图 11.7　气相色谱的 $H-u$ 曲线

由图 11.7 可见，$H-u$ 曲线上有一最低点，此点对应的塔板高度最小，用 H_{min} 表示，柱效最高。H_{min} 点对应的载气线速度为最佳线速度 u_{opt}。

最小塔板高度 H_{min} 和最佳线速度 u_{opt} 可通过对式（11.45）进行微分并令其等于零求得：

$$\frac{dH}{du} = -\frac{B}{u^2} + C = 0 \qquad (11.46)$$

$$u_{opt} = \sqrt{\frac{B}{C}} \qquad (11.47)$$

$$H_{min} = A + 2\sqrt{BC} \qquad (11.48)$$

在特定色谱条件下，改变流动相线速，在三种不同流速下分别测得三个对应的 H 值，代入式（11.45），通过解联立方程可求出 A、B、C 三项数值。利用式（11.47）、式（11.48）便可计算出最佳线速度 u_{opt} 和最小塔板高度 H_{min}。

11.3.6　色谱分离方程

在色谱分析中，总希望被测组分分离得既快又好。因此，色谱柱和操作条件的选择非常重要，需要有衡量和评价的指标。一般用柱效能评价色谱柱的分离效能及操作条件选择得好坏，用选择性评价固定相的优劣，用分离度作为总分离效能评价指标。

(1) 柱效能

柱效能是指色谱柱在分离过程中主要由动力学因素（操作条件）决定的分离效能。通常用理论塔板数 n、理论塔板高度 H 或有效塔板数 n_{eff}、有效塔板高度 H_{eff} 表示，计算式见式（11.27）~式（11.30）。可在速率理论指导下，合理选择操作条件，以获得较高柱效。

(2) 选择性

在一个多组分混合物中，总会有性质或结构极为相近的组分，将它们完全分离开比较困难。通常将样品中最难分离的两个组分称为难分物质对。所谓选择性就是固定相对于相邻两组分的相对保留值，也就是某一难分物质对的调整保留值之比，用 α 表示：

$$\alpha = \frac{t'_{R_2}}{t'_{R_1}} \tag{11.49}$$

式（11.49）中，$t'_{R_2} > t'_{R_1}$，故 α 值总是大于 1。α 代表固定相对难分物质对的选择性保留作用，其数值越大，说明固定相对难分物质对的选择性越好，越容易分离。

(3) 分离度

柱效能只说明色谱柱的效率高低，反映不出难分物质对的直接分离效果；而选择性又反映不出效率的高低，需要引入一个色谱柱的总分离效能指标——分离度。分离度定义为相邻两组分的保留值之差与峰底宽总和一半的比值，用 R 表示。

$$R = \frac{t_{R_2} - t_{R_1}}{\frac{1}{2}(W_{b_1} + W_{b_2})} \tag{11.50}$$

式（11.50）中，分子为相邻两组分的保留值之差，取决于固定相的热力学性质，差值越大，表示固定相对两组分的选择性越好；分母为相应两组分的峰底宽，取决于色谱体系动力学过程，两峰越窄，柱效越高。因此，分离度反映的是柱效能和选择性影响的总和，故可用其作为色谱柱的总分离效能指标。

分离度是相邻两色谱峰实际分离程度的量度，R 值越大，表明两组分分离程度越高。对于等面积色谱峰，当 $R = 1.5$ 时，两组分分离程度达 99.7%。故通常用 $R = 1.5$ 作为相邻两色谱峰完全分离的指标。当 $R = 1.0$ 时，两组分分离程度可达 98%，两峰基本分开。当 $R < 1.0$ 时，两峰有明显重叠。

(4) 基本分离方程

利用式（11.50）可方便地由色谱图计算出相邻两组分的分离度，但不能根据分离条件预测分离结果，也没有反映影响分离度的诸多因素。实际上，R 受柱效、选择性和分配比三个参数的影响，若能找出它们之间的关系，便可借助于这些参数来控制分离度。

难分物质对的色谱峰一般很接近，可合理地认为 $W_{b_1} \approx W_{b_2}$，$k_1 \approx k_2$。式（11.50）可改写成：

$$W_{b_2} = \frac{t'_{R_2} - t'_{R_1}}{R} \tag{11.51}$$

由式(11.29)：
$$n_{\text{eff}} = 16\left(\frac{t'_{\text{R}}}{W_{\text{b}}}\right)^2$$

将式(11.51)代入式(11.29)得：
$$n_{\text{eff}} = 16\left(\frac{t'_{\text{R2}} R}{t'_{\text{R2}} - t'_{\text{R1}}}\right)^2 = 16R^2\left(\frac{\alpha}{\alpha-1}\right)^2 \tag{11.52}$$

将式(11.52)代入式(11.31)得：
$$n = 16R^2\left(\frac{\alpha}{\alpha-1}\right)^2\left(\frac{1+k_2}{k_2}\right)^2 \tag{11.53}$$

变换式(11.53)、式(11.52)得：
$$R = \frac{\sqrt{n}}{4}\frac{\alpha-1}{\alpha}\frac{k_2}{1+k_2} \tag{11.54}$$

$$R = \frac{\sqrt{n_{\text{eff}}}}{4}\frac{\alpha-1}{\alpha} \tag{11.55}$$

式(11.54)、式(11.55)称为色谱基本分离方程。该方程指出了影响分离度 R 的各个因素，即分离度是选择性 α、分配比 k 和柱效能 n 的函数。它表明 R 随体系热力学因素(α、k)的改变而变化，同时也受体系动力学因素(n)的影响，改变这些参数即可改变分离度，将其控制到所需数值。色谱基本分离方程为我们指明了提高分离度的途径。

1）柱效的影响

分离度与 n 的平方根成正比，增加 n 或降低 H 可提高分离度。增加柱长可改进分离度，但会延长分析时间并使色谱峰加宽。因此，提高分离度更好的办法是降低塔板高度 H。这就意味着应制备一根性能优良的色谱柱，并在最优化条件下进行操作。

在实际分离中，一般可根据试分离条件下的色谱柱效 n_1、柱长 L_1、获得的分离度 R_1，推算获得更高分离度 R_2 所需的理论塔板数 n_2 和柱长 L_2，即：

$$\left(\frac{R_1}{R_2}\right)^2 = \frac{n_1}{n_2} = \frac{L_1}{L_2} \tag{11.56}$$

$$n_2 = n_1\left(\frac{R_2}{R_1}\right)^2 \tag{11.57}$$

$$L_2 = L_1\left(\frac{R_2}{R_1}\right)^2 \tag{11.58}$$

式(11.58)在柱效不变的条件下才成立。

2）分配比的影响

增大 k 值可适当增加分离度，但这种增加在 k 值小时较显著，k 值足够大时，它对分离的改善不再起作用，相反由于 k 值的增大，使分析时间大为延长。k 值的适宜范围是1~10。

改变 k 值的方法：对于气相色谱，可通过改变固定相性质、固定相用量或柱温来实现；对于液相色谱，主要改变流动相性质和组成。

3）选择性的影响

由色谱基本分离方程可知，当 $\alpha=1$ 时，$R=0$，两组分完全重叠，不能分离。可见，要想实现色谱分离，α 必须大于 1。α 越大，分离效果越好。在实际工作中，可由一定 α 值和所要求的分离度，用式(11.55)计算柱子所需的有效塔板数。表 11-2 列出了 R 与 α 和 n_{eff} 的关系。

表 11-2 R 与 α 和 n_{eff} 的关系

α	n_{eff}		α	n_{eff}	
	$R = 1.0$	$R = 1.5$		$R = 1.0$	$R = 1.5$
1.00	∞	∞	1.10	1900	4400
1.01	163000	367000	1.15	940	2100
1.02	42000	94000	1.25	400	900
1.05	7100	16000	1.50	140	320
1.07	3700	8400	2.0	65	145

由表 11-2 数据可以看出，要达到一定分离度时，α 值的微小增加，将使 n_{eff} 值显著降低，或者说增大 α 值，可在塔板数较少的柱上获得较大分离度。如 $\alpha = 1.15$ 时，在有效塔板数为 940 的色谱柱上获得的分离度为 1.0；只要把 α 提高到 1.25，在此柱上获得的分离度可增大到 1.5。可见，分离度对选择性的变化是敏感的，增大 α 值是提高分离度的有效途径。

在气相色谱中，主要通过选择合适的固定相和降低柱温来增大 α 值。在液相色谱中，则往往通过改变流动相性质和组成来提高 α 值。

以上分别讨论了 $n(n_{eff})$、k、α 对分离度的影响。在实际的分离操作中，要想改变其中的一个参数来改善分离一般是困难的，尤其是对于多组分复杂混合物的分离，需要三个参数配合起来考虑，共同来达到所需的分离度。

思 考 题 与 习 题

11-1 与其他分析方法相比，色谱分析法有什么特点？

11-2 试述色谱分类方法及类型。

11-3 分配系数 K 与分配比 k 各自的意义是什么？它们之间有何关系？各与什么因素有关？

11-4 什么是保留值？色谱保留值有哪些？它们的意义是什么？

11-5 什么是色谱基本保留方程？它的物理意义是什么？为什么说组分的保留行为是由热力学因素决定的？

11-6 塔板理论基本假设和主要内容是什么？试分析其成功之处和存在的局限性。

11-7 什么是速率理论？试述速率方程式中 A、B、C 三项的物理意义并讨论最佳操作条件的选择。

11-8 评价色谱柱柱效能的指标有哪些？评价柱选择性的指标是什么？为什么可用分离度 R 作为色谱柱的总分离效能指标？

11-9 什么是色谱基本分离方程？它对色谱分离有何指导意义？

11-10 "空气的保留时间就是死时间，所以样品中含有空气才有死时间。"这种说法对否？为什么？

11-11 有两根色谱柱 A、B，现测得理论塔板数 $n_A = n_B$，则这两根色谱柱的柱效能一定相同。此种说法对吗？为什么？

11-12 在某气-液色谱柱上，组分 a 流出需 15.0min，组分 b 流出需 25.0min，非滞留组分 c 流出需 2.0min。试计算：

(1) b 组分相对于 a 的相对保留时间是多少？

(2) a 组分相对于 b 的相对保留时间是多少？

(3) 组分 a 通过流动相的时间占总时间的几分之几？

(4) 组分 b 通过固定相的平均时间是多少？

(5) 各组分分配比。

11-13 采用 2m 长色谱柱分析某废水样品中苯类化合物。已知 $t_M = 30s$，各组分 t_R 和 W_b 为：

组 分	t_R/min	W_b/s	组 分	t_R/min	W_b/s	组 分	t_R/min	W_b/s
苯	3.45	18	甲苯	4.12	25	二甲苯	4.79	40

计算：(1) 组分间相对保留值；(2) 对苯的柱效（n、n_{eff}、H、H_{eff}）；(3) 确定难分物质对，计算其分离度；(4) 欲使难分物质对达到完全分离，在柱效不变的条件下，柱长最少应增至多少米？

11-14 有一根 1m 长的气-液色谱柱，用氮气作载气，测定了三种不同载气线速下所对应的理论塔板数，结果如下：

测定次数	载气线速度/(cm/s)	理论塔板数/块	测定次数	载气线速度/(cm/s)	理论塔板数/块	测定次数	载气线速度/(cm/s)	理论塔板数/块
1	10	1205	2	20	1250	3	40	1000

求：

(1) 速率理论方程式中的 A、B、C 值。

(2) 最佳载气线速度及在此流速下的塔板数。

(3) 若要达到最佳柱效率的 95% 以上，则载气流速应控制在什么范围之内？

11-15 预测下列实验条件对色谱峰形的影响：(1)柱长增加 1 倍；(2)载体粒度减小；(3)液膜厚度增加；(4)柱温降低；(5)提高载气流速。

第 12 章　气相色谱法

12.1　概述

　　气相色谱法是一种以气体作流动相的柱色谱分离分析方法，根据所用固定相状态的不同，又可分为气-液色谱（GLC）和气-固色谱（GSC）两种类型。气-固色谱以固体吸附剂为固定相，分离对象主要是一些永久性气体、无机气体和低分子碳氢化合物。气-液色谱的固定相由两部分组成：固定液+载体。固定液是在色谱工作条件下呈液态的高沸点有机化合物。固定液不能直接装在色谱柱内使用，而需将其涂渍在一种惰性固体支撑物的表面，这种固体支撑物称为载体或担体。由于可供选择的固定液种类繁多，故气-液色谱法应用广泛。

　　气相色谱的流动相（载气）是各种永久性气体。常用的载气主要有氢气、氮气、氦气等。一般认为，气相色谱中起分离作用的主要是固定相，载气仅携带样品通过色谱柱，对分离作用的影响很小，可忽略。在气-液色谱分离过程中，样品首先被气化，然后被载气带入色谱柱。当气相中的组分在柱内遇到固定液时，就会溶解到固定液中。载气连续流经色谱柱，溶解在固定液中的组分会从固定液中挥发到气相中去。随着载气向柱后移动，气相中的组分分子又会溶解在新遇到的固定液中。这样，组分在柱内两相间反复多次地进行溶解-挥发、再溶解-再挥发的过程，并随流动相向柱后移动。当样品中含有多个组分时，由于各组分性质不同，它们在固定液中的溶解度不同，导致在柱内迁移速度不同。溶解度小的组分容易挥发到气相中，迁移速度快，先流出色谱柱；而溶解度大的组分倾向于被固定液保留，迁移速度慢，后流出色谱柱，从而使样品中各组分在柱内得到分离。可见，各组分在固定液中溶解度的差异是气-液色谱分离的基础。

　　气-固色谱的分离原理与气-液色谱类似，只不过组分在柱内两相间进行的是吸附-解吸的过程，其分离基础是各组分在固定相上吸附能的差异。

12.2　填充柱气相色谱仪

　　气相色谱仪是实现色谱过程的仪器，它为色谱分离提供所需的操作条件。图12.1 为气相色谱仪的一般流程示意图。

　　载气由高压钢瓶中流出，通过减压阀、净化器、稳压阀、流量计，以稳定的流量连续不断地流经气化室，将气化后的样品带入色谱柱中进行分离，分离后的组分随载气先后流入检测器，然后载气放空。检测器将组分浓度或质量信号转换成电信号输出，经放大后由记录仪记录下来，得到

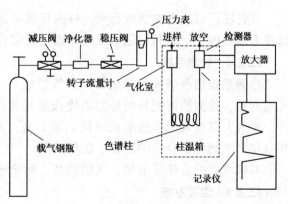

图 12.1　气相色谱仪的一般流程

色谱图。

气相色谱仪的型号和种类繁多，但它们均由气路系统、进样系统、分离系统、检测系统、温控系统、记录系统等部分组成。组分能否分离开，关键在于色谱柱；分离后的组分能否鉴定出来则在于检测器，所以分离系统和检测系统是色谱仪的核心。

12.2.1 气路系统

气相色谱仪的气路系统是一个载气连续运行的密闭系统。它包括气源、净化器、流速控制和测量装置。通过该系统可获得纯净的、流速稳定的载气。常见的气路系统有单柱单气路和双柱双气路。前者适用于恒温分析，后者适用于程序升温分析。气路系统的作用就是为色谱分析提供连续、稳定的流动相。

气相色谱中常用的载气有氢气、氮气、氦气等。载气的性质主要由检测器性质和分离要求所决定。载气可由高压钢瓶或气体发生器供给。

载气在进入色谱仪之前，必须经过净化处理。使载气通过装有净化剂的净化管可达到净化的目的。常用的净化剂有分子筛、硅胶和活性炭，分别用来除去氧气、水分和烃类物质。

载气流量由稳压阀或稳流阀调节控制。在恒温色谱中，只用稳压阀就可使柱子进口的压力恒定，流速稳定。在程序升温中，由于柱阻力不断变化，需要在稳压阀后连接一个稳流阀，以保持恒定的流量。柱前流量由转子流量计指示，柱后流量用皂膜流量计测量。

12.2.2 进样系统

进样系统包括进样装置和气化室，其作用是定量引入样品并使样品瞬间气化。进样速度快慢、进样量大小和准确性对柱效和分析结果影响很大。

常用的进样装置有微量注射器和六通阀。液体样品用不同规格的微量注射器进样；气体样品则用六通阀或医用注射器进样。

液体样品在进入色谱柱之前必须在气化室内转变成蒸气。对气化室的要求是热容量大，死体积小，无催化效应。一般用金属块制成气化室，温控范围在 50~500℃。在气化室内常衬有石英套管，以消除金属表面的催化作用。

12.2.3 分离系统

分离系统由色谱柱和柱箱组成。色谱柱安装在温控精密的柱箱内，是色谱仪的心脏。色谱柱主要有两种类型：填充柱和开管柱(也称毛细管柱)。

填充柱用不锈钢或玻璃制成，内装固定相。一般内径为 2~4mm，柱长 1~10m。形状有 U 形和螺旋形。

开管柱的材质为玻璃或石英，柱内径通常为 0.1~0.5mm，柱长 30~300m。其固定相是涂在毛细管内壁上或利用化学反应将固定相键合在管壁上。

12.2.4 检测系统

检测系统由色谱检测器和放大器等组成。一个多组分混合物经色谱柱分离后，顺序进入检测器，检测器就把各组分的浓度或质量变化转换成易于测量的电信号，如电压、电流等，经放大器放大后输送给记录仪记录下来。因而，检测器是一个换能装置，其性能的好坏直接影响到色谱分析的定性、定量结果。

对检测器的总体要求是，灵敏度高，响应速度快，噪音低，线性范围宽。

12.2.5 温控系统

温度是气相色谱最重要的分离操作条件之一，它直接影响柱效、分离选择性、检测灵敏度和稳定性。气化室、柱箱、检测器恒温箱(检测室)等都需要加热和控温。温控系统由一些温度控制器和指示器组成,用于控制和指示气化室、柱箱、检测室的温度。

柱箱温度控制方式有恒温和程序升温两种。恒温操作时,要求温度分布均匀,箱内各处温差不能超过±0.5℃,控制点精度在±0.1℃以内。所谓程序升温,是指在一个分析周期内,柱温按预定的加热速度,随时间呈线性或非线性连续变化的操作。程序升温能改善分离,提高分析速度,适用于分析沸点范围很宽的混合物。

气化室和检测器通常都要求在恒定温度下操作。气化室温度一般比柱温高 30~70℃,以保证样品能瞬间气化而不分解。

除氢火焰离子化检测器以外,许多检测器都对温度的变化敏感,因此必须精密地控制检测器温度。大多数色谱仪的检测器位于单独的检测室内,由单独的温度控制器加以控制,一般控制精度在±0.1℃以内。检测室温度,对于恒温操作,一般与柱温相同或略高于柱温;对于程序升温操作,一般选在其最高柱温下,以防止样品在检测器中冷凝污染检测器。

12.2.6 记录及数据处理系统

由检测器产生的电信号,一般用长图形电子电位差计(即记录仪)进行记录,便可得到色谱图。现代色谱仪大都采用色谱工作站的计算机系统,不仅可对色谱仪实时控制,还可自动采集数据,进行数据处理,给出分析结果。

12.3 气相色谱固定相

气相色谱分析中,由于使用惰性的永久性气体作流动相,可以认为组分与流动相分子间基本没有作用力,决定色谱分离的主要因素是组分和固定相分子之间的作用力,所以,固定相的性质对分离起着关键作用。气相色谱固定相可分为三类:液体固定相、固体固定相、合成固定相。

12.3.1 液体固定相

液体固定相由固定液和载体构成,起分离作用的是固定液。其分离原理是组分在载气和固定液中的溶解分配平衡,依不同组分溶解度或分配系数的差异而分离。由于固定液种类繁多,应用范围广,使气-液分配色谱成为气相色谱的主流。

(1) 固定液

1) 对固定液的基本要求

固定液一般为高沸点有机化合物,均匀地涂在载体表面,形成一层薄薄的液膜。用作固定液的有机物必须具备以下条件。

① 蒸气压低、热稳定性好。在使用温度下,固定液只能有很小的蒸气压,否则由于固定液的流失或热分解,将影响柱寿命和使噪声增大。因此,每种固定液都有一个"最高使用温度"。

② 化学稳定性好。固定液不能与试样或载气发生不可逆化学反应。

③ 对样品有一定溶解度和选择性。

④ 黏度低、凝固点低。易于在载体表面分布均匀,且有利于降低传质阻力,提高柱效。

2) 组分与固定液的相互作用

气-液色谱分离的基础是组分在固定液中溶解度的差异,而溶解度的大小取决于组分与固定液分子之间的作用力。这些作用力包括色散力、诱导力、定向力、氢键力以及其他特殊作用力。组分与固定液分子间的这些作用力，在色谱分离过程中起着重要作用。

3）固定液的分类

气相色谱固定液已有几百种，常用的也有几十种。为了研究固定液的色谱性能，根据样品性质选择合适的固定液，需要对固定液进行分类。

ⅰ．按固定液相对极性分类　1959 年，罗胥耐德（Rohrschneider，罗氏）提出用相对极性来标志固定液的分离特征。

相对极性测定方法如下：规定非极性固定液角鲨烷的极性 $P=0$，强极性固定液 $\beta,\beta'-$ 氧二丙腈的极性 $P=100$。将角鲨烷、$\beta,\beta'-$ 氧二丙腈和待测固定液分别制成三根色谱柱，选择一对探测物环己烷–苯或正丁烷–丁二烯，分别测定它们在上述三根色谱柱上的相对保留值，并取对数，得：

$$q = \lg \frac{t'_{R苯}}{t'_{R环己烷}} \tag{12.1}$$

被测固定液的相对极性 P_x 为：

$$P_x = 100 - 100 \frac{q_1 - q_x}{q_1 - q_2} \tag{12.2}$$

式中，q_1、q_2、q_x 分别代表探测物在 $\beta,\beta'-$ 氧二丙腈、角鲨烷、待测固定液柱上测得的相对保留值的对数。

每种固定液都能测出其 P_x 值，结果分布在 $0 \sim 100$ 之间。把 P_x 值从 $0 \sim 100$ 分为五级，每 20 单位为一级，用"+"表示。P_x 值在 $0 \sim +1$ 之间为非极性固定液；P_x 值+2 者为弱极性固定液；P_x 值+3 者为中等极性固定液；P_x 值在 $+4 \sim +5$ 之间为强极性固定液。

上述分类方法简单，但存在不足。探测物仅两种，只能反映组分与固定液之间的诱导力和色散力，不能反映组分与固定液分子间的全部作用力。

ⅱ．按固定液特征常数分类　1966 年，罗氏又改进了其评价固定液的方法。选用五种有代表性的探测物，用保留指数差值来表示固定液的相对极性。

保留指数 I 又叫 Kovats 指数。人为规定正构烷烃的保留指数等于其碳原子数的 100 倍。如正己烷，其保留指数为 $I = 100 \times 6 = 600$。任意物质的保留指数需经测定得到，方法是：选择两个正构烷烃作标准物，其碳原子数分别为 Z 和 $Z+n$，在指定色谱条件下测定正构烷烃和被测物质的调整保留值，并要求 $t'_{R(Z+n)} > t'_{R(x)} > t'_{R(Z)}$。则被测物质的保留指数为：

$$I = 100 \left[Z + n \frac{\lg t'_{R(x)} - \lg t'_{R(Z)}}{\lg t'_{R(Z+n)} - \lg t'_{R(Z)}} \right] \tag{12.3}$$

式中，$t'_{R(x)}$、$t'_{R(Z)}$、$t'_{R(Z+n)}$ 分别为被测物质、碳数为 Z 和碳数为 $Z+n$ 的正构烷烃的调整保留时间，n 为两个正构烷烃的碳原子数之差，一般为 $3 \sim 5$。

罗氏提出的五种有代表性的探测物是：苯（电子给予体，易极化）、乙醇（质子给予体，形成氢键）、甲乙酮（定向偶极力，接受氢键）、硝基甲烷（电子接受体，接受氢键）、吡啶（质子接受体，易极化，接受氢键）。分别测定五种探测物在被测固定液上的保留指数 I_p 和在标准非极性固定液角鲨烷上的保留指数 I_s，以保留指数之差 $\Delta I = I_p - I_s$ 作为固定液极性的量度。ΔI 值越大，说明固定液极性越强，对该探测物的选择性越高。每种固定液都分别用这五种探测物来测定，能全面反映固定液与组分分子间各种作用力。

1970 年，麦克雷诺（McReynolds，麦氏）在罗氏方法的基础上提出改进方案。他认为罗氏采用乙醇、甲乙酮、硝基甲烷作探测物给出的 I 值接近或低于 500，这样需用 C_5 或 C_5 以下气态烃来作标准物测定 I 值，准确性较差。他改用苯、丁醇、2-戊酮、硝基丙烷、吡啶、2-甲基-2-戊醇、碘丁烷、2-辛炔、二氧六环、顺八氢化茚十种探测物来表征固定液的相对极性。在 120℃ 柱温下，分别测定了它们在 226 种固定液和角鲨烷上的保留指数差值 ΔI，即固定液特征常数，也叫麦氏常数。实际工作中常用的是前五个麦氏常数，其计算方法为：

$$X' = I_p^{苯} - I_s^{苯}$$

$$Y' = I_p^{丁醇} - I_s^{丁醇}$$

$$Z' = I_p^{2-戊酮} - I_s^{2-戊酮}$$

$$U' = I_p^{硝基丙烷} - I_s^{硝基丙烷}$$

$$S' = I_p^{吡啶} - I_s^{吡啶}$$

下标 p、s 分别代表被测固定液和角鲨烷。麦氏常数 X'、Y'、Z'、U'、S' 分别表示固定液对相应探测物作用力的大小。例如 X' 值大，说明固定液与苯的作用力强，对易极化的一类物质选择性好。因而利用麦氏常数有助于固定液的评价、分类和选择。五种探测物 ΔI 值之和称为总极性，其平均值为平均极性。固定液总极性越大，其极性越强。将各种固定液按照平均极性的大小排列成表，即为固定液特征常数表，又叫麦氏常数表，可从气相色谱手册上查到。Leary 利用"邻近技术法"从数百种固定液中筛选出了十二种典型的固定液，见表 12-1。

可见，这十二种固定液的极性均匀递增，反映了分子间全部作用力，是数百种固定液的典型代表，为固定液的选择提供了有用的依据。

表 12-1　十二种典型固定液的麦氏常数

固定液	商品型号	苯	丁醇	2-戊酮	硝基丙烷	吡啶	平均极性	总极性	最高使用温度/℃
		X'	Y'	Z'	U'	S'			
角鲨烷	SQ	0	0	0	0	0	0	0	100
甲基硅橡胶	SE-30	15	53	44	64	41	43	217	300
苯基(10%)甲基聚硅氧烷	OV-3	44	86	81	124	88	85	423	350
苯基(20%)甲基聚硅氧烷	OV-7	69	113	111	171	128	118	592	350
苯基(50%)甲基聚硅氧烷	DC-710	107	149	153	228	190	165	827	225
苯基(60%)甲基聚硅氧烷	OV-22	160	188	191	283	253	219	1075	350
三氟丙基(50%)甲基硅氧烷	QF-1	144	233	355	463	305	300	1500	250
氰乙基(25%)甲基硅橡胶	XE-60	204	381	340	493	367	357	1785	250
聚乙二醇-20000	PEG-20M	322	536	368	572	510	462	2308	225
己二酸二乙二醇聚酯	DEGA	378	603	460	665	658	553	2764	200
丁二酸二乙二醇聚酯	DEGS	492	733	581	833	791	686	3504	200
三(2-氰乙氧基)丙烷	TCEP	593	857	752	1028	915	829	4145	175

4）固定液的选择

在实际工作中，固定液的选择是实现样品成功分离的关键。但到目前为止，固定液的选择尚无严格规律可循，往往凭实践经验或参考文献选择固定液。在选择固定液之前，应对样品性质有尽可能多的了解，如样品组成、分子式、官能团、沸点范围、极性大小等，比较各组分的差异，找出难分物质对。选择固定液的方法大致如下。

① 依据麦氏常数表　对于含不同官能团的化合物的分析，先根据组分性质，分别找出与之对应的探测物，再比较相应麦氏常数的差异。例如，欲分离正丙醇与正丁基乙醚的混合物。它们相应的探测物分别是丁醇与 2-戊酮，需比较 Y' 与 Z' 的差异。如要求正丁醇先流出，应该选择 $Z'>Y'$ 的固定液，且 Z' 与 Y' 的比值越大，分离得越好。从麦氏常数表查得 QF-1 的 $\dfrac{Z'}{Y'}=\dfrac{355}{233}=1.52$，此值较大，可选作固定液。

② 依据"相似相溶"原理　组分与固定液化学结构相近、极性相近时，组分在固定液中溶解度大，分配平衡次数多，易分离。

分离非极性组分，一般选择非极性固定液，各组分按沸点顺序流出，即沸点低的先出峰，沸点高的后出峰。

分离极性组分，选用极性固定液，各组分主要按极性顺序分离，极性小的先流出，极性大的后流出。

分离能形成氢键的组分，一般选氢键型或极性固定液。此时，组分按其与固定液分子间形成氢键能力的大小顺序出峰，不易形成氢键的先流出，易形成氢键的后流出。

③ 利用特殊作用力　某些固定液与组分之间存在特殊作用力，因而具有选择性。例如，分析低分子量的伯胺、仲胺、叔胺时，采用三乙醇胺作固定液，由于不同的胺与固定液形成氢键的能力不同，从而得到分离。再如有机皂土、液晶等对芳香性异构体也存在特殊选择性。

④ 利用优选固定液　人们通过大量实践筛选出了五种最具代表性的固定液，称为"优选固定液"，它们是 SE-30、OV-17、QF-1、PEG-20M、DEGS。将样品分别在这五种固定液上进行初步分离，根据分离情况选出最好的一种，再作适当调整。

⑤ 采用混合固定液　在实际工作中，有时采用一种固定液难以满足对复杂样品的分离，此时可采用两种或两种以上的固定液，称混合固定液。方式主要有联合柱、混涂柱、混装柱。

(2) 载体

载体又叫担体，是一种多孔性的、化学惰性的固体颗粒，其作用是为涂渍固定液提供适宜的表面性质。理想的载体应具有大的惰性表面，使固定液能在其表面铺展成薄而均匀的液膜。

1）对载体的要求

① 有较大的比表面积与合适的孔隙结构，以便使固定液与试样间较大的接触面积，形成薄液膜，利于进行快速传质。

② 化学惰性。载体不得与固定液或试样发生化学反应，不得对试样有吸附活性。

③ 机械强度与热稳定性好，装柱过程中不易破碎，在工作温度下不变质。

④ 浸润性好，形状规则，粒度均匀。

2）载体的分类

载体可分为硅藻土型与非硅藻土型两大类。硅藻土型载体是目前气相色谱中常用的载体，根据制造方法不同，又可分为红色载体与白色载体。

红色载体由天然硅藻土与黏合剂在 900℃煅烧后，粉碎过筛而得，因含有氧化铁呈红色。如 201、202、6201 系列，Chromosorb P、C-22 系列。红色载体表面孔穴密集、孔径小、比表面积大、机械强度好，但有表面活性，对强极性化合物有吸附作用。因此，红色载体适用于涂渍非极性固定液，分析非极性和弱极性物质。

白色载体是将硅藻土与少量助剂碳酸钠混合后煅烧而成，呈白色。如 101、102 型以及 Chromosorb(A、G、W) 系列均属此类。白色载体表面孔径大、比表面积小、机械强度较差，但表面活性中心显著减少，适宜涂布极性固定液，分析极性或氢键型化合物。

非硅藻土型载体有氟载体、玻璃微球载体等。

3) 载体的表面处理

硅藻土载体由于表面存在无机杂质、硅醇基团、微孔结构等，使其具有表面活性，从而导致色谱峰拖尾。为消除载体的表面活性，需对载体进行处理，以改进孔隙结构，屏蔽活性中心。常用的处理方法有：酸洗(除去碱性基团)、碱洗(除去酸性基团)、硅烷化(消除硅醇基的氢键结合力)、釉化(形成表面釉层，屏蔽活性中心)。

ⅰ. 酸洗　把载体浸在浓盐酸中，加热处理 20~30min，然后把酸去净，以水漂洗至中性，改用甲醇脱水、烘干、过筛备用。载体经酸洗后主要除去碱性无机杂质，不能除去羟基，故只能降低吸附。酸洗载体适用于分析酸性组分和酯类，而不宜分析醇类。酸洗载体利于进一步硅烷化处理。

ⅱ. 碱洗　通常酸洗后的载体，接着用 10% 的 NaOH 浸渍或回流加热，进行碱洗，然后水洗至中性，再用甲醇漂洗脱水、烘干、过筛备用。

碱洗的目的是除去载体表面的酸性杂质，如 Al_2O_3 等，但表面仍残留微量游离碱，有可能引起酯类组分的水解反应。碱洗载体主要用于分析碱性化合物。

ⅲ. 硅烷化　硅烷化是消降载体表面活性最有效的方法之一。就是用硅烷化试剂与载体表面的硅醇基反应，生成硅醚，消除氢键作用力，从而把极性表面变成非极性表面，达到表面钝化的目的。常用的硅烷化试剂有：三甲基氯硅烷(TMCS)、二甲基二氯硅烷(DMCS)和六甲基二硅氨烷(HMDS)。

载体经硅烷化处理后，氢键作用力大大减弱，适于分析易形成氢键的组分如水、醇、胺等。然而载体经硅烷化处理后，比表面积缩小 2~3 倍，并由亲水性表面变成了疏水性的，只能均匀地涂上非极性或弱极性固定液，而极性固定液不能很好地分布在这种载体的表面上，造成柱效下降。硅烷化载体只能在柱温低于 270℃ 下使用。

ⅳ. 釉化　釉化法主要是改善载体的表面吸附和微孔结构。将载体浸于 10 倍体积 2% 硼砂水溶液中 48h，中间搅拌 2~3 次，吸滤，用蒸馏水把母液稀释 2 倍，以与载体等体积的稀释母液洗涤，吸滤后于 120℃ 烘干，870℃ 加热 3.5h，升温至 980℃ 煅烧 40min，冷至 200℃ 以下。载体经釉化处理后，在其表面产生一玻璃状"釉层"，这一釉层屏蔽或惰化了载体表面的活性中心，因而降低了拖尾，釉层也使载体强度增加。另外，煅烧后载体孔隙结构趋于均一，故可增加柱效，特别是对微孔多的红色载体更有效。

4) 载体的选择

随着高效色谱柱的发展，对载体性能的要求越来越高。特别是对微量杂质的分析，对高沸点极性化合物的分析，载体的优劣有时会成为控制因素。选择载体的大致原则为：

①当固定液质量分数大于 5% 时，可选用硅藻土型白色或红色载体；

②当固定液质量分数小于 5% 时，应选用处理过的载体；

③对于高沸点组分，可选用玻璃微球载体；

④对于强腐蚀性组分，可选用氟载体。

12.3.2 固体固定相

固体固定相是一种具有表面活性的固体吸附剂，用于气-固色谱。气-液色谱由于选择性好，峰形对称等优点获得了广泛应用，但分离气体样品时效果不好。因为气体一般在固定液中溶解度小，还没有一种满意的固定液能分离它们，而在吸附剂上其吸附能差别较大，可得到满意分离。所以，气-固色谱在分离永久性气体、无机气体和低分子碳氢化合物方面是不可缺少的手段。

固体吸附剂具有吸附容量大、热稳定性好、廉价等优点，但也有其固有的缺点，主要是结构和表面的不均匀性，吸附等温线非线性，形成不对称的拖尾色谱峰。常用的吸附剂有非极性炭质吸附剂、中等极性的氧化铝、强极性的硅胶及特殊吸附作用的分子筛。

（1）炭质吸附剂

炭质吸附剂有活性炭、石墨化炭黑、炭分子筛等。

1）活性炭

活性炭比表面积大，吸附活性强，通常用于分析永久性气体和低沸点烃类。如分析空气、CO、CO_2、CH_4、乙炔、乙烯等混合物。

2）石墨化炭黑

把炭黑在惰性气体中加热到3000℃，使其表面结构石墨化，可得到高度非极性的均匀表面。这种吸附剂称为石墨化炭黑，国外商品名为 Carbopack。组分在石墨化炭黑上按几何形状和极化率分离，因此，它特别适用于分离空间异构体和位置异构体。用它作吸附剂分离极性物质，也能得到对称峰。其突出能力是分离 $C_1 \sim C_{10}$ 醇、游离脂肪酸、酚、胺、烃以及痕量硫化氢和二氧化硫。

3）炭分子筛

用偏聚二氯乙烯为原料，经热降解反应制成多孔性炭黑，又称炭分子筛。国内商品名为 TDX，国外的 Carbon Sieve B 属此类。炭分子筛具有耐高温、填充简便、柱效高等优点，主要用于分析稀有气体、永久性气体、$C_1 \sim C_3$ 烃等。

（2）氧化铝

氧化铝是一种中等极性的吸附剂，比表面 $100 \sim 300 m^2/g$，热稳定性和机械强度都很好，一般用来分析 $C_1 \sim C_4$ 烃类及其异构物。

（3）硅胶

硅胶是一种氢键型强极性吸附剂，其分离能力取决于孔径大小和含水量。一般用来分析 $C_1 \sim C_4$ 烃类、NO_2、SO_2、H_2S、COS、SF_6、CF_2Cl_2 等。DG 系列多孔硅珠、Chromosil、Porasil 等均属此类。

（4）分子筛

分子筛是一种具有特殊吸附活性的吸附剂，属于合成硅铝酸钠盐或钙盐。分子筛具有均匀孔隙结构和大的表面积，一般用来分离永久性气体和无机气体。例如 He、Ar、H_2、O_2、N_2、CH_4、CO、NO、NO_2 等，特别是常见的 O_2、N_2 分离。

12.3.3 合成固定相

用于气相色谱的合成固定相主要是高分子多孔小球，一般以苯乙烯和二乙烯苯交联共聚物为主体。由于合成条件与添加原料的不同，可获得不同极性、不同孔径的产品。国产牌号是 GDX 系列，现已有 GDX101 ~ GDX601 多种牌号。国外同类固定相有 Chromosorb 和

Porapak 系列。这类固定相的特点是孔径大小和表面积可人为控制，峰形对称，无固定液流失问题，有较强的疏水性，特别适用于有机物中微量水的分析。可依据样品性质，选择合适的极性与孔径。

12.3.4 填充柱的制备

填充柱的制备包括三个步骤：固定液涂渍、色谱柱填充、色谱柱老化。

(1) 固定液涂渍

固定液涂渍的好坏是制备柱子的关键，应使固定液在载体表面涂渍均匀。涂渍方法有常规法、抽空盘涂法、抽空蒸发法，可根据固定液用量和性质合理选择。

(2) 色谱柱填充

色谱柱填充也是柱子制备中一个重要环节。为了获得高效柱，要求固定相装填得均匀、紧密，载体不能破碎。根据柱子形状和材料不同，一般采用抽吸、振动或敲击柱管等方式填充。

(3) 色谱柱老化

新装的色谱柱不能直接使用，必须经过老化处理。方法是：将装填好的柱子接通载气，流速 $5\sim10\text{mL/min}$，在高于使用温度 $5\sim10℃$（低于最高使用温度）下老化 $8\sim24\text{h}$。目的是除去残存溶剂，使固定液进一步分布均匀，提高柱效。老化时柱子要与检测器断开，以免污染。

12.4 检测器

检测器是气相色谱仪的重要组成部分，已报道的气相色谱检测器有三十多种，常用的是热导池检测器、氢火焰离子化检测器、电子捕获检测器、火焰光度检测器。根据检测原理不同，可分为浓度型检测器和质量型检测器。浓度型检测器测量的是载气中组分浓度的瞬间变化，即响应值正比于组分在载气中的浓度，如热导池检测器。质量型检测器测量的是载气中组分进入检测器的速度变化，即响应值正比于单位时间内组分进入检测器的质量，如氢火焰离子化检测器。

12.4.1 检测器的性能指标

(1) 灵敏度

一定量的样品进入检测器后，就会产生一定的响应信号 R。如果以响应信号 R 对进入检测器的物质的量 Q 作图，得到一条通过原点的直线，直线的斜率就是检测器的灵敏度，以 S 表示，如图 12.2。

因此，灵敏度可定义为响应值对进入检测器的组分量的变化率，即：

$$S = \frac{\Delta R}{\Delta Q} \qquad (12.4)$$

对于浓度型检测器，灵敏度计算公式为：

$$S_c = \frac{F_d A C_1}{C_2 m} \qquad (12.5)$$

式中，C_1 为记录仪灵敏度，mV/cm；C_2 为记录纸速，cm/min；A 为峰面积，cm^2；F_d 为校正到检测器温度

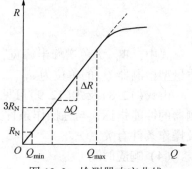

图 12.2 检测器响应曲线

和大气压下载气的流量，mL/min；m 为进样量，mg 或 mL。

S_c 为灵敏度，对液体、固体样品单位为 mV/(mg·mL^{-1})，气体样品单位为 mV/(mL·mL^{-1})。可理解为每毫升载气中含有 1mg(或 1mL)的组分，在检测器上产生的电信号的大小。

对质量型检测器，其灵敏度计算公式为：

$$S_m = \frac{60AC_1}{C_2 m} \tag{12.6}$$

式中，m 为进样量，g。其他符号单位同式(12.5)。S_m 的单位为 mV/(g·s^{-1})，表示每秒钟有 1g 组分进入检测器所产生的信号大小。

(2) 检出限

检出限又称敏感度，是指检测器恰能产生和噪声相鉴别的信号时，在单位体积或时间内进入检测器的物质的质量，用 D 表示。通常认为恰能辨别的响应信号至少应等于检测器噪声的 3 倍，即：

$$D = \frac{3R_N}{S} \tag{12.7}$$

式中，R_N 为检测器噪声，mV。指当纯载气通过检测器时，基线起伏波动的平均值。浓度型检测器 D 的单位为 mg/mL，质量型检测器 D 的单位为 g/s。

可见，检出限不仅反映检测器对某组分产生信号的大小，还反映了噪声的高低，是衡量检测器性能好坏的综合指标。检出限越低，说明检测器越敏感，越利于痕量分析。

(3) 最小检出量

指检测器恰能产生和噪声相鉴别的信号时所需进入色谱柱的最小物质量(或最小浓度)，用 Q_0 表示。

由于 $A = 1.065h \times W_{1/2}$，$h$ 为峰高，单位为 cm。式(12.5)可写作：

$$m = \frac{1.065 W_{1/2} F_d h C_1}{C_2 S_c}$$

当 $hC_1 = 3R_N$ 时的进样量，即为最小检出量，故：

$$Q_0 = \frac{1.065 W_{1/2} F_d 3R_N}{C_2 S_c}$$

对于浓度型检测器，最小检出量为：

$$Q_0 = \frac{1.065 W_{1/2} F_d D}{C_2} \tag{12.8}$$

对于质量型检测器，最小检出量为：

$$Q_0 = \frac{1.065 W_{1/2} 60 D}{C_2} \tag{12.9}$$

式中，$W_{1/2}$ 为色谱峰半峰宽，cm。其他符号单位同前。浓度型检测器 Q_0 的单位为 mg，质量型检测器 Q_0 的单位为 g。

由式(12.8)及式(12.9)可见，Q_0 与检出限 D 成正比，但两者有所不同。检出限只是检测器的性能指标，与柱操作条件无关；最小检出量不仅与检测器的性能有关，还与柱效能及操作条件有关。

(4) 响应时间

指组分进入检测器到真实信号输出 63% 所需时间，一般都小于 1s。检测器死体积越小，响应时间越短。

（5）线性范围

指检测器响应信号与被测组分质量或浓度成线性关系的范围。

12.4.2 热导池检测器

热导池检测器（thermal conductivity detector，TCD）是利用热敏元件对温度的敏感性以及被测组分与载气具有不同的热传导能力的性质制成的检测器。它结构简单，稳定性好，灵敏度适中，对有机物和无机物都有响应，是应用最广、最成熟的一种检测器。近年来，TCD在流路、形状、池体积、热丝材料、温控精度等方面不断改进和提高，尤其是微型热导池检测器的出现，其池体积只有几微升，可直接与毛细管柱联用，响应快，灵敏度高。

（1）结构与原理

热导池检测器主要由池体和热敏元件构成，利用惠斯顿电桥进行测量。热导池池体一般由不锈钢材料制成，池体上钻有两个或四个孔道，内装热敏元件。目前热敏元件多用电阻率大、电阻温度系数高、机械强度好、耐高温、抗腐蚀、对被测组分浓度变化响应线性宽的热丝型材料制成，如铂丝、钨丝、铼钨丝等，其中使用最多的是铼钨丝。热丝通常固定在一个与池体绝缘的支架上，放在池体的孔道内，见图12.3（a）。载气或载气携带样品通过孔道。若孔道接在进样口前，该孔道只有纯载气通过，称为参比池，其中的热敏元件称为参比臂；若孔道接在色谱柱后，载气携带样品通过，则处在样品与载气的混合气流中，这个孔道称为测量池，其中的热敏元件称为测量臂。

将热敏元件与固定电阻连成惠斯顿电桥，通入恒定电流，组成热导池检测器测量线路。如果电桥中有两个臂是热敏元件（R_1、R_3），另两个臂是固定电阻（R_2、R_4），称为双臂热导池，如图12.3（b）所示；若电桥的四个臂都由热敏元件组成，则称为四臂热导池，如图12.4。常用的是四臂热导池。

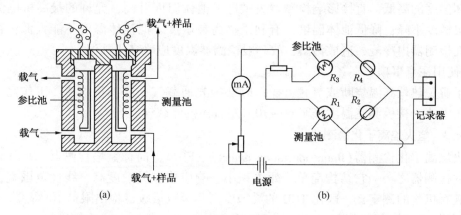

图 12.3　热导池基本结构

在图12.4所示的四臂热导池中，R_2、R_3为参比臂，R_1、R_4为测量臂，且$R_1 = R_2$，$R_3 = R_4$。

进行色谱分析时，载气连续通过热导池，热敏元件通电而产生一定的热量。进样前，通过参比池和测量池的均为纯载气，热丝产生的热量与载气带走的热量建立热动平衡，参比臂和测量臂温度相同，$R_1R_4 = R_2R_3$，电桥处于平衡状态，无信号输出，此时记录仪走基线。

211

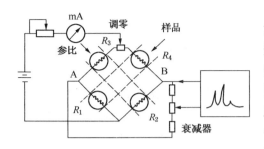

图 12.4 热导池惠斯顿电桥测量线路

进样后，被分离后的组分随载气先后通过测量池。由于组分与载气组成的二元体系的热导系数与纯载气的热导系数不同，则由热传导带走的热量就不同，使测量臂温度发生变化，引起热丝阻值的变化，而参比臂阻值保持不变。这时，$R_1 R_4 \neq R_2 R_3$，电桥失去平衡，有信号输出到记录仪。将此信号随时间的变化记录下来，就得到了该组分的色谱峰。载气中组分的浓度越大，测量臂与参比臂产生的温差越大，输出不平衡电压越大，在记录仪上描绘出的色谱峰面积也越大。故 TCD 是典型的浓度型检测器。

(2) TCD 操作条件的选择

1）桥电流

桥电流是 TCD 一个重要的操作参数，增加桥电流会使灵敏度迅速增大，一般 $S \propto I^3$。但桥电流太大，会使噪声增大，还会影响热丝寿命，故应合理选择桥电流。在保证灵敏度足够的情况下，应尽量使用低的桥电流。一般桥电流控制在 100~200mA 之间，N_2 作载气时为 100~150mA，H_2 作载气时为 150~200mA。

2）载气种类

载气与组分热导系数相差越大，检测灵敏度越高。选择热导系数大的氢气或氦气作载气有利于提高灵敏度。

3）池体温度

TCD 对温度十分敏感，池体温度波动将导致噪声增大。一个高性能的热导池检测器，要求柱温变化在 ±0.01℃ 以内，检测器温度变化要控制在 ±0.05℃ 以内。

池体温度的高低，直接影响检测器灵敏度。池体温度升高，允许的最高桥电流相应降低，使灵敏度下降；降低池体温度，有利于提高灵敏度。但池体温度不能太低，否则被测组分将在检测器内冷凝，造成污染，故一般检测器温度应略高于柱温。

4）使用注意事项

为了避免热丝高温烧断或氧化，操作时必须先通载气，后加桥电流。工作完成后，则需先关桥电流，待检测室温度降至 60~70℃ 左右，再停载气。

12.4.3 氢火焰离子化检测器

氢火焰离子化检测器(flame ionization detector, FID)，简称氢焰检测器，是气相色谱中最常用的检测器之一。它结构简单、死体积小、响应快、灵敏度高、线性范围宽，尤其适用于含碳有机物的测定，一般比 TCD 的灵敏度高几个数量级，检出限达 10^{-13} g/s。FID 属选择性检测器，只对含碳有机物有响应，不能检测永久性气体、无机物等样品。

(1) 结构与原理

FID 是以氢气在空气中燃烧的火焰为能源，当含碳的有机物进入火焰时发生离子化，生成许多带电体，在外加电场作用下形成离子流，将该离子流通过高电阻转换成电压信号，经放大后记录下来，就得到色谱图。

FID 的主要部件是离子室，由喷嘴、发射极、收集极、气体入口、外罩等组成，如图 12.5 所示。离子室由金属圆筒作外罩，上方有排气孔，底座中心有喷嘴(兼作发射极)，上端有筒状收集极，载气、燃气、助燃气及其他辅助气体由底座引入。

212

载气携带组分流出色谱柱后，与氢气预先混合，从离子室下部进入喷嘴，空气从喷嘴四周导入。氢气在空气助燃下经引燃后产生氢火焰，被测组分在火焰作用下发生电离，生成带电体。在火焰上方的收集极（正极）和下方的发射极（负极）间施加恒定的直流电压，形成一个静电场。产生的带电体在电场作用下定向移动，形成电流。此电流很微弱，只有 $10^{-13} \sim 10^{-8} A$，让它通过高电阻（$10^7 \sim 10^{10} \Omega$），产生电压降，再输入放大器放大后，由记录系统记录下来。产生的带电体的数目与单位时间内进入火焰的碳原子数量有关，故 FID 是质量型检测器。由于 FID 对空气和水无响应，因此特别适合于大气和水中污染物的分析。

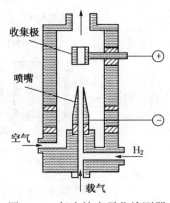

图 12.5　氢火焰离子化检测器

（2）FID 操作条件的选择

1）气体流量

① 载气流量　使用 FID 一般用氮气作载气，载气流量由色谱最佳分离条件确定。

② 氢气流量　当载气流量一定时，氢气流量对响应值的影响存在一个最佳值，载气与氢气的最佳流量比（$N_2 : H_2$）为 $1 \sim 1.5$。

③ 空气流量　当空气流量较低时，响应值随空气流量的增加而增大，增大到一定数值后（一般为 400mL/min）则不再受空气流量的影响。一般氢气与空气流量之比为 $1 : 10$。

用填充柱时，柱出口处不用尾吹气。用开管柱时，应用氮气或氢气作尾吹气。这样既能减少柱后死体积对组分分离的影响，又可保证进入离子室所需氮气与氢气的量及比例。

2）极化电压

在极化电压较低时，响应值随极化电压的增加而增大，然后趋于一个饱和值。通常极化电压的取值范围为 $50 \sim 300V$。

3）检测器温度

相对于其他检测器而言，FID 对温度变化不敏感。一般 FID 的温度应略高于柱温，且不可低于 100℃，以免样品或水蒸气在离子室冷凝，污染检测器。此外，FID 停机时必须在 100℃ 以上灭火，通常是先关氢气，后关检测器加热装置。这是使用 FID 必须严格遵守的操作。

12.4.4　电子捕获检测器

电子捕获检测器（electron capture detector，ECD）是一种放射性离子化检测器。它是在放射源作用下，使通过检测器的载气发生电离，产生自由电子，在电场作用下形成基流。当电负性化合物进入检测器时，捕获电子，使基流下降，产生信号。ECD 是一种具有选择性的高灵敏度检测器，它只对电负性物质有响应，电负性越强，灵敏度越高，能测出 $10^{-14} g/mL$ 的电负性物质。

ECD 的结构有两种，一种是早期使用的平板电极，另一种是圆筒状同轴电极。前者池体积太大，已被淘汰，目前普遍采用后者。典型的同轴电极 ECD 结构见图 12.6。在检测器池体内有一个圆筒状阴极，β 放射源（Ni^{63} 或 H^3）涂在阴极内壁上，中心是一根与它同轴的不锈钢棒作为阳极。在两极间施加直流或脉冲电压，电场强度呈轴对称分布。检测器要求有很好的气密性和绝缘性。

当载气（一般采用高纯氮）进入检测器时，在放射源发射的 β 射线作用下发生电离：

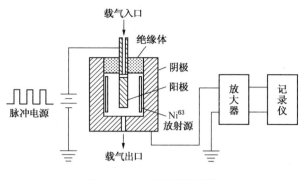

载气入口
绝缘体
阴极
阳极
脉冲电源
Ni^{63}
放射源
载气出口
放大器
记录仪

图 12.6　电子捕获检测器

$$N_2 \xrightarrow{\beta \text{ 射线}} N_2^+ + e$$

生成的正离子和电子在电场作用下定向移动，形成恒定的电流（$10^{-9} \sim 10^{-8}$ A），即基流。

当具有电负性的组分随载气进入检测器时，立即捕获这些自由电子而生成负离子，负离子再与载气电离产生的正离子复合成中性化合物：

$$AB + e \longrightarrow AB^-$$
$$AB^- + N_2^+ \longrightarrow AB + N_2$$

由于组分捕获电子以及正负离子的复合，使带电体数目急剧减少，基流下降，产生负信号而形成倒峰。组分浓度越大，色谱峰越大。

电子捕获检测器是检测电负性化合物的最佳气相色谱检测器，由于它的高灵敏度和高选择性，目前已广泛应用于环境样品中痕量农药、多氯联苯等的分析。

使用 ECD 时应注意合理选择操作条件，检测器温度、载气纯度、脉冲周期等对检测器性能有很大影响。

在定量分析中，为保持灵敏度不变，检测器温度控制精度要求在 ±0.1℃ 以内。

用氮气作载气，其中氧含量对基流影响很大，载气纯度越高，基流越大，故应采用高纯氮（纯度 99.99%）。采用高纯氮作载气，基流随载气流速增加而增加，到一定流速后趋于稳定。用脉冲供电，峰高在常用流速范围内基本保持常数，即峰高与流速无关。但当流速大于一定值以后，峰高随流速增加而缓慢下降。因此，电子捕获检测器属于浓度型检测器。

脉冲周期对基流和灵敏度具有完全不同的影响。脉冲间隔越长，捕获电子几率越多，因而使灵敏度提高。但同时也使电子与正离子复合的几率增加，使基流下降。可见，增加脉冲间隔可以提高灵敏度，但降低脉冲间隔可以提高基流，扩大线性范围。所以应根据具体情况而选定脉冲间隔。一般常用的脉冲间隔为 50μs、150μs。

12.4.5　火焰光度检测器

火焰光度检测器（flame photometric detector，FPD）是一种对含硫、磷化合物具有高灵敏度和高选择性的检测器，检出限可达 10^{-13} g/s（对磷）或 10^{-11} g/s（对硫）。适合于分析含硫、磷的有机化合物和气体硫化合物，在大气污染和农药残留分析中应用广泛。

FPD 是根据硫、磷化合物在富氢火焰中燃烧时能发射出特征波长的光而设计的，由燃烧系统和光学系统组成，其结构见图 12.7。

当含硫（磷）的化合物在富氢火焰中燃烧时，发生化学发光效应，其机理一般认为：

$$RS + 2O_2 \longrightarrow SO_2 + CO_2$$
$$SO_2 + 4H \longrightarrow S + 2H_2O$$

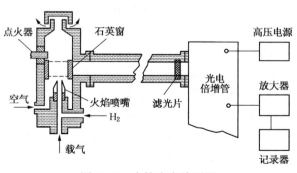

点火器
石英窗
高压电源
空气
火焰喷嘴
H_2
滤光片
光电倍增管
放大器
载气
记录器

图 12.7　火焰光度检测器

$$S+S \longrightarrow S_2^*$$
$$S_2^* \longrightarrow S_2 + hv$$

即含硫化合物（RS）首先被氧化成 SO_2，然后被 H 还原成 S 原子，S 原子在外围冷焰区（约 390℃）生成激发态 S_2^* 分子，当其跃迁回基态时，发射出 350~430nm 的特征分子光谱。

含磷化合物则被氧化生成氧化物 PO，然后被 H 还原成激发态的 HPO^*，同时发射出 480~600nm 的特征光谱。

其中，394nm 和 526nm 分别为含硫、磷化合物的特征波长，通过相应波长的滤光片获得。含硫、磷化合物发射的特征波长的光通过滤光片后照射到光电倍增管上，转变为光电流，经放大后由记录仪记录下来，得到含硫、磷化合物的色谱图。

四种常用气相色谱检测器的性能列于表 12-2 中。

表 12-2　常用气相色谱检测器的性能

检测器	类型	选择性	检出限	线性范围	响应时间	适用范围
TCD	浓度	无	10^{-8} mg/mL	10^5	<1s	有机物和无机物
FID	质量	有	10^{-13} g/s	10^7	<0.1s	含碳有机物
ECD	浓度	有	10^{-14} g/mL	$10^2 \sim 10^4$	<1s	含卤、氧、氮化合物
FPD	质量	有	10^{-13} g/s(P) 10^{-11} g/s(S)	10^4(P) 10^3(S)	<0.1s	含硫、磷化合物、农药

12.5　填充柱气相色谱操作条件的选择

在气相色谱法中，为了在较短的时间内获得满意的分析结果，关键问题是要选择合适的固定相和色谱柱，并选择最佳色谱操作条件。这些可以根据速率理论和色谱分离方程进行选择和优化。

12.5.1　固定相的选择

固定相是对样品分离起决定作用的因素，是进行色谱分析要考虑的首要问题。有关固定相性质的选择已在 12.3 中进行了详细阐述，这里着重讨论一下固定液用量的问题。固定液用量是指固定液与担体的质量之比，称为液担比。固定液用量的选择与被测组分的极性、沸点、固定液性质、担体性质等诸多因素有关，需综合考虑。由速率理论可知，固定液的液膜越薄，传质阻力越小，柱效越高。故使用低液担比的柱子有利于提高柱效。但如果液担比太小，固定液不能覆盖担体表面的吸附中心，反而会使柱效下降。对于低沸点样品，液担比应高一些；对高沸点样品，液担比要低一些。对于表面积大的担体，可适当提高液担比。

综上所述，实际工作中常用的液担比为 3%~20%。随着担体表面处理技术的发展和高灵敏度检测器的采用，现多用低配比固定液，一般填充柱的液担比<10%。

12.5.2　担体的选择

由 Van Deemter 方程得知，担体粒度直接影响涡流扩散和气相传质阻力，对液相传质也有间接影响。担体粒度越小，筛分范围越窄，柱效越高。但粒度过细，使柱阻力和柱压降增大，对操作不利。当柱内径为 3~4mm 时，使用 60~80 目或 80~100 目的担体较为合适。

12.5.3　柱管的选择

柱管的形状一般随仪器而定不能选择，有 U 形、螺旋形等。柱长主要依据样品性质选择。增加柱长，可使理论塔板数增大，但同时也会使分析时间延长。一般柱长选择以使分离度达到所期望的值为准。柱长也可根据在短柱(L_1)上测得的分离度数据(R_1)，由式(11.58)求出。

$$L_2 = L_1 \left(\frac{R_2}{R_1} \right)^2$$

增加柱内径可增加柱容量，但由于径向扩散路径增加，使柱效下降。对于一般色谱分析，填充柱内径为3~6mm。

12.5.4 载气及其流速的选择

选择何种载气，首先应考虑是否适合所用检测器。如对于TCD，一般选用热导系数较大的H_2或He；对于FID，一般选用N_2；对于ECD则需使用高纯氮。载气性质影响组分在气相中的扩散系数D_g，从而影响柱效。当在低流速区操作时，分子扩散占主导地位，宜用相对分子质量较大的载气，如N_2；当在高流速区操作时，传质阻力占主导地位，这时应选用扩散系数大，即相对分子质量小的气体，如H_2、He等作载气。

载气流速严重影响分离效率和分析时间。由速率理论可知，为获得高柱效，应选用最佳流速，但在此流速下，分析时间较长。在实际色谱分析中，为保证必要的分析速度，很少选用最佳流速，而是稍高于最佳流速。这样既缩短了分析时间，又不会损失太多柱效。

12.5.5 柱温的选择

柱温是一个重要的操作参数，直接影响分离度和分析时间。选择柱温时首先要考虑到每种固定液都有一定的温度范围，柱温不能高于固定液的最高使用温度，否则会引起固定液流失。

提高柱温，可加快气液两相间的传质速率，有利于提高柱效，但同时会使纵向扩散加剧，导致柱效下降。可见，柱温的影响是复杂的，要兼顾多方面因素进行选择。柱温选择的一般原则是：在使难分物质对的分离度能够满足要求的前提下，尽可能采取较低柱温，但以保留时间适宜，峰形不拖尾为度。

12.5.6 进样条件的选择

无论是注射器进样还是阀进样，进样时间越短越好，一般应在1s之内。若进样时间过长，会导致色谱峰扩展甚至变形。

进样量的多少，主要影响柱效和检测。进样量太大时，会使保留时间变小，峰形不对称，柱效下降；进样量太小，检测器又不易检测而使分析误差增大。最大允许进样量应控制在峰面积或峰高与进样量呈线性关系的范围内。一般液体试样的进样量在0.1~10μL之间，气体试样在0.1~10mL之间。

12.6 定性与定量分析

对一个未知组分的试样进行色谱分析，首先要进行分离，再作定性鉴定，然后进行定量分析。

12.6.1 定性分析

定性分析就是要确定分析试样中有什么组分，色谱定性分析就是要确定色谱图上各个峰的归属。理论分析和大量实验结果表明，当固定相和操作条件严格不变时，每种物质都有确定的保留值，据此可进行定性分析。但在同一色谱条件下，不同的物质也可能具有近似或相同的保留值，故有时还需要其他一些化学分析或仪器分析方法相配合，才能准确判断某些组分是否存在。

（1）利用保留值定性

色谱分析中主要的定性指标就是保留值，利用保留值定性是最常用也是最简单的方法。在相同色谱条件下，将待测物质与已知的纯物质分别进样，若两者的保留值相同，则可能是同一种物质。利用保留值定性时，应严格控制实验条件稳定、一致。采用比保留体积 V_g、相对保留值 r_{is} 或保留指数 I 进行定性时，只需严格控制柱温，提高定性的准确性。

对于复杂样品，可在试样中加入已知的纯物质，在相同条件下进样，对比加已知物前后的色谱峰。若某色谱峰的峰高增加而半峰宽没变，则可认为此色谱峰代表该物质。

应注意，在同一色谱柱上不同物质也可能具有相同的保留值，故单柱定性有时不一定可靠。采用双柱、多柱定性则能消除单柱定性可能出现的差错。即采用两根或多根性质（极性）不同的色谱柱进行分离，若标准物和未知物的保留值始终相同，可判断为同一物质。

（2）利用文献保留值定性

当没有纯物质时，可利用文献提供的保留数据定性。即用测得的未知物的保留值与文献上的保留值进行对照定性。气相色谱发展过程中，已积累了大量保留数据，能用作色谱定性的参考，其中最有实用价值的是保留指数。保留指数具有标准物易得到、测定精度高、重复性好等优点，是气相色谱中应用最多的定性数据。在与文献相同的条件下，测定被测物的保留指数，然后与文献值进行比较。该方法的误差小于 1%。

（3）与其他方法结合定性

气相色谱法是分离复杂混合物的有效工具，但不能对未知物进行定性鉴定。近年来发展的仪器联用技术，弥补了色谱法这一不足。其中的色谱-质谱联用（GC-MS）是分离、鉴定未知物最有效的手段。利用气相色谱的高分离能力和质谱的高鉴别能力，将多组分混合物先通过气相色谱仪分离成单个组分，然后逐一送入质谱仪中，获得质谱图。根据质谱图上碎片离子的特征信息和分子裂解规律，可推测被测物的分子结构，更方便的是用计算机对谱图进行自动检索。此外，还有气相色谱与傅里叶红外光谱、发射光谱等联用方式，详见第 14 章。

12.6.2　定量分析

色谱定量分析的依据是组分的量（m_i）与检测器的响应信号（峰面积 A_i 或峰高 h_i）成比例，即：

$$m_i = f_i A_i \qquad (12.10)$$

式中，比例常数 f_i 称为定量校正因子，简称校正因子。由上式可知，色谱定量分析需要准确测量峰面积和校正因子。

（1）峰面积的测量

对于分离较好且峰形对称的色谱峰，可采用峰高乘以半峰宽法，即 $A = 1.065h \times W_{1/2}$；对于不对称峰，可采用峰高乘以平均宽度法，即

$$A = h\frac{1}{2}(W_{0.15} + W_{0.85}) \qquad (12.11)$$

$W_{0.15}$、$W_{0.85}$ 分别为 0.15 倍和 0.85 倍峰高处的峰宽。

目前，气相色谱仪大多带有自动积分仪或由计算机控制的色谱数据处理软件，无论是

对称峰还是不规则峰，它们都能精确测定色谱峰的真实面积。此外，还能自动打印保留时间、峰高、峰面积等数据，并能以报告的形式给出定量分析结果。

（2）校正因子

色谱分析主要利用检测器给出的响应值定量。但由于同一检测器对不同物质具有不同的响应值，两个等量的不同物质得不到相等的峰面积；同一物质在不同检测器上也得不到相等的峰面积，这样就不能用峰面积直接计算物质的量，计算时需将峰面积乘上一个换算系数 f_i，使组分的峰面积转换为相应物质的量。f_i 定义为单位峰面积所相当的组分量，即：

$$f_i = \frac{m_i}{A_i} \tag{12.12}$$

f_i 又称为绝对定量校正因子，主要由仪器灵敏度决定。它不易准确测定，故无法直接应用，实际定量工作中都使用相对定量校正因子 f'_i。组分的定量校正因子与标准物的定量校正因子之比，即为该组分的相对定量校正因子：

$$f'_{iw} = \frac{f_i}{f_s} = \frac{m_i A_s}{m_s A_i} \tag{12.13}$$

式中，m 和 A 分别为质量和峰面积；下标 i 和 s 分别代表待测组分和标准物；f'_{iw} 称为 i 组分的相对质量校正因子。此外还有相对摩尔校正因子、相对体积校正因子等。

相对定量校正因子一般由实验者自己测定，方法是：准确称量一定量的组分和标准物，配成均匀溶液。取一定体积注入色谱仪，分别测量相应的峰面积，利用式（12.13）进行计算。标准物可以是外加的，也可指定样品中某组分。

相对定量校正因子与标准物的性质及检测器类型有关，与操作条件无关。当无法得到被测的纯组分时，也可利用文献值。文献值常用的标准物质，对于 TCD 是苯，FID 是正庚烷。引用文献值时需注意检测器类型应与文献一致。

（3）定量方法

1）归一化法

当样品中所有组分都能流出色谱柱并能出峰时，可用归一化法计算。

设试样中含有 n 个组分，每个组分的质量分别为 m_1、$m_2 \cdots m_n$，各组分质量之和为 m，其中 i 组分的质量分数 p_i 可按下式计算：

$$p_i = \frac{m_i}{m} \times 100\% = \frac{m_i}{m_1 + m_2 + \cdots + m_n} \times 100\% = \frac{f'_i A_i}{f'_1 A_1 + f'_2 A_2 + \cdots + f'_n A_n} \times 100\%$$

$$\tag{12.14}$$

式中，$A_1 \cdots A_n$ 和 $f'_1 \cdots f'_n$ 分别为试样中各组分的峰面积和相对定量校正因子。若各组分 f'_i 值相近，则上式简化为：

$$p_i = \frac{m_i}{m} \times 100\% = \frac{m_i}{m_1 + m_2 + \cdots + m_n} \times 100\% = \frac{A_i}{A_1 + A_2 + \cdots + A_n} \times 100\% \tag{12.15}$$

归一化法简便、准确，不必称量和准确进样，操作条件变化对结果影响较小。但要求样品中所有组分必须全部出峰。

2）内标法

将已知量的纯物质作为内标物，加入到准确称量的试样中，进行色谱分离，根据待测组分和内标物的峰面积以及内标物的质量，计算待测组分的含量。这种色谱定量方法称为内标法。

设样品质量为 m，加入的内标物质量为 m_s，则：

$$m_i = f'_i A_i$$
$$m_s = f'_s A_s$$

$$\frac{m_i}{m_s} = \frac{f'_i A_i}{f'_s A_s}$$

$$m_i = \frac{f'_i A_i}{f'_s A_s} \times m_s$$

待测组分的质量分数为：

$$p_i = \frac{m_i}{m} \times 100\% = \frac{f'_i A_i}{f'_s A_s} \times \frac{m_s}{m} \times 100\% \qquad (12.16)$$

式中，A_i、A_s 分别为待测组分和内标物的峰面积；f'_i、f'_s 分别为待测组分和内标物的相对定量校正因子。测相对定量校正因子时，常以内标物本身作为标准物，此时 $f'_s = 1$。

内标法中内标物的选择十分重要，应满足下列条件：是样品中不存在的、稳定易得的纯物质；与样品互溶且无化学反应；色谱峰靠近被测组分或位于几个被测组分峰中间，并与这些组分完全分离；峰面积与被测组分接近。

内标法定量准确，应用广泛，可以抵消操作条件和进样量变化带来的误差。但每次需准确称量样品和内标物的质量。对于复杂样品，有时难以找到合适的内标物。该法适于只需对样品中某几个组分进行分析的情况。

3）外标法

外标法也叫标准曲线法，用被测组分的纯物质配制一系列不同质量分数的标准溶液，取固定量的标准溶液在稳定的色谱条件下进样分析，测得相应的响应值(峰高或峰面积)，绘制响应值对质量分数的标准曲线。在相同条件下，测定试样的响应值，由标准曲线查出其质量分数。此法的优点是操作简单，计算方便，但要求操作条件稳定，进样量准确且一致。此法适用于样品色谱图中没有合适位置插入内标峰，或找不到合适内标物的情况。

当被测试样中各组分浓度变化范围不大时，可不必绘制标准曲线，而采用单点校正法。即配制一个与被测组分质量分数接近的标准溶液，在相同色谱条件下定量进样，被测组分的质量分数为：

$$p_i = \frac{A_i}{A_s} \times p_s \qquad (12.17)$$

式中，A_i 与 A_s 分别为被测组分和标准物数次进样所得峰面积的平均值；p_s 为标准物的质量分数。也可用峰高代替峰面积进行计算。

12.7 开管柱气相色谱法简介

1957 年，美国的 Golay 在色谱动力学理论指导下，发明了柱效极高的开管柱(open tubular column)。他将固定液直接涂在毛细管内壁上代替填充柱进行试验，结果发现其分离能力远高于填充柱。由于固定液附着在管内壁上，中心是空的，故称为开管柱，习惯上又叫作毛细管柱(capillary column)。这种色谱柱比经典填充柱的柱效高几十倍到上百倍，广泛应用于石油化工、环境科学、食品科学、医药卫生等领域，用来分析组成极为复杂的混合物和痕量物质，从此开创了气相色谱的新纪元。

12.7.1 开管柱的类型

开管柱可由不锈钢、玻璃、石英等材料制成。早期的开管柱多用不锈钢材料，但由于其表面具有催化活性，现已很少使用。20 世纪 70 年代主要用玻璃材料，因其表面惰性较好，透明，易于观察固定液涂渍情况，缺点是易折碎，安装困难。1979 年，Dandeneau 等研制成熔融石英毛细管柱，因具有惰性好、机械强度高、柔韧性好，易于操作等优点，使其成为毛细管色谱柱的主流，毛细管色谱也因此进入了大发展时期。

开管柱按其固定液的涂渍方法可分为以下几种类型。

（1）壁涂开管柱（wall coated open tubular column，WCOT）

将固定液直接涂在毛细管内壁上，这是 Golay 最早提出的毛细管柱。这种柱子由于表面积有限，可涂固定液量很少，再加上管壁表面光滑，浸润性差，液膜不易涂布均匀，重现性差，寿命短。现在的 WCOT 柱，其内壁通常都先经过表面处理，使表面粗糙化，以减小固定液液滴的接触角，增加润湿性，使固定液铺展开来，获得均匀的液膜。

（2）多孔层开管柱（porous layer open tubular column，PLOT）

在管内壁上沉积载体、吸附剂（如分子筛、氧化铝等）或熔融石英等固体颗粒，就构成了多孔层开管柱。既可直接作吸附色谱，又可涂上固定液作分配色谱。

（3）涂载体开管柱（support coated open tubular column，SCOT）

为了增大开管柱内固定液的涂渍量，先将载体沉积于毛细管内壁上，在此载体上再涂渍合适的固定液，就制成分配型 SCOT 柱。可见，所有的 SCOT 柱都属于 PLOT 柱，但并非所有的 PLOT 柱都是 SCOT 柱。与 WCOT 柱相比，SCOT 柱与 PLOT 柱的柱容量大，固定液流失少。

（4）固定化固定相开管柱

涂渍型开管柱 WCOT、SCOT，热稳定性和耐溶剂性较差，使用过程中存在固定液流失现象，影响柱效和柱寿命。为此，发展了固定化固定相开管柱。包括键合型开管柱和交联型开管柱。

① 键合型开管柱　使固定液与玻璃表面的硅醇基团发生化学反应而键合到开管柱内壁上。这类柱子热稳定性好，固定液使用温度大为提高。

② 交联型开管柱　由交联引发剂将固定液交联到毛细管内壁上。固定液通过交联后，具有耐高温、抗溶剂冲洗、化学稳定性好、柱寿命长等优点。

12.7.2　开管柱的特点

与填充柱相比，开管柱具有以下特点：

（1）渗透性好

渗透性表示流动相通过柱子的难易程度，用渗透性常数 K_0 描述。K_0 值越大，说明柱的渗透性越好，即流动相通过色谱柱时所受的阻力越小。

$$K_0 = \frac{\eta u L}{\Delta p} \qquad (12.18)$$

式中，K_0 为渗透性常数，cm^2；L 为色谱柱柱长，cm；η 为流动相黏度，$Pa \cdot s$；u 为流动相平均线速，cm/s；Δp 为柱压降，Pa。

对于填充柱，K_0 值可用式（12.19）估算：

$$K_0 = \frac{d_p^2}{1012} \qquad (12.19)$$

式中，d_p 为载体的平均粒径。

开管柱的 K_0 值可用式（12.20）估算：

$$K_0 = \frac{r^2}{8} \qquad (12.20)$$

式中，r 为毛细管半径。

开管柱是一根空心柱，比填充柱对气流的阻力要小得多。比较式（12.19）、式（12.20）可见，两柱的 K_0 值相差两个数量级以上。开管柱的高渗透性，决定了在其他因素相同情况下，其柱长比填充柱长得多，在同样的柱压降下，开管柱可使用 100m 以上的柱子，而载气线速仍可保持不变。

（2）相比大

相比大，即 β 值大。填充柱的 β 值一般在 6～35 之间，而开管柱在 50～1500 之间。β 值大，液膜厚度小，传质快，有利于提高柱效和实现快速分析。

（3）柱容量小

柱容量取决于柱内固定液的含量。开管柱涂渍的固定液仅几十毫克，液膜厚度为 0.35～1.50μm，柱容量小，使最大允许进样量受到很大限制。对液体试样，进样量通常为 10^{-3}～10^{-2} μL。因此，开管柱气相色谱在进样时需要采用分流进样技术。

（4）总柱效高

从单位柱长的柱效看，开管柱和填充柱处于同一个数量级，但开管柱的长度比填充柱大 1～2 个数量级，因此其总柱效要比填充柱高得多，可解决很多极复杂混合物的分离分析问题。

12.8　开管柱速率理论方程

根据开管柱的结构特性，Golay 于 1958 年提出了开管柱速率理论，指出影响开管柱色谱峰扩展的主要因素是：纵向分子扩散、气相传质阻力、液相传质阻力，并导出类似于填充柱的速率方程，即 Golay 方程，阐明了色谱柱参数和载气线速度 u 对柱效的影响。Golay 方程为：

$$H = \frac{B}{u} + C_g u + C_1 u \tag{12.21}$$

式中，B 是分子扩散系数；C_g 是气相传质阻力系数；C_1 是液相传质阻力系数。这三项可用溶质在气相中扩散系数 D_g、溶质在液相中扩散系数 D_1、开管柱半径 r、固定相液膜厚度 d_f、分配比 k 来表示：

$$B = 2D_g \tag{12.22}$$

$$C_g = \frac{(1 + 6k + 11k^2)r^2}{24(1 + k)^2 D_g} \tag{12.23}$$

$$C_1 = \frac{2kd_f^2}{3(1 + k)^2 D_1} \tag{12.24}$$

完整的 Golay 方程为：

$$H = \frac{2D_g}{u} + \frac{1 + 6k + 11k^2}{24(1 + k)^2} \cdot \frac{r^2}{D_g} \cdot u + \frac{2k}{3(1 + k)^2} \cdot \frac{d_f^2}{D_1} u \tag{12.25}$$

与填充柱速率方程比较，它们之间的差别是：

① 开管柱只有一个气体流路，无涡流扩散项，即 $A = 0$。

② 分子扩散项与填充柱相似，但开管柱无分子扩散路径弯曲，$\gamma = 1$。

③ 传质项与填充柱相似，以柱半径 r 代替载体粒径 d_p，且 C_1 项一般比填充柱小。

12.9 开管柱气相色谱操作条件的选择

12.9.1 柱效能

开管柱的 $H-u$ 关系图和填充柱类似，也是一条双曲线，其最低点对应的是最小板高：

$$H_{min} = 2\sqrt{BC} = 2\sqrt{B(C_g + C_1)} \qquad (12.26)$$

对于薄液膜柱，d_f 很小，C_1 可忽略，此时：

$$H_{min} = 2\sqrt{BC_g} = r\sqrt{\frac{1 + 6k + 11k^2}{3(1 + k)^2}} \qquad (12.27)$$

式(12.27)指出，当 k 值相同时，柱内径越细，柱效越高。理论上讲要尽量采用细内径色谱柱，但在实用上，内径太细，导致阻力增大，液膜变薄，样品容量减小，操作不方便。现有条件下，柱内径以 0.1mm 为下限。

12.9.2 载气线速度

由速率方程可知，最小板高时的最佳载气线速度为 $u_{opt} = \sqrt{\dfrac{B}{C_g + C_1}}$，如果 c_1 很小，则有：

$$u_{opt} = \sqrt{\frac{B}{C_g}} = \frac{4D_g}{r}\sqrt{\frac{3(1 + k)^2}{1 + 6k + 11k^2}} \qquad (12.28)$$

上式表明，u_{opt} 与 D_g 成正比，而与 r 成反比。当 $u>u_{opt}$ 时，因开管柱液膜厚度小，液相传质阻力小，H 随 u 的增大而缓慢增加。开管柱 $H-u$ 曲线上升的斜率总小于填充柱。在高载气流速下，开管柱柱效降低并不多，比填充柱更适合作快速分析。因在开管柱操作中一般 $u>u_{opt}$，故选用轻载气柱效高。

12.9.3 液膜厚度

对开管柱来说，液膜厚度是最重要的柱参数。因 $C_1 \propto d_f^2$，减小液膜厚度有利于提高柱效。但 d_f 不能无限降低，由于 d_f 降低，k 值变小，则达到同样分离度所需理论塔板数将增高；其次，d_f 降低，使柱容量降低，对进样和检测系统提出更高要求。而液膜过厚，液膜稳定性下降(固定液挂不住)。故液膜厚度选择要兼顾柱效、柱容量和柱稳定性。一般 WCOT 柱 d_f 为 $0.1 \sim 1\mu m$；SCOT 柱 d_f 为 $0.8 \sim 2\mu m$。

12.9.4 柱温

在恒温操作时，柱温主要影响分配系数和选择性。降低柱温，有利于提高选择性。但降低柱温，分析时间加长，峰形变差，故降低柱温有一定限度。同样，升高柱温，分析时间缩短，峰形改善，但选择性降低。可见，选择合适的柱温是一个复杂的问题，要兼顾分析时间和选择性。

12.9.5 进样量

进样量取决于色谱柱固定液含量。当进样量超过柱容量后，会导致柱效下降。最大允许进样量定义为柱效下降10%时的进样量。

最大允许进样量与柱长、柱内径及固定液含量有关。柱子越长，内径越粗，固定液含量越多，允许进样量就越大。增加固定液含量是增大柱容量的关键。其主要途径有：采用

222

交联法增加液膜厚度；增加柱径，即采用大口径厚液膜柱；增大柱子内表面积，采用多孔层柱。

开管柱与填充柱的比较见表12-3。

表12-3 开管柱与填充柱的比较

项　目		填充柱	开管柱 WCOT	开管柱 SCOT
色谱柱	内径/mm	2~4	0.1~0.8	0.5~0.8
	长度/m	0.5~5	10~150	10~100
	液膜厚度/μm	10	0.1~5	0.5~0.8
	渗透性常数 K_0	1~20	50~800	200~1000
	相比 β	6~35	100~1500	50~300
	总塔板数 n	$\sim 10^3$	$\sim 10^6$	
动力学方程式	方程式	$H=A+\dfrac{B}{u}+(C_\mathrm{g}+C_1)u$	$H=\dfrac{B}{u}+(C_\mathrm{g}+C_1)u$	
	涡流扩散项	$A=2\lambda d_\mathrm{p}$	$A=0$	
	分子扩散项	$B=2\gamma D_\mathrm{g}$，$\gamma=0.5\sim0.7$	$B=2D_\mathrm{g}$，$\gamma=1$	
	气相传质项	$C_\mathrm{g}=\dfrac{0.01k^2}{(1+k)^2}\dfrac{d_\mathrm{p}^2}{D_\mathrm{g}}$	$C_\mathrm{g}=\dfrac{(1+6k+11k^2)}{24(1+k)^2}\dfrac{r^2}{D_\mathrm{g}}$	
	液相传质项	$C_1=\dfrac{2k}{3(1+k)^2}\dfrac{d_\mathrm{f}^2}{D_1}$	$C_1=\dfrac{2k}{3(1+k)^2}\dfrac{d_\mathrm{f}^2}{D_1}$	
其他	进样量/μL	0.1~10	0.01~0.2	
	进样器	直接进样	附加分流装置	
	检测器	TCD，FID 等	常用 FID	
	柱制备	简单	复杂	
	定量结果	重现性较好	与分流器性能有关	

思 考 题 与 习 题

12-1　试比较说明气-固色谱、气-液色谱的特点和适用范围。

12-2　载体为什么要处理？处理方法有哪些？

12-3　开管柱的优点和缺点是什么？

12-4　有以下分析课题，请选择合适的色谱柱、固定相、检测器。

(1) 生产硫酸工厂附近的空气中 SO_2 含量的测定。

(2) 丙酮试剂中微量水分的测定。

(3) 土壤样品中微量有机磷农药残留的测定。

(4) 废水中微量苯、甲苯、邻二甲苯、间二甲苯、对二甲苯的分析。

(5) 石油裂解气烃类的分析。

(6) 甲酚废水中邻甲酚、间甲酚、对甲酚的含量测定。

(7) 大气污染物中芳香烃的测定。

12-5　实验室有三种固定液：角鲨烷、甲基苯基硅酮、β，β'-氧二丙腈，今有下列两种被测样品，各选择哪种固定液最好？指出组分的流出顺序。

样品1：含有 A、B、C、D、E 五种组分，它们沸点接近，极性依次增加；

样品2：含有a、b、c、d、e五种组分，它们极性接近，沸点依次降低。

12-6　现有苯、2-戊酮、丁醇、硝基丙烷、吡啶的混合物，用聚三氟氯乙烯蜡或癸二酸二异辛酯作固定液进行色谱分析。试问其流出顺序如何？难分物质对如何估计？

12-7　分别指出下列因素中哪些对TCD灵敏度有影响？

(1)提高记录仪灵敏度；(2)降低记录纸行进速度；(3)载气由氢气换为氮气；(4)改变固定相；(5)增大柱长及柱内径；(6)降低柱温；(7)提高桥流；(8)改换热敏元件。

12-8　已知某台气相色谱仪(TCD)有关操作条件如下：$C_1 = 5mV/25cm$，$C_2 = 1cm/min$，氮气流速$F_d = 30mL/min$，进样量$1\mu L$(纯苯密度$0.88g/cm^3$)，测得苯的峰面积$A = 334mm^2$，输出衰减$1/4$。求：TCD的S_c。

12-9　欲测某台气相色谱仪(FID)的性能指标。已知噪声$R_N = 0.05mV$，样品为0.05%苯的二硫化碳溶液(体积分数)，进样量$1\mu L$，峰高$152mm$，半峰宽$2.0mm$，衰减$1/32$，其他条件同题12-8。试计算该检测器的灵敏度、敏感度、最小检测量。

12-10　某工厂采用GC法测定废水样品中二甲苯的含量。

(1)首先以苯作标准物配制纯样品溶液，进样后测定结果为：

组　　分	质量分数/%	峰面积/cm²	组　　分	质量分数/%	峰面积/cm²
间二甲苯	2.4	16.8	邻二甲苯	2.2	18.2
对二甲苯	2.0	15.0	苯	1.0	10.5

(2)在质量为10.0g的待测样品中加入$9.55\times10^{-2}g$苯，混合均匀后进样，测得间二甲苯、对二甲苯、邻二甲苯、苯的峰面积分别为$11.2cm^2$、$14.7cm^2$、$8.80cm^2$、$10.0cm^2$。

计算样品中各组分的质量分数。

12-11　已知某含酚废水中仅含有苯酚、邻甲酚、间甲酚、对甲酚四种组分。用GC分析结果如下：

组　　分	峰高/mm	半峰宽/mm	相对校正因子f'_{iw}	组　　分	峰高/mm	半峰宽/mm	相对校正因子f'_{iw}
苯　酚	55.3	1.25	0.85	间甲酚	101.7	2.89	1.03
邻甲酚	89.2	2.30	0.95	对甲酚	74.8	3.44	1.00

计算各组分质量分数。

12-12　通过查阅文献，简述气相色谱技术最新进展。

第13章　高效液相色谱法

13.1　概述

液相色谱法是指流动相为液体的色谱技术。20 世纪 60 年代末，在经典液相色谱基础上发展起来了高效液相色谱法（high performance liquid chromatography，HPLC）。它是一种以高压输出的液体为流动相的现代柱色谱分离分析方法。经典液相色谱法存在柱效低、分析速度慢、不能在线检测等缺陷。在速率理论指导下，人们针对经典液相色谱存在的不足进行改进，研制出粒度小、传质快的固定相，提高了柱效；采用高压泵输送流动相，加快了分析速度；使用高灵敏度检测器，实现了自动化检测，从而使液相色谱和气相色谱一样，具有高效、高速度、高灵敏度的特点。采用粒径 5~10μm 微粒固定相，理论塔板数可达 20000~80000 块/m，能分离多组分复杂混合物或性质极为相近的同分异构体，包括手性分子。使用紫外、荧光等高灵敏度检测器，检出限可达 $10^{-12} \sim 10^{-9}$ g/mL。气相色谱法的流动相是惰性气体，对样品仅起运载作用，实际工作中主要利用改变固定相来改善分离。高效液相色谱分离过程中，样品（又称溶质）与流动相（又称溶剂）、固定相之间均有一定作用力，增加了控制分离选择性的因素，流动相性质和组成的变化，常是提高分离选择性的重要手段，使分离条件选择更加方便灵活。

13.2　高效液相色谱基本原理

高效液相色谱法的基本原理与气相色谱法相似，因此气相色谱法中的基本理论、基本概念也适用于高效液相色谱法，但由于二者流动相的差异，在描述两种色谱基本理论时会有所不同。

在液相色谱中同样存在峰形扩展，即谱带展宽现象，故有必要加以讨论。

液相色谱和气相色谱的主要区别可归因于流动相性质的差异：

① 液体扩散系数比气体要小 10^5 倍左右；

② 液体黏度比气体约大 10^2 倍；

③ 液体表面张力比气体约大 10^4 倍；

④ 液体密度比气体约大 10^3 倍；

⑤ 液体不可压缩。

这些差异对液相色谱的扩散和传质过程影响很大，而传质过程对柱效的影响尤为显著。由 Giddings、Snyder 等人提出的液相色谱速率方程如下：

$$H = H_e + H_d + H_s + H_m + H_{sm}$$

$$= 2\lambda d_p + \frac{2\gamma D_m}{u} + q\frac{k}{(1+k)^2}\frac{d_f^2}{D_s}u + \omega\frac{d_p^2}{D_m}u + \frac{(1-\varepsilon_i+k)^2}{30(1-\varepsilon_i)(1+k)^2}\frac{d_p^2}{\gamma_0 D_m}u \quad (13.1)$$

式中　H_e——涡流扩散项；

$\quad\quad H_d$——分子扩散项；

H_s——固定相传质项；

H_m——流动的流动相传质项；

H_{sm}——滞留的流动相传质项。

（1）涡流扩散项

液相色谱中的涡流扩散项与气相色谱相似，减小固定相粒度、柱子装填均匀，都有利于提高柱效。

（2）分子扩散项

由式（13.1）可知，$H_d \propto D_m$，分子扩散造成的峰形扩展对气相色谱是重要的，因为气体的扩散系数较大。但在液相色谱中，由于分子在液体中的扩散系数比在气体中要小 4~5 个数量级，当流动相线速度大于 0.5cm/s 时，H_d 即可忽略。

（3）固定相传质项

由溶质分子从流动相进入固定相（或液膜）内进行传质引起的。主要取决于固定液的液膜厚度及溶质分子在固定液内的扩散系数：

$$H_s = q \frac{k}{(1+k)^2} \frac{d_f^2}{D_s} u \tag{13.2}$$

式中　q——结构因子，由固定相颗粒和孔结构决定；

　　　D_s——溶质在固定相中的扩散系数；

　　　d_f——液膜厚度，若固定相为多孔颗粒或离子交换树脂，d_f 用 d_p 代替。

对于由固定相传质引起的峰扩展，主要从改善传质，加快溶质分子在固定相上的解吸过程着手。对液-液分配色谱，可减小液膜厚度；对吸附色谱、离子交换色谱，则可使用小颗粒填料来解决。还可通过增加 D_s，减小 u 来提高柱效。

（4）流动相传质项

溶质分子在流动相中的传质过程有两种形式，即流动的流动相传质和滞留的流动相传质。

当流动相从填料缝隙中流过时，处于同一横截面上所有分子的流速并不相同，由于摩擦作用，靠近填料颗粒的流速比流路中间的流速要小。因此，在流路中间的分子要比靠近填料颗粒的分子流得快一些，导致峰扩展。

$$H_m = \omega \frac{d_p^2}{D_m} u \tag{13.3}$$

ω 为无因次量，与柱内径、形状、填料性质有关，其值在 0.01~10 之间。当填料均匀、填充紧密时，ω 减小。

为减小 H_m，柱子应填充均匀、紧密，以尽量减小颗粒间缝隙。为此，可使用球形、小颗粒的填料。

当使用多孔性填料时，填料表面的小孔内充满了滞留不动的流动相，溶质分子通过这些滞留的流动相扩散到达固定相。但它们扩散至小孔的深度不同，有的只扩散至短距离便很快返回至主流路中；另一些则扩散至小孔深处。这样，当它们返回至主流路中时，就比那些扩散至小孔浅处的分子落后了，从而造成峰形扩展。孔越深，峰形扩展越严重。

$$H_{sm} = \frac{(1 - \varepsilon_i + k)^2}{30(1 - \varepsilon_i)(1+k)^2} \frac{d_p^2}{\gamma_0 D_m} u \tag{13.4}$$

式中　ε_i——内孔隙度；

　　　γ_0——与固定相颗粒孔道弯曲程度有关的因子。

226

为了减小 H_{sm} 项，应使用小颗粒的多孔填料或表面多孔型的填料，它们的孔深比大颗粒的多孔填料要浅得多。

在液相色谱中，峰的展宽包括两部分：柱内扩散和柱外扩散。柱内扩散是指溶质分子在柱内因涡流扩散、分子扩散、传质阻力等引起的峰展宽。柱外扩散也叫柱外效应，是由于色谱柱以外的某些因素造成额外的谱带展宽，使柱的实际分离效率未能达到其固有水平，这种现象称为柱外效应。造成柱外效应的因素主要有：进样器死体积、低劣的进样技术、柱前后连接管体积、检测器死体积等。由于溶质分子在液体流动相中的扩散系数较低，致使柱外效应对液相色谱的影响比气相色谱更显著。为减少柱外效应的影响，应尽可能减小柱外死体积。为此，应采用细内径的连接管，并尽量缩短其长度。例如，可采用零死体积接头来连接各部件，采用较小死体积的检测器。

13.3 高效液相色谱仪

高效液相色谱仪种类很多，根据其功能不同，主要分为分析型、制备型和专用型。虽然不同类型的仪器性能各异，应用范围不同，但其基本组成是类似的。主要由输液系统、进样系统、分离系统、检测系统、记录及数据处理系统组成。包括溶剂贮存器、高压泵、进样器、色谱柱、检测器和记录仪等主要部件。其中对分离、分析起关键作用的是高压泵、色谱柱和检测器三大部件。图13.1是典型的高效液相色谱仪结构示意图。

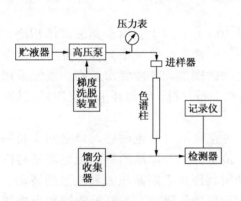

图 13.1 高效液相色谱仪结构示意图

液相色谱仪工作过程为：微粒固定相紧密装填在色谱柱中，高压泵将溶剂贮存器中的溶剂经进样器以一定的速度送入色谱柱，然后由检测器出口流出。当样品混合物从进样器注入时，流动相将其带入色谱柱中进行分离，各组分以不同的时间离开色谱柱进入检测器，检测器输出的电信号供给记录仪或数据处理装置，得到色谱图。

13.3.1 输液系统

输液系统由溶剂贮存器、高压泵、过滤器、阻尼器、梯度洗脱装置等组成，其核心部件是高压泵。

（1）高压泵

高压泵的作用是将流动相在高压下连续不断地送入色谱系统，泵的性能好坏直接影响整个仪器的稳定性和分析结果的可靠性。由于固定相颗粒极细，再加上液体黏度较大，因此柱内阻力很大。为实现快速、高效分离，必须借助高压，迫使流动相通过柱子。对高压泵来说，应具备较高的压力，一般要求压力为 35～50MPa。流量要稳定，无脉动，输出流量精度要高，以保证检测器能稳定工作，使定性、定量有良好的重现性。流量范围要宽，且连续可调，一般分析型仪器流量在 0.01～10mL/min 之间。此外，还应耐腐蚀，更换溶剂方便，易于清洗和维修，易于实现梯度洗脱和流量程序控制等。

根据高压泵的排液性质分为恒压泵和恒流泵两大类，按工作方式又分为液压隔膜泵、气动放大泵、螺旋注射泵和往复柱塞泵四种。前两种为恒压泵，后两种为恒流泵。恒压泵输出的压力恒定，而流量随外界阻力变化而改变，不适于梯度洗脱，它正逐渐被恒流泵所取代。恒流泵在一定的操作条件下，输出的流量保持恒定，柱阻力或流动相黏度改变只引起柱前压的变化。目前，绝大部分高效液相色谱仪所采用的是往复柱塞泵。

1) 单柱塞往复泵

单柱塞往复泵由液缸、柱塞、单向阀、密封垫、凸轮及驱动机构等组成，结构示意图见图 13.2。工作时电动机带动凸轮(或偏心轮)转动，凸轮驱动柱塞在液缸内往复运动。当柱塞向后移动时，出口单向阀关死，溶剂自入口单向阀吸入液缸；当柱塞向前推进时，入口单向阀关死，溶剂经压缩自出口单向阀排出。凸轮运转一周，柱塞往复运动一次，完成一次吸液和排液过程。由于柱塞往复一次排出液体的容积是恒定的，因此，

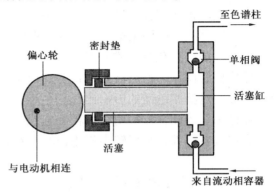

图 13.2　单柱塞往复泵结构示意图

往复柱塞泵是恒容积泵(即恒流泵)。改变柱塞冲程或往复频率，即改变电机转速，可在一定范围内调节泵的输出流量。

单柱塞往复泵属于恒流泵，可连续供液，流量 10^3 mL/h 以上，由于其液缸体积小，清洗和更换溶剂十分方便，特别适用于梯度洗脱。工作时柱塞往复频率高，每分钟达数十到上百次，因此对柱塞材料、密封环的耐磨性及单向阀的刚度和精度要求较高。液缸采用不锈钢材料，单向阀的阀球、阀座和柱塞则采用人造红宝石材料，密封环采用聚四氟乙烯-石墨材料，密封性能良好。

单柱塞往复泵的主要缺点是输出液流有脉动，可在泵出口与色谱柱入口之间安装一个脉动阻尼器来减少脉动。脉动阻尼器的种类很多，最常见和最简单的脉动阻尼器是将内径 0.2~0.5mm、长约 5m 的不锈钢管绕成螺旋状，利用其挠性来阻滞压力和流量的波动，起到一定的缓冲作用。为了便于清洗和更换流动相，阻尼器的体积应尽可能小。但最有效的办法是采用多头泵供液。连接方式可分为并联式和串联式，一般说来并联泵的流量重现性较好(RSD 为 0.1%左右，串联泵为 0.2%~0.3%)，但出故障的机会较多，价格也较贵。

2) 双柱塞往复泵

单柱塞往复泵的主要缺点是输出液流的脉动大，采用双柱塞往复泵可有效减小液流的脉动。按照柱塞和输液的流路结构，双柱塞往复泵又可分为并联式和串联式两种。

①双柱塞往复式并联泵：双柱塞往复式并联泵结构如图 13.3(a)所示，采用两个凸轮或一个凸轮，两个泵头并联使用，凸轮相差 180°。用同步电机或变速直流电机驱动精心设计的凸轮，凸轮再推动两柱塞作往复运动。因

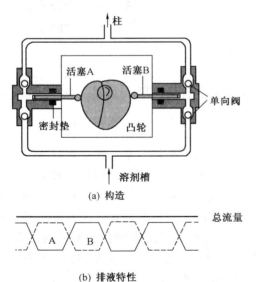

(a) 构造

(b) 排液特性

图 13.3　双柱塞往复式并联泵结构(a)及排液特性(b)

设计的相位相差180°，凸轮短半径端所对应的柱塞向外伸，使该柱塞的下单向阀打开吸入流动相，与此同时，凸轮的长半径端所对应的另一柱塞被推入，使其上单向阀打开，并将流动相送至色谱柱。于是，凸轮驱动两柱塞交替伸缩，往复运动，使一个泵头输液，另一个泵头充液，获得的排液特性如图13.3(b)所示，即具有稳定的输出流量，这样就能有效避免单柱塞泵液流脉动的问题。

现在有的仪器已配备具有三个泵头的往复泵，一个偏心轮在三个方向(相差120°)同时驱动三个柱塞，使输出液流的脉动进一步减小。

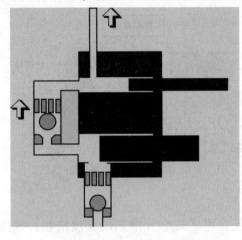

图13.4　双柱塞往复式串联泵结构示意图

②双柱塞往复式串联泵：双柱塞往复式串联泵也有两个泵头，一个为主泵头，另一个为副泵头。串联泵的主泵头与副泵头的泵腔体积比为2∶1，采用一组单向阀设计，副泵头入口阀即为主泵头的出口阀，见图13.4。

当主泵头排液时，副泵头吸液，主泵头排出的流动相一半被副泵头吸入，另一半则直接通过副泵头输出到色谱系统；主泵头吸液时，副泵头排液，副泵头将之前吸入的一半流动相送入色谱柱。以这种补偿式工作方式，主副泵配合可以有效降低输出液流的脉动。双柱塞往复式串联泵比并联泵少一组单向阀，降低了造价，减少了发生故障的机会，更换溶剂方便，易于清洗，很适合于梯度洗脱。全自动高效液相色谱仪多采用这种结构的泵。日立 L-7100 型、大连依利特分析仪器有限公司的 P230 型、岛津 LC-10AT、Agilent1100 系列采用串联式连接方式。

(2) 梯度洗脱装置

梯度洗脱给色谱分离带来很大方便，已成为高效液相色谱仪中一个重要的、不可缺少的部分。所谓梯度洗脱是指在一个样品的分析过程中，溶剂组成(或溶剂强度)随洗脱时间按一定规律连续变化的洗脱。采用梯度洗脱技术可以改善分离，提高分离度，加快分析速度，改善峰形，减少拖尾，利于痕量组分检测。梯度洗脱系统分为高压梯度和低压梯度两种类型。

1) 高压梯度装置

高压梯度又称为内梯度，是用高压泵将不同强度的溶剂增压后送入梯度混合器混合，然后送入色谱柱。

高压梯度装置由多台(2~3台)高压泵、梯度程序控制器和混合器组成。每台泵输送一种强度的溶剂，由程序控制器控制各泵的流量，以改变混合流动相的组成。高压梯度装置一般只用于二元梯度，即用两个高压泵分别按设定的比例输送 A 和 B 两种溶剂至混合器，混合器是在泵之后，即两种溶液是在高压状态下进行混合的，其装置结构如图13.5所示。溶剂在高压下混合，混合器的设计十分重要。要求体积小，没有死角，便于

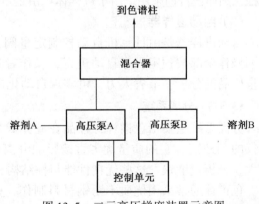

图13.5　二元高压梯度装置示意图

清洗，混合效率高。

高压梯度装置的特点：可获得任意形式的梯度曲线，且精度较高；易于实现控制的自动化；使用多台高压泵较为昂贵，故障率高，不适于多元溶剂。

2）低压梯度装置

低压梯度又叫外梯度，是在常压下，将若干种不同强度的溶剂按一定比例混合后，再由高压泵输入色谱柱。

现代低压梯度装置，采用可编程序控制器控制的自动切换阀(比例阀)，用一台高压泵来完成梯度操作，可实现三元或四元梯度供液。通过程序控制器控制切换阀的开关频率，可获得任意的梯度曲线。低压梯度装置只需一台高压泵，与等度洗脱输液系统相比，就是在泵前安装了一个比例阀，各溶剂的比例由各电磁阀的开启时间控制，溶剂按不同比例输送到混合器混合，混合好的流动相由高压泵送入色谱柱，如图 13.6 所示。因为比例阀是在泵之前，所以是在常压(低压)下混合，在常压下混合往往容易形成气泡，所以低压梯度通常配置在线脱气装置。

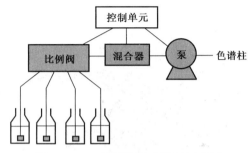

图 13.6　四元低压梯度装置示意图

低压梯度装置的特点：只用一台高压泵，成本低；可实现多元溶剂的梯度洗脱；梯度重现性好，精度高；低压下混合，可减少溶剂因混合发生的体积变化。

13.3.2　进样系统

进样系统是将分析试样送入色谱柱的装置。对于液相色谱进样装置，要求死体积小，重现性好，保证柱中心进样，进样时色谱系统压力、流量波动小，易于实现自动化。常用的进样方式有以下三种。

(1) 隔膜注射器进样

与气相色谱类似，将微量注射器的针尖穿过进样器的弹性隔膜垫片，将样品以小液滴形式送到柱床顶端。这种进样方式可以获得比其他任何一种进样方式都要高的柱效，且价格便宜、操作方便，缺点是进样的重现性差，操作压力不能过高，一般在 10MPa 以下。

(2) 阀进样

高压进样阀是现代液相色谱仪一种优良的进样装置，可以直接用于高压下把样品送入色谱柱，因而被普遍采用。由于进样体积由定量管严格控制，因此进样准确，重现性好。

(3) 自动进样器

自动进样器是由计算机自动控制定量阀，取样、进样、复位、清洗和样品盘转动等一系列操作全部按预定程序自动进行，操作者只需将样品按顺序装入贮样装置。该法适合于大量样品的分析，节省人力，可实现自动化操作。

13.3.3　分离系统

分离系统主要指色谱柱，样品在此完成分离。色谱柱是色谱仪最重要的部件，称为色谱仪的"心脏"，它的质量优劣直接影响分离效果。对色谱柱的要求是：分离效率高、柱容量大、分析速度快。这些优良性能与柱结构、柱填料特性和柱填充质量有关。

色谱柱通常采用优质不锈钢材料制作，柱管内壁经过精细地抛光处理。管内壁若有纵向沟槽或表面不光洁，会引起谱带展宽，使柱效下降。一般柱长为 10~30cm，内径 4~

5mm。柱接头的死体积应尽可能小，以减小柱外效应。高效液相色谱柱的优劣，主要取决于柱填料的性能，但也与柱床结构有关，而柱床结构直接受填充技术的影响。色谱柱填充方法有干法和湿法两种。

填料粒径大于 20μm 时，可用干法填充。粒径小于 20μm 的填料，不宜用干法填充，需要用湿法装填。湿法也叫匀浆法，即以一合适的溶剂（或混合溶剂）作为分散介质，经超声波处理，使填料微粒在介质中高度分散并呈悬浮状态，形成匀浆。然后用加压介质在高压下将匀浆压入柱管中，制成具有均匀、紧密填充床的高效柱。

13.3.4 检测系统

检测器是用于连续监测柱后流出物组成和含量变化的装置，其作用是将色谱柱中流出的样品组分含量随时间的变化，转化为易于测量的电信号。理想的 HPLC 检测器应具有灵敏度高、重现性好、响应快、线性范围宽、死体积小等特性。常用的液相色谱检测器有紫外吸收检测器、光电二极管阵列检测器、荧光检测器、示差折光检测器、电化学检测器、蒸发光散射检测器等。

液相色谱检测器分类方法很多，按检测器性质可分为总体性能检测器和溶质性能检测器；按测量信号性质可分为浓度型检测器和质量型检测器；按用途可分为通用型检测器和选择性检测器等。

总体性能检测器：连续测定柱后流出物（溶剂+溶质）总体特性变化的检测器，如示差折光检测器，类似于气相色谱仪中的热导池检测器 TCD。

总体性能检测器测量的是任何液体都具有的物理量，故适用范围广。但它对溶剂本身有响应，故受温度变化、流量波动等因素的影响，造成较大的噪声和漂移，灵敏度低，不适于痕量分析，且不能用于梯度洗脱。

溶质性能检测器：只对流动相中溶质的物理性质变化有响应，对流动相无响应。如紫外吸收检测器。这类检测器灵敏度高，受外界影响小，并且可用于梯度洗脱操作。

(1) 紫外吸收检测器

紫外吸收检测器(ultraviolet detector, UV)是一种选择性的浓度型检测器，是 HPLC 中应用最早、最广泛的检测器之一，几乎所有液相色谱仪都配有这种检测器。它的作用原理是基于被测组分对特定波长紫外光的选择性吸收，组分浓度与吸光度的关系遵守 Lambert-Beer 定律。

紫外吸收检测器有固定波长和可变波长两类，固定波长检测器又有单波长和多波长两种；可变波长检测器有紫外-可见分光、快速扫描多波长检测等类型。单波长紫外吸收检测器采用单一波长光源，一般以低压汞灯为光源，在 254nm 检测。由于大多数芳香族化合物及含有 C=C、C=O、C=N、N=N、N=O 等官能团的化合物，如生物中的许多重要成分蛋白质、酶、芳香族氨基酸、核酸等以及其他许多有机化合物，都在 254nm 附近有强吸收，因而 UV-254 是一种广泛应用的单波长检测器。

多波长紫外吸收检测器采用氘灯、氢灯或中压汞灯作光源，在 200~400nm 范围内有较好的连续光谱，通过一组滤光片选择所需工作波长，如 254nm、280nm、313nm、334nm、365nm 等，提高了选择性。

可变波长检测器实际上就是装有流通池的紫外-可见分光光度计。光源采用氘灯/钨灯，波长范围 190~800nm，紫外区用氘灯，可见区用钨灯。以光栅作单色器，可得到任意波长的光，进一步扩大了应用范围。紫外吸收检测器光路图见图 13.7。

紫外吸收检测器灵敏度高，检出限可达 10^{-10}g/mL。对温度和流速变化不敏感，适用于梯度洗脱，结构简单，使用方便。但是只有在检测器所提供的波长下有较大吸收的组分才能进行检测。此外，流动相的选择受到一定限制，溶剂不能在测定波长下有吸收。每种溶剂都有紫外截止

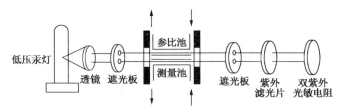

图 13.7　紫外吸收检测器光路图

波长，检测器的工作波长应大于溶剂的紫外截止波长。一些常用溶剂的紫外截止波长见表 13-3。

（2）光电二极管阵列检测器

光电二极管阵列检测器（photo-diode array detector，PDAD）简称二极管阵列检测器（diode array detector，DAD），是紫外吸收检测器的一个重要进展。在这类检测器中以光电二极管阵列作为检测元件，阵列由数百到上千（如 211、512、1024）个光电二极管组成，每个二极管测量一窄波段的光谱。由图 13.8 可见，光源发出的复合光经聚焦后照射到流涌池上，在此被流动相中的组分进行特征吸收，然后透过光通过狭缝投射到光栅上进行分光，使所得含有吸收信息的全部波长聚焦在二极管阵列上同时被检测，并用计算

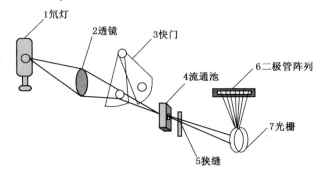

图 13.8　光电二极管阵列检测器结构示意图

机对二极管阵列快速扫描采集数据。由于扫描速度非常快，可在 10ms 内完成一次检测，远远超过色谱流出峰的速度，因此不用停流，可跟随色谱峰扫描（随峰扫描）。经计算机处理后，可绘制出组分随时间变化的光谱吸收曲线，即得到保留时间-吸光度-波长三维色谱-光谱图，见图 13.9。

普通紫外吸收检测器是先用单色器分光，只让特定波长的光进入流通池。而二极管阵列检测器是先让所有波长的光都通过流动池，然后通过一系列分光技术、使所有波长的光在接受器上被检测，故可同时得到多个波长的色谱图。这种检测器是液相色谱中最有发展前途的检测器，它可以提供关于色谱分离、定性定量的丰富信息。如可利用色谱保留值及光谱特征吸收曲线进行综合定性；通过比较一个峰中不同位置的吸收光谱，估计峰纯度；通过比较每个峰的吸收光谱选择最佳测定波长等。

（3）荧光检测器

荧光检测器是一种灵敏度和选择性极高的检测器。某些具有特殊结构的化合物，受紫外光激发后，能发射出另一种较长波长的光，称为荧光。波长较短的紫外光称为激发光，产生的荧光称为发射光。当被测样品的浓度足够低且其他条件一定时，荧光强度正比于荧光物质的浓度，依此可进行定量分析。

荧光检测器由激发光源、单色器、流通池、光敏元件、放大器等组成。激发光源多采用高强度的氙灯（220~650nm）或激光，单色器采用滤光片或光栅。使用滤光片的荧光检测器，称为多波长荧光检测器；使用光栅的荧光检测器，称为荧光分光检测器。光源发出的

连续光谱，经激发单色器分光后，选择特定波长的单色光作为激发光，进入样品池。样品受激发后发出荧光，荧光向四面发射。为避免激发光的干扰，取与激发光成直角方向的荧光进行检测。光路图如图 13.10 所示。

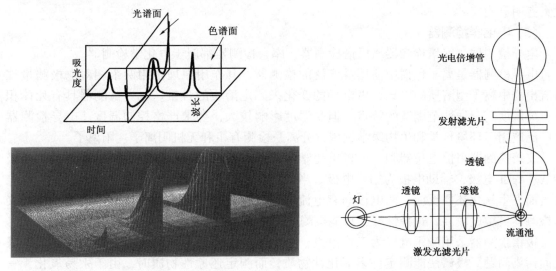

图 13.9　三维色谱-光谱图

图 13.10　荧光检测器光路图

荧光检测器一般比紫外吸收检测器的灵敏度高两个数量级，特别适用于痕量分析，在环境监测、药物分析、生化分析中有着广泛的用途，稠环芳烃、黄曲霉素、胺类、氨基酸、甾族化合物、维生素、药物等都可用荧光检测器检测。对某些本身不发荧光的物质，可利用化学衍生技术生成荧光衍生物，再进行检测。一种新型的激光诱导荧光检测器(laser induced fluorescence detector, LIF)已经用于超痕量生物活性物质和环境污染物的检测，检出限达到 $10^{-12} \sim 10^{-9} mol/L$，对高荧光效率的物质可进行单分子检测。

（4）示差折光检测器

示差折光检测器是一种通用型检测器，按其工作原理分为偏转式和反射式。它是基于连续测定柱后流出液折射率变化来测定样品的浓度。溶液的折射率是纯溶剂(流动相)和纯溶质(组分)的折射率乘以各物质的浓度之和。溶有组分的流动相和纯流动相之间折射率之差，表示组分在流动相中的浓度。因此，只要组分折射率与流动相折射率不同，就能进行检测。无紫外吸收的物质，如糖类、脂肪烷烃类都能检测。偏转式示差折光检测器的光路图见图 13.11。

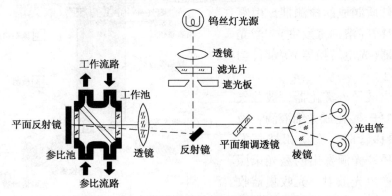

图 13.11　偏转式示差折光检测器光路图

示差折光检测器灵敏度适中，低于紫外吸收检测器，检出限为 $10^{-7} \sim 10^{-6} \mathrm{g/mL}$。因液体折射率随温度、压力变化，这种检测器对温度和流速特别敏感，应在恒温、恒流下操作，温度控制精度应为 $\pm 10^{-3}\,℃$。该检测器不能用于梯度洗脱，因检测器对流动相组成的任何变化具有明显响应。

（5）电化学检测器

电导检测器、安培检测器、极谱检测器、库仑检测器都属于电化学检测器。

电导检测器是离子色谱中使用最广泛的检测器。其作用原理是用两个相对电极测量柱后流出物中离子型溶质的电导，由电导的变化来测定溶质的含量。电导检测器具有死体积小，灵敏度高，线性范围宽的特点，但受温度影响较大，要求严格控制温度。电导检测器已广泛应用于环境科学和生物医学领域，分离、检测有机和无机阴离子、阳离子。

安培检测器由恒电位器和三电极电化学池组成。工作电极一般为玻碳电极，参比电极为 Ag/AgCl 电极，辅助电极为铂丝电极。当柱后流出物进入检测器电化学池时，在工作电极表面发生氧化还原反应，两电极间有电流通过，电流大小与被测物质的浓度成正比。安培检测器灵敏度较高，选择性好，只能检测电化学活性物质，最适合与反相色谱匹配。

极谱检测器采用滴汞电极为工作电极，可提供一个不断更新的电极表面，克服了电极表面污染问题。极谱法能测定许多氧化性物质，而测定还原性物质时，由于汞易氧化，一般只能在负电位或 0.5V 以下的正电位下使用，故适用范围较窄。

库仑检测器测定的是柱后流出物通过检测器发生电解时传递的电量。为获得高的电解效率，要求电极的表面积要大，相应地使检测器池体积增大。目前这种检测器应用较少。

常用高效液相色谱检测器的性能比较见表 13-1。

表 13-1　高效液相色谱检测器的性能

检测器	测量参数	检出限/ (g/mL)	线性范围	池体积/ μL	梯度洗脱	流速影响	温度影响	选择性
紫外	吸光度	10^{-10}	2.5×10^4	$1\sim10$	能	无	小	有
荧光	荧光强度	10^{-12}	10^3	7	能	无	小	有
折光	折光率	10^{-7}	10^4	$2\sim10$	不能	无	大	无
安培	电流	10^{-9}	10^4	<1	不能	有	大	有
电导	电导率	10^{-8}	10^4	$0.5\sim2$	不能	无	大	有

（6）蒸发光散射检测器（evaporative light-scattering detector，ELSD）

蒸发光散射检测器（ELSD）是基于溶质的光散射性质制成的检测器。由雾化器、加热漂移管（溶剂蒸发室）、激光光源和光检测器（光电转换器）等部件构成，见图 13.12。

色谱柱流出液导入雾化器，被载气（压缩空气或氮气）雾化成微细液滴，液滴通过加热漂移管时，流动相被蒸发掉，只留下溶质。光源发出的激光束照在溶质颗粒上产生光散射，光收集器收集散射光并通过光电倍增管转变成电信

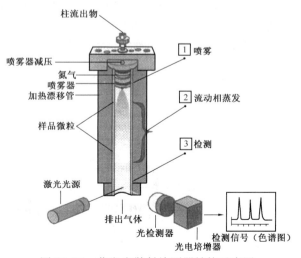

图 13.12　蒸发光散射检测器结构示意图

234

号。因为散射光强只与溶质颗粒大小和数量有关，而与溶质本身的物理和化学性质无关，所以 ELSD 属通用型和质量型检测器。适合于无紫外吸收、无电活性和不发荧光的样品的检测。其灵敏度与载气流速、气体室温度和激光光源强度等参数有关。

蒸发光散射检测器通用性强，灵敏度高于示差折光检测器，对流动相系统温度变化不敏感，信噪比高，可进行梯度洗脱。其不足之处在于，要求样品组分应是非挥发性或半挥发性的，而流动相是易挥发的。若样品组分为挥发性的，将会与流动相一同蒸发，导致无法检测。

13.4 高效液相色谱法的类型

13.4.1 液-固吸附色谱法

液-固吸附色谱是最古老的色谱法，早在 1906 年 Tswett 就是应用这种方法成功地分离植物色素而创立了色谱法。

(1) 分离原理

液-固吸附色谱法是利用不同性质分子(组分)在固定相(吸附剂)上吸附能力的差异而分离的。

Snyder 曾对液-固吸附色谱进行了广泛研究，提出了"竞争模型"。当溶剂流经色谱柱时，吸附剂表面的活性中心完全被溶剂分子所覆盖。一旦溶质进入色谱柱，只要它们在固定相上有一定保留，溶质分子就要与已吸附的溶剂分子对吸附部位展开竞争，取代已被吸附的溶剂分子。这种竞争表现为：溶质分子和溶剂分子对吸附剂表面活性中心的竞争；溶质分子中不同的官能团对吸附剂表面活性中心的竞争。

溶质分子对活性中心竞争能力的大小，决定了其保留值的大小。如果溶质分子在吸附剂上的吸附能力更强，则可取代下更多的溶剂分子而自己被吸附上去。被活性中心吸附越强的溶质分子，越不易被流动相洗脱，k 值越大；反之，若溶质分子吸附能力较弱，无力与溶剂分子进行竞争吸附，则其 k 值就小，从而可使具有不同吸附能力的溶质分子彼此分离。

溶质的保留和分离选择性取决于吸附剂的性质、溶质的分子结构及溶剂的性质。当色谱条件一定时，溶质的保留主要取决于溶质分子官能团的类型、数目、位置和分子的几何形状。

溶质分子所含官能团的极性越强，吸附能就越高，保留值越大。因此，官能团的性质决定着溶质分子的洗脱顺序。若将单官能团分子按保留值增大的顺序排列起来，则为：烷烃<烯烃<芳烃<卤代化合物<含硫化合物<醚<硝基化合物<酯<醛 ≈ 酮<醇 ≈ 胺<酰胺<羧酸。可见，具有官能团差异的不同类型化合物容易在液-固吸附色谱中得到分离。

溶质分子所含极性官能团的数目越多，保留值越大。因而，液-固吸附色谱可分离官能团相同，但数目不同的化合物。

此外，由于吸附剂表面的刚性结构，溶质分子官能团与吸附中心的相互作用随分子的几何形状而改变。当溶质分子的构型与吸附剂表面活性中心的刚性几何构型相适应时，吸附作用就强。因此，用液-固吸附色谱法分离异构体比其他类型的色谱法具有更高的选择性。

总之，液-固吸附色谱法适用于分离极性不同的化合物、异构体和进行族分离，不适于分离含水化合物和离子型化合物。

（2）固定相

液-固吸附色谱法所用固定相为固体吸附剂，如：硅胶、氧化铝、活性炭等。其中硅胶是应用最广泛的一种，其次是氧化铝。主要是表面多孔和全多孔微粒型，一般采用粒径 $5\sim10\mu m$ 的全多孔微粒型。表 13-2 列出了部分常用的、国内外生产的吸附剂。

表 13-2　液-固色谱常用吸附剂

商品名称	粒径/μm	比表面积/（m²/g）	孔径/nm	形状	材料	供应者
YWG	5、7、10	300	6~8	非球	硅胶	青岛海洋化工厂
GYQG	3、5	300	10	球	硅胶	北京化学试剂所
Lichrosorb SI-100	5、10、20	400	10	非球	硅胶	E. Merck
Lichrospher SI-100	3、5、10	250	10	球	硅胶	E. Merck
Micropak SI	5、10	500		非球	硅胶	Varian
μ-Porasil	10	300	10	非球	硅胶	Waters
Partisil	5、10、20	400	5	非球	硅胶	Whatman
Sperisorb-Si	5、10、20	220	8	球	硅胶	Phase Separation
Zorbax-sil	6~8	300	60	球	硅胶	Du Pont
Lichrosorb Alox	5、10、20	70~90	15	非球	氧化铝	E. Merck
Micropak Al	5、10	70~90		非球	氧化铝	Varian
Sphersorb Ay	5、10、20	95	15	球	氧化铝	Phase Separation

（3）流动相

液相色谱中流动相的作用非常重要，对于特定的分析对象，分离选择性和分离速度主要通过选择合适的流动相来实现。

对于给定的吸附剂，用溶剂强度参数 ε° 来定量表示溶剂强度，描述溶剂的洗脱能力。ε° 是溶剂分子在单位吸附剂表面的吸附自由能，表示溶剂分子对固定相的亲和程度。ε° 值越大，溶剂的吸附越强，其洗脱能力就越强。将溶剂按 ε° 值的大小顺序排列起来，则构成溶剂的洗脱系列。若组分保留值太小，应降低溶剂的洗脱强度，改用弱极性溶剂（ε° 值小）；反之则用强溶剂（ε° 值大）。对于复杂混合物的分离，很难用一元溶剂来实现，而需要用二元或三元混合溶剂体系来提高分离选择性。在二元混合溶剂中，ε° 能随溶剂组成连续变化，更容易找到合适的 ε° 值。表 13-3 列出了不同溶剂在硅胶和氧化铝上的 ε° 值。

表 13-3　溶剂强度参数和溶剂物理性质

溶剂	ε°（硅胶）	ε°（氧化铝）	黏度（20℃）/10^{-3}Pa·s	沸点/℃	折射率（20℃）	紫外截止波长/nm
正戊烷	0.00	0.00	0.23	33	1.358	195
正己烷		0.00	0.32	69	1.375	190
环己烷	0.05	0.04	0.98	80	1.426	200
二硫化碳	0.14	0.15	0.37	46	1.628	380
四氯化碳	0.14	0.18	0.97	77	1.460	265
二异丙醚		0.28	0.37	68	1.368	220
乙醚	0.38	0.38	0.23	34	1.353	218
氯仿	0.26	0.40	0.57	60	1.443	245
四氢呋喃		0.45	0.55	66	1.407	212
丙酮	0.47	0.56	0.32	56	1.359	330
乙酸乙酯	0.38	0.58	0.45	77	1.370	256
乙腈		0.65	0.37	82	1.344	190
甲醇		0.95	0.60	65	1.329	205
水		大	1.00	100	1.333	170

13.4.2 化学键合相色谱法

利用化学键合固定相进行物质分离的液相色谱方法称为化学键合相色谱法，简称键合相色谱(bonded phase chromatography，BPC)。化学键合固定相是将各种不同的有机基团(配合基)通过化学反应共价键合到载体(硅胶)表面所形成的固定相。化学键合固定相具有以下特性：耐溶剂冲洗，不流失，提高了色谱柱的稳定性和使用寿命；表面性质均匀，传质快，柱效高；能用各种溶剂作流动相，特别适用于梯度洗脱；改变键合的有机基团，可改变固定相的分离选择性，是 HPLC 较为理想的固定相。目前，化学键合相色谱法在现代液相色谱中占有重要地位，大部分分离问题都可以用它来解决。

化学键合相色谱依据固定相和流动相的相对极性，分为两种类型：正相色谱和反相色谱。流动相极性小于固定相的称为正相色谱，反之则为反相色谱。根据键合上的有机基团的性质，化学键合固定相又分为极性键合相和非极性键合相。硅胶表面键合极性有机基团的称为极性键合相，如氰基(—CN)、氨基(—NH$_2$)、二醇基(—DIOL)键合相等。根据键合官能团的极性，大致可分为弱极性、中等极性和强极性三种类型。如果在硅胶表面键合烃基硅烷，所得的就是非极性键合相。烷基配合基可以是不同链长的正构烷烃或苯基，如C$_6$、C$_8$、C$_{18}$、C$_{22}$等，其中应用最多的是十八烷基键合硅胶(octadecylsilane)，简称 ODS 固定相。极性键合相主要构成正相色谱体系，非极性键合相构成反相色谱体系。表 13-4 给出了 HPLC 中部分常用的化学键合固定相。

表 13-4　HPLC 常用的部分化学键合固定相

类　型		商　品　名　称	官能团	粒径/μm	形　状	供　应　者	备　注
极性键合相	弱极性	LiChrosorb Diol	二醇基	10	非球	E. Merck	用于强极性化合物分离
		Nucleosil–NMe$_2$	二甲胺基	5、10	球	RSL(Belgium)	也可作弱阴离子交换剂，分离酸、酚
	中等极性	YWG–CN	氰基	10	非球	天津化学试剂二厂	8%碳含量
		Partisil–10PAC	氰基、氨基	10	非球	Reeve Angel	氰基：氨基=2：1
		Zorbax CN	氰基	6	球	Du Pont	
	强极性	YWG–NH$_2$	氨基	10	非球	天津化学试剂二厂	
		LiChrosorb NH$_2$	氨基	5、10	非球	E. Merck	用于糖类和肽分析
		μ–BondapakNH$_2$	氨基	10	非球	Waters	9%键合量，pH2～8
非极性键合相	长链	YWG–C$_{18}$	C$_{18}$	10	非球	天津化学试剂二厂	
		LiChrosorb RP-18	C$_{18}$	5、10	非球	E. Merck	22%碳含量
		μ–Bondapak C$_{18}$	C$_{18}$	10	非球	Waters	10%碳含量
		Micropak CH	C$_{18}$	10	非球	Varian	聚合层，22%碳含量
		Partisil–ODS-1	C$_{18}$	5、10	非球	Reeve Angel	5%碳含量
		Nucleosil–C$_{18}$	C$_{18}$	5、10	球	RSL(Belgium)	15%碳含量
	短链	LiChrosorb RP-8	C$_8$	5、10	非球	E. Merck	13%～14%碳含量
		Nucleosil–C$_8$	C$_8$	5、10	球	RSL(Belgium)	15%碳含量
		YWG–C$_6$H$_5$	苯基	10	非球	天津化学试剂二厂	7%碳含量

(1) 正相色谱

正相色谱中，固定相为极性键合相，如氰基、氨基等，流动相为非极性或弱极性的有机溶剂。若流动相极性太低，不能润湿固定相极性表面或对样品溶解不好，可加入适量中等极性的有机溶剂，如氯仿、醇、乙醚等，称为极性调节剂。

正相色谱的分离选择性决定于极性键合相的种类、溶剂强度和样品性质。溶质与固定相上极性基团间的作用力是决定色谱保留和分离选择性的首要因素。保留值随溶质极性的增加而增加；随溶剂极性的增加而降低。固定相极性端基的极性越大，溶质保留值越大；溶剂中极性调节剂的浓度或极性越大，溶剂强度越大，溶质的保留值越小；样品中不同组分的分离是基于官能团的差异，洗脱顺序取决于溶质分子的极性，溶质极性越大，保留值越大。正相色谱适于分离不同类型（官能团有差异）的化合物、同系物、脂溶性或水溶性极性化合物，不适于分离异构体，因为固定相极性基团本身不具有刚性。

（2）反相色谱

1）固定相和流动相

反相色谱的固定相为非极性键合相，如辛基、十八烷基、苯基，流动相为极性溶剂。常以纯水作基础溶剂，再加入一些有机调节剂，如甲醇、乙醇、四氢呋喃、二氧六环等。在当代液相色谱领域，反相高效液相色谱（RP-HPLC）已成为非极性键合相色谱的同义语。自1976年以来，大约有70%~80%的高效液相色谱分析工作是在非极性键合相上进行的。过去用硅胶或离子交换色谱进行的分离，现在可以有效而方便地用非极性键合相色谱来完成，RP-HPLC已成为通用型液相色谱方法。

反相色谱中溶剂极性越弱，其洗脱能力越强，溶剂强度越高；相反，溶剂极性越强，洗脱能力越弱，溶剂强度越低。水是极性最强的溶剂，也是反相色谱中最弱的溶剂。为了获得不同强度的淋洗液，常采用水-有机溶剂混合物，如水-甲醇、水-乙腈等。有机溶剂的性质及其与水的比例对分离有重要影响。表13-5列出了反相色谱中几种常用有机溶剂的结构参数。其中V_w是溶剂的范德华体积，它与分子的极化率成比例；π^*是偶极作用参数，数值越大表示极性越强；β_m和α_m分别表示溶剂分子接受质子和给出质子的能力。

表13-5　反相色谱中常用有机溶剂的结构参数

溶　　剂	V_w	π^*	β_m	α_m	溶　　剂	V_w	π^*	β_m	α_m
甲醇	0.205	0.60	0.62	0.93	丙酮	0.375	0.71	0.48	0.06
乙腈	0.271	0.75	0.31	0.19	二氧六环	0.410	0.55	0.37	0
乙醇	0.305	0.54	0.77	0.83	四氢呋喃	0.455	0.58	0.55	0

由表13-5中数据可见，溶剂的范德华体积大小顺序为：四氢呋喃>二氧六环>乙腈>甲醇。四氢呋喃的分子体积最大，其色散作用力最强，疏水作用也最强，故溶剂强度（洗脱能力）最大。

由π^*值大小可得其极性顺序为：甲醇>四氢呋喃>二氧六环，其洗脱强度与上述顺序相反。

比较β_m和α_m值可知，甲醇给出质子和接受质子的能力最强，即氢键力最大。由于甲醇和水的性质相似，都是质子给予体或接受体，将甲醇加入水中，只改变溶质的k值，而洗脱顺序不变。乙腈加入水中，不仅改变k值，溶质洗脱顺序也将发生变化。类似地，四氢呋喃加水，可显著改变色谱分离选择性。常用的反相色谱溶剂洗脱强度顺序为：水<甲醇<乙腈<乙醇≈丙酮≈乙酸乙酯≈二氧六环<异丙醇≤四氢呋喃。只要选用不同的有机溶剂和控制它与水的比例，就可以改变组分k值和分离选择性。

溶剂极性参数P'是衡量溶剂极性的另一个尺度，它是基于Rohrschneider报道的溶解度数据导出。溶剂的P'变化将使溶剂强度改变，从而引起溶质k值的变化。如果溶剂的极性

参数 P' 变化 2 个单位，能引起 k 值 10 倍的变化。对于正相色谱系统，k 与 P' 的关系可用下式表示：

$$\frac{k_2}{k_1} = 10^{(P'_1 - P'_2)/2} \tag{13.5}$$

P'_1 和 k_1 是初始溶剂强度和溶质的分配比；P'_2 和 k_2 是另一溶剂强度下同一溶质的分配比。若 $P'_1 > P'_2$，则 $k_1 < k_2$。对于反相色谱：

$$\frac{k_2}{k_1} = 10^{(P'_2 - P'_1)/2} \tag{13.6}$$

此时，若 $P'_1 > P'_2$，则 $k_1 > k_2$。

表 13-6 列出了反相色谱中一些溶剂的 P' 值及其对 k 值的影响情况。

表 13-6　反相色谱中常用溶剂的极性参数

溶剂	P' 值	k 减小倍数[①]	溶剂	P' 值	k 减小倍数[①]
水	10.2		丙酮	5.1	2.2
二甲亚砜	7.2	1.5	二氧六环	4.8	2.2
乙二醇	6.9	1.5	乙醇	4.3	2.3
乙腈	5.8	2.0	四氢呋喃	4.0	2.8
甲醇	5.1	2.0	异丙醇	3.9	3.0

① 加 10%溶剂到水中，k 减小的倍数。

2）保留机理

关于反相色谱的保留机理，目前还没有取得一致看法，有人认为是分配过程，有人认为是吸附过程，但在多数情况下，很难用吸附或分配过程解释溶质的保留行为和各种影响因素。Horvath 等提出用"疏溶剂理论"解释反相色谱的保留机理。

疏溶剂理论认为，溶质的保留主要不是由于溶质与固定相表面键合配体之间的非极性相互作用，而是由于溶质的非极性部分受到极性溶剂的排斥，促使溶质与键合相烃基发生疏溶剂化缔合。缔合作用强度和色谱保留取决于三个方面的因素：①溶质分子中非极性部分的总面积；②键合相上烃基的总表面积；③流动相的表面张力。以上三项越大，则缔合作用越强，保留值越大。水的极性和表面张力最大，对溶质分子的排斥力最大，缔合作用最强，故其洗脱能力最弱。

3）影响保留值的因素

ⅰ. 流动相的影响　影响反相色谱保留值的主要因素是流动相的性质和组成，其次是固定相的性质和表面覆盖率。实际应用中，改变流动相的组成和性质是控制保留值，提高分离选择性和柱效的主要手段。

① 溶剂性质　溶剂的表面张力、介电常数和黏度对溶质的保留和柱效起重要作用，其中对保留影响最大的是表面张力，表面张力越大，保留值越大。溶剂黏度与溶质在流动相中的扩散系数有关，它影响柱效和分析速度。

② 有机溶剂的影响　向水中加入有机溶剂，可降低溶剂的表面张力和介电常数，使保留值减小。有机溶剂的性质和含量不同，溶质的保留值和分离选择性不同。在流动相中加入第二种有机溶剂(组成三元混合溶剂)，将对分离选择性产生明显影响。故可通过选择加入不同种类、不同含量的有机溶剂，改善分离。

③ 盐的影响　将合适的盐类加到流动相中，可以减少拖尾。这种方法对表面覆盖率低的键合相特别有效。这主要是因为盐类加入后，可减少组分与键合相表面残留硅羟基的作

239

用。加入盐类，还可以改变组分的保留值和柱的选择性。对离子性溶质，加入盐可减小溶质分子间的静电排斥力，增大其在流动相中的溶解度，使保留值减小；对非离子性溶质，加入盐可使溶剂的表面张力增大，溶剂对溶质的斥力增大，保留值增大。

④ pH 值的影响　流动相的 pH 值影响溶质的离解度，即影响样品中分子与离子的比例，而离子优先进入水相或极性较强的一相。溶质的离解度越高，保留值越小。与离子相比，中性分子与非极性固定相有更大的疏水缔合作用。用反相色谱分离弱酸或弱碱时，若流动相 pH 值不合适，则溶质的分子、离子态共存，导致峰形扩展和拖尾。可通过调节流动相 pH 值来抑制它们离解，称为离子抑制色谱。

pH 值的选择：弱酸 $pH \leqslant (pK_a - 2)$；弱碱 $pH \geqslant (pK_b + 2)$。

ⅱ. 固定相的影响　烷基键合相的作用在于提供非极性表面，烷基的链长和键合量是影响固定相样品容量、保留值、柱效和分离选择性等色谱性能的重要因素。

① 当烷基配合基在硅胶表面上的摩尔浓度一定时，溶质的保留值随着配合基碳链长度的增加而增大，且固定相的稳定性提高，选择性增大。这也是 ODS 固定相比其他烷基键合相应用更普遍的重要原因。

② 当烷基配合基碳链长度一定时，硅胶表面上配合基的浓度越大，溶质的保留值越大，选择性也随之增大。

ⅲ. 溶质分子结构的影响　在反相色谱中，溶质的分离是以溶质分子疏水结构的差异为基础，溶质的极性越弱，疏水性越强，保留值越大。具体表现为：

① 同系物中，碳数越多，保留值越大。如：$k(C_1) < k(C_6) < k(C_8) < k(C_{18})$。

② 不同异构体的保留值随非极性部分表面积增大而增大。如：支链烷基化合物的保留值小于同碳数的直链烷基化合物。

③ 非极性部分相同，极性官能团不同时，官能团极性越强，k 值越小。

④ 平面结构分子的 k 值大于非平面结构分子的 k 值。

总之，根据溶质分子中非极性骨架的差别或官能团的性质、数目、位置的不同，能够预测溶质在反相键合相上的洗脱顺序。

13.4.3　离子对色谱法

离子对色谱法是将离子对萃取原理引入 HPLC 而发展起来的一种色谱分离方法。该法是在色谱体系中加入一种或数种与试样离子电荷相反的离子对试剂(称为对离子、反离子或平衡离子)，使其与溶质离子形成疏水性离子对，该离子对不易在水中离解而迅速转移到有机相中。由于试样中溶质离子的性质不同，它与对离子形成离子对的能力大小不同，以及离子对的疏水性不同，导致样品中各组分离子在固定相中滞留时间不同，因而得到分离。离子对色谱法也分为正相离子对色谱法和反相离子对色谱法。

（1）正相离子对色谱法

正相离子对色谱法通常以含有对离子的水溶液或缓冲溶液为固定相，将其涂渍在硅胶或纤维素载体上，用相对弱极性的有机溶剂作流动相。例如，分离有机羧酸，以季铵盐水溶液作固定相，丁二醇-二氯甲烷作流动相；分离儿茶酚胺，用高氯酸盐作固定相，己烷-丙酮作流动相。

在色谱分离过程中，流动相内的试样离子 A^- 与固定相中相反电荷的对离子 B^+ 在两相平衡过程中生成疏水性离子对，其在水相(w)和有机相(o)之间的平衡式如下：

$$A_w^- + B_w^+ \Longrightarrow (A^-B^+)_o$$

萃取常数可表达为:

$$E_{AB} = \frac{[A^- \ B^+]_o}{[A^-]_w [B^+]_w} \qquad (13.7)$$

在正相离子对色谱中,固定相是水相,流动相是有机相,试样离子 A^- 在两相中的分配系数为:

$$K_A = \frac{C_s}{C_m} = \frac{[A^-]_w}{[A^- \ B^+]_o} \qquad (13.8)$$

$$K = \frac{1}{E_{AB}[B^+]_w} \qquad (13.9)$$

分配比为:

$$k = \frac{V_s}{V_m} \frac{1}{E_{AB} \cdot [B^+]_w} \qquad (13.10)$$

可见,溶质的保留值受萃取常数和对离子浓度的影响。增大对离子浓度,溶质保留值减小。当色谱体系一定时,$k \propto \dfrac{1}{E_{AB}}$。$E_{AB}$ 的大小与有机相的组成、对离子类型、样品离子的性质以及温度有关。不同被测离子的 E_{AB} 不同,使其保留值不同,从而实现彼此分离。形成的离子对疏水性越强,它在固定相中溶解度越小,越易进入流动相,组分保留值越小。例如,以四丁基铵作对离子,氯仿为流动相分离有机酸,相同碳数有机酸的萃取常数 E_{AB} 按下列顺序递增:羧酸盐<磺酸盐<硫酸盐。对有机阳离子,E_{AB} 通常按季<伯<仲<叔的次序递增。随着样品或对离子碳原子数的增加,E_{AB} 也增加。就同系物而言,每增加一个(CH_2),E_{AB} 约增加 0.5 个对数单位。

正相离子对色谱法存在一定缺点,因对离子存在于固定相中,在使用过程中对离子不断消耗,浓度逐渐降低,使得色谱系统不够稳定。若想改变对离子种类和浓度,需要重新制备柱子,给分离条件选择带来不便,使其在应用上受到一定限制。

(2)反相离子对色谱法

反相离子对色谱法采用疏水性的非极性固定相,如烷基键合相(ODS),流动相是含有对离子和有机溶剂(如甲醇或乙腈)的缓冲水溶液。

在分离过程中,含有对离子 B^- 的极性流动相不断流过色谱柱,试样离子 A^+ 进入柱内以后,与对离子生成疏水性离子对(A^+B^-),后者在疏水性固定相表面分配或吸附。此时,试样离子 A^+ 在两相中的分配系数和分配比为:

$$K_A = \frac{C_s}{C_m} = \frac{[A^+ \ B^-]_o}{[A^+]_w} = E_{AB}[B^-]_w \qquad (13.11)$$

$$k = \frac{V_s}{V_m} E_{AB}[B^-]_w \qquad (13.12)$$

可见,无论是正相离子对色谱还是反相离子对色谱,k 值均受萃取常数 E_{AB} 及对离子浓度的影响。E_{AB} 随流动相的 pH 值、离子强度、流动相中有机溶剂浓度和种类、温度的改变而变化。在反相离子对色谱中,增大流动相的离子强度或提高流动相中有机溶剂的比例,会使溶质的保留值减小。流动相中对离子的性质和浓度是控制溶质保留和分离选择性的重要因素。对离子疏水性增强,保留值增加;增大流动相中对离子浓度,有利于疏水性离子对的形成，保留值也随之增大。

在反相离子对色谱法中，由于对离子是在流动相中，所以很容易通过改变流动相组成、对离子类型和浓度、流动相 pH 值等控制 k 值和分离选择性，特别适用于梯度洗脱。反相离子对色谱的应用比正相离子对色谱广泛得多，可同时分离离子性和非离子性混合物，解决了过去难分离混合样品的分离问题，诸如酸、碱和离子、非离子的混合物，特别是对一些生化样品如核酸、核苷、生物碱以及药物等。

13.4.4 离子交换色谱法

（1）基本原理

离子交换色谱法以离子交换剂作为固定相，交换剂由基体和带电荷的离子基构成。含有配衡离子的流动相通过色谱柱时，固定相上的离子基首先与带异号电荷的配衡离子达成平衡。当组分离子进入色谱柱时，组分离子将与配衡离子进行可逆交换，达到交换平衡。阴阳离子的交换平衡可表示为：

阴离子交换：$\qquad\qquad R^+Y^- + X^- \rightleftharpoons R^+X^- + Y^-$

阳离子交换：$\qquad\qquad R^-Y^+ + X^+ \rightleftharpoons R^-X^+ + Y^+$

R^+、R^- 为交换剂上的离子基，Y^-、Y^+ 为配衡离子，X^-、X^+ 为组分离子。不同的组分离子与离子基之间亲和力大小不同，组分离子与离子基亲和力越大，越易交换到固定相上，其保留时间越长；反之，亲和力小的组分保留时间短。因此，离子交换色谱是依据组分离子与带电荷的离子基之间亲和力的差异而分离。

（2）固定相

离子交换色谱固定相为离子交换剂，根据离子基所带电荷的不同，分为阳离子交换剂和阴离子交换剂。阳离子交换剂离子基荷负电，用于分离阳离子；阴离子交换剂离子基荷正电，用于分离阴离子。阳离子交换剂可分为强酸性和弱酸性两类，如磺酸型—SO_3H 和羧酸型—COOH；阴离子交换剂可分为强碱性和弱碱性两类，如季铵盐型—N^+R_3 和氨基型—NH_2。

根据所用基体不同，离子交换剂又分为两种类型：以交联聚苯乙烯为基体的离子交换树脂和以硅胶为基体的离子交换硅胶。树脂型交换剂交换容量大、pH 操作范围宽，但柱效低，遇水有溶胀现象，不耐高压。硅胶型交换剂具有机械强度高、不溶胀、耐压、高效等优点，但交换容量小，适用 pH 范围较窄。选择固定相时主要考虑离子基的性质。若样品是酸性化合物，采用阴离子交换剂；样品是碱性化合物，则采用阳离子交换剂。

（3）流动相

离子交换色谱的流动相通常是各种盐类的缓冲水溶液。流动相的组成、离子强度、pH 值等影响溶质保留和分离选择性。流动相中配衡离子的种类对溶质保留产生显著影响。配衡离子与离子基作用力越强，其洗脱能力也越强。配衡离子洗脱能力顺序大致为：

阴离子：$F^- < OH^- < CH_3COO^- < HCOO^- < H_2PO_4^- < HCO_3^- < Cl^- < NO_2^- < HSO_3^- < SCN^- < Br^- < CrO_4^{2-} < NO_3^- < HSO_4^- < I^- < C_2O_4^{2-} < SO_4^{2-} <$ 柠檬酸根

阳离子：$Li^+ < H^+ < Na^+ < NH_4^+ < K^+ < Cd^{2+} < Rb^+ < Cs^+ < Ag^+ < Mn^{2+} < Zn^{2+} < Cu^{2+} < Co^{2+} < Ca^{2+} < Sr^{2+} < Ba^{2+} < Al^{3+} < Fe^{3+}$

可见，配衡离子所带电荷数越高，极化度越大，其洗脱能力越强。柠檬酸根是洗脱能力最强的阴离子，F^- 是最弱的洗脱离子。

增加流动相的离子强度，对离子基的竞争增强，导致溶质的保留值减小。流动相 pH 值直接影响弱酸或弱碱的离解平衡，即控制了组分以离子形式存在的比例。离子形式所占的比例越大，保留值越大；反之，保留值越小。若组分都以分子形式存在，则不被固定相保留。可见，在离子交换色谱中，流动相 pH 值的改变，相当于溶剂强度的改变，因而能通过改变流动相 pH 值进行梯度洗脱分离，称为 pH 梯度。pH 改变将导致分离选择性的变化。

（4）离子色谱法

在离子交换色谱中，流动相为强电解质溶液，用电导检测时，背景信号很高，难以测量由于样品离子的存在而产生微小电导的变化。为降低本底值，提高灵敏度，发展了离子色谱。离子色谱法分为双柱离子色谱和单柱离子色谱。

双柱离子色谱是在分离柱后加一根抑制柱，在抑制柱中装有与分离柱电荷相反的离子交换剂。当洗脱液由分离柱进入抑制柱后，一方面可以将具有高背景电导的流动相转变成低背景电导的流动相，从而降低洗脱液的电导；另一方面，又可以将样品离子转变为相应的酸或碱，以增加其电导，使灵敏度大幅度提高。

单柱离子色谱不加抑制柱，采用特殊合成的低容量离子交换剂和低浓度的低电导洗脱液。这样可使被测离子的保留时间控制在合理范围之内，此时不加抑制柱也能有效分离、检测各种离子。

离子色谱法在环境科学、生命科学、食品科学、医药科学等领域获得了广泛应用，可以分析的离子正在逐渐增多，从无机、有机阴离子到金属离子；从有机离子到糖类和氨基酸均可用此法分析。近年来，离子色谱法又发展了多种分离方式和多种检测方法，灵敏的安培、库仑等电化学检测器以及紫外、荧光等光学检测器也已应用于离子色谱中，高效分离柱、梯度泵、耐腐蚀的全塑系统以及智能系统的出现，使离子色谱跨进了一个新时代。

13.4.5 空间排阻色谱法

空间排阻色谱法是以具有一定孔径分布的凝胶为固定相的色谱法，又叫凝胶色谱法。根据流动相类型不同，可分为以有机溶剂为流动相的凝胶渗透色谱和以水溶液为流动相的凝胶过滤色谱。与其他色谱法完全不同的是，空间排阻色谱法不是靠溶质在固定相和流动相之间的相互作用力不同来进行分离，而是按溶质分子尺寸大小和形状的差别进行分离。

（1）基本原理

空间排阻色谱法的柱填料是多孔性凝胶，凝胶表面的孔大小不同且有一定的分布。当被测组分随流动相通过凝胶色谱柱时，固定相仅允许直径小于其孔径的溶质分子进入，组分的保留程度取决于固定相孔径大小和组分分子大小。尺寸大于孔径的组分分子，不能渗入凝胶孔穴而被完全排斥，则最先流出色谱柱；尺寸小于孔径的分子则全部渗入凝胶，经历的扩散路程最长，最后流出；尺寸中等的分子则渗入部分较大的孔穴而被较小的孔穴排斥，介于中间流出。由此可见，排阻色谱法的分离是建立在溶质分子大小基础上的。洗脱体积是试样组分相对分子质量的函数。

将相对分子质量不同的组分的混合物注入柱子，经分离后，分别测它们的保留体积。以相对分子质量对保留体积作图，得一条曲线，称为相对分子质量校准曲线，如图 13.13。

图 13.13(a) 中有两个转折点 A 和 B。A 点称为排斥极限点，凡是比 A 点相应的相对分子质量大的组分，均被排斥在所有凝胶孔之外，这些物质将以一个单一的谱峰($K=0$)出现，在保留体积 V_M（相当于柱内凝胶颗粒之间的体积）时一起被洗脱；B 点称为全渗透极限点，凡是比 B 点相应的相对分子质量小的组分分子，都可完全渗入凝胶孔穴中。同理，这些化

合物也将以一个单一的谱峰($K=1$)出现,在保留体积(V_M+V_s)时一起被洗脱。A 和 B 为该固定相能够分离组分的相对分子质量的上限和下限。A、B 之间的线性部分为选择性渗透范围,只有相对分子质量处于 A、B 之间的组分,才有可能得到分离,它们按相对分子质量降低的次序被洗脱,见图 13.13(b)。

利用相对分子质量校准曲线,可以从未知物的保留值,查得它们非常近似的相对分子质量。

(2)固定相

空间排阻色谱法对固定相的要求是:孔径分布应有确定范围,能承受高压,能被流动相浸润,吸附性极小。其中孔径大小和分布是固定相最重要的参数,它表明可分离的溶质相对分子质量的范围。

根据固定相的化学成分不同分为无机凝胶和有机凝胶两大类。前者如多孔玻璃和多孔硅胶,后者如交联聚苯乙烯。

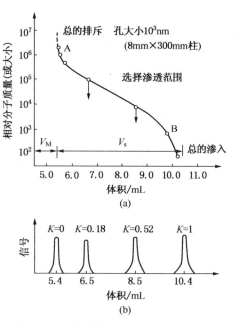

图 13.13　相对分子质量校准曲线(a)和组分洗脱曲线(b)

无机凝胶的优点是机械强度高,稳定性好,耐高温、高压,容易装填均匀。缺点是具有一定吸附性,但可通过选择合适的流动相消除吸附,还可利用化学硅烷化去除硅胶表面的残余活性。

交联聚苯乙烯凝胶渗透性好,柱效高,流动相主要是有机溶剂。在合成过程中,控制交联剂的用量,可得到不同交联度的凝胶,应用于各种不同渗透极限物质的分离。

(3)流动相

在空间排阻色谱法中,选择流动相不是为了控制分离。这是与其他色谱类型的重要区别。对流动相的要求是:对样品能溶解,对固定相能浸润,具有较低的黏度和毒性,与所用检测器匹配。常用的流动相有四氢呋喃、甲苯、氯仿和水等。

空间排阻色谱法具有分析时间短、峰形窄、灵敏度高等优点,一般适用于分离相对分子质量大的化合物(约为 2000 以上)。比如可以用来测定合成高聚物的相对分子质量分布,研究聚合机理,分离各种大分子(蛋白质、核酸等)。在合适的条件下,也可以分离相对分子质量小至 100 的化合物,故相对分子质量为 $100 \sim 8 \times 10^5$ 的任何类型化合物,只要在流动相中是可溶的,都可用排阻色谱法进行分离。

13.5　高效液相色谱方法的选择

13.5.1　色谱分离类型的选择

高效液相色谱分离类型繁多,每种类型都有一定的适用范围。这为各类样品的分离提供了便利条件。面对一个分析样品,如何正确选择合适的色谱分离类型和最佳操作条件,是分析工作者要解决的首要问题。一般来讲,应根据样品性质选择色谱类型。这就需要充分了解样品的溶解性、相对分子质量、极性(官能团类型)、离子性等相关性质,然后才能作出判断和选择。下面介绍色谱分离类型选择的一般原则。

（1）水溶性样品

1）相对分子质量<2000 的样品

① 样品组分相对分子质量相差较大时，采用小孔填料的空间排阻色谱法。

② 样品组分相对分子质量差别不大时，则进一步考察组分是否可以离解。对非离子性组分，可采用键合相色谱法分离。

③ 对于低分子量水溶性离子样品，可采用离子对色谱或离子交换色谱法。

2）相对分子质量>2000 的样品

若高分子量的组分属于非离子性化合物，可采用空间排阻色谱法；若属离子性样品，可选用离子对色谱或离子交换色谱法。

（2）脂溶性样品

1）相对分子质量<2000 的样品

① 对于低分子量的非离子性样品，如果含有结构异构体，最好采用液-固吸附色谱法分离；若不是异构体，可采用键合相色谱法。

② 对于离子性或可离解的样品，可采用离子对色谱法。

2）相对分子质量>2000 的样品

采用空间排阻色谱法。

将上述色谱分离类型选择的基本原则，用图解分析表示出来，见图 13.14。

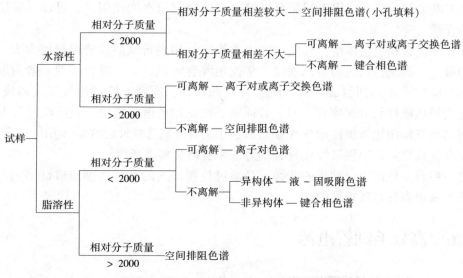

图 13.14　高效液相色谱分离类型的选择

13.5.2　色谱分离条件的选择

色谱分离类型选定后，接下来就要确定色谱分离条件，主要包括固定相、流动相、柱温、流速、洗脱方式等。其中最重要的条件是固定相和流动相，二者选择得正确与否直接关系着分离的成败。下面简要介绍液-固吸附色谱法和键合相色谱法分离条件选择的一些基本原则。

（1）液-固吸附色谱法

1）固定相

硅胶是液-固色谱中最常用的吸附剂，采用粒径为 5～10μm 的全多孔微粒型硅胶能解决大多数分析问题。

2）流动相

合适的流动相只有通过尝试法确定。可先试用中等强度的溶剂，若洗脱能力太强，可改用较弱的溶剂；若洗脱能力太弱，可改用较强溶剂。对于复杂混合物的分离，常需采用二元或多元混合溶剂，通过改变溶剂种类、浓度、极性、黏度等提高分离选择性。在二元混合溶剂中，多以非极性溶剂（$\varepsilon°$小的）为主，加入一定量的极性溶剂。溶剂性质和组成不同，其洗脱强度不同。一般来说，改变混合溶剂中极性溶剂的种类或浓度，可显著提高分离选择性。此外，因液-固吸附色谱的分离机制与薄层色谱相同，故可以薄层色谱作先导，能更快选出合适的流动相。

（2）键合相色谱法

1）固定相

在反相键合相色谱中，应用最广泛的固定相是十八烷基键合硅胶（ODS），其常用粒径为3μm或5μm。在正相键合相色谱中，最常用的是氰基键合相，对于极性很强的样品，也可用二醇类键合相或氨基键合相。

2）流动相

对于ODS固定相，常用的流动相是甲醇-水或乙腈-水体系。最佳流动相组成也需通过尝试法确定。一般先以体积比1：1的甲醇-水开始试验，若保留值过小，则适当降低有机溶剂的比例。若该流动相体系不能获得满意分离，可更换有机溶剂的种类，如将甲醇换为乙腈或四氢呋喃等。只要选用不同的有机溶剂和控制它与水的比例，就可以改变组分k值和分离选择性。

对于正相键合相色谱体系，首先以纯烃类作流动相进行试验。若保留值太大，应增加流动相的极性。为获得合适的溶剂强度，常使用混合溶剂。二元混合溶剂一般由弱极性的A溶剂和强极性的B溶剂组成。为了改善分离选择性，原则上既可通过变换弱极性的A，也可通过变换强极性的B来实现。但经验证明，在正相色谱分离中，强极性成分B与溶质分子之间的相互作用比弱极性成分A强得多，B是对分离选择性起决定作用的成分。因此，通常采用变换混合溶剂中强极性成分B的方法来提高分离选择性。

总之，键合相色谱中流动相的选择，是通过控制加入的有机溶剂或极性溶剂的种类和比例来改善或提高分离选择性的。

13.6 高效毛细管电泳

13.6.1 毛细管电泳发展概况

电泳是指带电粒子在电场作用下作定向移动的现象，利用这种现象对物质进行分离分析的方法叫电泳法。

电泳作为一种物理现象早已被人们所认识，并逐渐发展为一种分离技术。1937年，瑞典化学家Tiselius利用电泳技术第一次从人血清中分离出白蛋白和α、β、γ球蛋白，并研制成第一台电泳仪，使电泳作为分离分析技术有了突破性进展。鉴于Tiselius对电泳技术的发展和应用作出的杰出贡献，使他荣获了1948年诺贝尔化学奖。经典电泳法最大的局限性在于存在焦耳热，只能在低电场强度下操作，直接影响了其分离效率和分析速度的提高。为解决这一问题，人们进行了多方探索。1981年，Jorgenson和Lukacs使用内径75μm的石英毛细管进行电泳，成功地对丹酰化氨基酸进行了快速、高效分离，获得了 40 万块/m 理论塔板的高效率。他们还进一步研究了影响区带展宽的因素，阐明了毛细管电泳的有关理论。这一开创性工作成为电泳发展史上一个里程碑，使经典的电泳技术发展为高效毛细管电泳（high performance capillary electrophoresis，HPCE）。从此，毛细管电泳在理论研究、分离模式、商品仪器、应用领域等各方面获得了迅猛发展。如今，HPCE 可与 GC、HPLC 相媲美，成为现代分离科学的重要组成部分。

高效毛细管电泳是指以毛细管为分离通道，以高压直流电场为驱动力，溶质按其淌度差异进行高效、快速分离的新型电泳技术。由于毛细管能抑制溶液对流，具有良好的散热性，克服了传统电泳技术中的焦耳热现象，可在很高的电场下使用，极大地改善了分离效果。与传统电泳技术和 HPLC 相比，HPCE 具有样品用量少、操作简便、分离效率高、分析速度快、分析成本低、应用范围广等优点。

根据分离机制不同，毛细管电泳的分离模式可分为毛细管区带电泳、胶束电动毛细管色谱、毛细管凝胶电泳、毛细管电色谱、毛细管等速电泳、毛细管等电聚焦、亲和毛细管电泳等。

13.6.2　毛细管电泳基本原理

（1）电泳和电泳淌度

电泳是在电场作用下带电粒子在缓冲溶液中的定向移动，其移动速度 u_{ep} 由式（13.13）决定：

$$u_{ep} = \mu_{ep} E \qquad (13.13)$$

式中　u_{ep}——带电粒子的电泳速度；

　　　　E——电场强度；

　　　　μ_{ep}——粒子的电泳淌度。下标 ep 表示电泳（electrophoresis）。

所谓电泳淌度（electrophoretic mobility）是指溶质在给定缓冲液中单位时间和单位电场强度下移动的距离，也就是单位电场强度下带电粒子的平均电泳速度，简称淌度，表示为：

$$\mu_{ep} = \frac{u_{ep}}{E} \qquad (13.14)$$

淌度与带电粒子的有效电荷、形状、大小以及介质黏度有关，对于给定介质，溶质粒子的淌度是该物质的特征常数。因此，电泳中常用淌度来描述带电粒子的电泳行为。

由式（13.13）可以看出，溶质粒子在电场中的迁移速度决定于该粒子的淌度和电场强度的乘积。在同一电场中，由于粒子本身的电泳淌度不同，致使它们在电场中迁移的速度不同，使其彼此分离。可见，溶质粒子在电场中的差速迁移是电泳分离的基础，而不同粒子的淌度不同是电泳分离的内因。

电泳淌度与物质所处环境有关。带电粒子在无限稀释溶液中的淌度叫做绝对淌度，用 μ_{ab} 表示。在实际工作中，人们不可能使用无限稀释溶液进行电泳，某种离子在溶液中不是孤立的，必然会受到其他离子的影响，使其形状、大小、所带电荷、离解度等发生变化，所表现的淌度会小于 μ_{ab}，这时的淌度称为有效淌度，即物质在实际溶液中的淌度，用 μ_{ef} 表示：

$$\mu_{ef} = \sum a_i \mu_i \qquad (13.15)$$

式中　a_i——物质 i 的离解度；

　　　　μ_i——物质 i 在离解状态下的绝对淌度。

物质的离解度与溶液的 pH 值有关，而 pH 值对不同物质的离解度影响不同。因此，可以通过调节溶液 pH 值来加大溶质间 μ_{ef} 的差异，提高电泳分离效果。

（2）电渗和电渗流

电渗是一种物理现象，是指在电场作用下，液体相对于带电荷的固体表面移动的现象。电渗现象中液体的整体移动叫电渗流（electroosmotic flow，EOF）。

在 HPCE 中，所用毛细管大多为石英材料。当石英毛细管中充入 pH≥3 的缓冲溶液时，管壁的硅羟基—SiOH 部分离解成—SiO⁻，使管壁带负电。在静电引力作用下，—SiO⁻ 将把电解质中的阳离子吸引到管壁附近，并在一定距离内形成阳离子相对过剩的扩散双电层，见图 13.15。看上去就像带负电荷的毛细管内壁形成了一个圆筒形的阳离子塞流。

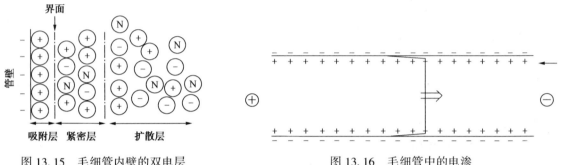

图 13.15　毛细管内壁的双电层　　　　图 13.16　毛细管中的电渗

在外加电场作用下，带正电荷的溶液表面及扩散层的阳离子向阴极移动。由于这些阳离子是溶剂化的，当它们沿剪切面作相对运动时，将携带着溶剂一起向阴极移动。这就是 HPCE 中的电渗现象，见图 13.16。在电渗力驱动下，毛细管中整个液体的流动，叫 HPCE 中的电渗流。

1）电渗流的大小

电渗流的大小用电渗流速度 u_{eo} 表示。与电泳类似，电渗流速度等于电渗淌度 μ_{eo} 与电场强度 E 的乘积，即：

$$u_{eo} = \mu_{eo} E \qquad (13.16)$$

电渗流受双电层厚度、管壁的 Zeta 电势、介质黏度的影响。一般说来，双电层越薄，Zeta 电势越大；黏度越小，电渗流速度越大。通常情况下，电渗流速度是一般离子电泳速度的 5~7 倍。

2）电渗流的方向

电渗流的方向决定于毛细管内壁表面电荷的性质。一般情况下，石英毛细管内壁表面带负电荷，电渗流从阳极流向阴极。但如果将毛细管内壁表面改性，使其内表面带正电荷，则产生的电渗流的方向变为由阴极流向阳极。

3）电渗的流型

在带负电荷的毛细管内壁表面附近，存在一个阳离子相对过剩的扩散双电层，由于扩散层内阳离子均匀分布，在外加电场作用下，毛细管内的整个流体会像一个塞子一样以均匀的速度向前运动，即塞式流动，产生的电渗流为平流流型。管内液体的流动速度除在管壁附近因摩擦力迅速减小到零以外，其余部分几乎处处相等。这与 HPLC 中靠泵驱

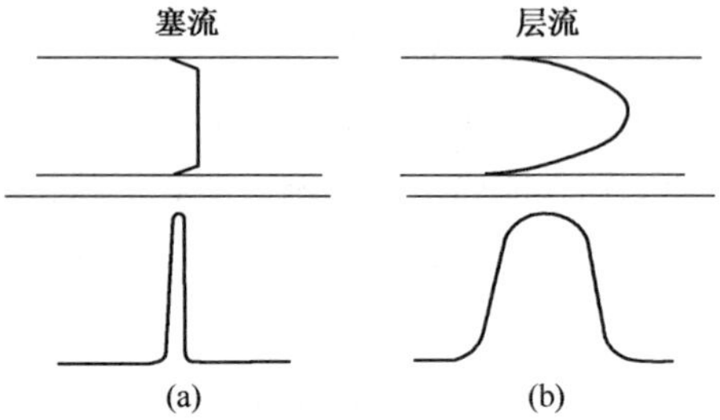

图 13.17　HPCE 电渗流（a）与 HPLC 流动相流型（b）以及由它们引起的谱带展宽

动的流动相的流型完全不同，如图 13.17 所示。

由图 13.17 可见，HPLC 流动相的流型是抛物线形的层流，各点速度相差很大，引起的谱带展宽显著；而 HPCE 中的电渗流是塞状的平流，几乎不引起谱带展宽。塞状的平流流型是 HPCE 的理想状态，也是导致 HPCE 能获得高效的重要原因。

4) 电渗流的作用

在毛细管电泳中，同时存在电泳流和电渗流，在不考虑相互作用的前提下，粒子在毛细管内的实际迁移速度是电渗流速度与其电泳速度的矢量和，表示为：

$$u_{ap} = u_{eo} + u_{ef} = (\mu_{eo} + \mu_{ef})E = \mu_{ap}E \tag{13.17}$$

$$u_{ap} = \mu_{eo} + \mu_{ef} \tag{13.18}$$

式中，u_{ap} 称为表观迁移速度；μ_{ap} 称为表观淌度。

样品中的阳离子向阴极迁移，与电渗流方向一致，移动速度最快；阴离子向阳极迁移，与电渗流方向相反，但由于电渗流速度通常大于电泳速度，其结果是阴离子缓慢移向阴极；中性分子与电渗流速度相同，不能分离。当把样品从阳极一端注入到毛细管内时，各种粒子将按不同的速度向阴极迁移，电渗流将所有的阳离子、中性分子、阴离子先后带至毛细管另一端(阴极端)并被检测。溶质粒子的出峰顺序是：阳离子→中性分子→阴离子。因不同离子的表观淌度不同，则它们的表观迁移速度不同，因而得以分离。不电离的中性分子总是与电渗流的速度相同，故可利用其出峰时间测定电渗流速度的大小。

由以上讨论可见，电渗流在 HPCE 的分离中起着非常重要的作用，改变电渗流的大小或方向，可改变分离效率和选择性，这是 HPCE 中优化分离的重要因素。电渗流还明显影响各溶质离子在毛细管中的迁移速度，电渗流的微小变化就会影响测定结果的重现性，故在 HPCE 分析中一定要维持电渗流的恒定。

(3) HPCE 的分析参数

毛细管电泳在功能和结果显示方式上与色谱法相似，故借鉴和引用了色谱法中的一些参数和概念。

1) 迁移时间

从加电压开始电泳到溶质到达检测器所需的时间，用 t_R 表示，其表达式为：

$$t_R = \frac{L_{ef}}{u_{ap}} = \frac{L_{ef}}{\mu_{ap}E} = \frac{L_{ef}L}{\mu_{ap}V} \tag{13.19}$$

式中 L_{ef}——毛细管的有效长度，即为进样口到检测器的距离；

   L——毛细管的总长度；

   V——外加电压。

中性分子的迁移时间为：

$$t_R = \frac{L_{ef}}{u_{eo}} = \frac{L_{ef}}{\mu_{eo}E} = \frac{L_{ef}L}{\mu_{eo}V} \tag{13.20}$$

利用式(13.20)可测定电渗流速度。

2) 分离效率

HPCE 的分离效率用理论塔板数 n 或理论塔板高度 H 表示，可由电泳图求出，即：

$$n = 5.54\left(\frac{t_R}{W_{1/2}}\right)^2 \tag{13.21}$$

或

$$n = 16\left(\frac{t_R}{W_b}\right)^2 \tag{13.22}$$

$$H = \frac{L_{ef}}{n} \tag{13.23}$$

式中，t_R 为溶质迁移时间；$W_{1/2}$ 为溶质半峰宽；W_b 为溶质基线宽度。

3）分离度

分离度是指淌度相近的两组分分开的程度，用 R 表示：

$$R = \frac{t_{R_2} - t_{R_1}}{\frac{1}{2}(W_{b_1} + W_{b_2})} \tag{13.24}$$

式中，下标 1 和 2 分别代表相邻两个组分；t_R 为其迁移时间；W_b 为基线宽度。

（4）谱带展宽及其影响因素

在毛细管电泳分离过程中同样存在谱带展宽现象，谱带展宽的程度直接影响分离效率。研究表明，引起谱带展宽的因素是多方面的，包括纵向扩散、焦耳热、溶质与毛细管壁间的吸附作用、进样等。这里主要讨论纵向扩散和焦耳热对谱带展宽的影响。

1）纵向扩散

在空心毛细管内，可用 Golay 方程来描述谱带展宽对柱效的影响：

$$H = \frac{B}{u} + Cu \tag{13.25}$$

在毛细管电泳中，纵向扩散引起的谱带展宽表示为：

$$H = \frac{2D}{u} \tag{13.26}$$

D 为溶质的扩散系数。可见，扩散系数越小，分离效率越高。由于大分子溶质的扩散系数小，在相同条件下电泳时，大分子可比小分子获得更高的分离效率。所以毛细管电泳特别适合分离生物大分子。

2）焦耳热

焦耳热是指毛细管两端加电压后，毛细管中的缓冲溶液有电流通过时所产生的热量。焦耳热将导致谱带展宽，原因是焦耳热通过管壁向周围环境散热过程中，在毛细管内形成径向的温度梯度——管中心温度最高，由中心向管壁温度逐渐下降，导致管内缓冲溶液径向的黏度梯度，使离子迁移速度径向分布不均匀，因而破坏了管内流体的平流流型，导致谱带展宽。

减小焦耳热的措施有：适当降低缓冲溶液浓度，采用低淌度的物质组成缓冲体系，采用细内径、厚管壁的毛细管，采用散热措施主动控温等。

13.6.3　毛细管电泳主要分离模式

（1）毛细管区带电泳

毛细管区带电泳（capillary zone electrophoresis，CZE）是毛细管电泳中最基本且应用最广的一种操作模式，其特征是整个系统都用同一种电泳缓冲液充满。缓冲液由缓冲试剂、pH调节剂、溶剂和添加剂组成。通电后，溶质在毛细管中按各自特定的速度迁移，形成一个一个独立的溶质带，溶质离子间依其淌度的差异而得到分离。

CZE 是 HPCE 中最简单、应用最广的一种操作模式，是其他各种操作模式的基础。CZE不仅可以分离小分子，而且能够分离那些生物大分子，如蛋白质、肽、糖等，但不能分离中性物质。毛细管经改性处理后，还可分离阴离子。近年来，由于毛细管电泳具有分析速度快、效率高、消耗低等特点，已逐渐成为分析小离子的常用方法。

（2）胶束电动毛细管色谱

胶束电动毛细管色谱（micellar electrokinetic capillary chromatography，MECC 或 MEKC）是

以胶束为假固定相的一种电动色谱，是电泳技术与色谱技术相结合的产物，其突出特点是将只能分离离子型化合物的电泳变成不仅可分离离子型化合物，而且也能分离中性分子，从而大大拓宽了电泳技术的应用范围。

MECC是在电泳缓冲液中加入表面活性剂，如十二烷基磺酸钠（SDS），当溶液中表面活性剂浓度超过临界胶束浓度（CMC）时，它们就会聚集形成具有三维结构的胶束，疏水性烷基聚在一起指向胶束中心，带电荷的一端朝向缓冲溶液。由于SDS形成的胶束表面带负电荷，它会向阳极迁移，而强大的电渗流使缓冲溶液向阴极迁移。由于电渗流的速度高于胶束迁移速度，从而形成了快速移动的缓冲液水相和慢速移动的胶束相。这里胶束相的作用类似于色谱固定相，称为"准固定相"。当被测样品进入毛细管后，中性溶质按其亲水性的不同，在胶束相和缓冲液水相之间进行分配。亲水性弱的溶质，分配在胶束中的多，迁移时间长；亲水性强的溶质，分配在缓冲溶液的多，迁移时间短。从而使亲水性稍有差异的中性物质在电泳中得到分离。其分离过程如图13.18。可见，MECC的分离基础是中性溶质在胶束相和缓冲液水相两相中分配系数的差异。

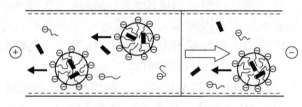

图13.18　MECC的分离过程
◯⌇—阴离子表面活性剂；　⇨—EOF；
■—溶质；　◂—电泳

在MECC中，"准固定相"作为独立的一相，对分离起着非常重要的作用。改变准固定相的种类，将改变分离选择性。目前常用的准固定相是表面活性剂，要求它们必须能在溶液中形成稳定的胶束，且和溶质缔合速度快。常用的表面活性剂有：十二烷基磺酸钠（SDS）、十六烷基三甲基溴化铵（CTAB）、胆汁盐、高分子量表面活性剂等。

（3）毛细管凝胶电泳

毛细管凝胶电泳（capillary gel electrophoresis，CGE）是指毛细管内充有凝胶或其他筛分介质，试样中各组分按照其相对分子质量大小进行分离的电泳方法。CGE综合了毛细管电泳和平板凝胶电泳的优点，成为当今分离度极高的一种电泳技术。常用于蛋白质、寡聚核苷酸、核糖核酸、DNA片断的分离和测序及聚合酶链反应产物的分析。

在CGE中，毛细管内充有凝胶或其他筛分介质，它们起类似分子筛的作用。在电场力推动下，试样中各组分流经筛分介质时，其运动受到介质的阻碍。大分子受到的阻力大，在毛细管中迁移速度慢；小分子受到的阻力小，迁移快，从而使大小不同的分子得到分离。

筛分介质是CGE中的关键，也是毛细管电泳研究的热点问题之一。常用的筛分介质是交联聚丙烯酰胺凝胶（PAG）、琼脂糖等。CGE的主要缺点是柱制备较困难，柱寿命较短。为解决这些难题，发展了"无胶筛分"技术，采用低黏度的线性聚合物溶液代替高黏度的交联聚丙烯酰胺。无胶筛分的特点是装柱比较容易，不会产生气泡。无胶筛分的介质有甲基纤维素及其衍生物、葡聚糖、聚乙二醇等。

（4）毛细管电色谱

毛细管电色谱（capillary electrochromatography，CEC）是在HPCE技术的不断发展和HPLC理论、技术进一步完善的基础上，于20世纪80年代末发展起来的一种新型分离分析技术。毛细管电色谱是HPCE与HPLC的有机结合，它包含了电泳和色谱两种机制，Heftman将CEC定义为"一种溶质与固定相间的相互作用占主导地位的电泳过程"。实际上，

CEC 就是用电渗流或电渗流结合压力流来推动流动相的微柱液相色谱，根据溶质在流动相和固定相中分配系数的不同以及它们自身电泳淌度的差异得以分离。CEC 兼备了 HPCE 的高效和 HPLC 的高选择性，既能分离离子型化合物，又能分离电中性物质，对复杂的混合物样品具有强大的分离能力。

根据毛细管柱的类型，CEC 可分为填充柱毛细管电色谱和开管柱毛细管电色谱。

将 HPLC 填料用适当方法填入毛细管柱，用电渗流或电渗流结合压力流来推动流动相进行分离的分析技术，就叫填充柱毛细管电色谱。因电渗流驱动的流动相为塞式平流，谱带展宽小，柱效比 HPLC 高得多，理论塔板数可达(15~40)万块/m。目前，填充柱毛细管电色谱存在的主要问题是：制备高分离效率的柱子较困难；分离过程中易产生气泡，使分离失败。

将色谱固定相用物理或化学的方法涂渍在毛细管内壁，用电渗流或电渗流与压力一起驱动流动相的分离技术，叫开管柱毛细管电色谱。因把固定相交联或键合在毛细管柱内壁上，涂层稳定，不易被流动相冲掉。同时，因柱表面部分硅羟基被屏蔽，电渗流比毛细管区带电泳明显减小。所以开管柱毛细管电色谱分离度高、分离重现性好。

作为一种高效的微柱分离技术，毛细管电色谱自建立以来已有多方面应用研究的报道。例如，用 CEC 分离多环芳烃及药物中间体、用 CEC 进行样品富集和预浓缩、用手性毛细管电色谱柱或手性流动相进行手性分离等。研究表明，CEC 不仅能高效、高速分离带电荷的旋光异构体，而且可以分离中性及疏水性光活性物质。随着人们对毛细管电色谱研究的不断深入，CEC 的应用会更加广泛。

13.6.4 毛细管电泳仪

毛细管电泳仪的基本组成为：高压电源、毛细管柱、缓冲液池、检测器、记录/数据处理等部分。如图 13.19 所示。

毛细管柱两端分别置于缓冲液池中，毛细管内充满相同的缓冲溶液。两个缓冲液池的液面应保持在同一水平面，柱两端插入液面下同一深度。毛细管柱一端为进样端，另一端连接在线检测器。高压电源供给铂电极 5~30kV 的电压，被测试样在电场作用下电泳分离。

（1）高压电源

高压电源一般采用 0~±30kV 稳定、连续可调的直流电源，具有恒压、恒流

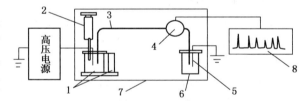

图 13.19　毛细管电泳仪结构示意图
1—高压电极槽与进样系统；2—填灌清洗系统；3—毛细管；
4—检测器；5—铂丝电极；6—低压电极槽；
7—恒温系统；8—记录/数据处理

和恒功率输出。为保证迁移时间的重现性，输出电压应稳定在±0.1%以内。为方便操作，电源极性要容易转换。

工作电压是影响柱效、分离度和分析时间的重要参数，应合理选择。一般来讲，工作电压越大，柱效越高，分析时间越短。但升高电压的同时，柱内产生的焦耳热也增大，引起谱带展宽，使分离度下降。分离操作的最佳工作电压与缓冲溶液的组成、离子强度、毛细管内径及长度等许多因素有关。为了尽可能使用高电压而不产生过多的焦耳热，可通过实验做欧姆定律曲线(*I-V* 曲线)来选择体系的最佳工作电压。在确定的分离体系中，改变外加电压测对应的电流，做 *I-V* 曲线，取线性关系中的最大电压即为最佳工作电压。

（2）毛细管柱

理想的毛细管柱应是化学和电惰性的，能透过紫外光和可见光，强度高，柔韧性好，耐用且便宜。

目前采用的毛细管柱大多为圆管形弹性熔融石英毛细管，柱外涂敷一层聚酰亚胺以增加柔韧性。降低毛细管内径，有利于减少焦耳热，但不利于对吸附的抑制，同时还会造成进样、检测和清洗上的困难。故毛细管柱的常规尺寸为：内径 $20 \sim 75\mu m$、外径 $350 \sim 400\mu m$，柱长一般不超过 $1m$。

毛细管柱尺寸的选择与分离模式和样品有关。CZE 多选用内径为 $50\mu m$ 或 $75\mu m$ 的毛细管，有效长度控制在 $40 \sim 60cm$ 之间。进行大颗粒如红细胞的分离，则需要内径 $>300\mu m$ 的毛细管。当使用开管柱毛细管电色谱时，毛细管内径应在 $5 \sim 10\mu m$ 之间。

（3）缓冲液池

缓冲液池中贮存缓冲溶液，为电泳提供工作介质。要求缓冲液池化学惰性，机械稳定性好。

（4）进样

毛细管电泳所需进样量很小，一般为纳升级。为减小进样引起的谱带展宽，进样塞长度应控制在柱长的 $1\% \sim 2\%$ 以内，采用无死体积的进样方法。目前进样方式有以下三种。

1）电动进样

电动进样是将毛细管柱的进样端插入样品溶液，然后在准确时间内施加电压，试样因电迁移和电渗作用进入管内。电动进样的动力是电场强度，需通过控制电场强度和进样时间控制进样量。

电动进样结构简单，易于实现自动化，是商品仪器必备的进样方式。该法的缺点是存在进样偏向，即组分的进样量与其迁移速度有关。在同样条件下，迁移速度大的组分比迁移速度小的组分进样量大。这会降低分析结果的准确性和可靠性。

2）压力进样

压力进样也叫流动进样，它要求毛细管中的介质具有流动性。当将毛细管的两端置于不同的压力环境中时，在压差的作用下，管中溶液流动，将试样带入。使毛细管两端产生压差的方法有：在进样端加气压、在毛细管出口端抽真空、抬高进样端液面。压力进样没有进样偏向问题，但选择性差，样品及其背景同时被引进管中，对后续分离可能产生影响。

3）扩散进样

扩散进样是利用浓差扩散原理将样品引入毛细管。当把毛细管插入样品溶液时，样品分子因管口界面存在浓度差而向管内扩散，进样量由扩散时间控制。扩散进样具有双向性，即样品分子进入毛细管的同时，区带中的背景物质也向管外扩散，因此可以抑制背景干扰，提高分离效率。扩散与电迁移速度和方向无关，可抑制进样偏向，提高定性、定量结果的可靠性。

（5）检测器

由于 HPCE 进样量很小，所以对检测器灵敏度提出了很高的要求。为实现既能对溶质作灵敏检测，又不致使谱带展宽，通常采用柱上检测。目前，毛细管仪配备的几种主要检测器有：紫外检测器、激光诱导荧光检测器、电化学检测器等。

紫外检测器是目前应用最广泛的一种 HPCE 检测器。因多数有机分子和生物分子在 210nm 附近有很强的吸收，使得紫外检测器接近于通用检测器。该检测器结构简单，操作方便，检出限为 $10^{-15} \sim 10^{-13}$ mol。如果配合二极管阵列检测，还可得到有关溶质的光谱信息。

激光诱导荧光检测器是 HPCE 最灵敏的检测器之一，可以检出单个 DNA 分子，检出限为 $10^{-20} \sim 10^{-18}$ mol。检测器主要由激光器、光路系统、检测池、光电转换器等部件组成，可采用柱上或柱后检测。激光的单色性和相干性好、强度高，能有效提高信噪比，大幅度提高检测灵敏度。采用激光诱导荧光检测器时，样品常需进行衍生化。

电化学检测器也是 HPCE 中一类灵敏度较高的检测器，分为安培检测器和电导检测器，其检出限分别为 $10^{-19} \sim 10^{-18}$ mol 和 $10^{-16} \sim 10^{-15}$ mol。电化学检测器尤其适用于那些吸光系数小的无机离子和有机小分子。应用最多的是安培检测器，采用碳纤维电极，测量电活性溶质在电极表面发生氧化或还原反应时产生的电流。安培检测器灵敏度高、选择性好，可实现对单个活细胞的检测，因而在微生物环境和活体分析中占据独特的优势，在生物医学研究中具有重要的应用前景。

随着科学技术的发展，将质谱仪用作 CE 检测器已成为可能，现在有许多关于 CE-MS 联用的报道。将具有极高分离能力的毛细管电泳与可提供组分结构信息的质谱联用，特别适合于复杂生物体系的分离鉴定，成为微量生物样品分离分析的有力工具。

思 考 题 与 习 题

13-1　从分离原理、仪器结构、适用范围上比较气相色谱与高效液相色谱的异同。它们各有何特点？

13-2　从色谱基本理论出发，分析高效液相色谱法能够实现高效、高速分离的原因。

13-3　高效液相色谱有哪几种类型？它们的分离机制是什么？在应用上各有何特点？

13-4　HPLC 中影响柱效的因素有哪些？为什么要格外重视柱外效应？提高柱效最有效的途径是什么？

13-5　什么是梯度洗脱？采用梯度洗脱有何优越性？

13-6　在液-固吸附色谱中，硅胶的含水量对溶质的保留值有何影响？

13-7　何谓"疏溶剂理论"？影响反相键合相色谱溶质保留值的因素是什么？

13-8　离子交换色谱中，为何能够利用 pH 梯度改善分离选择性？

13-9　空间排阻色谱的分离机理与其他色谱类型有何不同？

13-10　高效毛细管电泳有哪些主要分离模式？各有何特点？

13-11　HPCE 中电渗流的流型与 HPLC 中流动相的流型有什么区别？

13-12　在学习过气相色谱法、高效液相色谱法后，当你接受一个实际样品时，如何进行方法和操作条件的选择？提出合理的分析思路(样品可自己拟定，如大气、水、固体废物等环境样品中的典型污染物)。

13-13　通过查阅文献，简述 HPLC 技术最新进展。

参 考 文 献

1　孙传经. 气相色谱分析原理与技术. 北京：化学工业出版社，1979

2　傅若农，顾峻岭. 近代色谱分析. 北京：国防工业出版社，1998

3　高向阳. 新编仪器分析(第二版). 北京：科学出版社，2004

4 方惠群，于俊生，史坚. 仪器分析. 北京：科学出版社，2002

5 朱明华. 仪器分析(第三版). 北京：高等教育出版社，2001

6 达世禄. 色谱学导论. 武汉：武汉大学出版社，1988

7 许国旺. 现代实用气相色谱法. 北京：化学工业出版社，2004

8 梁汉昌. 痕量物质分析气相色谱法. 北京：中国石化出版社，2000

9 邹汉法，张玉奎，卢佩章. 高效液相色谱法. 北京：科学出版社，1998

10 朱彭龄，云自厚，谢光华. 现代液相色谱. 兰州：兰州大学出版社，1989

四、仪器联用技术

第 14 章 色谱联用技术

14.1 色谱联用技术概述

14.1.1 色谱联用的接口技术

色谱是一种很好的分离手段，可以将复杂混合物中的各个组分分离开，但是它的定性和结构分析能力较差，通常只利用各组分的保留特性，通过与标准样品或者标准谱图对比来定性，这在欲定性的组分完全未知的情况下进行定性分析就更加困难了。而随着一些定性和结构分析的分析手段——质谱、红外光谱、紫外光谱、原子吸收光谱、等离子体发射光谱、核磁共振波谱等技术的完善和发展，确定一个纯组分是什么化合物，其结构如何已经是比较容易的事。在这些定性和结构分析仪器的发展初期，为了对色谱分离出的某一纯组分定性、定结构，人们往往是将色谱分离后的欲测组分收集起来，经过适当处理，将欲测组分浓缩和除去干扰物质后，再利用上述定性和结构分析技术进行分析。这种联用是脱机、非在线的联用。

脱机、非在线的联用只是将色谱分离作为一种样品纯化的手段和方法，操作很繁琐，在收集和再处理色谱分离后的欲测组分时也很容易发生样品的污染和损失。因此，实现联机、在线的色谱联用是分析化学工作者努力的目标。本章所讨论的色谱联用技术就是指色谱仪器和一些具有定性、定结构功能的分析仪器——质谱仪(MS)、傅里叶变换红外光谱仪(FTIR)、原子吸收光谱仪(AAS)、等离子体发射光谱仪(ICP-AES)、核磁共振波谱仪(NMR)等仪器的直接、在线联用，以及色谱仪器之间的直接、在线联用——多维色谱技术。前一类色谱联用的目的是增强色谱分析的定性和结构分析能力，而后一类的目的是使单一分离模式分不开的复杂混合物，在使用多种分离模式的色谱联用后得到良好的分离。

色谱联用技术是将一种色谱仪器(GC、HPLC、TLC、SFC 或 CE)和前面所述的另外一种仪器(MS、FTIR、FTNMR、AAS、ICP-AES)通过一种称为"接口"(interface)的装置直接联接起来，将通过色谱仪器分离开的各种组分，逐一通过接口送入到第二种仪器进行分析。因此，接口是联用技术的关键装置，它要协调前后两种仪器输入和输出之间的矛盾。接口的存在既要不影响前一级色谱仪器对组分分离的性能，又要同时满足后一级仪器对样品进样的要求和仪器的工作条件。接口将两种分析仪器的分析方法结合起来，协同作用，取长补短，获得了两种仪器单独使用所不具备的功能。从某种意义上讲，通过"接口"连接起来的联用仪器已经是一种新的仪器了。越来越多的联用仪器成为商品化的仪器，给分析工作者提供了极大的方便。

在色谱联用中，对接口的一般要求是：

① 可以进行有效地样品传递，通过接口进入下一级仪器的样品应该不少于全部样品的 30%，以保证整个联用仪器的灵敏度；

② 样品通过接口的传递应具有良好的重现性，以保证整个分析的重现性良好；

③ 接口应当容易满足前级色谱仪器和后一级仪器任意选用操作模式和操作条件；

④ 样品在通过接口时一般不应该发生任何化学变化，如发生化学变化，则要遵循一定的规律，并通过后一级仪器分析结果，可推断出发生化学变化前的组成和结构(如 HPLC-MS 的电喷雾接口和大气压化学电离接口)；

⑤ 接口应保证前级色谱分离产生的色谱峰的完整，并不使色谱峰加宽(即不影响前级色谱的分离柱效)；

⑥ 接口本身的操作应该简单、方便、可靠，样品通过接口的速度要尽可能快，因此要求接口尽可能短。

除了上述的一般要求外，根据联用仪器的不同特点，对接口还会有不同的要求，这将在不同的联用技术中专门讨论。

14.1.2 环境分析中常用色谱联用技术简介

色谱联用仪器的后一级仪器实质上是前级色谱仪的一种特殊的检测器，就此意义而言，带有紫外-可见光度检测器(包括二极管阵列检测器，扫描型紫外-可见分光光度检测器)的高效液相色谱仪和毛细管电泳仪就可以被认为是高效液相色谱仪和毛细管电泳仪与紫外-可见分光光度计联用的联用仪。

(1) 色谱-质谱联用

在气相色谱-质谱(GC-MS)联用仪器中，由于经气相色谱柱分离后的样品呈气态，流动相也是气体，与质谱的进样要求相匹配，这两种仪器最容易联用。因此，这种联用技术是开发最早，实现商品化最早的仪器。普遍适用于环境中挥发性有机物，包括金属有机物的分析。相比之下，液相色谱-质谱(LC-MS)联用要困难得多，这主要是因为接口技术发展比较慢，直到电喷雾电离(ESI)接口与大气压电离(API)接口的出现，才有了成熟的商品液相色谱-质谱联用仪。由于有机化合物中的 80%不能气化，只能用液相色谱分离，特别是近年来发展迅速的生命科学中的分离和纯化也都使用了液相色谱仪，加之液相色谱-质谱仪接口问题得到了解决，使得液相色谱-质谱联用技术在近年得到了快速发展。

(2) 色谱-红外光谱联用

红外光谱在有机化合物的结构分析中有着重要作用，而色谱又是有机化合物分离纯化的最好方法，因此，色谱与红外光谱的联用技术一直是有机分析化学家十分关注的问题。在傅里叶变换红外光谱仪出现以前，由于棱镜或光栅型红外光谱仪的扫描速度很慢，灵敏度也低，色谱红外光谱联用时，往往只能采用停流的办法，即在需要检测的组分流动到检测池时使流动相停止流动，然后再进行红外扫描，以获取该组分的红外光谱图。这种方法仅对气相色谱和某些正相色谱可行，对反相液相色谱就不行了(由于反相液相色谱的流动相中一般都有水)，在傅里叶变换红外光谱出现以后，由于扫描速度和灵敏度都有很大提高，解决了色谱和红外光谱联用时扫描速度慢的最大障碍，使色谱仪和傅里叶变换红外光谱仪联用有了很大进展。

(3) 色谱-原子光谱联用

原子光谱(原子吸收光谱和原子发射光谱)主要用于金属或非金属元素的定性、定量分析，而色谱主要用于有机化合物的分析、分离和纯化，因此这两种分析技术的联用在过去很少有人研究。但近年随着有机金属化合物研究的不断深入，特别是人们发现某些元素(如铅、砷、汞、铬等)的不同价态或不同形态不仅对人们健康的影响有很大差别，而且对环境危害的程度也有很大差别。要对这些元素的不同价态或不同形态进行测定和研究，就要对这些元素的不同价态或不同形态进行分离，这时色谱就成为最有力的分离方法，而分离后的定量分析又是原子光谱的特长。因此近年有关色谱-原子光谱联用技术的研究报道文献大量出现。其实带有火焰光度检测器(FPD)的气相色谱仪应是最早的气相色谱-原子光谱联用仪。

(4) 色谱-电感耦合等离子体质谱联用

色谱-电感耦合等离子体质谱联用是近年来兴起的新技术，由于电感耦合等离子体质谱具有诸多的优点，发展十分迅速，尤其是在分析环境中有害元素的形态时十分有用。

(5) 色谱-色谱联用

色谱-色谱联用技术(多维色谱)是将不同分离模式的色谱通过接口联结起来，用于单一分离模式不能完全分离的样品分离和分析。

在以上联用方法中，GC-MS 是分析环境中有毒、有害有机物的最常用方法，占有十分重要的地位(详见 14.2)。在国外，色谱联用技术已经比较普遍地应用到环境科学研究和检测领域，其中有很多方法被指定为国家或者行业标准方法。在国内，采用色谱联用技术在环境科学研究和检测中虽然有一些报道，但是应用尚不普及，主要是由于联用仪器价格昂贵、操作需要专门的知识和培训等造成的。为了解决环境监测中繁难的分析技术问题(比如污染物的来源复杂，含量低，要求分析快速等)，采用色谱联用技术检测环境污染物是必然趋势。可以预见，随着全球经济一体化加快，我国的有关环境检测标准必然要按照国际通用标准进行修改。目前，国家环保总局正在进行相关标准的制定和完善工作(相关的信息可以从中国国家环保局网站查阅)。在不久的将来，会有较多的色谱联用技术应用于环境科学领域，成为我国的标准测定方法。

14.2 气相色谱-质谱联用(GC-MS)

14.2.1 气相色谱-质谱联用概述

气相色谱-质谱联用技术既发挥了色谱法的高分辨率，又发挥了质谱法的高鉴别能力，这种技术适合于多组分混合物中未知组分的定性鉴定，可以判断化合物的分子结构，准确地测定未知组分的相对分子质量，测定混合物中不同组分的含量，研究有机化合物的反应机理，修正色谱分析的错误判断，鉴定出部分分离甚至未分离开的色谱峰等，因此，日益受到重视，在有机化学、生物化学、石油化工、环境保护、食品科学、医药卫生和军事科学等领域取得了长足的发展，成为有机合成和分析实验室的主要定性手段之一。

GC-MS 联用后，仪器控制、高速采集数据量以及大量数据的适时处理对计算机的要求不断提高。一般小型台式的常规检测 GC-MS 联用仪由个人计算机及其 Windows 操作系统支持。而大型研究用的 GC-MS 联用仪，主要是磁质谱或多级串联质谱，大都由小型工作站及其 Unix 系统支持。GC-MS 联用后，气相色谱仪部分的气路系统和质谱仪的真空系统几乎不变，仅增加了接口的气路和接口真空系统。

GC-MS 联用后，整机的供电系统不仅变化不大。除了向原有的气相色谱仪、质谱仪和计算机及其外设部件供电以外，还需向接口及其传输线恒温装置和接口真空系统供电。气质联用法和其他气相色谱法作一简单比较，有如下区别：

① GC-MS 方法定性参数增加，定性可靠。GC-MS 方法不仅与 GC 方法一样能提供保留时间，而且还能提供质谱图，由质谱图、分子离子峰的准确质量、碎片离子峰强度比、同位素离子峰、选择离子的子离子质谱图等使 GC-MS 方法定性远比 GC 方法可靠。

② 灵敏度高。GC-MS 方法是一种通用的色谱检测方法，但灵敏度却远高于 GC 方法中的任何一种通用检测器。一般 GC-MS 的总离子流色谱（TIC）的灵敏度比普通 GC 的 FID 检测器高 1~2 个数量级。

③ 抗干扰能力强。虽然用气相色谱仪的选择性检测器能对一些特殊的化合物进行检测，不受复杂基质的干扰，但难以用同一检测器同时检测多类不同的化合物，而不受基质的干扰。而采用色质联用中的提取离子色谱技术、选择离子检测技术等可降低化学噪声的影响，分离出总离子图上尚未分离的色谱峰。

④ 可以用于定量分析。从气相色谱和色质联用的一般经验来说，质谱仪定量似乎总不如气相色谱仪，但是，由于色质联用可用同位素稀释和内标技术，以及色谱技术的不断改进，GC-MS 联用仪的定量分析精度得到极大改善。在一些低浓度的定量分析中，当待测物质浓度接近多数气相色谱仪检测器的检测下限时，GC-MS 联用仪的定量精度优于气相色谱仪。

⑤ 方法容易实现套用。

气相色谱方法中的大多数样品处理方法、分离条件、仪器维护等，都易移植到 GC-MS 联用方法中。但是，在 GC-MS 联用中选择衍生化试剂时，要求衍生化物在一般的离子化条件下能产生稳定的、合适的质量碎片。

⑥ 仪器维护方便。

气相色谱法中，经过一段时间的使用，某些检测器需要经常清洗。在 GC-MS 联用中检测器不需要经常清洗，最常需要清洗的是离子源或离子盒。离子源或离子盒是否清洁，是影响仪器工作状态的重要因素。柱老化时不联接质谱仪、减少注入高浓度样品、防止引入高沸点组分、尽量减少进样量、防止真空泄漏和反油等是防止离子源污染的方法。气相色谱工作时的合适温度参数虽然均可以移植到 GC-MS 联用仪上，但是对其他各部件的温度设置要注意防止出现冷点，否则，GC-MS 的色谱分辨率将会恶化。

14.2.2　气相色谱-质谱联用仪器系统

（1）GC-MS 的仪器结构

GC-MS 仪器系统一般由如图 14.1 所示的各部分组成。

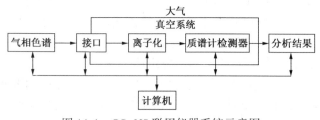

图 14.1　GC-MS 联用仪器系统示意图

气相色谱仪分离样品中的各组分，起到样品制备的作用，接口把气相色谱仪分离出的各组分送入质谱仪进行检测，起到气相色谱和质谱之间的适配器作用，质谱仪对接口引入的各组分依次进行分析，成为气相色谱仪的检测器。计算机系统交互式地控制气相色谱、接口和质谱仪，进行数据的采集和处理，是 GC-MS 的中心控制单元。

目前，GC-MS 仪器的分类有多种方法，如按照仪器的机械尺寸，可以分为大型、中型、小型气质联用仪；按照仪器的性能，可分为高档、中档、低档气质联用仪，或研究级和常规检测级联用仪；按照质谱技术，GC-MS 通常是指四极杆质谱或磁质谱，GC-ITMS 通常是指气相色谱-离子阱质谱，GC-TOFMS 是指气相色谱-飞行时间质谱等；按照质谱仪的分辨率，可以分为高分辨（通常分辨率高于 5000）、中分辨（通常分辨率在 1000~5000 之间）、低分辨（通常分辨率低于 1000）三类。小型台式四极杆质谱检测器（MSD）的质量范围一般低于 1000。四级杆质谱由于其本身固有的限制，一般 GC-MS 分辨率在 2000 以下。市场占有率较大的和气相色谱联用的高分辨磁质谱最高分辨率达 60000 以上。和气相色谱联用的飞行时间质谱（TOFMS），其分辨率达 5000 左右。

（2）GC-MS 的工作原理

有机混合物由色谱柱分离后，经过接口（interface）进入离子源被电离成离子，离子在进入质谱的质量分析器前，在离子源与质量分析器之间，有一个总离子流检测器，以截取部分离子流信号，总离子流强度与时间（或扫描数）的变化曲线就是混合物的总离子流色谱图（total ion current chromatogram，TIC）。另一种获得总离子流图的方法是利用质谱仪自动重复扫描，由计算机收集、计算后再现出来，此时总离子流检测系统可省略。对 TIC 图的每个峰，可以同时给出对应的质谱图，由此可以推测每个色谱峰的结构组成。定性分析就是通过比较得到的质谱图与标准谱库或者标准样品的质谱图实现的（对于高分辨率的质谱仪，可以通过直接得到精确的相对分子质量和分子式来定性）；定量分析是通过 TIC 或者质量色谱图（mass chromatogram）采用类似色谱分析法中的面积归一法、外标法、内标法实现的。一般 TIC 的灵敏度比 GC 的 FID 高 1~2 个数量级，它对所有的峰都有相近的响应值，是一种通用型检测器。

在色谱仪出口，载气要尽可能筛去，只让样品的中性分子进入质谱计的离子源。但是总会有一部分载气进入离子源，它们和质谱计内残存的气体分子一起被电离为离子并构成本底。为了尽量减少本底的干扰，在联用仪中一般用氦气作载气，其原因为：

① He 的电离电位为 24.6eV，是气体中最高的（H_2、N_2 为 15.8eV）。它难以电离，不会因为气流不稳而影响色谱图的基线；

② He 的相对分子质量只有 4，易于与其他组分分子分离；

③ He 的质谱峰很简单，不干扰后面的质谱峰。

（3）GC-MS 联用的主要技术问题

GC-MS 联用的主要技术问题是仪器接口和扫描速度。

众所周知，气相色谱仪的入口端压力高于大气压。在高于大气压力的状态下，样品混合物的气态分子在载气的带动下，因为在流动相和固定相上的分配系数不同，而使各组分得到分离，最后和载气一起流出色谱柱。通常色谱柱的出口端压力为大气压力。质谱仪中样品气态分子在具有一定真空度的离子源中转化为样品气态离子。这些离子（包括分子离子和其他各种碎片离子）在高真空的条件下进入质量分析器，在质量扫描部件的作用下，检测器记录各种按质荷比不同分离的离子的离子流强度及其随时间的变化。因此，接口技术中要解决的问题是气相色谱仪的大气压的工作条件和质谱仪的真空工作条件的联接和匹配。接口要把气相色谱柱流出物中的载气尽可能多地除去，保留或浓缩待测物，使近似大气压的气流转变成适合离子化装置的真空，并协调色谱仪和质谱仪的工作流量。

没有和气相色谱仪联接的质谱仪一般对扫描速度要求不高。和气相色谱仪联接的质谱仪，由于色谱峰很窄，有的仅仅几秒钟时间，而一个完整的色谱峰通常需要至少 6 个以上数据点，这样就要求质谱仪有较高的扫描速度，才能在很短的时间内完成多次全质量范围的质量扫描。另一方面，要求质谱仪能很快地在不同的质量数之间来回切换，以满足选择离子检测的需要。

14.2.3 气相色谱-质谱联用的接口技术

（1）GC-MS 联用接口技术

如 14.2.2 所述，GC-MS 联用仪的接口是解决气相色谱和质谱联用的关键组件。理想的接口是能除去全部载气，但却能把待测物毫无损失地从气相色谱仪传输到质谱仪。实际工作中用传输产率 Y、浓缩系数 N、延时 t 和峰展宽系数 H 来评价接口性能（表 14-1）。当传输产率 $Y \rightarrow 100\%$，浓缩系数（分离因子）N 足够大，延时 $t \rightarrow 0$，峰展宽系数 $H \rightarrow 1$ 时，接口几乎达到理想状态。

表 14-1　接口的性能评价参数及意义

评价参数	计算方法	物理意义
传输产率 Y	$Y = (q_{MS}/q_{GC}) \times 100\%$	待测样品的传输能力，与灵敏度成正比
浓缩系数 N	$N = (Q_{MS}/Q_{GC}) \times Y$	消除载气和样品浓缩的能力
延时 t	$t = t_{MS} - t_{GC}$	质谱检测器上色谱出峰时间的延迟
峰展宽系数 H	$H = W_{MS}/W_{GC}$	气质联用仪峰宽和气相色谱峰宽的比值

注：q_{MS} 和 Q_{MS} 分别表示从接口流出，进入质谱仪的样品量和流量；q_{GC} 和 Q_{GC} 分别表示从质谱仪流出，进入接口的样品量和流量；t_{GC} 和 W_{GC} 表示没有接口时，气相色谱同样条件下检测到的色谱峰保留时间和 10% 峰高处的峰宽；t_{MS} 和 W_{MS} 表示有接口时，气相色谱同样条件下，质谱仪检测到的色谱峰保留时间和 10% 峰高处的峰宽。

（2）目前常用的 GC-MS 接口

常见各种 GC-MS 接口的一般性能及其适用性比较见表 14-2。

在色-质联用技术的发展过程中，还出现过许多其他接口方式，如分子流式分离器，利用相对分子质量小，流导大容易除去的原理，分离载气和样品；如有机薄膜分离器，利用对有机气体选择性溶解，使作为载气的无机气体和样品分离；又如钯-银管分离器，利用钯-银管对氢的选择反应传输而达到分离的目的等，由于这些分离器总体性能都不如表 14-2 中所列接口，因此只在一些很特殊的场合下使用。

表 14-2　常见 GC-MS 接口性能及其适用性

接口方式	$Y/\%$	N	t/s	H	分离原理	适用性
直接导入型	100	1	0	1	无分离	小孔径毛细管柱
开口分流型	~30	1	1	1~2	无分离	毛细管柱
喷射式分离器[①]	~50	100	1	1~2	喷射分离	填充柱/毛细管柱

① 当用于毛细管柱时，需要补充氦气或减少分子分离器的级数，才能确保其性能。

1）直接导入型接口（direct coupling）

GC 选择内径为 $0.25 \sim 0.32\text{mm}$ 的毛细管色谱柱，载气流量设定在 $1 \sim 2\text{mL/min}$，通过一根金属毛细管直接引入质谱仪的离子源。这种接口方式是迄今为止最常用的一种技术。氦载气是惰性气体，不发生电离，只有待测物会形成带电粒子。待测物带电粒子在电场作用下，加速向质量分析器运动，而载气却由于不受电场影响，被真空泵抽走。接口的实际作用是支撑插入端毛细管，使其准确定位。另一个作用是保持温度，使色谱柱流出物始终不产生冷凝。

使用这种接口的载气限于氦气或氢气。当气相色谱仪出口的载气流量高于 2mL/min 时，由于受质谱仪真空泵流量的限制，检测灵敏度可能会下降。一般使用这种接口时，气相色谱仪的流量设在 $0.7 \sim 1.0\text{mL/min}$。当最高工作温度接近最高柱温时，传输率可达 100%。这种接口方法组件结构简单，容易维护，应用也较为广泛，例如惠普公司的 HP5973GC-MSD、Finnigan 质谱公司的 TSQ-7000GC-MS-MS 或 SSQ 系列的 GC-MS 等均采用这种接口。

2）开口分流型接口（open-split coupling）

色谱柱洗脱物的一部分被送入质谱仪，这样的接口称为分流型接口。在多种分流型接口中，开口分流型接口最为常用。其工作原理见图 14.2。

气相色谱柱的一段插入接口，其出口正对着另一毛细管，该毛细管称为限流毛细管。限流毛细管承受将近 0.1MPa 的压降，与质谱仪的真空泵

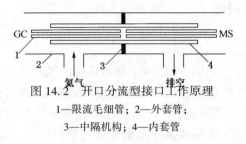

图 14.2　开口分流型接口工作原理
1—限流毛细管；2—外套管；
3—中隔机构；4—内套管

相匹配，把色谱柱洗脱物的一部分定量地引入质谱仪的离子源，内套管固定色谱柱的毛细管和限流毛细管，使这两根毛细管的出口和入口对准。内套管置于一个外套管中，外套管充满氦气。当色谱柱的载气流量大于质谱仪的工作流量时，过多的色谱柱流出物和载气随氦气流出接口；当色谱柱的载气流量小于质谱仪的工作流量时，外套管中的氦气提供补充。因此，更换色谱柱时不影响质谱仪工作，质谱仪也不影响色谱仪的分离性能。这种接口结构也很简单，但色谱仪载气流量较大时，分流比较大，产率较低，因此不适用于填充柱的条件。

3）喷射式分子分离器接口

常用的喷射式分子分离器接口工作原理是根据气体在喷射过程中不同质量的分子都以超音速的同样速度运动，不同质量的分子具有不同的动量。动量大的分子易保持沿喷射方向运动，而动量小的分子易于偏离喷射方向，被真空泵抽走。相对分子质量较小的载气在喷射过程中偏离接受口，相对分子质量较大的待测物得到浓缩后进入接受口。喷射式分子分离器具有体积小，热解和记忆效应较小，待测物在分离器中停留时间短等优点。图 14.3 是 Ryhage 型分子分离器接口的工作原理图。

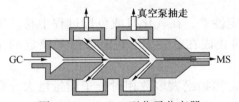

图 14.3　Ryhage 型分子分离器
接口的工作原理图

气相色谱柱洗脱物进入图 14.3 中左边的三角形腔体后，经直径约为 0.1mm 的喷嘴孔以超声膨胀喷射方式向外喷射，通过约为 0.15~0.3mm 的行程，又进入更细的毛细管，进行第二次喷射分离。

Ryhage 型喷射式分子分离器是一种二级喷射的分子分离器，目前用得并不多，图 14.4 是一种单级喷射式分子分离器的结构图和安装图。左图是放大的单级喷射式分子分离器的工作原理图，右图是其安装图。从气相色谱洗脱物在氦气补充气（15~20mL/min）的作用下（见图 14.4）。通过接口毛细管进入分离器，分离器 A 处出口的狭缝略大于 B 处入口的狭缝。至少 95% 的氦气被抽走，大于 50% 的待测物通过狭缝 B 而进入质谱仪。

与表 14-1 关于产率 Y 和浓缩系数 N 的定义相近，该类接口中这两个参数还可以由下式

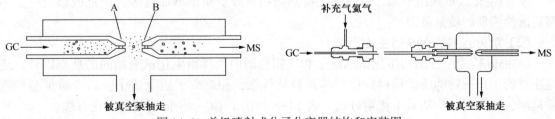

图 14.4　单极喷射式分子分离器结构和安装图

265

计算：

$$Y = \left(\frac{m_1}{m_2}\right) \times 100\% \qquad N = \frac{m_2 V_1}{m_1 V_2}$$

式中，m_1、m_2分别是流出气相色谱和进入质谱仪的待测物的量；V_1、V_2分别是氦气在气相色谱仪出口处和质谱仪入口处的流速。

喷射式分子分离器的浓缩系数与待测物相对分子质量成正比；产率与氦气流量有关，氦气流量在某一范围能得到最佳产率，该参数需优化；一般工作温度较高，产率较高。这种接口通用于从填充柱到大孔径毛细管柱的各种流量的气相色谱柱。主要的缺点是对易挥发化合物的传输率不够高。

还有一些其他的分子分离器接口，例如，玻璃微孔分子分离器，薄膜分子分离器，可调通道分离器等，但现在市售的GC-MS仪器采用直接导入型较多，故不再对其他的分子分离器作过多的介绍。

14.2.4 气相色谱-质谱联用中的衍生化技术

（1）GC-MS衍生化的一般介绍

用GC-MS方法分析实际样品时，对羟基、胺基、羧基等官能团进行衍生化往往起着十分重要的作用。GC-MS衍生化主要有以下特点：

① 改善了待测物的气相色谱性质。待测物中如果含有极性较大的基团，如羧基、羟基等，气相色谱特性不好，在一些通用的色谱柱上不出峰或峰拖尾，但衍生化以后，情况得到改善。

② 改善了待测物的热稳定性。某些待测物热稳定性差，在气化时或色谱过程中易发生化学变化（如分解等）。衍生化以后，待测物定量转化成在GC-MS测定条件下稳定的化合物。

③ 改变了待测物的相对分子质量。衍生化后的待测物绝大多数相对分子质量增大，有利于使待测物和基质分离，降低背景化学噪音的影响。

④ 改善了待测物的质谱行为。大多数情况下，衍生化后的待测物可以产生较有规律、容易解释的质量碎片。

⑤ 引入卤素原子或吸电子基团，使待测物可用化学电离方法检测。很多情况下可以提高检测灵敏度，检测得到待测物的相对分子质量。

⑥ 通过一些特殊的衍生化方法，可以拆分一些很难分离的手性化合物。

当然，GC-MS衍生化方法应用不当，也会带来一些弊端，例如：

① 柱上衍生化有时会损伤色谱柱。

② 某些衍生化试剂需在氮气气流中吹干除去，方法不当会有损失。

③ 衍生化反应不完全，会影响灵敏度。

④ 衍生化试剂选用不当，有时会使待测物相对分子质量增加过多，接近或超过一些小型质谱检测器的质量范围。

（2）常见的GC-MS衍生化方法

GC-MS检测中选用衍生化试剂除了和气相色谱中选择衍生化试剂相同的准则以外，还应注意衍生化产物的质谱特性。质量碎片特征性强，相对分子质量适中，适合质量型检测器检测，也有利于与基质干扰物分离。表14-3列出了GC-MS常用的衍生化方法。

硅烷化衍生化是对羟基、胺基、酰胺基、羧基等官能团进行保护的最常见方法，常见的硅烷化试剂主要有 N, O-双三甲基硅基三氟乙酰胺(BSTFA)、N-甲基叔丁基二甲基硅基三氟乙酰胺(MTBSTFA)、N-甲基三甲基硅基三氟乙酰胺(MSTFA)等。硅烷化衍生化主要应用于药物化学代谢物、兴奋剂的监测等方面。

酰化衍生化的基本类型如下：含有羰基的衍生化试剂和含有氨基和羟基的反应物反应生成含有酰胺或酯基的衍生化产物。常见的酰化试剂主要有酸酐或全氟酸酐，包括乙酸酐、三氟乙酸酐(TFA)、五氟丙酸酐(PFPA)、七氟丁酸酐(HFPA)等。酰化衍生化主要用于药物分析和法庭毒品分析等方面。

烷基化试剂可以是卤代烷、重氮烷化合物或者某些醇，其中最典型的是碘化烷，如碘甲烷等。被衍生化的对象主要是一些酚类中的羟基和羧酸类中的羟基。烷基化衍生化主要用于某些农药和兴奋剂的检测。

表 14-3　GC-MS 常用的衍生化方法

衍生化官能团	衍生化方法	每衍生化 1 个官能团相对分子质量的增加值
羟基	三甲基硅烷化(TMS)	72
	叔丁基二甲基硅烷化(TBDMS)	114
	乙酰化(Ac)	42
羧基	甲基化(Me)	14
	三甲基硅烷化(TMS)	72
	叔丁基二甲基硅烷化(TBDMS)	114
伯胺或仲胺	三甲基硅烷化(TMS)	72
	叔丁基二甲基硅烷化(TBDMS)	114
	三氟乙酰化(TFA)	96
	乙酰化(Ac)	42

(3) 环境科学中常见的 GC-MS 衍生化技术

GC-MS 衍生化技术在环境监测中应用主要有两个方面，即不挥发酚类化合物和羧酸类化合物的监测。例如烷基酚、双酚 A 和氯代酚类等极性较高的化合物，若不经过衍生化，则无法用 GC-MS 准确测定，用 N, O-双(三甲基硅)三氟乙酰胺(BSTFA)进行三甲基硅(TMS)衍生化，是一种比较简单的方法，在 TMS 衍生物的质谱图上，一般$[M-Me]^+$的信号较强，因此在 SIM(选择离子)检测中，都选择此离子进行定量。由于 TMS 的衍生物不够稳定，在操作过程中要注意试样的干燥效果优劣，以及所使用的各种试剂是否残留于测试溶液中等问题，以确保测定结果准确可靠。

14.2.5　气相色谱-质谱联用质谱谱库和计算机检索

(1) 气相色谱-质谱联用的有关谱库

随着计算机技术的飞速发展，人们可以将在标准电离条件(电子轰击电离源，70eV 电子束轰击)下得到的大量已知纯化合物的标准质谱图存储在计算机的磁盘里，做成已知化合物的标准质谱库，然后将在标准电离条件下得到的，已经被分离成纯化合物的未知化合物的质谱图与计算机质谱库内的质谱图按一定的程序进行比较，将匹配度(相似度)高的一些化合物检出，并将这些化合物的名称、相对分子质量、分子式、结构式(有些没有)和匹配度(相似度)给出，这将对解析未知化合物，进行定性分析有很大帮助。下面列出了最为常见的质谱库：

① NIST 库　由美国国家科学技术研究所(National Institute of Science and Technology)出

版，2006 版收有约 200k 张标准质谱图。

②NIST/EPA/NIH 库　由美国国家科学技术研究所（NIST）、美国环保局（EPA）和美国国立卫生研究院（NIH）共同出版，最新版本收有的标准质谱图超过 129k 张，约有 107k 个化合物及 107k 个化合物的结构式。

③Wiley 库　有三种版本。第六版本的 Wiley 库收有标准质谱图 230k 张，第六版本的 Wiley/NIST 库收有标准质谱图 275k 张；Wiley 选择库（Wiley Select Libraries）收有标准质谱图 90k 张。在 Wiley 库中同一个化合物可能有重复的不同来源的质谱图。2009 版收录有 338k，323k 张一般化合物质谱图。

④农药库（Standard Pesticide Library）　内有 340 种农药的标准质谱图。

⑤药物库（Pfleger Drug Library）　内有 4370 种化合物的标准质谱图，其中包括许多药物、杀虫剂、环境污染物及其代谢产物和它们的衍生化产物的标准质谱图。

⑥挥发油库（Essential Oil Library）　内有挥发油的标准质谱图。

在这六个质谱谱库中，前三个是通用质谱谱库，一般的 GC-MS 联用仪上配有其中的一个或两个谱库。目前使用最广泛的是 NIST/EPA/NIH 库。后三个是专用质谱谱库，根据工作的需要可以选择使用。

（2）NIST/EPA/NIH 库及检索

现在，几乎所有的 GC-MS 联用仪上都配有 NIST/EPA/NIH 库，各仪器公司所配用的 NIST/EPA/NIH 库所含有的标准质谱图的数目可能有所不同，这可能是与各仪器公司选择的谱库版本不同，配置也有所不同所致。如 1992 年版本的 NIST/EPA/NIH 库收有 62235 个化合物的标准质谱图，而 NIST/EPA/NIH 库选择复制库（Selected Replicates Library）还有 12592 张标准质谱图可以选择安装。还有 14 个不同定位（Custom）的使用者库（User Library）可与 NIST/EPA/NIH 库结合使用。质谱工作者还可将自己实验中得到的标准质谱图及数据用文本文件（Text files）存在使用者库（User Library）中，或者自己建立使用者库（User Library）。这些都使不同仪器公司提供的 NIST/EPA/NIH 库所含有的标准质谱图的数目有所不同。

NIST/EPA/NIH 库的检索方式有两种：一种是在线检索，一种是离线检索。

在线检索是将 GC-MS 分析时得到的、已经扣除本底的质谱图，按选定的检索谱库和预先设定的库检索参数（Library Search Parameters）、库检索过滤器（Library Search Filters）与谱库中存有的质谱图进行比对，将得到的匹配度（相似度）最高的 20 个质谱图的有关数据（化合物的名称、相对分子质量、分子式、可能的结构、匹配度等等）列出来，供被检索的质谱图定性作参考。

离线检索是在得到一张质谱图后，根据这张质谱图的有关信息，从质谱谱库中调出有关的质谱图与其进行比较。通过比较，可对该质谱图作出定性分析。离线检索的检索方式有以下几种：

①ID 号检索　ID（Identity）号是 NIST/EPA/NIH 库给每一个化合物规定的识别号，即该化合物在库中的顺序号。只要直接输入该化合物的 ID 号（如果已知），就可以将此化合物的标准质谱图调出进行比较。

②CAS 登记号检索　CAS（Chemical Abstract Service）登记号是每个化合物在化学文摘服务处登记的号码。如已知该化合物的 CAS 登记号，就可以用 CAS 登记号检索。只要输入 CAS 登记号，就可以将此化合物的标准质谱图调出进行比较。

③NIST 库名称检索　如果知道该化合物在 NIST 库中的名称，就可以用此名称进行检索。

④ 使用者库(User Library)名称检索　按该化合物在使用者库中的准确名称进行检索。

⑤ 分子式检索　给出化合物的特定分子式就可以用分子式检索。将这一分子式输入后，可以给出库中符合这一分子式的全部化合物的标准质谱图。

⑥ 相对分子质量检索　将相对分子质量输入后，就可以给出库中符合这一相对分子质量的全部化合物的标准质谱图。

⑦ 峰检索　将得到的质谱数据按峰的质量数(m/z)和相对强度(基峰为100，其他峰以基峰强度的百分数表示)范围依次输入。如知道最大质量数，可在 Maxmass 栏内输入。如从分子离子上有中性丢失，可在 Loss 栏内输入，这一丢失的最大值是 $m/z=64$。如输入 0，则此质谱图一定有分子离子峰。在输入这些峰的数据后就可得到一系列化含物的标准质谱图。输入的峰越多，输入的相对强度范围越窄，检出的化合物数量就越少，甚至检不出化合物来。此时可减少输入的峰或放宽相对强度范围，就可检出化合物。

(3) 使用谱库检索时应注意的问题

为了使检索结果正确，在使用谱库检索时应注意以下几个问题。

① 质谱库中的标准质谱图都是在电子轰击电离源中，用 70eV 电子束轰击得到的，所以被检索的质谱图也必须是在电子轰击电离源中、用 70eV 电子束轰击得到的，否则检索结果是不可靠的。

② 质谱库中标准质谱图都是用纯化合物得到的，所以被检索的质谱图也应该是纯化合物。本底的干扰往往使被检索的质谱图发生畸变，所以扣除本底的干扰对检索的正确与否十分重要。现在的质谱数据系统都带有本底扣除功能，重要的是如何确定(即选择)本底，这就要靠实践经验。在 GC-MS 分析中，有时要扣除色谱峰一侧的本底，有时要扣除峰两侧的本底。本底扣除时扣除的都是某一段本底的平均值。选择这一段本底的长短及位置也是凭经验决定。

③ 要注意检索后给出的匹配度(相似度)最高的化合物并不一定就是要检索的化合物，还要根据被检索质谱图中的基峰，分子离子峰及其已知的某些信息(如是否含某些特殊元素——F、Cl、Br、I、S、N 等，该物质的稳定性、气味等等)，从检索后给出的一系列化合物中确定被检索的化合物。

14.2.6　气相色谱-质谱联用技术在环境科学中的应用

环境分析是 GC-MS 的重要应用领域。其中，水(地表水、废水、饮用水等)、危害性废弃物、土壤中有机污染物，空气中挥发性有机物、果粮中农药残留量等的 GC-MS 分析法已经被美国环保局(EPA)采用，成为公认的标准检测方法。例如，美国 EPA 规定测定的大气中有害物质中，大部分使用 GC-MS 方法。此外，对自来水、污水中有机污染物的分析方法中也有许多有害物质采用 GC-MS 方法测定，美国 EPA 的《水和污水监测分析方法》(第 19 版)中，用 GC-MS 法测定的就有 566 种。在我国的有毒有害有机物监测方面，GC-MS 已用于 VOCs、酚类、有机氯和有机磷农药、PAHs、二噁英、PCBs 和 POBs 的分析。

14.3　液相色谱-质谱联用(LC-MS)

14.3.1　LC-MS 概述

科学技术的发展为研究生物化学问题提供了一系列很有效的方法，其中包括色谱技术、质谱技术等等。为了适应生命科学基础研究的要求，质谱技术的研究热点集中于两个方面，其一是发展新的软电离技术，以分析高极性、热不稳定性、难挥发的生物大分子(如蛋白质、核酸、多糖等)；其二是发展液相色谱与质谱联用的接口技术，以分析生物复杂体系中的痕量组分。

对于高极性、热不稳定、难挥发的大分子有机化合物，使用 GC-MS 有困难，液相色谱的应用不受沸点的限制，并能对热稳定性差的试样进行分离、分析。由于液相色谱的一些特点，在实现联用时所遇到的困难比 GC-MS 大得多，它需要解决的问题主要在两个方面：液相色谱流动相对质谱工作环境的影响以及质谱离子源的温度对液相色谱分析试样的影响。为了解决这些问题，以实现联用，早期的 LC-MS 研究主要集中在去除 LC 溶剂方面，取得一定的成效，而电离技术中电子轰击离子源、化学电离源等经典方法并不适用于难挥发、热不稳定的化合物。20 世纪 80 年代以后，LC-MS 的研究出现大气压化学电离(atmospheric pressure chemical ionization, APCI)接口、电喷雾电离(electrospray ionization, ESI)接口、粒子束(particle beam, PB)接口等技术后，才有突破性进展。现在，LC-MS 已经成为生命科学、医药、临床医学、化学和化工领域中最重要的工具之一。它的应用正迅速向环境科学、农业科学等众多方面发展。但是值得注意的是，各种接口技术都有不同程度的局限性，迄今为止，还没有一种接口技术具有像 GC-MS 那样的普适性，因此，对于一个从事多方面工作的现代化实验室，需要具备几种 LC-MS 接口技术，以适应 LC 分离化合物的多样性要求。

14.3.2 LC-MS 联用的系统组成及工作原理

与 GC-MS 类似，LC-MS 由液相色谱、接口和质谱仪三部分构成。

其工作原理是：从 LC 柱出口流出液，先通过一个分离器，如果所用的 HPLC 柱是微孔柱(1.0mm)，全部流出液可以直接通过接口，如果用标准孔径(4.6mm) HPLC 柱，流出液被分开，仅有约 5% 流出液被引进电离源内，剩余部分可以收集在馏分收集器内；当流出液经过接口时，接口将承担除去溶剂和离子化的功能。产生的离子在加速电压的驱动下，进入质谱计的质量分析器。整个系统由计算机控制。

与 LC 联机的质量分析器有：四极杆、离子阱、飞行时间及 FT-ICR 池子。离子阱、飞行时间分析器的灵敏度很高，而 FT-ICR 池子分析器可以测定的质量精度很高。

与 GC-MS 类似，LC-MS 也可以通过采集质谱得到总离子流色谱图。但是由于电喷雾是一种软电离源，通常不产生或产生很少碎片，谱图中只有准分子离子，因此，单靠 LC-MS 很难作定性分析，利用高分辨率质谱仪(FTMS 或 TOFMS)可以得到未知化合物的组成，对定性分析非常有利。为了得到未知化合物的碎片结构信息，必须使用串联质谱仪。

LC-MS 定量分析基本方法与普通液相色谱法相同。但是由于色谱分离方面的问题，一个色谱峰可能包含几种不同的组分，如果仅靠峰面积定量，会给定量分析造成误差。因此，对于 LC-MS 定量分析不采用总离子流色谱图，而是采用与待测组分相对应的特征离子的质量色谱图。此时，不相关的组分不出峰，可以减少组分间的互相干扰。然而，有时样品体系十分复杂，即使利用质量色谱图，仍然有保留时间相同、相对分子质量也相同的干扰组分存在。为了消除其干扰，最好是采用串联质谱法的多反应监测(MRM)技术。

14.3.3 LC-MS 联用的接口技术

液相色谱-质谱联用的发展就是接口技术的发展，所开发的每一种接口都有其完善的过程，都有自己各自的特点，有的成为被广泛采用的接口，有的则仅在某些领域或在有限的范围内使用。有些则被新技术替代了。本节着重介绍目前广泛采用的三种接口 PB、ESI 和 APCI。

(1) 粒子束接口（PB）

粒子束接口（Particle Beam，PB）是 20 世纪 80 年代出现的一种应用比较广泛的 LC-MS 接口，由气溶胶发生器、脱溶剂室及动量分离器（momentum separator）三部分构成。流动相及被分析物首先被喷雾成气溶胶，然后在脱溶剂室脱去溶剂后，在动量分离器内产生动量分离，然后经一根加热的转移管进入质谱。由于溶剂和分析物的分子质量有较大的区别，二者之间会出现动量差；动量较大的分析物进入动量分离器，动量较小的溶剂和喷射气体（氦气）则被抽气泵抽走。动量分离器一般由两个反向安置的锥形分离器构成，可以重复进行上述过程，以保证分离效率。

PB 的离子化仍然按照质谱的 EI 或 CI 方式进行，可以获得经典的质谱图，并可以使用谱库检索，分析工作获得很大便利。但由于离子化手段仍为电子轰击，不是"软"离子化方式。因此它不太适合热不稳定化合物的分析。

PB 接口要求试样有一定的挥发性，主要用于分析非极性或中等极性的，相对分子质量小于 1 000u 的化合物。该技术在分析农药、除草剂、临床药物、甾体化合物及染料方面曾有过许多报道和成功的分析实例。

(2) 电喷雾电离接口（ESI）

1984 年 Fenn 等人发表了他们在电喷雾技术方面的研究工作，这一开创性的工作引起了质谱界的极大重视。被人们称为 LC-MS 技术乃至质谱技术的革命性突破。随后的十年中，配套于各种类型质谱的接口乃至液质专用机纷纷被开发上市。目前的电喷雾电离接口已经可安装在四极质谱、磁质谱和飞行时间质谱上，如惠普公司的 HP5989B 型四极质谱仪和 HP1100LC-MS 专用系统，Finigan 公司的 TSQ-7000 四极质谱，MAT-95 磁质谐和 PE 公司的 PE-CIEX 四极质谱等。

1) 电喷雾电离接口的特点

ESI 具有极为广泛的应用领域，如小分子药物及其各种体液内代谢产物的测定，农药及化工产品的中间体和杂质鉴定，大分子的蛋白质和肽类的相对分子质量测定，氨基酸测序及结构研究以及分子生物学等许多重要的研究和生产领域，并以其如下的特点得到了广泛的认可：

① 高离子化效率：对蛋白质而言接近 100%；

② 多种离子化模式供选择：ESI(+)、ESI(-)、APCI(+)、APCI(-)；

③ 对蛋白质而言，稳定的多电荷离子产生使蛋白质相对分子质量测定范围可高达几十万甚至上百万原子质量单位；

④ "软"离子化方式使热不稳定化合物得以分析并产生高丰度的准分子离子峰；

⑤ 气动辅助电喷雾（peneumatic-assisted electrospray）技术在接口中采用使得接口可与大流量（~1mL/min）的 HPLC 联机使用；

⑥ 仪器专用化学站的开发使得仪器在调试、操作、HPLC-MS 联机控制、故障自诊断等各方面都变得简单可靠。

2) 电喷雾电离接口的结构

配套的电喷雾电离（ESI）接口主要由两个功能部分组成：接口本身以及由气体加热、真空度指示、附加机械泵开关组成的控制单元。较新的设计中，接口操作包含在系统的整体控制之内。ESI 接口的结构如图 14.5 所示。

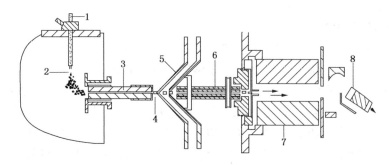

图 14.5　HP1100LC-MSD ESI 接口示意图

1—液相入口；2—雾化喷口；3—毛细管；4—CID 区；5—锥形分离器；6—八极杆；7—四极杆；8—HED 检测器

接口主要由大气压离子化室和离子聚焦透镜组件构成。喷口（nebulizing needle）一般由双层同心管组成，外层通入氮气作为喷雾气体，内层输送流动相及样品溶液。某些接口还增加了"套气"（sheath gas）设计，其主要作用是为改善喷雾条件以提高离子化效率。例如采用六氟化硫为套气，使用水溶液作负离子测定时可以有效地减少喷口放电。

3）电喷雾接口的工作原理

以一定流速进入喷口的样品溶液及液相色谱流动相，经喷雾作用被分散成直径约为 1 ~ 3μm 的细小液滴。在喷口和毛细管入口之间设置的几千伏特的高电压的作用下，这些液滴由于表面电荷的不均匀分布和静电引力而被破碎成为更细小的液滴。在加热的干燥氮气的作用下，液滴中的溶剂被快速蒸发，直至表面电荷增大到库仑排斥力大于表面张力（达到雷利极限）而爆裂，产生带电的子液滴。子液滴中的溶剂继续蒸发引起再次爆裂。此过程循环往复直至液滴表面形成很强的电场，而将离子由液滴表面排入气相中。进入气相的离子在高电场和真空梯度的作用下进入玻璃毛细管，经聚焦单元聚焦，被送入质谱离子源进行质谱分析。随样品离子进入质谱的少量溶剂，由于动量小而且呈电中性，将在进入质量分析器前被抽走。

早期的热喷雾（thermospray，TS）接口由于对温度极其敏感、热稳定性较差、化合物容易分解、重现性差等缺点，而且使用局限于相对分子质量为 200 ~ 1000u 的化合物，现在已经被 ESI 接口所取代。

（3）大气压化学电离接口（APCI）

用于 LC-MS 的 APCI 技术与传统的化学电离接口不同，它并不采用诸如甲烷一类的反应气体，而是借助电晕放电（corona discharge）启动一系列气相反应以完成离子化过程，就其原理，它也可被称为放电电离或等离子电离。APCI 主要产生的是单电子离子，它所分析的化合物的相对分子质量通常小于 1000u。APCI 是将 CI 原理应用到大气压下进行的电离技术，同传统的 CI 相比，这一条件下的效率更高。APCI 无需加热样品使之气化，因而有更宽的应用范围。APCI 主要用来分析相对分子质量较小的非极性或者弱极性化合物。它的缺点是由于产生大量的溶剂离子，与样品离子一起进入质谱计，造成较高的化学噪声。

1）APCI 接口的结构

APCI 接口的结构见图 14.6。APCI 接口的构成与 ESI 接口相近，区别在于：

① 增加了一根电晕放电针，并将其对共地点的电压设置为 ±1200 ~ 2000V，其功能为发

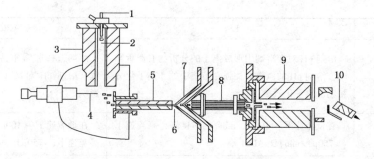

图 14.6　HP1100LC-MSD ESI 接口示意图

1—液相入口；2—雾化喷口；3—APCI 蒸发器；4—电晕放电针；5—毛细管；
6—CID 区；7—锥形分离器；8—八极杆；9—四极杆；10—HED 检测器

射自由电子并启动后续的离子化过程。

② 对喷雾气体加热，同时也加大了干燥气体的可加热范围。由于对喷雾气体的加热以及 APCI 的离子化过程对流动相的组成依赖较小，故 APCI 操作中可采用组成较为简单的、含水较多的流动相。

2）APCI 接口的工作原理

放电针所产生的自由电子首先轰击空气中 O_2、N_2、H_2O 产生如 O_2^+、N_2^+、NO^+、H_2O^+ 等初级离子（primary ion），再由这些初级离子与样品分子进行质子或电子交换，而使其离子化并进入气相，从而产生样品的质子化分子和加合离子。

14.3.4　LC-MS 分析条件的选择和优化

（1）接口的选择

ESI 和 APCI 在实际应用中表现出它们各自的优势和弱点。这使得 ESI 和 APCI 成为了两个相互补充的分析手段。概括地说，ESI 适合于中等极性到强极性的化合物分子，特别是那些在溶液中能预先形成离子的化合物和可以获得多个质子的大分子（蛋白质）。只要有相对强的极性，ESI 对小分子的分析也常常可以得到满意的结果。

APCI 适合非极性或中等极性的小分子的分析，不适合可带有多个电荷的大分子的分析。表 14-4 从不同方面对二者进行了比较，可以帮助我们针对不同的样品、不同的分析目的选用这两种接口。

表 14-4　**ESI 和 APCI 的比较**

比较项目	ESI	APCI
可分析样品	蛋白质、肽类、低聚核苷酸，儿茶酚胺、季铵盐等，含有杂原子的化合物如氨基甲酸酯，可用热喷雾分析的化合物	非极性/中等极性的小分子，如脂肪酸、邻苯二甲酸酯等；含有杂原子的化合物如氨基甲酸酯、脲等；可用热喷雾、粒子束技术分析的化合物
不能分析样品	极端非极性样品	非挥发性样品、热稳定性差的样品
基质和流动相的影响	对样品的基质和流动相组成比 APCI 更敏感，对挥发性很强的缓冲液也要求使用较低的浓度，出现 Na^+、K^+、Cl^-、TA^- 等离子的加成	对样品的基质和流动相组成的敏感程度比 ESI 小，可以使用稍高浓度的挥发性强的缓冲溶液，有机溶剂的种类和溶剂分子的加成影响离子化效率和产物

比较项目	ESI	APCI
溶　剂	溶剂 pH 对在溶剂中形成离子的分析物有严重影响，溶剂 pH 的调整会加强在溶液中的非离子化分析物的离子化效率	溶剂选择非常重要并影响离子化过程，溶剂 pH 对离子化效率有一定的影响
流动相流速	在低流速下（<100μL/min）工作良好，高流速下（>750μL/min）比 APCI 差	在低流速下（<100μL/min）工作不好，高流速下（>750μL/min）好于 ESI
碎片的产生	CID 对大部分的极性和中等极性化合物可以产生显著的碎片	比 ESI 更为有效，并常有脱水峰出现

（2）正、负离子模式的选择

一般的商品仪器中，ESI 和 APCI 接口都有正负离子测定模式可供选择。选择的一般性原则为：

① 正离子模式　适合于碱性样品，如含有赖氨酸、精氨酸和组氨酸的肽类。可用乙酸（pH＝3~4）或甲酸（pH＝2~3）对样品加以酸化。如果样品的 pH 值是已知的，则 pH 值要至少低于 pK 值 2 个单位。

② 负离子模式　适合于酸性样品，如含有谷氨酸和天冬氨酸的肽类，可用氨水或三乙胺对样品进行碱化。pH 值要至少高于 pK 值两个单位。

样品中含有仲氨或叔氨基时，可优先考虑使用正离子模式，如果样品中含有较多的强负电性基团，如含氯、含溴和多个羟基时可尝试使用负离子模式。有些酸碱性并不明确的化合物则要进行预试方可决定，此时也可优先选用 APCI（+）进行测定。

（3）流动相的选择

ESI 和 APCI 分析常用的流动相为甲醇、乙腈、水和它们不同比例的混合溶液，以及一些易挥发盐的缓冲液，如甲酸铵、乙酸铵等，原因是它们具有：

① 显著的质子自递作用，有利于离子在流动相中的预形成；

② 适中的介电常数，避免喷口放电；

③ 强挥发性，易脱去，不易形成溶剂加成物。

乙腈在 APCI 分析中优先被考虑使用，原因是它有较强的电子交换作用。HPLC 分析中常用的磷酸缓冲液以及一些离子对试剂如三氟乙酸等要尽量避免使用，或者尽量使用低浓度。

在选择流动相时也要考虑到某些离子对被分析分子的加成作用，如（M＋H）$^+$、（M＋Na）$^+$、（M＋NH$_4$）$^+$ 等。作为（M＋H）$^+$ 出现的准分子离子峰是一个质子加成产物，对绝大多数化合物的离子形成都是必要的；（M＋Na）$^+$ 峰的出现对某些特定的化合物是很难避免的；（M＋NH$_4$）$^+$ 则在大多数情况下由人为加入而产生。对以上所述做到心中有数即可，因为至少目前对离子的加成尚无规律可循。加成离子的产生对有些碎片较少的化合物可以起到增加质谱特征性的作用，但同时也使得一些化合物的质谱数据的使用变得复杂，如蛋白质和肽类的质谱识别和相对分子质量的计算，可谓利弊兼得。

（4）流量的选择

流量的大小对 LC-MS 成功地联机分析十分重要。要从所用柱子的内径、柱分离效果、流动相的组成等不同角度加以考虑。即使是有气体辅助设置的 ESI 和 APCI 接口也仍是在较小的流量下可获得较高的离子化效率，所以在条件允许的情况下，最好采用内径小的柱子。从保证良好分离的角度考虑，0.3mm 内径的液相柱在 10μL/min 左右的流速下可得到良好分离；1.0mm 的内径，要求 30~60μL/min 的流速；2.1mm 的内径要求 200~500 μL/min的流速；而 4.6mm 的内径则在 >700μL/min 的流速下方可保证其分离度。采用 2.1mm 内径的柱子，用 300~400μL/min 的流速，当流动相中的有机溶剂比例较高时，可以保证良好的分离及纳克级的质谱检出。这在一般的样品分析中是一个比较实用的选择。

同样流速下的流动注射分析比柱分离联用可得到更强的响应值，这是由于没有色谱柱洗脱损失所致。在实践工作中，可根据样品的纯度和不同的分析目的灵活地选用流动注射或柱分离方式。

(5) 样品导入方式

1）注射方式（infusion mode）

以注射器泵推动一支钢化玻璃注射器将样品溶液连续注入离子化室。这种方式在仪器调试时被广泛使用，也可在测定纯品的质谱时使用。由于它的连续进样方式，可以得到稳定的多电荷离子生成，故在蛋白质和肽类的分析中多采用。注入方式进样所得到的在正常情况下为一大小恒定的信号输出，总离子流图（TIC）表观上为一条直线；样品纯度低时，由于无法扣除流动相背景，不能获得纯净的质谱图。

2）流动注射分析（FIA）方式（flow injection analysis）

流动注射可用注射器泵串接一个六通阀或以 HPLC 泵配合进样器来进行。FIA 可快速地获得样品的质谱信息，在样品预试验中很实用。由于没有柱分离损失，可获得较高的样品利用率。同时由于 TIC 中样品峰的显现，可以方便地对流动相含有的本底进行扣除，获得较干净的质谱图。由于没有柱分离，FIA 方式对样品中的杂质本底仍无法扣除。

3）与 HPLC 联机使用方式

联机采用"泵-分离柱-ESI 接口"的串接方式，有时也在分离柱的出口处接入一个 T 型三通，将一端接往紫外检测器，或将紫外检测器与质谱串接，可同时获得紫外信号（UV 检测器）或紫外光谱（DAD 检测器）。当 HPLC 的流动相组成不适合 ESI 的离子化条件时，也可在三通处接入另一台泵，加入某些溶剂或一定量的助剂作柱后补偿或修饰。例如在蛋白质分离及质谱检测中广泛使用的加入三氟乙酸调整（TFA-fix）技术。HPLC-ESI-MS 联机要求液相泵的流量很稳定，因此要采用流量脉动较小的 HPLC 泵系统或采用有效办法消除脉动。

(6) 离子源温度的选择

ESI 和 APCI 操作中温度的选择和优化主要是指接口的干燥气体而言。一般情况下选择干燥气体温度高于分析物的沸点 20℃ 左右即可。对热不稳定性化合物，要选用更低些的温度，以避免显著地分解。选用干燥气体温度时要考虑流动相的组成，有机溶剂比例高时，应采用适当低些的温度。此外，干燥气体的设定加热温度与干燥气体在毛细管入口周围的实际温度往往不同，后者要低一些，这在温度设定时也要加以考虑。

(7) 系统背景的消除

与 GC-MS 相比，LC-MS 的系统噪声要大得多，它产生于大量的溶剂及其所含杂质直接导入离子化室造成的化学噪声及在高压电场中的复杂行为所产生的电噪声。这些噪声常常会淹没信号，以至于有时在总离子流（TIC）图上无法看到峰的出现。消除系统噪声在LC-MS分析中不是一件容易的事情，要从以下几个方面入手：

① 有机溶剂和水　市售的溶剂如甲醇、乙腈等以色谱纯的为最好，但它们在生产中控制的主要指标为200nm附近的紫外吸收。对一些在ESI条件下可产生很强信号的杂质并没有加以控制，例如，无论是国产或进口试剂中经常发现很强的增塑剂（邻苯二甲酸酯）信号$m/z=149$、$m/z=315$、$m/z=391$，造成很高的背景。由于目前尚无"电喷雾纯"的溶剂上市，需要自己设法加以纯化。分析中所用的水应为去离子水，并保存在塑料容器中，以减少钠离子的溶入。

② 样品的纯化　血样、尿样中含有大量的生物学基质，它们对噪声的贡献在所有分析方法中都是同样存在的。因此LC-MS分析中大量的工作仍是样品的前处理，下一节将介绍一些较新的样品制备技术。采用尿液直接进样进行LC-MS测定并不一定是个好主意。简单的固相萃取或液-液萃取即可将尿液中的大部分杂质除掉，既保护了分离柱又降低了背景。

③ 系统清洗　大多数的"脏"样品对输液管路、喷口、毛细管入口及入口金属环等部件的污染是很严重的，尤其是蛋白质。为此，需要控制进样量和经常清洗这些部件。色谱柱的冲洗要比HPLC分析更认真。输液管路最好用聚四氟乙烯（teflon）管或无色聚醚醚酮（peek）管。不锈钢毛细管会吸附样品并造成碱金属离子污染问题（过多的加成）。

④ 氮气纯度　市售的钢瓶装高纯氮气（99.999%）及制氮机生产的氮气都要进一步纯化方可使用。有条件的实验室可用顶空（head space）液氮罐为氮气源，其纯度更好些。

(8) 柱后补偿技术

柱后补偿或柱后修饰（post-column modification）在液相分离和离子化要求的条件相互矛盾时常使用。其作用为：

① 调整pH，以优化正、负离子化的条件，达到最高的离子化效率；

② 加入异丙醇可加速含水多的流动相的脱溶剂过程；

③ 对一些没有或仅有弱的离子化位置的分子，可在柱后加入乙酸铵（50μmol/L），加强正离子化效率；

④ 应用"TFA-fix"技术解决三氟乙酸对（蛋白质）信号的压抑作用；

⑤ 在毛细电泳与ESI接口联用时，用来增加流量；

⑥ 利用柱后三通分流；

⑦ 加入衍生化试剂，做柱后衍生化。

14.3.5　样品制备

(1) 对样品的要求

同任何其他分析方法一样，样品的制备或前处理在LC-MS分析中同样是必要的。对所用样品，无论是血样、尿样还是其他种类的样品，一般要求为：

① 样品要力求纯净，不含显著量的杂质，尤其是与分析无关的蛋白质和肽类（这两类化合物在ESI上有很强的响应）；

② 不含有高浓度的难挥发酸（磷酸、硫酸等）及其盐，难挥发酸及其盐的侵入会引起很强的噪声，严重时会造成仪器喷口处放电；

③ 样品黏度不能过大，防止堵塞柱子、喷口及毛细管入口。

(2) LC-MS分析中常用的分离方法

1) 固相萃取

固相萃取可以达到去除杂质、脱盐及浓缩被分析物的目的。随着可用于固相萃取的材料种类的增加及方便的小型器械的商品化，萃取已经极为广泛地应用于样品制备中。

固相萃取所用的材料与柱层析类似，多数为一些经过化学键合的颗粒形硅胶，但颗粒要比一般 HPLC 柱中填充的大些（40~100μm）。要根据被分析物和样品基质的性质，来选用固相萃取材料。对于一般有机物、带有烷基的疏水化合物和非极性化合物，可用 C_{18}、C_8、C_2 的非极性填料；对于亲水化合物、胺类和含羟基的化合物可用腈基和二醇等键合的极性填料。对离子型化合物可用离子交换树脂为填料。

非极性填料的洗脱可用甲醇、乙腈、水或它们的混合液等，也可与 pH 缓冲液配合使用，对柱子进行预冲洗，达到有效去除杂质的目的。

极性填料的固相萃取则首先用极性较小的有机溶剂预冲洗填料，然后以样品溶剂冲洗去除疏水杂质，再以更强的溶剂如甲醇、水等进行洗脱。

2）阻定性进入介质

阻定性进入介质（restricted access media，RAM）有两层不同的表面，外层表面通过体积排除作用提供选择性，并仅允许小分子进入内层表面。内层表面通过传统的分配作用"捕获"被分析物。RAM 介质常用于在大分子共存时小分子样品的分离和富集，可有效地除去血液和尿液中的基质。使用方法为：首先用甲醇或乙腈，而后用中性缓冲液预洗 RAM，上样后再以水冲洗除去残留的缓冲液，最后以高比例的乙腈水溶液或变换了 pH 值的缓冲液洗脱存留在内层表面上的分析物。

3）灌注固相萃取

灌注（perfusion）填料是近年出现的一种颗粒上同时含有"孔"和"穴"的填料。"孔"为贯通型，内径为 6000~8000Å，"穴"（diffusive pore）为扩散型，不贯通，内径为 500~1000Å。这种填料制成的固相萃取用品或液相柱以几十 mL/min 高速上样，用于诸如培养基中蛋白质和肽类的分离、富集和脱盐，有其独特的优势。

4）超滤

超滤（ultrafiltration）在进行含有大量蛋白质的血浆或诸如牛奶中的小分子药物的分离时，要选用相对分子质量截止范围为 1000~3000u 的超滤管。其程序一般为：先以 1∶1 的水/乙腈混合液稀释样品，并通过振荡或旋涡法混合，以减少样品中组分的相互作用。将样品转移到超滤管中，以 3000~4000r/min 的速度离心 15~30min。管子底部的滤过液可直接用于分析。

超滤管为相对分子质量截止型，在分离蛋白质或肽类样品时可根据不同的目的，对截留在超滤膜上的蛋白质进行洗脱并加以分析，也可以取通过的部分加以分析。超滤过的样品可用冷冻干燥和再溶解的方法进行浓缩。这样的处理过程可以满足分析的基本要求。

5）免疫亲和萃取

作为前处理方法的免疫亲和萃取（immunoaffinity extraction）是基于固相化的配基（抗体）和样品之间的相互作用，是目前样品分离中所使用的高效率、高专属性的样品纯化和富集的方法。被特异性抗体所结合的分析物（抗原），可以通过不同于样品溶液 pH 值或离子强度的缓冲液洗脱而达到分离和纯化的目的。常用的免疫亲和萃取的一般方法为：

① 将市售的或经一定方法培养的抗体经纯化后结合到载体上并填充到萃取柱中，即所谓固相化（immobilization）。所用载体是经过活化的琼脂糖凝胶、葡萄糖凝胶、聚丙烯酰胺，有时也用纤维素和多孔玻璃一类较廉价的材料。目前虽有一些经过固相化的填好的柱子可以买到，但多数情况下固相化和填柱要自己来做。

② 样品经过滤后，以一定的速度加到柱子上。

③ 用中性缓冲液冲洗柱子。

④ 以不同 pH 值或不同离子强度的缓冲液进行洗脱，洗脱液多采用低浓度的乙酸缓冲液或稀酸、稀碱液。

免疫亲和也可以形成免疫柱色谱方法，与 ESI-MS 一起在线使用，形成高效、高速的分离分析手段，但此时的分离条件和离子化条件的协调会更为困难。

14.3.6 LC-MS 技术在环境科学中的应用

截止目前，对 LC-MS 在环境科学中的应用多集中在理论研究方面，例如，国内外均有采用 LC-MS 技术测定农产品中农药残留及其代谢物的报道。随着人们对环境安全的日益重视，对一些环境毒素的测定也引起重视。微囊藻毒素——LR 是最常见、毒性最大的一种，可采用 LC-MS 法测定，检出限为 $0.1mg/mL$。

14.3.7 毛细管电泳-质谱联用技术简介（CE-MS）

毛细管电泳（capillary electrophoresis，CE）是 20 世纪 80 年代初发展起来的一种基于待分离物组分间淌度和分配行为差异而实现分离的电泳新技术，具有快速、高效、分辨率高、重现性好、易于自动化检测等优点。而质谱是通过样品离子的质量和强度的测定进行定量和结构分析的一种分析方法。具有灵敏度高、速度快等优点，这两种技术的联用综合了二者的优点，成为分析生物大分子的有力工具，是近年来发展迅速的联用技术之一。

（1）毛细管电泳和质谱联用的接口

毛细管电泳与质谱的联用（CE-ESI-MS）技术在 20 世纪 80 年代末就已经开始有人尝试，但直到近年才有商品接口出现。CE 可以和电喷雾接口连接，也可以和其他类型的接口相连接；可以和四极质谱相连接，也可与其他类型的质谱相连接。由于这种连机可以把 CE 对样品（尤其是生物大分子）的高度分离能力与质谱很强的鉴定能力结合在一起，可以说是一种理想的完美结合，具有相当大的开发价值。CE 与通常的质谱接口相连时要解决的主要问题是：

① 高电压的匹配问题，CE 在进行分离时的操作电压一般为几十千伏，如果采用电喷雾接口，其接口原本也有数千到一万伏的电压设置。要采用有效、安全的电联接方式，方能保证正常的联机工作。

② CE分离中，电渗流（EOF）要参与分离。在 CE 的常用分离模式毛细管区带电泳（CZE）中，组分的差速迁移与毛细管中的电渗流是叠加在一起的。进入质谱时，如果有很大的真空差，会对 CE 的电渗流产生扰动而影响分离效果。

③ CE的进样方式（电动式进样和气动式进样）决定了它的进样量仅为 nL 级，如果以 mg/mL 级的蛋白质样品浓度计算，进入质谱的样品组分量仅为 f mol 级。所以对配套质谱的灵敏度和信噪比有较高的要求。

商品化的接口可以通过图 14.7 来了解。图 14.7 中所示的高电压连接方式是将施加于储液罐 J 和 A 之间的高电压 B 和施加在喷口上的高电压 C 共地连接，以使被测定的组分沿着分离方向进入 ESI 的离子化室。液体连接器的作用在于对毛细管电泳的馏

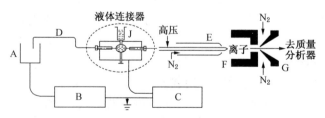

图 14.7 CE-ESI-MS 液体连接法接口示意图
A、J—缓冲液罐；B、C—高压源；D—毛细管电泳柱；
E—电喷雾喷口；F—离子化室；G—质量分析器入口

出物进行流量补偿及组成调整，以适应离子化的需要。CE-MS 接口设计中还可采用"套液"(sheath flow)技术，它是在一般电喷雾的喷口中使用了三层套管，最外层通入补偿液体，其作用与图 14.7 所示十字型接口相同。

毛细管区带电泳(CZE)就其仪器构成而言是一项相对简单的技术，在内径为 100μm 左右的熔融硅毛细管的两端施加 10～60kV 的电压可以对化合物进行高效率的分离。CE 的分离作用来自于化合物在电场中的差速迁移，而差速迁移是由于不同的化合物具有不同的迁移率。

CZE 过程中，液固界面上水合阳离子的聚集，在高电场的作用下可产生一个与离子迁移电流相叠加的电渗流，它在 CZE 过程中控制着溶剂在毛细管内的停留时间。由于电渗流可以产生将中性分子和阴离子推向阴极的作用，因此控制性地利用电渗流可以在同一个分离过程中对阳离子、阴离子和中性分子同时进行分离，这是现代 CZE 分离的一个特点。

CZE 的出口如果处在一定的真空下，会对电渗流产生扰动而破坏 CZE 的分离效果。此时最好采用上述"液接"接口。如果与电喷雾接口相连接，由于电喷雾接口是在常压下工作，故不会产生明显的扰动。CZE 与电喷雾联用在技术上并不复杂，并可很好地发挥电喷雾接口在蛋白测定、溶剂补偿(包括流速补偿和组成调整)、对高电压和大电流相对强的适应性等方面的优势。

（2）毛细管电泳和质谱联用时应注意的问题

① 无论是采用套液(sheath flow)技术还是采用十字型接口，毛细管的出口处都会带有高电压。因此良好的电接触对控制接口的工作电流乃至稳定的离子化过程都是很重要的。通常在联机前要把毛细管出口端的聚合物材料(聚酰亚胺类)清除掉，同时要采用适当的补偿液，如：异丙醇：水：乙醚(体积比 60：40：1)。

② 毛细管插入位置要经细心地优化，位置不当会导致电喷雾工作不稳定。

③ 对通常的电喷雾操作，工作电流可以是零点几微安到几微安。CE 的工作电流却可以达到几十甚至几百微安。二者构成回路时，如果电流过大，电喷雾无法正常工作，此时要适当降低 CE 分离所用缓冲液的离子强度并对缓冲液的 pH 作适当的调整。如果离子强度和 pH 的调整有困难，则要降低 CE 的工作电压，以便有一个大小合适的电流，使 ESI 稳定工作。

④ 以往发表的 CE 分离工作多数都是在磷酸盐缓冲液中完成的，在 CE 和 MS 相连接时要调整为易挥发盐的缓冲液。同其他 LC-MS 的联接一样，CE 的分离条件和质谱的离子化条件往往是相互矛盾的。几种适宜的缓冲液及其浓度可以在实际工作中考虑使用，它们是：<100 mmol/L 的甲酸、乙酸混合溶液；<50mmol/L 的乙酸铵溶液；<10mmol/L 的十六烷基三甲基氯化铵溶液。

为解决 CE 进样量小，不足以在质谱上检出的问题，可以采用等速电泳(isotachophoresis)对样品进行柱上浓缩，以提高进样浓度。等速电泳中选择同时包括前导离子和尾随离子且 pH 满足需要的缓冲体系往往比较困难，此时可以采用一些诸如膜预浓缩(membrane preconcentration)的方法。

（3）毛细管电泳和质谱联用技术的应用

CE-MS 的应用虽然已经有许多报道，但相对于 LC-MS 而言，数量仍很有限。从报道的文献来看，主要应用在蛋白质组学、化学药物研究、临床实验诊断以及法医学等方面。CE-MS 的应用与 LC-MS 的应用在方法和分析对象上有许多相似之处，如都适用于小分子和大分子的分析，适用于热不稳定、强极性分子乃至离子型化合物的分离和分析。在大多数情况下，凡可以用 LC-MS 分析的化合物，通过适当的分离溶剂和流速的调整都可以较为方便地进行方法移植。

许多小分子药物在 CE 的标准成套仪器上都可以进行分离和分析，已经大量报道的有消炎药物、抗生素、抗癌药物、抗抑郁剂、安定类药物等。这些工作中得到的数据可以极大地节省在条件优化上所花费的时间，方便地在 CE-MS 分析中得到应用。某些样品用 HPLC 进行分离很困难，如含卤素的除草剂、杀虫剂及其产品中的杂质；许多离子型药物在以 HPLC 进行分离时常常要加入离子对试剂方可很好地分离，而离子对试剂的加入往往对离子化产生不利的影响，此时可考虑使用 CE 分离并采用 CE-MS 方法进行质谱分析。

14.4 色谱-傅里叶变换红外光谱

气相色谱和液相色谱是分离复杂混合物的有效方法，但仅靠保留指数定性未知物或未知组分却始终存在着许多困难。而红外光谱是重要的结构测定手段，它能提供许多色谱难以得到的结构信息，但是它要求所分析的样品尽可能简单、纯净，而不是复杂的混合物。所以将色谱技术的优良分离能力与红外光谱技术独特的结构鉴别能力相结合，就可以获得取长补短的效果，无疑是一种很具有实用价值的分离鉴定手段。形象地说，红外光谱仪成为色谱的"检测器"，这一"检测器"是非破坏性的，并能提供色谱馏分的结构信息。

为实现直接联用检测，20 世纪 60 年代，采用截流阀实时截断色谱馏分的方法，保证单一馏分进入红外吸收池进行红外光谱检测，这种截流方法不适合复杂组分的联用分析。而且色散型红外光谱仪因存在扫描速度慢、灵敏度低等不足，难以做到同步跟踪扫描，也难以胜任微量组分的检测需要。近年来发展起来的傅里叶变换红外光谱，为色谱-红外光谱联用（GC-FTIR）创造了条件。与色散型红外光谱仪相比，干涉型傅里叶变换红外光谱仪光通量大，检测灵敏度高，能够检测微量组分，而且由于多路传输，可同时获取全频域光谱信息，其扫描速度快，可同步跟踪扫描气相色谱馏分。目前，毛细管 GC-FTIR 以其优越的分离检测特性被广泛用于科研、化工、环保、医药等领域，成为有机混合物分析的重要手段之一。例如，在环境大气检测方面，已经制成的 GC-FTIR 联用仪，以 2km 长光程多次反射吸收，可以检测含量在 10^{-9} 以下的大气污染物，如乙炔、乙烯、丙烯、甲烷、光气等。

液相色谱不受样品挥发度和热稳定性的限制，特别适合于沸点高、极性强、热稳定性差、大分子试样的分离，对多数生化活性物质也能满意分离，可弥补气相色谱分析的不足。由于液相色谱多采用极性溶剂为流动相，这些溶剂在中红外区均有较强吸收，因此消除溶剂影响是 LC 与 FTIR 联机的关键，接口技术至关重要。目前虽然已有商品 LC-FTIR 仪，但与采用光管接口 GC-FTIR 相比，仍有很大的局限性，所以至今为止，LC-FTIR 的应用仍难以普及，但该领域的研究工作仍在继续。

14.4.1 气相色谱-傅里叶变换红外光谱联用（GC-FTIR）

（1）GC-FTIR 系统

GC-FTIR 系统由以下四个单元组成：GC、光管、FTIR 光谱仪和计算机处理系统。如图 14.8 所示。

联机检测的基本过程为：试样经气相色谱分离后，各馏分按保留时间顺序进入接口，与此同时，经干涉仪调制的干涉光汇聚到接口，与各组分作用后干涉信号被汞镉碲（MCT）液氮低温光电检测器检测。计算机数据系统存储采集到的干涉图信息，经快速傅里叶变换得到组分的气态红外谱图，进而可通过谱库检索得到各组分的分子结构信息。

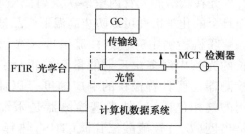

图 14.8　GC-FTIR 各单元工作原理图

傅里叶红外光谱仪分为高、中、低三挡。高档仪器波段范围宽，并能通过改变动镜扫描速度来获得不同分辨率，最高分辨率在 0.1cm^{-1} 以下，可实现 GC-FTIR 联用，这类谱仪为了保证其测量精度，常制成真空型和扫吹型，但因价格昂贵，仅适用于研究工作。低档傅里叶红外光谱仪通常仅有一种分辨率，为 4cm^{-1}，测量波段仅限于 4000～400cm^{-1} 的中红外波段，不能实现 GC-FTIR 联用。中档傅里叶红外光谱仪介于两者之间，可满足一般用户实现 GC-FTIR 联用的需要。在仪器选择时，首先要考虑仪器的分辨率，因为它常代表仪器质量的优劣，但也不能单纯追求高分辨率，要从经济、实用角度综合考虑。

（2）GC-FTIR 联用的接口

"接口"是联用系统的关键部分，GC 通过接口实现与 FTIR 间的在线联机检测。目前商品化的 GC-FTIR 接口有两种类型，光管接口和冷冻捕集接口。

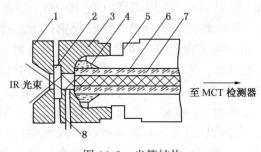

图 14.9　光管结构

1—窗架；2—KBr 窗片；3—管帽；
4—VESPEL 套环；5—光管支架；6—硬质玻璃管；
7—镀金反射层；8—GC 气入口

1）光管

光管是作为 GC-FTIR 接口的光管气体池的简称，是目前应用最广泛的接口，其结构见图 14.9 所示。

光管气体池与一般红外气体池不同，它是一个管状气体池，为一定内径和长度、内壁镀金的硬质玻璃管（对于毛细管 GC-FTIR 来说，接口是一内径为 1～3mm、长 40cm 左右的硬质玻璃管），管两端装有红外透光的 KBr 窗片，连接处用耐高温的 Vesper 垫圈密封。接近窗片的地方分别装有 GC 气体进入和流出的导管，工作时从色谱柱流出的气体，经过其中一个细长传导导管进入光管，再通过另一根导管进入 GC 的检测器。为保证联机效果，对连接管线主要有以下几点要求：

① 为了防止载气中气态样品冷凝，传输线和光管均需加热保温，也可将其安装在色谱炉内；

② 传输管线的内壁是化学惰性的。一般采用石英管、玻璃管或有惰性内衬的不锈钢管，防止色谱馏分在高温下被管壁催化分解；

③ 连接管线的体积尽量小，以便将色谱的柱外效应降到最低。

由主机光学台射入的红外干涉光束经反射聚焦后透过 KBr 窗片射入光管，在光管的镀金层间不断反射，最后光束透过另一 KBr 窗片后，再由反射镜汇聚到高灵敏度的汞镉碲光导检测器（MCT）上，完成气相色谱-红外光谱的动态在线测量。

在光管气体池的设计中，采用的是内壁镀金的反射层，金对红外光束反射最强，可使红外光在较短的光管内壁多次反射测量管内的气体样品而能量损失最小,提高了灵敏度,而且金的化学惰性可以防止高温下样品被催化分解。

联机检测中,色谱柱流出进入光管的气态样品量很少,而检测用的红外光又在长长的光管中经多次反射能量衰减很快,必须使用一个灵敏度极高的检测器,这种特殊检测器还要具有极快的响应速度,以保证快速变化的色谱信号能被及时检测。现在通用的气相色谱-红外光谱检测器是汞镉碲光导检测器(MCT),其特点是灵敏度高,比检出度(D^*)较硫酸三甘肽(TGS)热释电型检测器高一个数量级以上,其信号响应快,足以跟上最快的毛细管色谱峰的变化。这种检测器要在液氮冷却下工作,常温下噪音很大。MCT检测器分为宽频带和窄频带两种,宽带为 $4000 \sim 450 cm^{-1}$,$D^* = 2 \times 10^9$;窄带为 $4000 \sim 750 cm^{-1}$,$D^* = 1 \times 10^{10}$。一般都用灵敏度高的窄带检测器,为了得到 $750 cm^{-1}$ 以下的红外信息则需用宽频带检测器。

2)冷冻捕集接口

冷冻捕集接口又称低温收集器,是为了进一步提高系统的灵敏度而开发的。使用这种接口的 GC-FTIR 联机系统的示意图见图 14.10。

冷冻捕集接口的关键部分是冷盘。冷盘直径为 100mm,厚 6mm,由高导热系数的无氧铜材制成,表面镀金,其侧面抛成精密的圆柱面。此盘置于 $1.3 \times 10^{-4} Pa$($1 \times 10^{-6} Torr$)的真空舱内,借助于氦冷冻机将其温度保持在 12K 左右。色谱载气携带馏出组分经保温的传输管和安装在真空舱壁上的喷嘴射向冷盘的侧面(反射面)。所用的载气含 He 98%,含 Ar 2%,当喷射到 12K 的冷盘上时,He 气不冷凝,面 Ar 和样品组分被冻结在反射面上。冷盘由步进电机带动匀速旋转,随着气相色谱-红外光谱系统的运行,在冷盘的反射面上留下一窄条凝固的 Ar 带,色谱馏出组分在 Ar 带中形成斑点,见示意图 14.11。与喷嘴相对位置处,真空舱壁上设有红外窗口,红外光束由抛物面反射镜 M_1 精确聚焦到冷盘的反射面上,穿过 Ar 带被反射面反射到抛物面反射镜 M_2 上,再由 M_2 收集并准直,通过抛物面反射镜 M_3 聚焦到 MCT 红外检测器的接收面上。因此,当冷盘旋转 180° 即可被红外仪测量,得到色谱图和组分的红外光谱。在这种装置中,固体 Ar 带可以保持 $4 \sim 5h$,为多次扫描获得高信噪比的红外光谱提供了保证。

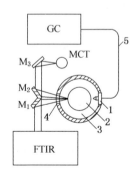

图 14.10 冷冻捕集接口的 GC-FTIR 联机系统示意图
1—喷嘴;2—冷盘;3—真空舱;4—红外窗;5—热传输管

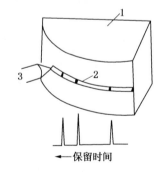

图 14.11 冷盘捕集 GC 馏分的示意图
1—冷盘;2—反射面;3—GC 流出喷嘴

3)两种接口的比较

目前被广泛使用的光管接口,具有可实时记录、价格相对便宜、易操作的优点。然而也有三方面的不足:

① 细内径的光管有光晕损失，使光管的透射率下降。

② 为了满足色谱的分辨能力，往往要牺牲被测馏分在光管内的浓度和滞留时间。色谱峰在光管中重合，往往采用稀释技术，即在 GC 管出口光管的入口旁接尾吹气，然而这将导致红外光谱测量信号降低和噪音增大。

③ 为使样品在光管中保持气态，至少要使光管保持与色谱柱相同的温度。光管温度越高，光能量损失越大。

所有这些都限制了 GC-FTIR 联机测量的信噪比。光管接口系统的检测限，对于一般高挥发性样品为 100～200ng，一些强吸收化合物可达 2～5ng；对于低挥发样品，其检测限为 0.2～1μg。

冷冻捕集接口与光管接口相比，优点是高信噪比、低检测限。冷冻捕集接口技术属于一种基体隔离技术，由于样品分子在液体氩带上以斑点方式隔离存在，既没有分子间的相互作用，又没有分子转动，所以谱峰尖锐，强度高。一般样品的检测限在 100～200pg 之间，对于强吸收样品，其检测限达到 10～50pg。冷冻收集接口也有两个缺点，一是不能实时记录，操作繁琐、时间长；其二是仪器昂贵，实验费用高，不利于普及使用。

(3) GC-FTIR 计算机数据采集与处理

如前所述，GC-FTIR 系统是由计算机控制的自动化程度较高的系统。在此将对涉及联机检测的计算机软件功能，如数据采集、化学图、重建色谱图、光谱图的获得及谱库检索等作简要介绍。

1) 数据采集

联机操作的第一步是数据采集。首先设置操作参数，如扫描速度、采集时间、采样点数、存储区间等等。

数据采集有两种方式：一是连续采集方式，即将采集的所有干涉图信息存储在磁盘上；二是"阈值"采集方式，即人为设置一个"阈值"，当被采集的 GC 峰在 MCT 检测器上产生的信号超过此"阈值"时，采集的数据才被存储在磁盘上。

采集开始时，只有载气通过光管等接口，此时从显示器上可以看到，MCT 上产生的信号为一条平坦直线，类似 GC 的基线。随后，数个色谱峰依次通过"接口"，FTIR 谱仪跟踪扫描，即采集 GC 峰，在相应软件的控制下，进行实时傅里叶变换，此时显示器上实时显示 GC 馏分的二维或三维气态红外光谱图。图 14.12 是联机检测显示的三维图形，其中 X 轴为波数，Y 轴为吸光度值，Z 轴为时间，XOY 平面显示的是 GC 馏分的瞬时气态红外谱图，沿 Z 轴方向显示的是不同时间采集到的 GC 馏分的气态红外谱图，从图形变化可以看到各色谱峰性质的区别。

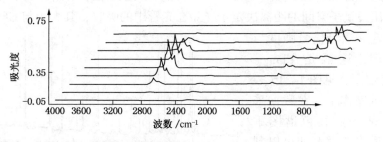

图 14.12　显示器实时显示的三维图形

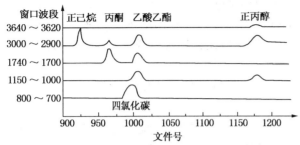
图 14.13 GC-FTIR 采集的复杂试样的化学图

2）化学图

随着色谱峰的绘出和显示器上红外谱图的显现，在 FTIR 绘图仪上按设定的"化学窗口"可同步绘出"化学图"，见图 14.13，直至运行结束。

所谓"化学窗口"是根据试样的化学特性和分析需要人为设定的，最多可设五个窗口，也可以只设一个。即从计算机采集的全部信息中只选出预定官能团信息加以显示。其作用如同"官能团检测器"，因而能绘出与 GC 谱图相似的谱图。进行广谱分析时，一般设定五个窗口：$3200 \sim 3600 cm^{-1}$ 的羟基窗口，$1670 \sim 1800 cm^{-1}$ 的羰基窗口，$2800 \sim 3000 cm^{-1}$ 的烷基窗口，$1500 \sim 1610 cm^{-1}$ 的苯基窗口和 $730 \sim 850 cm^{-1}$ 的亚甲基变形窗口等。当然，窗口的设置可根据试样的具体情况而定，可多可少，可宽可窄。

3）重建色谱图

以 FTIR 为检测器的色谱-红外联用技术，分析工作者希望分离后有类似于经典色谱检测器的色谱图。重建色谱图因此而产生。由 GC-FTIR 数据重建这种色谱图的方法主要有两种类型：一种是吸收重建，即将数据采集过程中的全窗口吸收或某个窗口吸收对数据点进行积分，由此而重建的色谱图，见图 14.14。

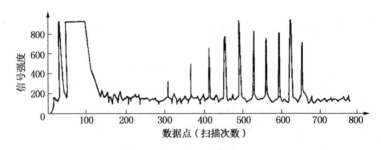
图 14.14 吸收重建色谱图

另一种是干涉图重建，即 Gram-Schmidt 重建色谱图。其中最普遍应用的是 Gram-Schmidt 重建法。

Gram-Schmidt 重建法直接从未经傅里叶变换的干涉谱数据重建色谱图。干涉谱的每一部分均包含着全部光谱信息，因此干涉谱的任何一小部分都可以用来判别光管中是否存在色谱馏分。因此，首先采集载气干涉图，用以建立参比矢量子空间，而后采集试样组分，试样矢量与参比矢量子空间的距离决定于样品在光管中的吸收，其大小与 GC 馏分的浓度成正比，依此可建立馏分信号强度与时间的关系图，这就是 Cram-Schmtdt 重建色谱图，见图 14.15。

在实际联机操作中，在数据采集结束后，一般先进行色谱图重建，借助红外重建色谱图即可以判定试样的组成，也可以依据该图进

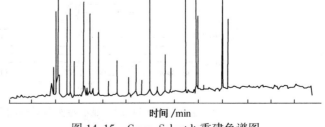
图 14.15 Cram-Schmtdt 重建色谱图

行数据处理，使某数据点对应的信息能得到进一步分析。

4）FTIR 光谱图的获得

一般根据红外重建色谱图确定色谱峰的数据点范围或峰尖位置，然后根据需要选取适当数据点处的干涉图信息进行傅里叶变换，即可获得相应于该数据点的气态 FTIR 光谱图。当然，选取适当的数据点是得到质量高的 FTIR 图谱的关键。基本选定原则是：峰弱选峰尖，峰强选峰旁，混峰选两边，如若峰况杂，切莫忘差减。

5）GC-FTIR 谱库检索

目前，商用 GC-FTIR 仪一般均带有谱图检索软件，可对 GC 馏分进行定性检测，一般是将 GC 馏分的 FTIR 光谱图与计算机存储的气态红外标准谱图比较，以实现未知组分的确认。需要指出的是，各 GC-FTIR 厂商均可提供气相红外光谱库，如 Nicolet 公司及 Digilab 公司提供的气相谱库有 4000 多张谱图，Analect 公司提供的谱库有 5012 张谱图，与 GC-MS 谱图的谱库相比相差悬殊，尚难以满足实际检测的需要，还需进一步的工作，以丰富 GC-FTIR 谱库。

（4）影响 GC-FTIR 结果的因素及实验条件的优化

1）GC 参数与操作条件的选择

就分离鉴定而言，分离是前提，GC 工作的好坏，是决定 GC-FTIR 联机检测能否成功的第一步。GC 操作条件的选择，气相色谱部分已作了介绍，不再赘述。

2）光管接口的影响

光管是 GC-FTIR 联机系统的心脏部件，也是实现 GC-FTIR 联机检测效果的关键。

① 光管规格的影响　GC-FTIR 联机检测的关键是使色谱峰体积与光管体积匹配。一般复杂试样各组分对应色谱峰的半峰宽体积（$V_{1/2}$）差异可达数十甚至数百倍，故不可能以单个色谱峰的体积去匹配不同体积大小的光管，因而取平均值 $V_{1/2}$。当 $V_{1/2}$ 小于光管池体积时，易产生峰扩散、谱峰变形，检测灵敏度变低；当 $V_{1/2}$ 大于光管池体积时，检测的气体样品浓度低，灵敏度也不高；只有当色谱峰的半峰宽体积 $V_{1/2}$ 的有效浓度充满整个光管时，所检测的色谱组分为最佳分辨率和灵敏度。实际上往往要综合考虑多组分色谱峰的存在，以及它们之间的分离度问题，一般选用光管体积等于或略小于色谱峰半峰宽体积的平均值，这就是色谱峰体积与光管体积的匹配问题。

实际工作中经常更换光管，以适应不同试样的色谱峰体积，既是有困难的，也是不现实的。一般采用粗调和细调结合的办法：粗调指光管的选择，商品光管规格可参见表 14-5，现行毛细管 GC-FTIR 联用系统常用内径为 1mm、长度为 10cm 的光管；细调指通过改变色谱条件来调整色谱峰体积，或使用稀释技术，即在色谱柱出口、光管的入口旁添加尾吹气，通过调节尾吹气量使进入光管前后的色谱峰峰形一致。

表 14-5　商品光管的规格

分　类	内径/mm	长度/cm	光管体积/mL	分　类	内径/mm	长度/cm	光管体积/mL
填充柱体积	3	40	2.83	毛细管光管	1	10	0.078
	2	60	1.88		1	20	0.156
					1	40	0.312

② 光管温度对 GC-FTIR 联机检测的影响　光管温度的高低对联机检测影响很大。光管内镀金，金在低温下是红外光的良好反射体，可提高检测灵敏度，但在高温下反射能量却急剧下降。光管温度在 200℃ 时检测能量约为室温下的 50%，在 300℃ 时，其能量还会降

低。同时，高温下会导致 KBr 窗片材料因挥发而变毛，密封圈变坏，而且许多有机样品会裂解炭化，积炭会很快降低光管的使用寿命，使信噪比下降，恶化联机检测。一般光管工作温度应控制在 200℃ 以下。

3）FTIR 光谱仪对 GC-FTIR 联机检测的影响

在 GC-FTIR 联机检测中，FTIR 光谱仪是一种特殊的检测器，它能提供丰富的分子结构信息。联机检测要求 FTIR 光谱仪能快速同步跟踪扫描与检测 GC 馏分，这一任务是由麦克尔逊干涉仪和 MCT 检测器来完成的。

大多数毛细管 GC 的出峰时间为 1~5s，同步跟踪扫描要求麦克尔逊干涉仪的扫描速度应为 1 次/s，现行 FTIR 光谱仪扫描速度一般可达 10 次/s，能在每一时刻同时采集全频域的光谱信息。扫描速度越快，对 GC 峰分割测量越细致，对系统分辨越有利；扫描速度不能太慢，否则对系统分辨不利。

另外，多数毛细管 GC 的峰含量在 0.1μg 以下，这要求检测器有足够高的灵敏度，以满足微量或痕量分析的目的。FTIR 光谱仪光通量的优点决定了它具有比色散型仪器高很多的灵敏度，液氮低温下的 MCT 检测器能满足微量或痕量分析的需要。MCT 检测器分为窄带、中带、宽带三种类型，其中，窄带检测器的灵敏度大约是宽带 MCT 的四倍，其覆盖频率范围为 $4000 \sim 700 cm^{-1}$，GC-FTIR 系统多采用窄带 MCT。

(5)GC-FTIR 在环境科学中的应用

GC-FTIR 在环境监测中往往作为 GC-MS 的辅助手段，用于对未知化合物的定性分析。例如，在农药残留的测定中，GC-FTIR 可以弥补 GC-MS 只能提供被鉴定的分子式即模糊信息的缺点，可以区别异构体。所以，GC-FTIR 与 GC-MS 两种联用技术配合使用，可以显著提高分析能力。

14.4.2 液相色谱-傅里叶变换红外光谱联用(LC-FTIR)

(1) LC-FTIR 系统简介

尽管气相色谱法具有分离效率高、分析时间短、检测灵敏度高等优点，但是，在已知的有机化合物中，只有 20% 的物质可不经化学预处理而直接用 GC 分离。液相色谱则不受样品挥发度和热稳定性的限制，因而特别适合于那些沸点高、极性强、热稳定性差、大分子试样的分离，对多数已知化合物，尤其是生化活性物质均能满意分离、分析。液相色谱对多种化合物的高效分离特点与红外光谱定性鉴定的有效结合，使复杂物质的定性、定量分析得以实现，成为与 GC-FTIR 互补的分离鉴定手段。

与 GC-FTIR 联用一样，液相色谱-傅里叶变换红外光谱(LC-FTIR)联用系统也主要由色谱单元、接口、红外谱仪单元和计算机数据系统组成。

联机运行的控制、数据采集和处理的软件也与 GC-FTIR 联用类同。其主要区别在于，GC 的载气无红外吸收，不干扰待测组分的红外光谱鉴定，而液相色谱的流动相均有强红外吸收，严重干扰待测组分的红外光谱检测，因此消除流动相的干扰成为接口技术的关键。

(2) LC-FTIR 联用的接口

LC-FTIR 的接口方法基本上可分为流动池法和流动相去除法两大类。

1）流动池接口

流动池是 LC-FTIR 的定型接口，其工作原理为：经液相色谱分离的馏分首先随流动相顺序进入流动池，同时 FTIR 同步跟踪，依次对流动池进行红外检测，然后对获得的流动相与分析物的叠加谱图作差谱处理，以扣除流动相的干扰，获得分析物的红外光谱图，进而通过红外光谱数据库进行计算机检索，对分析物进行快速鉴定。

在 HPLC-FTIR 的联用中，流动池的设计非常重要，必须同时兼顾色谱的柱外效应要尽量小，而进入光谱的被测物要适当多的要求。液相色谱分为正相色谱和反相色谱。流动相不同，吸收强度各异，应选择最佳体积的吸收池方能获得令人满意的联机检测结果。

流动池主要有以下几种类型：

① 平板式透射流动池　这种流动池的结构如图 14.16 所示。用于正相色谱时，窗片材料为 KBr 或 ZnSe 晶片；反相色谱中为 AgCl 或 ZnSe 晶片。流动池的体积和程长由位于两窗片间的聚四氟乙烯垫片的厚度和孔的大小调节。通常，池程长在 0.2~1mm 之间，内体积在 1.5~10μL 之间。

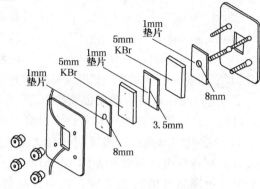

图 14.16　平板式透射流动池

② 柱式透射流动池　该种流动池是为正相细内径柱而设计的，其结构见图 14.17。它由一块钻有小孔（直径为 0.5~1.0mm）的 CaF_2 或 KBr 晶体（10mm×10mm×6mm）制成，体积为 1.2~5.0μL。从图中可见，LC 柱直接插入流动池中，这种设计可消除柱外效应的影响，有利于 HPLC 分析。与平板式流动池不同，柱式流动池进行的是多光程红外检测。

在此基础上，又出现了可用于反相色谱的流动萃取接口装置，见图 14.18。其基本工作流程为：含水的色谱流出物与憎水的有机溶剂（如 CCl_4 或 $CHCl_3$）混合，经萃取管后流出的有机组分被萃取到有机相中，之后通过由疏水膜构成的相分离器将有机相和水相分开，并把有机相导入流动池，经红外检测进行定性分析。该接口的不足是，有机相会混入水或甲醇等流动相物质，从而对待测组分的红外光谱产生干扰；其次，萃取剂本身也对分析产生红外干扰；再者，不溶于有机萃取剂的物质未能被红外检测。

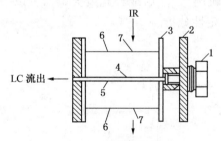

图 14.17　柱式透射流动池

1—色谱柱接头；2—池架；3—垫片；
4—取样区；5—钻孔；6—挡板；7—KBr 窗

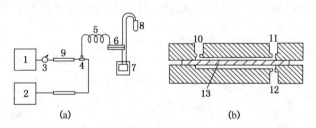

图 14.18　流动萃取接口装置（a）和相分离器（b）

1—HPLC 泵；2—萃取剂泵；3—进样阀；4—液流分隔器；
5—萃取管；6—相分离器；7—流动池；8—废液；9—色谱柱；
10—液流入口；11—水相液出口；12—有机相出口；13—分离膜

③ 柱内衰减全反射（Attenuated Total Refraction，ATR）流动池　柱内流动池的装置见图 14.19，其晶体为 ZnSe 棒，池内体积为 24μL。该种流动池既可用于正相分离，也可用于反相分离。

综上所述，流动池法具有接口装置简单、操作方便等优点；其最大的局限性是流动相

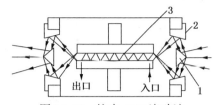

图 14.19 柱内 ATR 流动池

1—锥体；2—反射镜；3—晶体棒

的干扰难于彻底消除，不适用于梯度淋洗技术，而且被测物在池内受检时间受色谱峰出峰时间限制而无法采用信号平均技术提高红外谱图的信噪比等，因此，流动池法的应用受到了限制，最理想的办法是在测定光谱前去除流动相。

2）流动相去除接口

顾名思义，流动相去除法即通过物理或化学方法将流动相去除，并将分析物依次凝聚在某种介质上，之后再逐一检测各色谱组分的红外谱图。

ⅰ．正相液相色谱流动相去除接口

目前，已报道的该类接口有许多种，下列几种最具有实际意义。

① 漫反射转盘接口　漫反射转盘法的联用附件包括两部分，即漫反射光谱测定系统和样品自动制备系统，其装置如图 14.20 所示，接口主要由一个微机控制的样品浓缩器和带多个漫反射样品杯的转盘组成，每个样品杯（直径为 4.5mm，深 2.5mm）中均装有粒度为 30μm 的 KCl 或 KBr 粉末约 40mg，将一固定检测波长（一般为 254nm）的 UV 检测器串联在 HPLC 柱和样品浓缩器之间，其输出的信号用以控制整个接口的运作。当被加热气流雾化的色谱流出物不含分析物时，被与电磁阀和真空泵相连的导液管吸走；当色谱峰出现时，其产生的 UV 信号关闭电磁阀，雾化的流出物滴入样品杯中。适当控制空气流速和加热温度，可去除绝大多数流动相。转盘上的位置 1 收集样品，位置 2 用热气流吹除样品杯中的残余流动相，位置 3 进行红外漫反射检测。此接口的局限是：只能分析沸点高于流动相且能被 UV 检测器检出的样品，由于水难于去除，因而该接口不适于含水流动相，即不适用于反相色谱，仅适用于正相色谱，另外，不能用于分析热不稳定试样。

② 缓冲存储装置接口　缓冲存储装置是为正相细内径柱分离设计的，该接口装置见图 14.21。液相色谱流出物经不锈钢毛细管连续喷到以一定速度平移的 KBr 晶片（35mm×8mm×5mm）或一转动的 KBr 圆盘（直径为 50mm）上，与此同时，在靠近毛细管出口处通入热的氮气流吹除流动相，使分析物各组分在 KBr 载体上留下"轨迹"，然后配合光束会聚器，以一定间隔进行红外透射光谱检测，根据红外光谱特征进行定性分析。

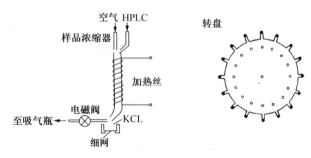

图 14.20　漫反射转盘法联用附件

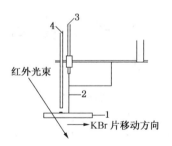

图 14.21　缓冲存储接口装置

1—KBr 片；2—不锈钢毛细管；

3—接 HPLC；4—接 N₂ 气

③ 连续雾化接口　连续雾化接口装置见图 14.22，其设计原理与缓冲存储装置相似。首先用一个三通将来自 HPLC 的流出物与具有一定压力的氮气混合，然后将其喷到一高红外反射表面（如直径 6mm 的铝镜或背面带有红外反射涂层的锗盘）上，通过控制操作条件使

流动相挥发，而色谱各组分均以 1~2mm 的斑点沉积在接收盘上，检测各斑点的红外反射-吸收光谱。也有用 NaCl 晶片作接收盘的，这种情况检测的是红外透射光谱。

ⅱ. 反相液相色谱流动相去除接口

① 连续萃取式漫反射转盘接口　该种装置是为反相常规柱分离而设计的，接口见图 14.23 所示。首先将含水流动相与萃取剂二氯甲烷混合，经萃取管后，流出物分为水相和有机相，密度小的水相被吸气瓶吸去，有机相部分被导入样品浓缩器，进而滴入漫反射转盘上的样品杯里，杯中漫反射介质为 KCl。该种联机系统的检出限一般低于 1μg。

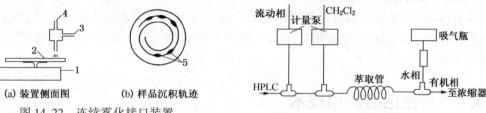

图 14.22　连续雾化接口装置

1—驱动机构；2—反射表面；3—接 N₂ 气；
4—接 HPLC；5—样品沉积轨迹

图 14.23　连续萃取式漫反射转盘

② 加热雾化接口　该装置是在连续雾化接口设计上的改进，即在原雾化器的不锈钢管外又套接了一根不锈钢管，由该管通入热的氮气，雾化器与沉积介质表面呈 45°角，适当控制雾化条件，可使色谱各组分以 0.5~1.5mm 的窄带沉积下来。热雾化单元见图 14.24。

③ 同心流雾化"接口"　该接口装置见图 14.25。整个接口装置处于真空舱内，并同流动相捕集阱和真空泵相连。其雾化器由两根内径不同的同轴玻璃管构成，它们的内径随流动相流速不同而不同。由被电热丝加热的外管通入氦气，色谱流出物则由内管导入，并在内管出口处被氦气流雾化，其中，雾化的流动相被真空泵抽入流动相捕集阱，而被分析物则沉积在位于雾化器出口下面转动的 ZnSe 表面上，待色谱分离结束后，将 ZnSe 晶片移出真空舱，用显微镜红外光谱进行定性分析。

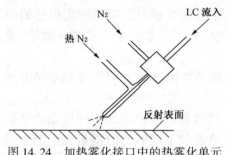

图 14.24　加热雾化接口中的热雾化单元

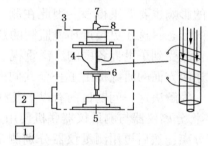

图 14.25　同心流雾化接口装置

1—真空泵；2—溶剂捕集阱；3—真空舱；4—加热丝；
5—转动控制台；6—沉积介质；7—接 HPLC；8—接 He 气

3）两种接口的比较

与流动池法相比，流动相去除法的接口装置复杂，其操作需要一定的经验。但后者主要有如下优点：

① 无流动相干扰，可使用多种流动相；

② 适用于梯度淋洗，提高了样品的分离检测能力；

③ 当进行离线红外检测时，可使用信号平均技术，增加谱图的信噪比，检出限一般较

流动池接口低。

目前，流动相去除法的接口配置已有商品 HPLC-FTIR 系列面世。如尼高力公司最新产品发布会上介绍的该公司第三代 LC-FTIR 产品 GPC/HPLC-FTIR400 系列，其接口采用的就是流动相去除装置，来自色谱柱的流出物通过一个特制喷嘴，将流动相去除并将被分离组分置于一旋转的锗收集盘中，然后该锗盘被移至显微镜红外光谱仪上，通过步进马达驱动锗盘转动，对被分离物一一进行 FTIR 检测，最后获取的谱图可通过计算机数据库检索。当然，目前的商品仪器仍然是一种非在线的联用检测。

（3）LC-FTIR 联用技术的应用

液相色谱-红外光谱联用是一种应用前景广阔的技术，近年来国外已有一些应用实例报道，但是在我国的应用和研究报道还不多，此处不再详细介绍，感兴趣的读者可以参看相关的国外专著。

14.5　其他色谱联用技术

14.5.1　色谱-原子光谱联用技术

随着微量元素对人体健康关系研究的不断深入，人们发现同一元素的不同价态和不同形态对人体健康的影响有很大差别，例如 Cr^{3+} 是人体必须的微量元素，而 Cr^{4+} 则是致癌物。硒和锌是人体必须的微量元素，早期人们服用一些硒和锌的无机化合物（如硒酸钠，硫酸锌等），但效果并不好。这些无机化合物很难被人体吸收，食用过量还会有毒副作用。后来，人们开始研究有机硒和有机锌化合物，用它们作为补硒和补锌的药物和营养品，这些有机硒和有机锌较容易被人体吸收，毒副作用也小得多。为此，人们在研究微量元素时不仅仅要研究其含量是多少，而且还要研究这些微量元素的价态和存在形态。

在环境污染研究方面，早期人们也仅仅注意一些重金属元素含量多少对环境污染的影响。随着对重金属元素污染物研究的深入，人们发现一些重金属的有机化合物比其无机盐的毒性大得多，如甲基汞、四乙基铅、烷基砷等都远比其相应的无机重金属盐毒性强得多，对环境的影响也要严重得多。因此在测定环境中的重金属含量时，应该测定出它们的价态和存在的形态，这才更接近环境监测的意义。环境中（大气、水、土壤和废弃物等）重金属的形态监测受到了世界各国的广泛重视。

上述两方面的研究提出了一个共同的问题，这就是如何测定不同价态和不同形态的微量元素。为解决这一问题目前有以下几种方法：

① 将分离仪器与测量仪器联机使用，利用分离仪器将不同价态和不同形态的微量元素先进行分离，然后再用测量仪器分别测定这些不同价态和不同形态的微量元素的含量。这一方法中最常使用的是色谱和原子光谱的联机。可以利用不同分离机理的色谱对不同价态和不同形态的微量元素进行分离，然后再利用原子光谱测量这些微量元素的含量。

② 利用不同价态和不同形态的微量元素具有不同的化学和物理性质（如不同的颜色反应）来分别测定不同价态和不同形态的微量元素。流动注射-分光光度分析就是这种方法，可用于 Fe^{2+} 和 Fe^{3+}，Cr^{3+} 和 Cr^{4+} 的分别测定。

③ 利用化学分离（如沉淀分离、萃取分离等）后，再分别用仪器测定。

下面主要介绍各种色谱（气相色谱、液相色谱）和原子光谱（原子吸收光谱、原子发射光谱）的联用技术。

(1) 气相色谱-原子光谱联用

由于气相色谱的流动相通常采用氮(N_2)气，氢(H_2)气，氦(He)气和氩(Ar)气，而且被测组分在一定温度下也呈气态，故可以将气相色谱分离后的组分在一定的保温条件下与载气一同直接导入原子光谱的原子化器进行原子化和激发，直接进行分析测定。在此，原子光谱仪实际上就是气相色谱仪的一个选择性检测器。

1) 气相色谱-火焰原子吸收光谱仪联用

气相色谱-火焰原子吸收光谱仪的联用(GC-FAAS)是由气相色谱分离后的组分通过有加热装置的传输线(heated transfer line)直接导入火焰原子吸收光谱的火焰原子化器。图 14.26 是用来测定人体体液中二甲基汞和氯化甲基汞的气相色谱-火焰原子吸收光谱仪联用装置的示意图。由于测定的是烷基汞，故为避免汞在高温下与金属生成汞齐，采用聚四氟乙烯管作为传输线，图 14.27 为其结构的剖面图。作为气相色谱和火焰原子吸收光谱仪之间的传输线还可用不锈钢或石英材料制成，

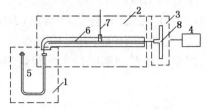

图 14.26　GC-FAAS 联用示意图
1—GC 部分；2—转移线部分；
3—FAAS 部分；4—记录仪；5—GC 填充柱；
6—保温层；7—温度计；
8—石英 T 型管原子化器

可根据所测样品的不同，所需保温的情况不同，来选用不同的传输线，传输线的死体积要尽可能小。

2) 气相色谱-等离子体原子发射光谱仪联用

与 GC-FAAS 联用相似，气相色谱-等离子体原子发射光谱仪(GC-ICP-AES)也可以通过加热的转输线，将气相色谱分离后的组分连同载气一起直接导入等离子体炬。如图 14.28。

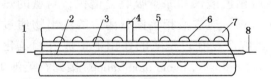

图 14.27　转移线剖面结构示意图
1—接 GC 柱的金属接头；2—聚四氟乙烯管；3—粗聚四氟乙烯管；4—温度计套管；5—玻璃套管；6—加热电阻丝；7—玻璃棉绝热层；8—接 FAAS 的金属接头

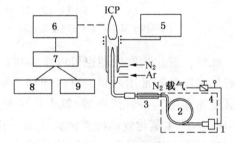

图 14.28　GC-ICP-AES 联用装置示意图
1—进样口；2—色谱柱；3—加热绕组；4—柱箱；5—高频发生器；6—光谱仪；7—积分仪；8—按钮；9—记录仪

由于 ICP-AES 除了可测定金属元素外，还可以用来测定有机分子中所含的 C、H、O、S、N、P、F、Cl、Br、I、Si 和 B 等非金属元素，而且无论何种有机分子，在 ICP 放电中均可以完全离解为自由原子系列，而相应的响应几乎不受分子结构的影响，这样就可以使用 GC-ICP-AES 确定 GC 流出物的经验式(元素的摩尔比)。

(2) 液相色谱-原子光谱联用

由于火焰原子吸收光谱和等离子体发射光谱的进样过程都是将样品转化成溶液后进入雾化器，雾化后再进入原子化器。为了提高某些元素的灵敏度，也可将样品转化成溶液后进入氢化物发生器，产生的氢化物直接进入原子化器测定。这样的进祥方式

为实现液相色谱-原子光谱仪的联用提供了方便。以下分别介绍液相色谱仪与 FAAS 和 ICP-AES 的联用。

1）液相色谱-火焰原子吸收光谱仪联用

液相色谱与火焰原子吸收光谱仪之间连接的最简单方法是用一根低扩散蛇形管作为接口（low-dispersion serpentine tubing interface）将两者连接起来。Messman 和 Rains 用这种蛇形管接口的 HPLC-FAAS 分析测定了汽油中的五种烷基铅——四甲基铅（TML）、三甲基乙基铅（TMEL）、二甲基二乙基铅（DMDEL）、甲基三乙基铅（MTEL）和四乙基铅（TEL），图 14.29 给出了 HPLC 紫外检测器记录的色谱图（254nm）和 FAAS 测铅记录的色谱图，从图中可以很清楚看到不同形态的铅含量有所不同。

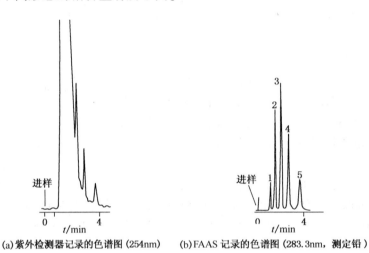

(a) 紫外检测器记录的色谱图（254nm）　　(b) FAAS 记录的色谱图（283.3nm，测定铅）

图 14.29　LC-FAAS 测定汽油中的铅化合物
1—四甲基铅；2—三甲基铅；3—二甲基二乙基铅；4—甲基三乙基铅；5—四乙基铅

此外，氢化物发生器也可以作为接口连接液相色谱仪和原子吸收光谱仪，新型的热化学氢化物发生器常用来测定有机砷和无机砷化合物。通过液相色谱分离后的流出物通过热喷雾喷嘴雾化，然后在甲醇/氧火焰中热解，热解产物在过量氢的作用下生成气相氢化物（AsH_3）。产生氢化物的冷扩散火焰原子化器（cool diffusion flame atomization）接到石英池上，石英池固定在原子吸收光谱仪的光路上。用这种接口的LC-AAS 成功地分离了偶砷基三甲铵乙内酯（arsenobetaine）、砷胆碱（arsecholine）和四甲基砷（tetramethyl arsonium）的混合物，这三种砷化合物的绝对检出限分别为 13.3ng、14.5ng 和 7.6ng。

2）液相色谱-等离子体原子发射光谱仪联用

液相色谱-等离子体原子发射光谱仪联用（LC-ICP-AES）是解决元素化学形态分析的最有效的方法之一，而且 LC-ICP-AES 具有同时多元素选择性检测的能力，这是 LC-AAS 等联用方法所无法相比的，所以，在这方面的研究报道较多，所使用的接口种类也较多。但是，不论"接口"的类型如何，其基本原理都是将液相色谱分离后的流出物雾化或直接气化后引入等离子体原子化器（ICP）。也有通过氢化物发生器，将生成的氢化物直接引入等离子体原子化器。

① 常规气动雾化器接口　当等离子体原子发射光谱采用常规的气动雾化器时，可以将来自液相色谱柱分离后的流出物用一段聚四氟乙烯管直接接到雾化器上。这种接口的主要

优点是：结构简单易得，便于推广应用；主要缺点是 LC 的死体积大（雾室体积是死体积的一大部分），使得 ICP-AES 记录的色谱峰变宽，检出限也比直接进样时差 1~2 个数量级。

② 无雾室气动雾化器接口　由于液相色谱的进样量一般较小，分离后的流出物可以充分雾化，这样不用雾室可以减小 LC 的柱外死体积，使得 ICP-AES 记录的色谱峰变窄，提高了分辨率，同时也可以使 ICP-AES 的信号增强，提高检出能力。

③ 热喷雾化器接口　由于热喷雾化器具有较高的雾化效率，其所要求的流速适合等离子体对有机溶剂的要求等特点，使得热喷雾化器用于 HPLC-ICP-AES 联用能克服联用中遇到的两大难题——因雾化效率低而引起的灵敏度低，以及有机相溶液引入引起等离子体炬不稳定。这是 HPLC-ICP-AES 和 FIA-ICP-AES 联用中最具有前景的研究方向之一。

④ 氢化物化学发生气化接口　氢化物化学发生气化（HG）进样技术已广泛用于 Ge、Sn、Pb、As、Sb、Bi、Se、Te 和 Hg 的原子吸收光谱、原子荧光光谱和 ICP-AES 的测定，其中前 8 个元素在还原剂（如硼氢化钠）作用下生成易挥发的氢化物进入原子化器，而汞盐则被还原为金属汞而挥发进入原子化器。与相应的气动雾化法相比，在 ICP-AES 中氢化物法的检出限可低 2 个数量级。因此，用氢化物化学发生器作为 LC 和 ICP-AES 联用的接口检测上述 9 个元素是一个好方法。图 14.30 给出了 LC-HG-ICP-AES 连接示意图。由于 LC 分离后流出物经过氢化物化学发生器后，将被分析的元素转化成气体进入 ICP-AES，这比液体气溶胶引入法有以下显著优点：被测物质以气体形式传输，使传输效率高（接近 100%），因此到达 ICP 的被测物质更多，可使检出限降低近 2 个数量级（检测灵敏度提高）；生成的氢化物（或汞蒸气）从溶液中分出来消除了常规 LC-ICP-AES 联用中存在的基体干扰；气态试样的引入有助于被测物质的原子化和激发，也可提高检测灵敏度。

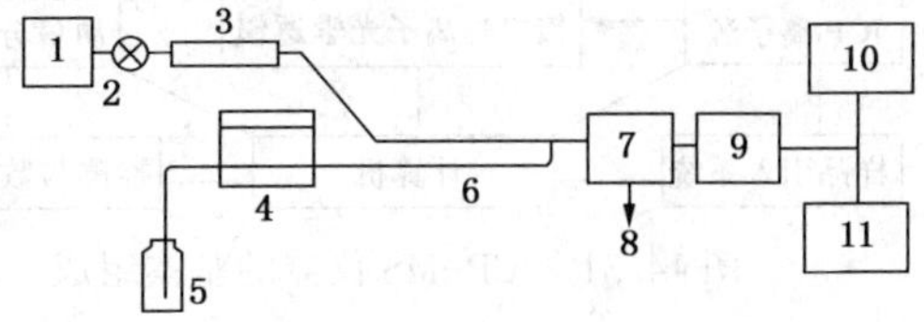

图 14.30　HPLC-HG-ICP-AES 连接示意图
1—LC 泵；2—进样器；3—柱；4—蠕动泵；
5—NaBH₄-KOH；6—连接器；7—雾化室；8—排废；
9—ICP-AES；10—记录仪；11—微机

3）LC-ICP-AES 在元素化学形态分析中的应用

环境分析中常遇到砷的化学形态为砷酸盐 [As（Ⅴ）]、亚砷酸盐 [As（Ⅲ）]、一甲基砷酸（MMA）和二甲基砷酸（DMA）。在水溶液中，四种化学形态的砷均以荷电离子（阴离子）形式存在，因此适于用阴离子交换色谱分析。碳酸铵在浓度大于 0.001mol/L 时具有稳定的 pH 值，可以保证不同砷形态具有稳定的离子化度，因此选择碳酸铵水溶液作为洗脱液。洗脱程序为 15min 内由纯水线性改变到 99% 0.055mol/L 碳酸铵。在此条件下，四种砷形态得到良好分离，LC-ICP-AES 的检出限（S/N=2）分别为 As（Ⅲ）0.41μg/L，MMA 0.13μg/L，DMA 0.10μg/L 和 As（Ⅴ）0.17μg/L。

当样品中同时含有 DMA、MMA、As（Ⅴ）、HPO_4^{2-} 和 SO_4^{2-} 时，可利用 LC-ICP-AES 具有同时检测不同元素（利用 ICP-AES 的 As 通道，P 通道和 S 通道同时测定）的能力来同时测定这些组分。试验条件为：进样量 100μL，色谱柱 4.6mm×250mm YSA4 阴离子交换柱，洗脱程序为 15min 内从 0.01% 碳酸铵线性改变到 99% 0.055mol/L 碳酸铵，流量 1mL/min。S 通道检测波长为 182.034nm，P 通道检测波长为 178.2nm，As 通道检测波长为 193.696nm。

14.5.2　ICP-MS 及色谱-ICP-MS 联用技术

（1）ICP-MS 联用技术

ICP-MS 是超痕量分析、多元素形态分析及同位素分析的重要手段。由于具有其他手段不可比拟的优势，自 20 世纪 80 年代问世以来，就引起了广泛关注。目前已经广泛应用于环境科学、食品科学、地球化学、医药化学、海洋科学、法医科学、材料科学等领域。在环境监测中有的国家已经把 ICP-MS 列为标准分析方法。如美国 EPA200.8 中规定用 ICP-MS 测定饮用水中水溶性元素总量，日本也已经把用 ICP-MS 分析水中的 Cr(Ⅵ)、Cu、Cd、Pb 列为标准分析方法。ICP-MS 也可用于大气粉尘、土壤、海洋沉积物中重金属元素的测定，在汽车尾气净化催化剂和包装食品塑料袋的痕量分析中也有报道。

ICP-MS 已经成为公认的最强有力的元素分析技术。其特点是：

① 图谱简单，分析速度快，动态范围宽；

② ICP-MS 分析灵敏度高，选择性好，比一般 ICP-AES 分析法高 2~3 个数量级(因分析元素不同而异)，比原子吸收法也高 1~2 个数量级，特别是测定质量数 100 以上的元素时灵敏度更高，检出限更低。

③ ICP-MS 理论上可以测定所有的金属元素和一部分非金属元素。

④ 可以同时测定各个元素的各种同位素，也可以对有机物中的金属元素进行形态分析。

⑤ 在大气压下进样，便于与其他技术联用。

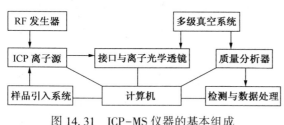

图 14.31　ICP-MS 仪器的基本组成

ICP-MS 组成：ICP-MS 主要由 ICP 离子源、射频(Radio Frequency，RF)发生器、样品引入系统、接口与离子光学透镜、质量分析器、多级真空系统、检测与数据处理系统、计算机系统等几部分组成。其中核心部分为 ICP 离子源、质量分析器和检测与数据处理系统(图 14.31)。

(2) 色谱-ICP-MS 联用技术

目前，已经发展了 ICP-MS 与流动注射(FI)、HPLC、GC、CE 等多种联用技术。适用于不同样品中元素形态的分析，并开发出商品化的接口，这大大简化了样品的前处理过程，使元素形态分析时的困难大大降低。

GC-ICP-MS 法是测定有机锡的最新方法。在环境中，三丁基锡可以分解为二丁基锡、一丁基锡和无机锡，且在一定环境条件下还可以生成甲基锡化合物。即使 1ng/L 的三丁基锡也对水生生物有毒害作用，因此研究开发高灵敏度的监测方法是环境科学工作者的重要研究领域。在 GC-ICP-MS 法中，用长毛细管 GC 柱达到良好的分离效果，用 ICP-MS 进行高灵敏度测量，若是用 PTV(Programmed Temoerature Vaporization)进样系统可将大体积试样一次性导入 GC，可以显著提高检测能力，将 1L 海水中的有机锡衍生化后浓缩为 1mL，将 25μL 注入 GC，可检测出 1pg/L 的有机锡，以三丙基锡(0.5ng/L)为内标，达到了良好的分析效果。在其他种类的有机金属化合物测定中，GC-ICP-MS 法也能发挥重要作用，当水样为 0.5~1L 时，检出限的绝对量约为 5fg 级，可以测量 1pg/L 的极低浓度的有机金属化合物，如有机汞、有机镍、有机铅等。

14.5.3　色谱-色谱联用技术

色谱分离和分析目前已成为分析化学中复杂组分分离和分析的最强有力的方法，但对于某些组分较复杂的样品，用一根色谱柱，无论如何优化色谱参数也无法使其中某些组分得到很好的分离。于是有人提出用多根色谱柱(一根色谱柱与另一根色谱柱具有不同的固定相或选择性或应用范围)的组合来实现完全分离。如，对于主峰拖尾，拖尾峰上得不到很好分离的痕量组分，可将带有少量主峰组分的痕量组分切割出来，再进行一次色谱分离，就可以将痕量组分与主组分很好地分开，以便对痕量组分进行定性、定量分析。对于样品中某些损害色谱分离柱的组分，可以在样品进入色谱分离柱之前采用某种色谱分离方法将有害组分与欲测组分分离开，使那些损害色谱分离柱的组分不进入色谱分离柱，而使待测组分进入色谱分离柱。这些问题的解决都需要将不同类型的色谱，或同一类型不同分离模式的色谱连接在一起，这就是色谱-色谱联用技术，也称为多维色谱(multi-dimensional chromatography)。

色谱-色谱联用技术是在通用型色谱仪的基础上发展起来的，通常是由一根预分离柱和一根主分离柱串联组成，两柱之间通过接口连接，接口的作用是将前级色谱柱(预柱)中未分离开的、需要继续分离的组分转移到第二级色谱柱(主柱)上进行第二次分离。两根柱(预柱和主柱)所用的流动相可以相同，也可以不相同。

色谱-色谱联用技术中，按两级色谱的流动相是否为同一类流动相(气体或液体)，可有以下几种联用方式：

① 由同类流动相，不同分离模式或不同选择性色谱柱串联组成，如气相色谱-气相色谱联用(GC-GC)、液相色谱-液相色谱联用(LC-LC)、超临界流体色谱-超临界流体色谱联用(SFC-SFC)。

② 由不同类流动相，不同分离模式或不同选择性色谱柱串联组成，如液相色谱-气相色谱联用(LC-GC)、液相色谱-超临界流体色谱联用(LC-SFC)、超临界流体色谱-气相色谱联用(SFC-GC)、液相色谱-毛细管电泳联用(LC-CE)以及气相色谱(或超临界流体色谱、液相色谱)-薄层色谱联用(GC-TLC、SFC-TLC、LC-TLC)等。

在色谱-色谱联用系统中，目前只有气相色谱-气相色谱联用仪有商品仪器，其他多是使用通用的常规色谱仪器自行改装、组合而成，根据被分离样品的情况来选用不同的连接方法和接口。GC-GC联用已经成功地应用于复杂混合物的分离分析，例如，石油产品、香料香精、多氯联苯等。下面分别介绍三种常用的色谱-色谱联用技术。

(1) GC-GC 联用技术

1) GC-GC 联用的目的

① 提高峰的容量 采用两根色谱柱，如果其固定相不同，则总的峰容量将远大于两个柱单独使用时的峰容量之和，最大峰容量可以是两个柱单独使用时的乘积，故GC-GC联用对分析复杂化合物是非常有用的。

② 提高选择性 如果混合物中只有几种为目标化合物，就采用对这几种目标化合物有特殊选择性的第二GC柱，而第一GC柱只是作为预分离方法将目标化合物与其他组分分离。比如异构体，特别是光学异构体的分离，第一GC柱用普通柱进行组分，然后将相关组分送入第二GC柱(手性柱)进行选择性分离。

③ 提高工作效率 在很多情况下，待测目标化合物仅仅是混合物中很少数的几种，因此，只要这些组分从第一GC柱流出而进入第二GC柱，第一GC柱的其他组分就可以放空不要。与此同时，第二GC柱进行目标化合物的分离，这样就大大缩短了分析时间。这在制备色谱中是非常有效的。

④ 提高定量精度 分离效率提高了，定量精度也就相应提高了。特别是痕量分析中，当痕量组分的峰紧挨着溶剂或主成分出峰时，可以将只含有痕量组分的第一GC柱流出物送

入第二 GC 柱进行分离，这样，溶剂和主成分的大峰就不会影响痕量组分的测定。

2）多维 GC 的模式

目前，多维 GC 的模式分为两类：部分多维分离和全多维分离。当接口的作用仅限于将前级色谱柱分离后的某一段目标组分简单地切割下来并转移到第二级色谱柱上继续分离和分析，这称为部分多维分离技术或者"中心切割技术"。当接口的作用不是简单的传递组分，而是先将前级色谱柱分离后的目标组分"捕集"下来，进行"聚焦"，然后在适当的时机将"聚焦"后的组分迅速"释放"，并转移到第二级色谱仪上进行分离和分析。这时两级色谱是相对独立的，分离机理可以完全不同。这时称为全二维色谱（comprehensive GC-GC）。

3）GC-GC 常见的接口技术

目前，GC-GC 联用的接口主要有两种，一种是阀切换，另一种是无阀气控切换。

① 阀切换　将前级气相色谱分离后的某些组分切换到后一级气相色谱柱最简单的方法是使用多通阀，这是早期气相色谱-气相色谱联用技术中使用最广泛的接口。用于此目的的多通阀必须是化学惰性、无润滑油操作，在各种使用温度下保持密封，死体积尽可能小。

当第一级色谱柱是填充柱、第二级色谱柱是毛细管柱或者在双毛细管柱二维气相色谱法中，可在样品窗和柱 B 之间（即在通柱 B 的多通阀接口处）安装一个可调分流口，使进入柱 B 的组分量能够适量和重复。该分流口亦可作为吹扫气的入口。

② 无阀气控切换　气控切换的原理是，通过在线阻力器和外加补气气流，实现系统各部分不同的流量平衡。这样，在气相色谱仪内部就没有可动元件，只需调节外部气阀，就可改变柱间的气流方向。

这种无阀气控切换在色谱系统内没有可动元件，故没有密封的问题，死体积很小，可保证柱效不降低。这种无阀气控切换适合于载气流速变化较大的两根色谱柱的连接，如填充柱和毛细管柱的联用。可以采取反吹式操作，将滞留在第一根柱中的较重组分反吹出去。它的切换速度很快，切割的组分很窄；切换程序可连续控制，切换精度较高，便于计算机控制的自动操作。

（2）LC-LC 联用技术

液相色谱-液相色谱联用是 Hube 于 20 世纪 70 年代初首先提出的，其原理与气相色谱-气相色谱联用技术类似，关键技术是柱切换。利用多通阀切换，可以改变色谱柱与色谱柱、进样器与色谱柱、色谱柱与检测器之间的连接，改变流动相的流向，这样就可以实现样品的净化、痕量组分的富集和制备、组分的切割、流动相的选择和梯度洗脱、色谱柱的选择、再循环和复杂样品的分离以及检测器的选择。由于液相色谱具有多种分离模式，如吸附色谱，正、反相分配色谱，离子交换色谱，筛析色谱，亲合色谱等，因此可以用不同分离模式的液相色谱组合成液相色谱-液相色谱联用系统；也可用同一分离模式、不同类型的色谱柱组合成液相色谱-液相色谱联用系统，其对选择性的调节远远大于气相色谱-气相色谱联用，具有更强的分离能力。

与气相色谱-气相色谱联用不同的是，至今市场上尚未出现定型的、商品的液相色谱-液相色谱联用系统，色谱工作者多是使用高效液相色谱仪的主要单元部件自行组装适用于自己分离和分析目的的液相色谱-液相色谱联用系统。而且这一技术近年来发展也很快。

液相色谱-液相色谱联用技术最常用来净化样品和富集痕量组分，特别是用来分析环境样品中水样中的微量有机组分。当然实现样品的净化和富集也可用固相萃取（solid-phase extraction，SPE）技术来实现，但是，在处理大量样品时，采用液相色谱-液相色谱联用技术容易实现自动化，并且可以降低分析成本（固相萃取小柱价格较贵），操作也比较简单，例如，Livia Nemeth Konda 用液相色谱-液相色谱联用技术对样品进行净化和富集，测定了环境和饮用水中的痕量农药残留。

（3）LC-GC 联用技术

在用气相色谱法分离和分析某些复杂样品（如污水、体液等样品）中的某些组分时，由于样品主体的原因，不能将样品直接进入气相色谱进行分离和分析，必须将欲分析的组分从样品的主体中分离出来后再用气相色谱去分离和分析。液相色谱-气相色谱联用是解决这一问题的方法之一，用液相色谱分离提纯复杂样品中的欲测组分，样品主体将排空，欲测组分在线转入气相色谱中进行分离和分析。特别是复杂样品中的痕量组分，在经液相色谱分离纯化后和富集后，可转移到高灵敏度和高分辨率的毛细管气相色谱上进行分离和分析。LC-GC 是一项新型多维色谱技术，它兼有 LC 的高选择性和 GC 的高效率和灵敏度，对复杂有机物有较强的处理、富集、分离和检测能力。且 LC-GC 还可以和 MS 或 FTIR 组成联用技术，以更好地分析复杂混合物。

液相色谱-气相色谱联用系统中联用的关键是如何将含有大量液相色谱流动相的目标组分转移到气相色谱系统，在液相色谱柱后的多通阀和气相色谱柱之间加一个接口就是要解决这一问题。目前在液相色谱-气相色谱联用中使用最多的"接口"技术是保留间隙技术（retention gap technique）。

保留间隙是安装在气相色谱进样口和毛细管柱之间的一段长几米至几十米的弹性石英毛细管，当由液相色谱来的、含有目标组分的流动相，以柱头进样的方式注入气相色谱后，在保留间隙中的液相色谱流动相逐渐蒸发，而目标组分富集在毛细管柱入口处的固定液上，然后再进行气相色谱分析。

思考题与习题

14-1　举例说明环境科学中常用的色谱联用技术。

14-2　与 GC 相比，GC-MS 有哪些主要优势？

14-3　GC-MS 中常用的衍生化技术有哪些，在环境科学中有哪些应用？

14-4　举例说明 GC-MS 谱库以及检索方法。

14-5　试简要概述 GC-MS 在环境科学中的应用情况。

14-6　在 GC-MS 联用法进行定量分析时，除了可以使用总离子流色谱图的峰面积定量外，可否利用选择离子色谱图定量？为什么？

14-7　举例说明 LC-MS 在环境分析中的应用。

14-8　液相色谱-质谱联用和气相色谱-质谱联用各自有何特点？

14-9　色谱-红外光谱联用与色谱-质谱联用相比主要特点是什么？

14-10　影响 GC-FTIR 分析结果的主要因素有哪些？如何对操作条件进行优化？

14-11　常见的色谱-光谱联用技术有哪些？

14-12　ICP-MS 的主要特点是什么？举例说明其在环境科学中应用的优越性？

14-13　环境科学中常用的多维色谱技术有哪些？各有何特点？

14-14　环境污染水体中的酚类化合物可以采用何种色谱联用技术进行分析？

11-15　通过查阅相关专业文献，指出 GC-MS 或 LC-MS 在环境领域有哪些新进展？

参 考 文 献

1 汪正范,杨树民,吴侔天等. 岳卫华. 色谱联用技术. 北京:化学工业出版社,2001
2 金米聪,陈晓红,李小平等. 中国卫生检验. 2005,15(3):280~282
3 Jiang Y, Ding T,Shen C, Chen H. Animal Husbandry & Verterinary. 2005,37(3):12~15
4 贾春晓,熊卫东,毛多斌. 现代仪器分析技术及其在食品中的应用. 北京:中国轻工业出版社,2005
5 牟世芬,刘克纳,丁晓静. 离子色谱方法及应用(第二版). 北京:化学工业出版社,2005
6 王小茹. 电感耦合等离子体质谱应用实例. 北京:化学工业出版社,2005
7 刘虎生,邵宏翔. 电感耦合等离子体质谱技术与应用. 北京:化学工业出版社,2005